U0270695

能源与环境出版工程

总主编　翁史烈

“十三五”国家重点图书出版规划项目
上海市文教结合“高校服务国家重大战略出版工程”资助项目

热能动力工程

Thermal Energy and Power Engineering

于立军　韩向新　编著

内容提要

本书从“理论-实践”相结合的视角，全面、系统地阐释了能源转换过程的分析评价、能源高效清洁利用、热能动力设备的设计运行、企业能源管理，以及节能环保技术开发等知识。

全书共分为7章，主要内容包括：能源转换，系统能量分析，总能系统，热能动力设备，换热设备，辅助动力设备，能源管理。

本书旨在帮助热能与动力工程专业学生、能源管理岗位业务骨干、通用耗能设备的运行人员，以及从事节能环保产业的相关人士树立科学用能的理念，系统掌握有关能源使用过程中所涉及的能源计量与统计分析方法，全面了解能源转换过程中常见设备的工作原理、系统构成和应用案例。同时，还能够对能源管理系统和电力需求侧管理等工作中可能遇到的实际问题进行分析研究。

图书在版编目(CIP)数据

热能动力工程/于立军，韩向新编著. —上海：上海交通大学出版社，2017

能源与环境出版工程

ISBN 978-7-313-16955-6

Ⅰ.①热… Ⅱ.①于…②韩… Ⅲ.①热能—动力工程—研究 Ⅳ.①TK11

中国版本图书馆CIP数据核字(2017)第082263号

热能动力工程

编　　著：于立军　韩向新

出版发行：上海交通大学出版社　　地　　址：上海市番禺路951号

邮政编码：200030　　电　　话：021-64071208

出 版 人：谈　毅

印　　制：苏州市越洋印刷有限公司　　经　　销：全国新华书店

开　　本：710mm×1000mm　1/16　　印　　张：21

字　　数：393千字

版　　次：2017年9月第1版　　印　　次：2017年9月第1次印刷

书　　号：ISBN 978-7-313-16955-6/TK

定　　价：148.00元

版权所有　侵权必究

告读者：如发现本书有印装质量问题请与印刷厂质量科联系

联系电话：0512-68180638

能源与环境出版工程丛书学术指导委员会

主　任

杜祥琬(中国工程院原副院长、中国工程院院士)

委　员(以姓氏笔画为序)

苏万华(天津大学教授、中国工程院院士)

岑可法(浙江大学教授、中国工程院院士)

郑　平(上海交通大学教授、中国科学院院士)

饶芳权(上海交通大学教授、中国工程院院士)

闻雪友(中国船舶工业集团公司703研究所研究员、中国工程院院士)

秦裕琨(哈尔滨工业大学教授、中国工程院院士)

倪维斗(清华大学原副校长、教授、中国工程院院士)

徐建中(中国科学院工程热物理研究所研究员、中国科学院院士)

陶文铨(西安交通大学教授、中国科学院院士)

蔡睿贤(中国科学院工程热物理研究所研究员、中国科学院院士)

能源与环境出版工程
丛书编委会

总主编

翁史烈(上海交通大学原校长、教授、中国工程院院士)

执行总主编

黄　震(上海交通大学副校长、教授)

编　委(以姓氏笔画为序)

马重芳(北京工业大学环境与能源工程学院院长、教授)

马紫峰(上海交通大学电化学与能源技术研究所教授)

王如竹(上海交通大学制冷与低温工程研究所所长、教授)

王辅臣(华东理工大学资源与环境工程学院教授)

何雅玲(西安交通大学热流科学与工程教育部重点实验室主任、教授)

沈文忠(上海交通大学凝聚态物理研究所副所长、教授)

张希良(清华大学能源环境经济研究所所长、教授)

骆仲泱(浙江大学能源工程学系系主任、教授)

顾　璠(东南大学能源与环境学院教授)

贾金平(上海交通大学环境科学与工程学院教授)

徐明厚(华中科技大学煤燃烧国家重点实验室主任、教授)

盛宏至(中国科学院力学研究所研究员)

章俊良(上海交通大学燃料电池研究所所长、教授)

程　旭(上海交通大学核科学与工程学院院长、教授)

总 序

能源是经济社会发展的基础，同时也是影响经济社会发展的主要因素。为了满足经济社会发展的需要，进入21世纪以来，短短十年间(2002—2012年)，全世界一次能源总消费从96亿吨油当量增加到125亿吨油当量，能源资源供需矛盾和生态环境恶化问题日益突显。

在此期间，改革开放政策的实施极大地解放了我国的社会生产力，我国国内生产总值从10万亿元人民币猛增到52万亿元人民币，一跃成为仅次于美国的世界第二大经济体，经济社会发展取得了举世瞩目的成绩！

为了支持经济社会的高速发展，我国能源生产和消费也有惊人的进步和变化，此期间全世界一次能源的消费增量28.8亿吨油当量竟有57.7%发生在中国！经济发展面临着能源供应和环境保护的双重巨大压力。

目前，为了人类社会的可持续发展，世界能源发展已进入新一轮战略调整期，发达国家和新兴国家纷纷制定能源发展战略。战略重点在于：提高化石能源开采和利用率；大力开发可再生能源；最大限度地减少有害物质和温室气体排放，从而实现能源生产和消费的高效、低碳、清洁发展。对高速发展中的我国而言，能源问题的求解直接关系到现代化建设进程，能源已成为中国可持续发展的关键！因此，我们更有必要以加快转变能源发展方式为主线，以增强自主创新能力为着力点，规划能源新技术的研发和应用。

在国家重视和政策激励之下，我国能源领域的新概念、新技术、新成果不断涌现；上海交通大学出版社出版的江泽民学长著作《中国能源问题研究》(2008年)更是从战略的高度为我国指出了能源可持续的健康发展之路。为了“对接国家能源可持续发展战略，构建适应世界能源科学技术发展趋势的能源科研交流平台”，我们策划、组织编写了这套“能源与环境出版工程”丛书，其目的在于：

一是系统总结几十年来机械动力中能源利用和环境保护的新技术新成果；

二是引进、翻译一些关于“能源与环境”研究领域前沿的书籍，为我国能源与环境领域的技术攻关提供智力参考；

三是优化能源与环境专业教材，为高水平技术人员的培养提供一套系统、全面的教科书或教学参考书，满足人才培养对教材的迫切需求；

四是构建一个适应世界能源科学技术发展趋势的能源科研交流平台。

该学术丛书以能源和环境的关系为主线，重点围绕机械过程中的能源转换和利用过程以及这些过程中产生的环境污染治理问题，主要涵盖能源与动力、生物质能、燃料电池、太阳能、风能、智能电网、能源材料、大气污染与气候变化等专业方向，汇集能源与环境领域的关键性技术和成果，注重理论与实践的结合，注重经典性与前瞻性的结合。图书分为译著、专著、教材和工具书等几个模块，其内容包括能源与环境领域内专家们最先进的理论方法和技术成果，也包括能源与环境工程一线的理论和实践。如钟芳源等撰写的《燃气轮机设计》是经典性与前瞻性相统一的工程力作；黄震等撰写的《机动车可吸入颗粒物排放与城市大气污染》和王如竹等撰写的《绿色建筑能源系统》是依托国家重大科研项目的新成果新技术。

为确保这套“能源与环境”丛书具有高品质和重大的社会价值，出版社邀请了杜祥琬院士、黄震教授、王如竹教授等专家，组建了学术指导委员会和编委会，并召开了多次编撰研讨会，商谈丛书框架，精选书目，落实作者。

该学术丛书在策划之初，就受到了国际科技出版集团 Springer 和国际学术出版集团 John Wiley & Sons 的关注，与我们签订了合作出版框架协议。经过严格的同行评审，Springer 首批购买了《低铂燃料电池技术》(*Low Platinum Fuel Cell Technologies*)，《生物质水热氧化法生产高附加值化工产品》(*Hydrothermal Conversion of Biomass into Chemicals*)和《燃煤烟气汞排放控制》(*Coal Fired Flue Gas Mercury Emission Controls*)三本书的英文版权，John Wiley & Sons 购买了《除湿剂超声波再生技术》(*Ultrasonic Technology for Desiccant Regeneration*)的英文版权。这些著作的成功输出体现了图书较高的学术水平和良好的品质。

希望这套书的出版能够有益于能源与环境领域里人才的培养，有益于能源与环境领域的技术创新，为我国能源与环境的科研成果提供一个展示的平台，引领国内外前沿学术交流和创新并推动平台的国际化发展！

翁史烈

2013年8月

前　　言

在当前国家积极倡导节能减排的宏观背景下，全社会都在树立生态文明理念，大力推广绿色低碳可持续发展的具体措施，因此对相关人才的需求也变得十分迫切。热能与动力工程专业的在校大学生，工作在厂矿企业及机关的能源管理岗位业务骨干、通用耗能设备的运行人员，以及从事节能环保产业的相关人士等，这些学习和工作在节能减排战线的专业人员，亟须一本涵盖动力设备的设计运行、能源转换过程的分析评价、能源高效清洁利用、企业能源管理，以及节能环保技术开发等有关内容的专业书籍。

《热能动力工程》正是满足上述要求的一本专业书籍。第 1 章为能源转换，对能源转换的相关概念和基础理论、朗肯循环、分布式能源技术和科学用能进行了系统的归纳和阐述；第 2 章为系统能量分析，详细介绍能源的计量方法、能源统计分析、系统能量平衡方法、能源流程图，以及相关企业应用实例等内容；第 3 章以蒸汽动力循环系统、燃气-蒸汽联合循环系统、热泵系统和有机朗肯循环系统为例，阐述了总能系统的能量分配、能量转换和转化、基本工艺流程、热经济型评价指标和发展趋势等；第 4 章为热能动力设备，内容包括锅炉、汽轮机、燃气轮机、内燃机的结构原理、设计运行和技术发展等；第 5 章为换热设备，内容概括为机械行业工业加热炉的结构、分类、常规炉型特点，干燥的基本工作原理、干燥设备分类及工艺，余热资源的来源、利用方式和设备，蒸汽蓄热器的工作原理、结构以及相关应用实例；第 6 章为辅助动力设备，全面系统地阐述了泵、风机、凝汽器、冷却塔的分类、基本原理、性能参数和实际运行等；第 7 章为能源管理，结合相应的实际案例介绍了能源管理体系的构建和主要功能、电力需求侧管理的主要手段和技术、合同能源管理的运作模式、风险控制和相关支持政策等内容。学习本书不仅能够帮助读者树立科学用能的理念，系统掌握有关能源使用过程中所涉及的能源计量与统计分析方法，全面了解能源转换过程中常见设备的工作原理、系统构成和应用案例，同时，还能够对能源管理系统和电力需求侧管理等工作中可能遇到的实际问题进行分析研究。

本书在编写过程中充分考虑到读者的知识基础和认知能力的不同，在基础知识安排上做到有层次、有梯度，由浅入深，由易而难，步步推进，力图帮助读者系统掌握专业知识点。为了便于学习运用，本书还充分注意了内容的可读性和实用性，注重理论联系实际，以更好地满足未来实践的需要。本书不仅可以满足热能与动力工程专业学生的课程学习需求，同时还能满足当今社会相关专业人士获得实际专业知识的需求，为他们今后从事节能减排事业或能源管理工作提供必要的知识储备，也为开展与能源转换过程相关的产品开发和科学研究工作打下坚实基础，相信读者一定会从中受益。

目　　录

第1章 能源转换

1.1 能源转换方式

能源是指可产生各种能量(如热能、电能、光能和机械能等)或可做功物质的统称。能源是人类活动的物质基础,能源开发和有效利用程度是生产技术和生活水平的重要标志。随着世界经济持续快速发展,能源短缺和能源供需矛盾日益突出,而人们对能源,如煤炭、石油、天然气,以及太阳能、风能等的利用过程,都离不开能源转换。因此,掌握能源转换的基本原理以及常见能源的转换方式显得尤为重要。本节首先阐述能量转换的基本原理,然后介绍常见能源的转换方式。这里需要指出,能量转换不仅有“量”的变化,还有“质”的改变。

1.1.1 能量转换和守恒定律

自然界中能量形式和运动形式是相对应的:如物体运动具有机械能,电荷运动具有电能,分子的无规则运动体现在物体的内能上等,而运动是物质的固有属性。因此,能量和物质也是相互依存的,既然物质是不能被创造和被消灭的,那么能量也就不可能被创造和被消灭。这就得到了能量转换和守恒定律,它指出:“自然界的一切物质都具有能量:能量既不能被创造,也不能被消灭,而只能从一种形式转换成另一种形式,从一个物体传递到另一个物体;在能量转换与传递过程中,能量的总量恒定不变。”

这一定律在现在看来似乎是浅显易懂、理所当然的,但是能量守恒定律的发现经历了很多不同领域的科学家们曲折艰辛的探索[1,2]。德国物理学家、医生迈尔(Julius Robert Mayer, 1814—1878年)在1842年发表了《论无机性质的力》的论文,表述了物理、化学过程中各种力(能)的转化和守恒的思想。迈尔是公认的历史上第一位提出能量守恒定律并计算出热功当量的人。1843年8月21日,焦耳(James Joule, 1818—1889年)在英国科学协会数理组会议上宣读了《论磁电的热效应及热的机械值》论文,强调了自然界的能是等量转换、不会消失的。焦耳用了

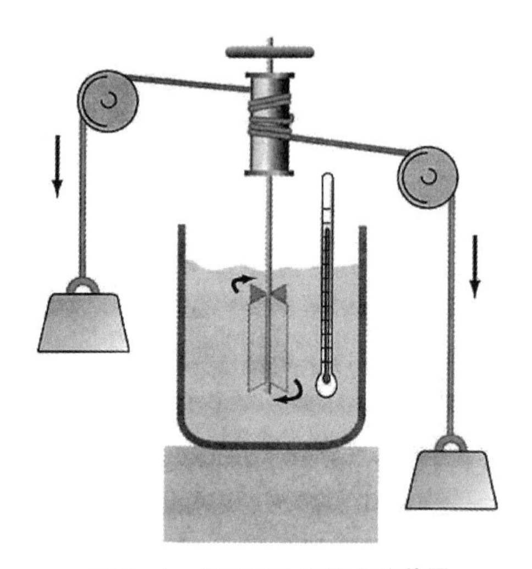

图 1-1　焦耳热功当量实验装置

近 40 年的时间，不懈地钻研和测定了热功当量，得出结论：热功当量是一个普适常量，与做功方式无关。图 1-1 为焦耳热功当量实验装置示意图。1847 年，德国物理学家亥姆霍兹发表《论力的守恒》，第一次系统地阐述了能量守恒原理，从理论上把力学中的能量守恒原理推广到热、光、电、磁、化学反应等过程，揭示其运动形式之间的统一性，它们不仅可以相互转化，而且在量上还有一种确定的关系。这样，能量守恒与转化与物理学达到了空前的统一。

能量转换和守恒定律至今仍然是整个自然科学的重要定律，也一直在向前发展。20 世纪初，爱因斯坦（Albert Einstein，1879—1955 年）发表的阐述狭义相对论的著名论文《关于光的产生和转化的一个启发性观点》中指出：在一个孤立系统内，所有粒子的相对论动能和静能之和在相互作用的过程中保持不变，称为质能守恒定律。文中还指出物质的质量和它的能量成正比，可用如下公式表示：$E = mc^2$，即爱因斯坦质能方程。质能守恒定律指出质量和能量都是物质的重要属性。质量可以通过物体的惯性和万有引力现象而显现出来，能量则通过物质系统状态变化时对外做功、传递热量等形式显现出来。

能量转换和守恒定律的发现，是人类认识自然的一次重大的飞跃，是哲学和自然科学长期发展和进步的必然结果。能量转换和守恒定律一直被认为是自然科学中最重要的一条普遍规律，从物理、化学到地质、生物，大到宇宙天体，小到原子核内部，只要有能量转化，就一定服从能量守恒的规律。从日常生活到科学研究、工程技术，这一规律都发挥着重要的作用。恩格斯曾把它称为“伟大的运动规律”，认为它的发现是“十九世纪自然科学三大发现”之一。而将能量守恒定律应用到热力学上，就是热力学第一定律。

1.1.2　热力学第一定律

热力学第一定律是能量转换和守恒定律在热力学中的应用，它用来确定热力过程中各种能量在量上的相互关系。热力学第一定律的文字表述为：“当热能在与其他形式能量相互转换时，能的总量保持不变”。热力学第一定律指出热能作为能量，可以与其他形式的能量相互转换，但在转换过程中能量总量保持不变。要对热力学第一定律进行解析表述，首先需要准确定义出“热力学能”、“功”和“热量”的概念，然后根据能量平衡的关系式得到热力学第一定律最基本的表达式。

1.1.2.1 热力学能、功和热量

热力学能也称为内能，用U表示，是指系统内各种形式能量的总和。因此，热力学能包括分子无规则运动的动能、分子力所形成的位能、分子化学能和原子内部的原子能等。单位质量物质的热力学能叫比热力学能，用u表示。

热力学能是热力学状态的单值函数，与到达这一状态的路径无关，所以，热力学能是状态参数。

热力系统与外界进行的机械能交换量为做功量，简称为功，用W表示；它们之间热量的交换量称为传热量，简称热量，用Q表示。单位质量工质所做的功称为比功，用w表示，单位质量工质在热力过程中与外界交换的热量用q表示。

由功和热量的概念可知，功和热量都与热力过程有关，因此，功和热量均是过程量。

1.1.2.2 热力学第一定律的表达式

热力学第一定律的能量方程式是热力学中最基本的方程式之一，对于任何热力系统，能量平衡关系可表述为

$$\text{输入系统的能量} - \text{系统输出的能量} = \text{系统储存能量的变化} \tag{1-1}$$

1) 封闭系统第一定律的表达式

在通常情况下，封闭系统宏观运动的动能和位能的变化可忽略不计，系统储存能量的变化只有热力学能的变化，因此，封闭系统热力学第一定律的表达式为

$$Q = \Delta U + W \tag{1-2}$$

式中，Q表示外界输入系统的净热量；ΔU表示系统热力学能的变化；W表示系统输出的总功。

2) 稳定流动第一定律的表达式

稳定流动是指流道中任何位置上流体的流速及其他状态参数(包括温度、压力、比体积等)都不随时间发生变化的流动。在工程应用中，大部分能量转换装置中的工质常处于稳定流动的状态。例如，在汽轮机负荷不变的情况下，汽流在汽轮机内的流动即是稳定流动；热负荷不变时，换热流体在热交换器中的流动也可以看作是稳定流动。将实际流动过程近似视为稳定流动过程可使实际问题大大简化[3]。

稳定流动系统的热力学第一定律的表达式为

$$Q = \Delta H + W_t \tag{1-3}$$

式中，Q表示输入系统的净热量；ΔH表示流体带出的焓值与带入的焓值之差；W_t

称为技术功,可理解为技术上可利用的功[4]。

在人类对能源的探索过程中,曾经出现了第一类永动机这一概念。所谓第一类永动机是指不消耗能量而能永远对外做功的机器。它违反了最基本的能量守恒定律,不消耗任何能量而实现源源不断地做功,所以它是根本不可能存在的。因此,热力学第一定律也常表述为第一类永动机是不可能制成的。

1.1.3 热力学第二定律

1.1.3.1 热力学第二定律的表述

热力学第一定律阐明了热力过程中各种能量在量上的相互关系,自然界中一切过程都必须遵守热力学第一定律,但是经验告诉我们,不是所有满足热力学第一定律的过程都能实现。例如,高速行驶的车辆突然刹车时,汽车的动能通过摩擦全部转化为热能,使刹车片地面和轮胎温度升高,最后散发到周围空气中。但是,如果将等同数量的热量用来加热刹车片轮胎和地面,使其达到相同的温度,也不能使汽车重新行驶。又例如,热水置于空气中,热量会由高温热水向低温空气中传递,最后达到热平衡的状态。但散失在空气中的热量不会自动地聚集起来,将冷却的水重新加热到原来的温度。再例如,盛装氧气的高压氧气瓶只会向压力较低的空气中漏气,而不会出现空气直接给氧气瓶充气的情况。显然,这些现象用热力学第一定律是无法解释的,而热力学第二定律的作用就是解释这一类问题。

热力学第二定律指出自然界进行的能量转换过程是有方向性的,过程总是自发地朝着一定的方向进行,如水总是自发地从高处向低处流动,热量总是自发地由高温物体向低温物体传递,气体总是自发地由高压向低压膨胀等。由于热力学过程普遍存在于各类工程实践中,因此,热力学第二定律的应用范围极其广泛,其表述方式也形式多样。但所有的表述方式所表达的实质是共同的、一致的,因而不同的表述方式都是等效的。下面列举两种热力学第二定律常见的也最具有代表性的表述。

克劳修斯表述:不可能将热量由低温物体传送到高温物体而不引起其他变化。这一表述是德国数学家、物理学家克劳修斯(R. Clausius, 1822—1888 年)在 1850 年提出的。它表明了热量只能自发地从高温物体传向低温物体,实际上就是指出了热传导具有不可逆性。但这并不是说热量不能从低温物体向高温物体传递,只是需要花费一定的代价,比如制冷机组就可以使热量从低温环境传向高温环境,不过前提是外界必须对制冷机组做功。

开尔文表述:不可能从单一热源取热、使之转化为功而不产生其他影响。这一表述是英国物理学家开尔文(Load Kelvin, 1824—1907 年)于 1851 年提出的。表述中的“单一热源”是指温度均匀并且恒定不变的热源;“其他影响”指除了由单一热源吸热，把所吸的热用来做功以外的任何其他变化。它表明了功可以自发地转化成热，而热转化为功的过程必须在外界的作用下才能发生，外界作用就相当于产生了某种影响或变化。实际上就是指出了功与热的转化具有不可逆性。

人们常把能通过从单一热源取热，使之完全变成功而不引起其他变化的机器叫做第二类永动机。热力学第二定律也可表述为第二类永动机是不可能制成的。

既然热力学第二定律指出在不引起其他变化的情况下，单一热源吸收的热量不能全部转化为功，那影响转化效率的因素有哪些呢？法国工程师卡诺在分析了热机中热转换为功的影响因素的基础上提出了著名的卡诺循环。卡诺循环具体解释了热力学第二定律在能源转换中的意义，表明了热力过程进行的方向、数量和限度。

1.1.3.2 卡诺循环和卡诺定理

如图 1-2 所示，卡诺循环由两个可逆绝热过程和两个可逆定温过程组成。图中过程 $b \to c$ 为绝热膨胀过程，$c \to d$ 为向低温热源 T_2 放热的定温放热过程，$d \to a$ 为绝热压缩过程，$a \to b$ 为从高温热源 T_1 吸热的定温吸热过程。根据循环热效率的定义，可得卡诺循环的热效率为

$$\eta_c = 1 - \frac{T_2}{T_1} \tag{1-4}$$

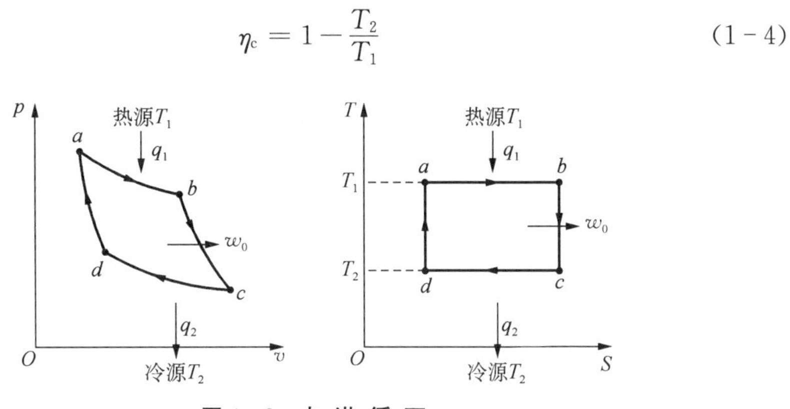

图 1-2 卡 诺 循 环

对卡诺循环热效率的表达式进行分析，可得出以下结论：

(1) 卡诺循环的热效率只取决于高温热源的温度 T_1 和低温热源的温度 T_2，而与工质的性质和热机的种类无关。从式(1-4)中可以看出，提高高温热源的温度 T_1，降低低温热源的温度 T_2，都可以提高卡诺循环的热效率。

(2) 虽然通过提高高温热源的温度 T_1 和降低低温热源的温度 T_2 可以提高卡诺循环的热效率，但是高温热源的温度 T_1 不可能增至无穷大，而低温热源的温度 T_2 也不可能减至绝对零度。因此，卡诺循环的热效率总是小于 1 的，不可能出现大于或等于 1 的情况。也就是说，在任何循环中，均不可能把从高温热源吸收的热

量全部转化为功。

(3) 当高温热源的温度 T_1 等于低温热源的温度 T_2 时，即只有一个热源时，卡诺循环的热效率等于零。这就说明，欲利用单一热源实现循环做功是不可能的，要实现连续的热功转换，必须有两个以上的温度不等的热源，这是一切热机工作必不可少的条件。

卡诺循环虽然是一个在实际工程不可能存在的理想循环，但是卡诺循环及其热效率的表达式具有重要的意义，它从理论上确立了循环中热功转换的限制条件，它指出了提高热机热效率的方向：尽可能地提高高温热源的温度，并尽可能地降低低温热源的温度。这也成为后来实际工程应用中如何提高热力系统热效率的核心指导思想。

按照卡诺循环相同的过程，但以相反的方向进行得到的循环称为逆卡诺循环，如图 1－3 所示。逆卡诺循环的总的效果是消耗外界的功，同时将热量由低温热源传向高温热源。

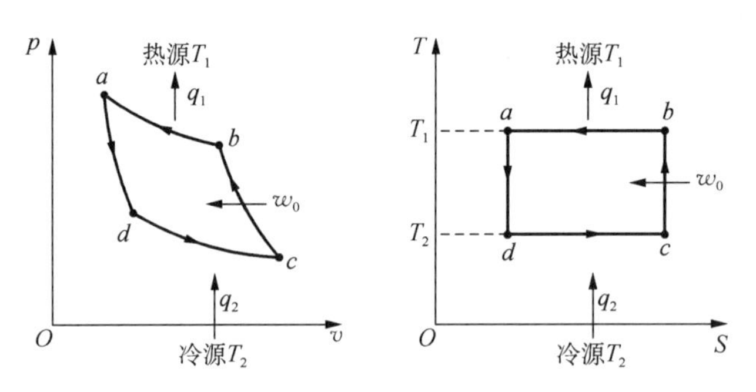

图 1－3　逆卡诺循环

根据作用不同，逆卡诺循环可分为卡诺制冷循环和卡诺制热循环。

制冷系数为

$$\varepsilon_c = \frac{T_2}{T_1 - T_2} \tag{1-5}$$

制热系数为

$$\varepsilon'_c = \frac{T_1}{T_1 - T_2} \tag{1-6}$$

ε_c 和 ε'_c 是从装置中得到的收益和付出的代价之比，反映了装置性能的好坏，故也称为装置的性能系数(coefficient of performance)，用 COP 表示。

卡诺在他的热机理论研究中不仅阐明了可逆热机的概念，并提出了著名的卡诺定理。卡诺定理包括以下两个结论。

定理一：不可能制造出在两个温度不同的热源间工作的热机，而使其效率大于在同样热源间工作的可逆热机。

定理二：在相同的高温热源和低温热源间工作的一切可逆热机都具有相同的热效率，与工质的种类无关。

卡诺定理实际上告诉我们：在相同的高温热源和低温热源间工作的一切热机，其效率不可能大于可逆热机，不可逆热机的效率一定小于可逆热机，而所有的可逆热机热效率都相等。卡诺定理解决了热机效率极限值的问题，同时指出了减小不可逆因素是提高热机效率的重要途径，为热机理论的建立提供了重要的依据。

1.1.3.3 熵流和熵产

对于可逆循环，有$\oint \frac{\delta Q}{T} = 0$，这表明函数$\frac{\delta Q}{T}$与积分路径无关，是状态函数。我们用熵（用符号 S 表示）来表示这个状态函数，令

$$\mathrm{d}S = \frac{\delta Q}{T} \tag{1-7}$$

式中，δQ 表示工质的吸热量，该吸热量应全部来源于外界。

在不可逆过程中，系统内的不可逆因素将机械能耗散为热能，并由工质吸收，此时工质吸收的热量应大于外界传给系统的传热量，则有

$$\mathrm{d}S > \frac{\delta Q}{T} \tag{1-8}$$

若用 δS_{g} 表示熵的变化量 $\mathrm{d}S$ 与$\frac{\delta Q}{T}$的差值，那么有

$$\mathrm{d}S = \frac{\delta Q}{T} + \delta S_{\mathrm{g}} \tag{1-9}$$

令 $\mathrm{d}S_{\mathrm{f}} = \frac{\delta Q}{T}$，称为熵流，表示热力系统与外界热交换引起的熵的变化；δS_{g} 称为熵产，表示由系统内部不可逆损失而引起的熵产。则式(1-9)又可以写成

$$\mathrm{d}S = \mathrm{d}S_{\mathrm{f}} + \delta S_{\mathrm{g}} \tag{1-10}$$

式(1-10)称为熵方程，既适用于可逆过程，又适用于不可逆过程。熵产 δS_{g} 的大小描述了过程的不可逆程度，因此，熵产必然大于或等于零；δS_{g} 取为零时，表示不存在不可逆因素，即可逆过程；熵流 $\mathrm{d}S_{\mathrm{f}}$ 可以为正、负或零，视热流方向而定。

1.1.3.4 孤立系统熵增原理

我们把与外界既没有质量交换又没有能量交换的热力系统称为孤立系统。在孤立系统中，由于没有热量流和质量流，熵流 $\mathrm{d}S_{\mathrm{f}} = 0$，于是，孤立系统的熵方程也

表示为

$$dS = \delta S_g \geqslant 0 \tag{1-11}$$

式(1－11)说明：在孤立系统中，一切实际过程(不可逆过程)都朝着使孤立系统熵增加的方向进行，或在极限情况下(可逆过程)保持不变。任何使孤立系统熵减小的过程都是不可能发生的。这就是孤立系统熵增原理。

若孤立系统中某一熵减的过程发生了，那么系统内必定也伴随着其他熵增的过程发生，最终的结果是：孤立系统的总熵增大，或至少保持不变。也就是说，要使减少的熵得到足够的补充。由此说明，熵减少的过程是不可能自发进行的，它的进行必然以另一熵增加的过程为代价。例如，在制冷循环中，热量由高温环境传向低温环境，需要消耗外功。

熵增原理给出了判断不可逆过程方向的共同准则。对于绝热过程而言，只能向使系统熵增加的方向进行；而对于非绝热系统，我们可以把系统和相关外界合并形成一个孤立系统，然后应用孤立系统熵增原理来判别过程进行的方向。熵增原理还可以作为判断系统是否达到平衡态的依据。在孤立系统，一切过程只能朝着熵增加的方向进行，当系统的熵值达到上限时，一切不可逆过程都不能继续进行下去，即一切不可逆宏观过程都停止了，系统达到了平衡状态。可见孤立系统是否达到平衡态，可根据系统的熵值是否达到上限来判定。

热力学第二定律在形式上看似是对热力学第一定律的补充，但含义更加深刻，也更接近客观真理。实际上这两个定律是相互独立的，也都是正确的，都是人类长期生产实践经验的总结，一切实际的过程都必须遵守这两条热力学基本定律，违反其中任何一条定律的过程都是不可能实现的。热力学第一定律只说明了能量在量上要守恒，并没有说明能量在“质”方面的高低，也没有指出能量变化过程中的方向性，而热力学第二定律揭示了热力过程进行的方向、条件和限度，一个热力过程能不能发生是由热力学第二定律决定的，由于自然界中发生的实际过程都是不可逆的，过程的方向性反应在能量上，就是能量有品质的高低，不可逆过程在能量转换和传递的过程中，能量的品质必然降低。

1.1.4　能源的分类与转换方式

能源的演进经历了一个漫长的过程，从钻木取火，到古巴比伦人利用风车汲水；从中古时期末人类发现煤炭，到十八世纪蒸汽动力的应用；从十九世纪电力的发明和应用，到当前的第三次工业革命，无不体现着能源对人类的重要性。

1.1.4.1　能源的分类

能源种类繁多，通过人类的不断探索与开发，更多种类的能源已经开始工业化应用。按照不同的划分方式,能源也可以分为不同的类型。

(1) 按能源的来源可分为三类:

① 来自地球外部天体的能源(主要是太阳能)。除直接辐射所提供的光和热之外,同时为风能、水能、生物能和矿物能源等的产生提供基础。人类所需能量的绝大部分都直接或间接地来自太阳能。正是各种植物通过光合作用把太阳能转变成化学能在植物体内贮存下来,形成了我们能直接利用的植物燃料。煤炭、石油、天然气等化石燃料也是由古代埋在地下的动植物经过漫长的地质年代形成的,它们实质上就是由古代生物固定下来的太阳能。此外,水能、风能、波浪能、海洋能等,归根结底也都是由太阳能转换来的。

② 地球本身蕴藏的能源。主要是以热能形式存在的“地热能”,包括已被利用的地下热水、地下蒸汽和热页岩,以及目前还无法利用的火山爆发能、地震能等。另外,地球上存在的铀、钍等核燃料所蕴有核能也属于地球本身可提供的能源。

③ 地球与其他天体相互作用产生的能量。如月球和太阳对地球的引潮力作用而产生的潮汐能。

(2) 按获得的方法对能源进行分类,可分为一次能源和二次能源。一次能源是指以现存形式存在于自然界,而不改变其基本形态的天然能源,例如柴草、煤炭、原油、天然气、核燃料、水力、风力、太阳能、地热能、海洋能等。一次能源根据它们能否“再生”可进一步分为可再生能源和不可再生能源。可再生能源是指在生态循环中能不断再生的能源,不会随着它本身的转化或人类利用而减少,具有天然的自我恢复功能,例如风能、水能、海洋能、地热能、太阳能、生物质能等都是可再生能源。矿物燃料和核燃料则难以再生,随着人类的使用而越来越少,最终将耗竭。二次能源则是指由一次能源直接或间接转换成其他种类和形式的能量资源,如电力、煤气、汽油、柴油、焦炭和沼气等能源都属于二次能源。二次能源是根据人类需求加工转换得到的,因此,二次能源比一次能源具有更高的终端利用效率,使用时更方便、更清洁。

(3) 按能源使用的类型,可分为常规能源和新能源。常规能源是指已经大规模生产和广泛利用的能源,包括一次能源中可再生的水力资源和不可再生的煤炭、石油、天然气等资源。新能源是相对于常规能源而言的,包括太阳能、风能、地热能、海洋能、生物能等能源。由于新能源的能量密度较小,或品位较低,或有间歇性,按已有的技术条件转换利用的经济性尚差,还处于研究、发展阶段,只能因地制宜地开发和利用。但新能源大多数是可再生能源,资源丰富,分布广阔,是未来的主要能源之一。

(4) 按能源的性质,可分为燃料型能源(煤炭、石油、天然气、木材)和非燃料型能源(水能、风能、地热能、海洋能)两类。人类利用自己体力以外的能源是从用火开始的,最早的燃料是木材,以后用各种化石燃料,如煤炭、石油、天然气等。现正研究利用太阳能、地热能、风能、潮汐能等新能源。当前化石燃料消耗量很大,但地球上这些燃料的储量有限。一旦可控核聚变技术得以实现,人类便可获得充足的能源。

(5) 按能源的形态特征或转换与应用的层次对它进行分类,世界能源委员会推荐的能源类型分为:固体燃料、液体燃料、气体燃料、水能、电能、太阳能、生物质能、风能、核能、海洋能和地热能。其中,前三个类型统称化石燃料或化石能源。已被人类认识的上述能源,在一定条件下可以转换成人们所需的某种形式的能量。如薪柴和煤炭,把它们加热到一定温度,它们能与空气中的氧气化合并放出大量的热能。我们可以用热来取暖、做饭或制冷,也可以用热来产生蒸汽,用蒸汽推动汽轮机,使热能变成机械能;也可以用汽轮机带动发电机,使机械能变成电能;如果把电送到工厂、企业、机关、农牧林区和住户,它又可以转换成机械能、光能或热能。

1.1.4.2 能源的转换方式

自然界中存在的能源可直接作为终端能源使用得不多,一般都需要根据实际使用需求进行处理和转换,下面介绍几种常见的能源转换方式。

1) 化石燃料的转换方式

化石燃料是一种碳氢化合物或其衍生物,主要包括煤炭、石油和天然气,其能源转换方式主要有两种:一种是通过燃烧直接将燃料的化学能转换为热能,供用能设备使用,转换装置有燃煤、燃气灶具,热水锅炉和采暖锅炉等。另一种是通过燃烧将燃料的化学能先转换为热能,再通过机械装置将热能转化为电能。热力发电厂是燃料"化学能—热能—机械能—电能"转化路径,典型工作流程如图 1-4 所示。

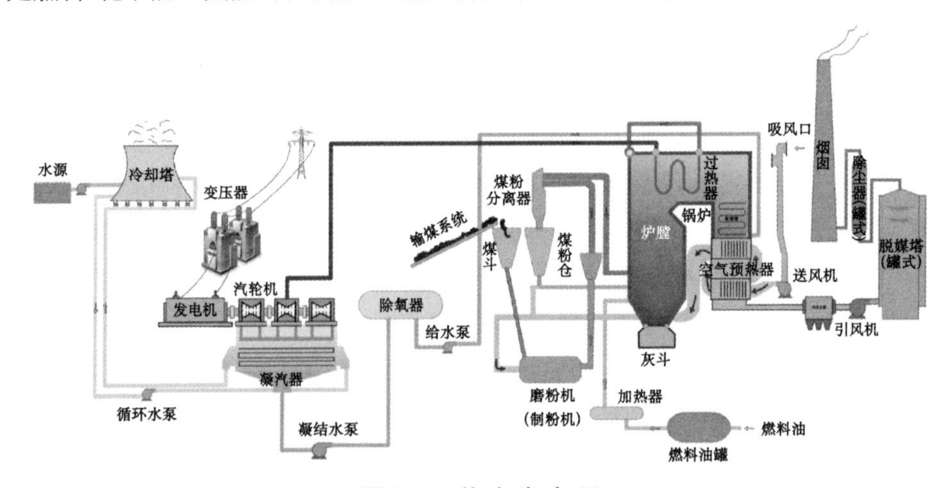

图 1-4 热力发电厂

2）太阳能的转换方式

太阳能是一种辐射能，具有即时性，必须即时转换成其他形式能量才能加以利用和贮存。太阳能的转换方式主要有三种：光—热转换、光—电转换和光—化学转换。

光—热转换是指将太阳辐射能收集起来并转换为热能加以利用。比如太阳能热水器、太阳能供暖系统和太阳灶等。将太阳能收集起来的装置称为集热器，集热器有很多类型，常见的有平板集热器、真空管集热器和聚焦集热器，其中，玻璃真空管集热器由于真空绝热，散失的热量少，冬季也不会冻结，可以常年使用，被认为是效率最高的集热器。根据能够达到的温度和使用途径的不同，可以将光热利用分为低温、中温和高温利用。低温利用是指集热温度低于 200℃的利用方式，主要有太阳能热水器、太阳能空调制冷系统、太阳能干燥器和太阳能温室等；中温利用是指集热温度高于 200℃而低于 800℃的利用方式，主要有太阳灶、太阳能集热发电等；高温利用是指集热温度高于 800℃的利用方式，主要有高温太阳炉等。

光—电转换目前有两种：一种是先将太阳能转换为高温热能，再利用热能来发电的光—热—电转换模式，这一过程转换效率取决于循环工质的工作温度。另一种是太阳能光伏发电，即直接将太阳能转换为电能的光—电转换模式。光—电转换的基本装置就是太阳能电池。太阳能电池是一种由于光生伏特效应将太阳能直接转化为电能的半导体材料。当太阳光照到半导体 PN 结时，光子会激发电子形成电子的定向流动，从而产生电能，但目前的转换效率不高，一般在 20%上下。后一种操作简单，易于实现但是转换效率较低。前一种技术较为复杂但转换效率较高。

光—化学转换的主要技术方式是获得氢能，例如太阳能制氢技术，主要包括太阳能电解水制氢、太阳能热分解水制氢、太阳能光化学分解水制氢和太阳能生物制氢等。电解水制氢是目前应用较广且比较成熟的制氢技术，效率可达到 75%～85%[5]。

3）风能的转换方式

由于地面受太阳辐照后气温的变化不同，因而引起各地气压的差异，造成高压空气向低压地区流动，我们将空气流动所具有的动能称为风能。早期，人们只是将风能直接转换为动力，集中在农业生产和交通运输这两方面使用，比如风车排水、灌溉，风帆推动帆船航行等。而如今，风力发电已经成为风能利用最主要的方式。

风力发电的基本原理是利用风力带动风机叶片旋转，再通过增速齿轮提升旋转速度，从而实现风能变为机械能，再将机械能进一步转换为电能。依据目前的风机技术，大约 3 m/s 的风速（微风的程度），便可以开始发电。

虽然不同种类的能源转换方式各异，但在转换过程中，必然遵循相同的基本定律——热力学第一定律和第二定律。通过能源转换，可以使自然界中的能源更加符合实际使用需要，满足人类的生产生活。因此，生产和生活中离不开能源之间的相互转换。

1.2 朗肯循环

朗肯循环能够将热能转换为机械能，是工业应用上最重要的热力循环之一，火电厂以及核电站、地热发电、余热发电等热力系统都是基于朗肯循环。

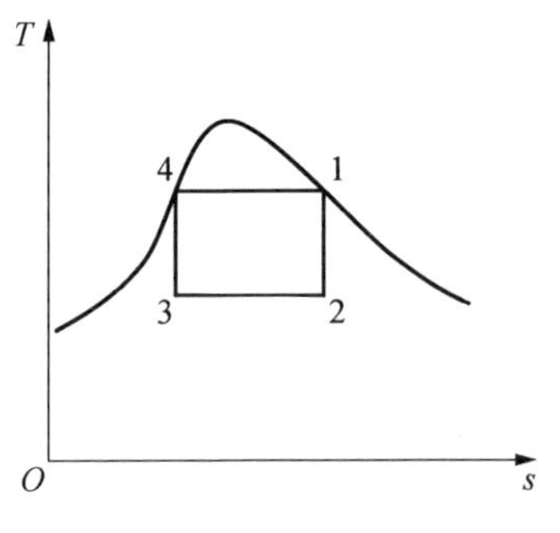

图 1-5 以蒸汽为工质的卡诺循环 T-s 图

1.2.1 朗肯循环简介

由热力学第二定律可知，在相同的热源和冷源温度下，卡诺循环的热效率最高，且其热效率仅取决于热源和冷源温度。在压力一定的情况下，液态水汽化和水蒸气冷凝过程的温度维持不变，因此卡诺循环所包含的等温吸热和等温放热过程对以蒸汽为工质的循环容易实现，循环 T-s[①] 图如图 1-5 所示。由于蒸汽卡诺循环的吸热过程必须与水的相变过程重合，因此，整个循环在湿蒸汽区内进行，循环的最高温度必须低于水的临界温度 374.15℃，这使循环热效率受到了限制。此外，状态 2 的湿度过大，可能造成汽轮机末级叶片的侵蚀，影响汽轮机的使用寿命；压缩过程(3—4)因始终处于湿蒸汽状态而不稳定。因此，在实际应用过程中，对蒸汽卡诺循环进行改进，将冷凝过程(2—3)延长至蒸汽被完全冷凝为液态，以保证压缩过程的稳定，同时将吸热过程延长至过热蒸汽区，以提高平均吸热温度，并降低状态 2 的湿度，由此构成了朗肯循环。

1.2.2 朗肯循环过程

朗肯循环系统的装置主要包括锅炉(或蒸发器)、汽轮机、冷凝器和水泵，其工作原理如图 1-6所示，p-v[②] 图和 T-s 图如图 1-7 和图 1-8所示。水在锅炉 B 中等压吸热，由过冷水变成饱和水(4—5)，然后汽化为饱和蒸汽(5—6)，饱和蒸汽进入过热器 S 等压吸热变为过热蒸汽(6—1)，过热蒸汽通过蒸汽管道进入汽轮机

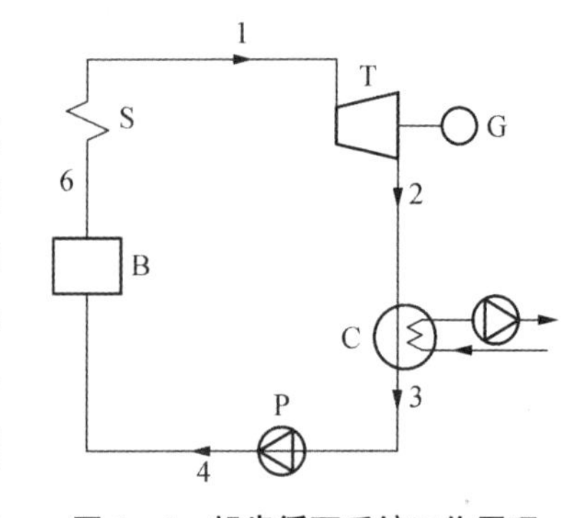

图 1-6 朗肯循环系统工作原理

---

① s 为单位质量工质的熵，以下讨论均为此情况。

② p-v 图中的 v 指单位质量工质的体积。

T,在其中绝热膨胀(1—2),膨胀过程中过热蒸汽的温度和压力不断降低,最后变为湿蒸汽被汽轮机排出,排出的乏汽进入冷凝器C被冷凝水(或空气)等压冷凝为饱和水(2—3),而后由水泵P绝热加压至锅炉压力变为过冷水(3—4),过冷水重新进入锅炉,完成一次循环。理想情况下,朗肯循环的吸热、膨胀、放热和压缩过程都是可逆的,此时朗肯循环是一个封闭系统,水(蒸汽)在其中不断循环,不发生泄漏,也无需从外界进行补充。

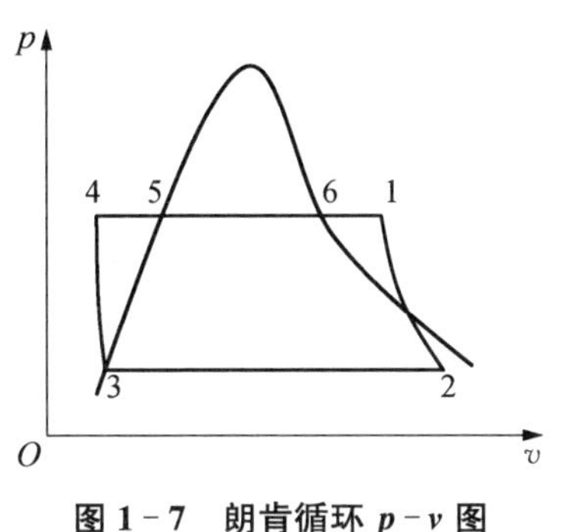

图1-7 朗肯循环 $p-v$ 图

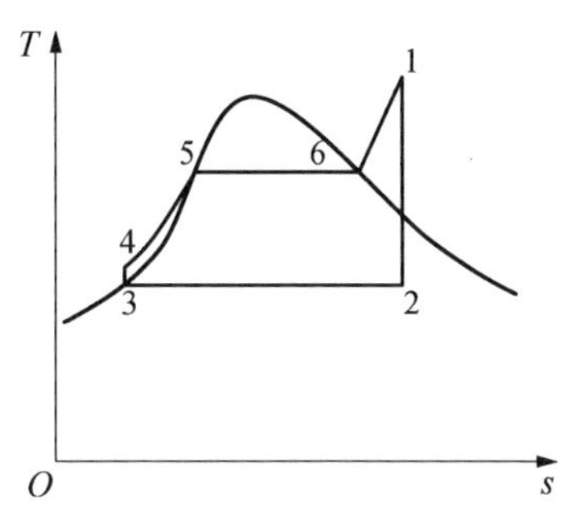

图1-8 朗肯循环 $T-s$ 图

与蒸汽卡诺循环相比,朗肯循环增加了一段过热过程,提高了循环的平均吸热温度,使蒸汽的做功能力有所增强,同时也提高了乏汽的干度,有利于延长汽轮机的使用寿命;此外,朗肯循环还延长了冷凝过程,使乏汽被冷凝为饱和液态,虽然这降低了循环的平均温差,影响了循环的热效率,但却使压缩过程能够稳定进行,同时,由于液态水的比体积远小于蒸汽,这一措施还大大降低了压缩过程所需的功。

1.2.3 朗肯循环效率

1.2.3.1 理想朗肯循环热效率

理想情况下,朗肯循环的所有过程都是可逆的,则循环水在锅炉中吸热的过程中,单位质量的水所获得的热量 q_1(单位为kJ/kg)为

$$q_1 = h_1 - h_4 \tag{1-12}$$

蒸汽在汽轮机内的膨胀过程中,单位质量的蒸汽所做的功 w_T(单位为kJ/kg)为

$$w_T = h_1 - h_2 \tag{1-13}$$

乏汽在冷凝器内放热的过程中,单位质量的乏汽放出的热量 q_2(单位为kJ/kg)为

$$q_2 = h_2 - h_3 \tag{1-14}$$

液态水在水泵内压缩的过程中，单位质量的水所消耗的功 w_P（单位为 kJ/kg）为

$$w_P = h_4 - h_3 \tag{1-15}$$

因此，对单位质量的循环水或蒸汽而言，朗肯循环的净输出功 w_{net}（单位为 kJ/kg）为

$$w_{net} = w_T - w_P = h_1 - h_2 - (h_4 - h_3) \tag{1-16}$$

则循环热效率 η 为

$$\eta = \frac{w_{net}}{q_1} = \frac{w_T - w_P}{q_1} = \frac{q_1 - q_2}{q_1} = \frac{h_1 - h_2 - (h_4 - h_3)}{h_1 - h_4} \tag{1-17}$$

式中，h_1 为过热器出口处单位质量过热蒸汽的焓；h_2 为汽轮机排出的单位质量乏汽的焓；h_3 为冷凝器出口处单位质量饱和冷凝水的焓；h_4 为水泵排出的单位质量过冷水的焓；单位均为 kJ/kg。

由于液态水不易压缩，实际在压缩过程中水的比体积几乎不变，即状态 3 和状态 4 近乎重合，因此在粗略计算时，可近似认为水泵耗功为 0，则循环热效率可表示为

$$\eta = \frac{w_{net}}{q_1} \approx \frac{w_T}{q_1} = \frac{h_1 - h_2}{h_1 - h_4} \tag{1-18}$$

1.2.3.2　蒸汽参数对朗肯循环热效率的影响

朗肯循环中，蒸汽初温 t_1 是指锅炉过热器出口处的过热蒸汽的温度，其压力称为蒸汽初压 p_1，汽轮机出口乏汽的压力称为蒸汽背压 p_2，它们分别是朗肯循环的最高和最低参数，决定了朗肯循环的热效率。

1）蒸汽初压对朗肯循环热效率的影响

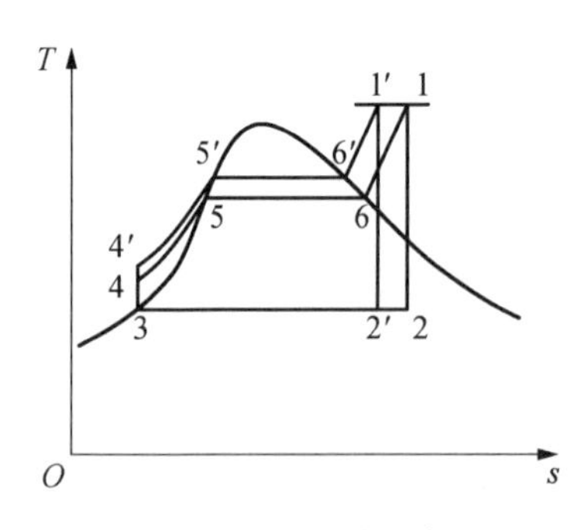

图 1-9　蒸汽初压对朗肯循环热效率的影响

如图 1-9 所示，蒸汽的初温和背压一定时，蒸汽初压由 p_1 提高至 $p_{1'}$，状态 4、5、6 也相应发生变化，循环的平均吸热温度提高，平均放热温度不变，使循环热效率提高。然而，蒸汽初压的升高会导致汽轮机排出乏汽的干度减小（状态 2′的干度小于状态 2 的干度），降低汽轮机的相对内效率；若干度过小，还可能对汽轮机的末级叶片产生侵蚀作用，影响汽轮机的使用寿命。因此，一般要求乏汽的干度不低于 0.88[6]。此外，蒸汽初压的提高还要求过热器、汽轮机等设备的强度也相应

增大。

2）蒸汽初温对朗肯循环热效率的影响

如图1-10所示，蒸汽的初压和背压一定时，蒸汽初温由t_1提高至$t_{1'}$，同时乏汽也由状态2变为状态2′，则循环的平均吸热温度提高，而平均放热温度不变，使得循环热效率提高。蒸汽初温的提高还会使汽轮机排出乏汽的干度增大(状态2′的干度大于状态2的干度)，这有利于提高汽轮机的相对内效率，并延长汽轮机的使用寿命。由前文可知，提高蒸汽初压会使乏汽干度降低，因此，在提高蒸汽初压的同时提高蒸汽初温可以抵消因初压升高而导致的乏汽干度降低所带来的不良后果。此外，提高蒸汽初温也意味着增强了单位质量的蒸汽的做功能力，使得耗汽率得以降低，提高了系统的经济性。然而，由于过热器的外壁是高温燃气，无法安装冷却装置，其温度一定高于蒸汽温度，因此蒸汽初温的提高也对过热器和汽轮机高压端的材料提出了更高的耐热性要求。基于这一原因，目前应用的朗肯循环的上限温度都低于650℃[7]。

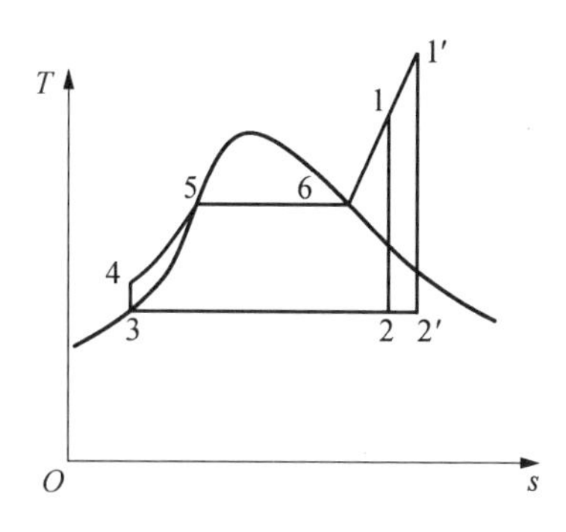

图1-10 蒸汽初温对朗肯循环热效率的影响

提高蒸汽参数以提高系统的热效率是火力发电一直以来的发展趋势。水的临界压力为22.129 MPa，临界温度为374.15℃，蒸汽参数低于水的临界点的循环称为亚临界循环，而蒸汽参数高于水的临界点的循环称为超临界循环，其中蒸汽初压大于31 MPa、初温大于593℃的循环称为超超临界循环。在超临界和超超临界循环的吸热过程中，水始终保持单相状态，加热至临界温度时直接全部汽化为过热蒸汽，不再存在蒸发沸腾过程。相较于亚临界循环，超临界和超超临界循环的热效率显著提高。

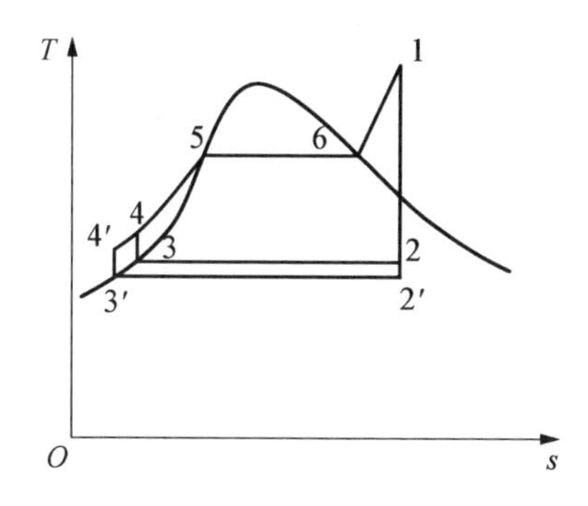

图1-11 蒸汽背压对朗肯循环热效率的影响

3）蒸汽背压对朗肯循环热效率的影响

如图1-11所示，蒸汽的初压和初温一定时，蒸汽背压由p_2降低至$p_{2'}$，由于水的饱和温度和饱和压力具有一一对应的关系，冷凝温度也由t_2降低至$t_{2'}$，这使循环的平均温差增大，循环热效率提高。背压的降低还延长了蒸汽膨胀的过程，增加了循环的做功量，降低了耗汽率，提高了系统的经济性。然而，降低蒸汽背压同样会导致汽轮机排出乏汽的干度减小(状态2′的干度小于状态2的干度)，因此，在降低背压的同时也应提高蒸汽初温，以抵消乏汽干度的降低。由于状态 2′较状态 2 的比体积有所增大，降低蒸汽背压的同时也需要增加冷凝器的体积。此外，由于冷凝水一般来自于系统周围的环境，而传热过程中乏汽必须与其保持一定的温差，冷凝温度应略高于环境温度，因此背压和冷凝温度的降低还受到环境温度的限制。

1.2.3.3 实际朗肯循环热效率

上文讨论朗肯循环的热效率时，仅考虑了无损失的理想情况。在实际应用中，蒸汽在汽轮机内的膨胀过程和冷凝水在水泵内的压缩过程均为不可逆过程，存在不可逆损失，因此下文将针对实际朗肯循环进行计算。由于水泵耗功较小，因此以下计算忽略压缩过程的不可逆性，仅考虑膨胀过程的不可逆损失，实际朗肯循环 $T-s$ 图如图 1-12 所示。

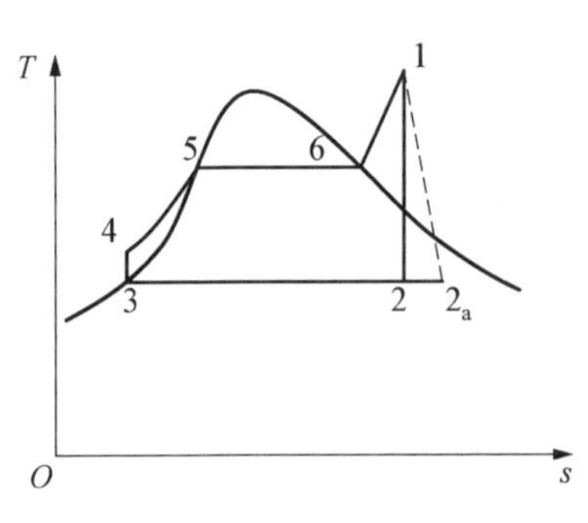

图 1-12 实际朗肯循环 $T-s$ 图

实际朗肯循环中，循环水在锅炉中的吸热过程与理想循环一致，单位质量的水所获得的热量为

$$q_1 = h_1 - h_4 \tag{1-19}$$

蒸汽在汽轮机内的实际膨胀过程为 $1-2_a$，单位质量的蒸汽所做的功为

$$w_{T_a} = h_1 - h_{2_a} \tag{1-20}$$

乏汽在冷凝器内放热的过程中，单位质量的乏汽放出的热量为

$$q_{2_a} = h_{2_a} - h_3 \tag{1-21}$$

液态水在水泵内的压缩过程也与理想循环一致，单位质量的水所消耗的功为

$$w_P = h_4 - h_3 \tag{1-22}$$

因此，对单位质量的水或蒸汽而言，实际朗肯循环的净输出功为

$$w_{net_a} = w_{T_a} - w_P = h_1 - h_{2_a} - (h_4 - h_3) \tag{1-23}$$

则循环热效率为

$$\eta_a = \frac{w_{net_a}}{q_1} = \frac{w_{T_a} - w_P}{q_1} = \frac{q_1 - q_{2_a}}{q_1} = \frac{h_1 - h_{2_a} - (h_4 - h_3)}{h_1 - h_4} \tag{1-24}$$

式中，h_{2_a} 为实际朗肯循环中汽轮机排出单位质量乏汽的焓，单位为 kJ/kg。

膨胀过程的不可逆程度可以用汽轮机的相对内效率 η_T 来表示，其值为实际循环中蒸汽的做功量与理想循环中蒸汽的做功量之比：

$$\eta_{T} = \frac{w_{T_a}}{w_T} = \frac{h_1 - h_{2_a}}{h_1 - h_2} \tag{1-25}$$

忽略水泵耗功时，实际朗肯循环的热效率又可近似表示为

$$\eta_a = \frac{w_{net_a}}{q_1} \approx \frac{w_{T_a}}{q_1} = \frac{h_1 - h_{2_a}}{h_1 - h_4} = \eta_T \eta \tag{1-26}$$

1.2.3.4　实际朗肯循环㶲效率

考虑仅膨胀过程具有不可逆损失的实际朗肯循环，则单位质量的蒸汽在膨胀过程中的㶲损失 Δe_{x_T}（单位为 kJ/kg）为

$$\Delta e_{x_T} = h_1 - h_{2_a} - T_0(s_1 - s_{2_a}) - w_T = T_0(s_{2_a} - s_1) \tag{1-27}$$

单位质量的乏汽在冷凝过程中的㶲损失 Δe_{x_C}（单位为 kJ/kg）为

$$\Delta e_{x_C} = h_{2_a} - h_3 - T_0(s_{2_a} - s_3) \tag{1-28}$$

压缩过程的㶲损失为 0。

单位质量的水在蒸发过程中的㶲损失 Δe_{x_B} 为

$$\Delta e_{x_B} = q_1\left(1 - \frac{T_0}{T_H}\right) + h_4 - h_1 - T_0(s_4 - s_1) = \frac{T_0}{T_H}(h_4 - h_1) - T_0(s_4 - s_1) \tag{1-29}$$

实际朗肯循环的㶲效率 η_{e_x} 为

$$\eta_{e_x} = \frac{w_{net_a}}{q_1\left(1 - \frac{T_0}{T_H}\right)} = \frac{w_{T_a} - w_p}{q_1\left(1 - \frac{T_0}{T_H}\right)} = \frac{h_1 - h_{2_a} - (h_4 - h_3)}{(h_1 - h_4)\left(1 - \frac{T_0}{T_H}\right)} \tag{1-30}$$

式中，T_0 为环境温度，T_H 为热源温度，单位均为 K；s_1 为过热器出口处单位质量过热蒸汽的熵，s_{2_a} 为实际朗肯循环中汽轮机排出单位质量乏汽的熵，s_3 为冷凝器出口处单位质量饱和冷凝水的熵，s_4 为水泵排出的单位质量过冷水的熵，单位均为 kJ/(kg·K)。

1.2.4　再热循环

由上文可知，提高蒸汽初温可以提高朗肯循环热效率，并增大汽轮机排出乏汽的干度，但受到材料耐热性的制约，初温能够直接提高的程度始终是有限的。而再热循环从另一个角度利用了同样的原理，对朗肯循环进行了改进。再热循环的工作原理如图 1-13 所示，$T-s$ 图如图 1-14 所示。可以看出，相较于如图 1-6 所

示的朗肯循环系统，再热系统增加了一级汽轮机和一个再热器 R。再热循环中，从过热器出来的过热蒸汽先进入汽轮机高压缸膨胀至某一中间再热压力 p_a(1—a)，然后被引入再热器经再次加热变为再热蒸汽(a—b)，再进入汽轮机低压缸继续膨胀至背压 p_2(b—2)，最后进入冷凝器被冷凝水冷凝为液态。

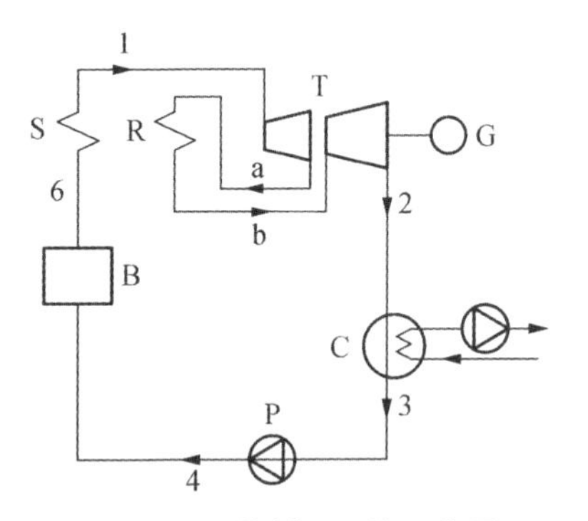

图 1-13　再热循环系统工作原理

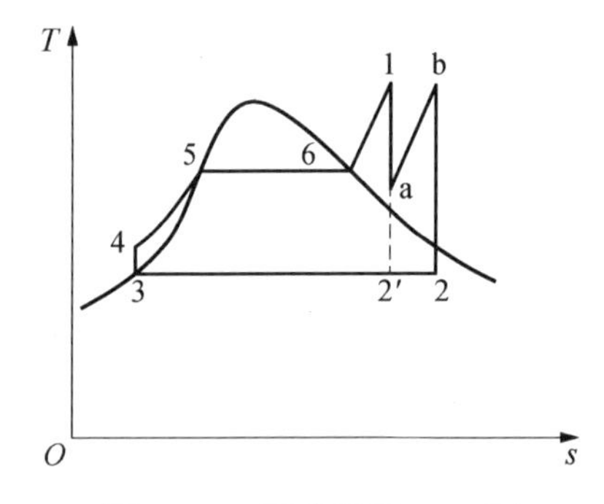

图 1-14　再热循环 T-s 图

再热循环中，水和蒸汽在锅炉中共经历了两段吸热过程 4 — 1 和 a — b，则单位质量的水(蒸汽)在锅炉中的总吸热量为

$$q_1 = (h_1 - h_4) + (h_b - h_a) \tag{1-31}$$

蒸汽在汽轮机高压缸和低压缸内分别经历了两次膨胀过程，单位质量的蒸汽在汽轮机内的总做功量为

$$w_T = (h_1 - h_a) + (h_b - h_2) \tag{1-32}$$

乏汽在冷凝器内放热的过程中，单位质量的乏汽放出的热量为

$$q_2 = h_2 - h_3 \tag{1-33}$$

液态水在水泵内压缩的过程中，单位质量的水所消耗的功为

$$w_P = h_4 - h_3 \tag{1-34}$$

则循环热效率为

$$\eta = \frac{w_T - w_P}{q_1} = \frac{q_1 - q_2}{q_1} = \frac{(h_1 - h_a) + (h_b - h_2) - (h_4 - h_3)}{(h_1 - h_4) + (h_b - h_a)} \tag{1-35}$$

再热循环最重要的目的在于增大乏汽的干度，以提高汽轮机的相对内效率，延长汽轮机的使用寿命。相比于上文提到的直接提高蒸汽初温，再热循环对设备材料的耐热性没有很高要求，因此更具有实用意义。此外，由图 1-14 可以看出，比起朗肯循环 1 — 2′— 3 — 4 — 5 — 6 — 1，再热循环增加了 a — b — 2 — 2′— a 部

分，增加部分的平均放热温度与朗肯循环相同，因此，只要选取恰当的再热压力，使增加部分的平均吸热温度高于朗肯循环的平均吸热温度，其热效率就会高于朗肯循环，再热循环就能够提高朗肯循环的热效率。根据经验，$p_a = (0.2 \sim 0.3)p_1$ 时，循环热效率提高的幅度最大[6]。另一方面，为了更好地增大汽轮机排出乏汽的干度，又应尽量降低再热压力。因此，在选取再热压力时，必须同时将提高热效率和增大乏汽干度纳入考虑。由图 1-14 还可以看出，采用再热措施明显增加了循环的做功量，能够降低系统的耗汽率，减轻冷凝器和水泵的负荷，降低煤耗。

再热技术发明于 20 世纪 20 年代，虽然采用再热循环能够带来很多好处，却也增加了管道、阀门和换热器等设备，使得系统投资增大，管理运行更为复杂。因此，20 世纪 30 年代时再热技术曾被放弃，直到 40 年代才因能够提高乏汽的干度而重新得以应用，并于 50 年代发展出了二次再热技术[7]。二次再热在一次再热的基础上又增加了一级汽轮机，蒸汽在汽轮机高压缸内膨胀到一定压力时撤出，进入再热器被再次加热，然后进入汽轮机中压缸膨胀到一定压力时又一次撤出，又进入再热器被加热，二次再热蒸汽离开再热器后进入汽轮机低压缸膨胀至背压。

现代的大中容量火电机组一般都有再热循环系统，其中大多采用一次中间再热，少数采用二次中间再热，而鲜少采用更高次的中间再热技术。这是因为随着再热次数的增加，虽然系统热效率得以提高，煤耗得以降低，但是系统的复杂程度和投资成本也相应增大。并且，再热次数的增加虽然能够提高朗肯循环的平均吸热温度，但是提高的幅度将越来越小，而蒸汽在管路中的损失却会越来越大，因此，没有必要选择过高的再热次数。

某 660 MW 超超临界二次再热燃煤发电机组锅炉过热器出口主蒸汽的压力为 32.55 MPa，温度为 605℃，额定一、二次再热蒸汽温度均为 623℃；汽轮机高压缸排汽压力为 10.819 MPa，温度为 434.9℃，中压缸排汽压力为 3.399 MPa，温度为 444.8℃，低压缸排出的乏汽进入双背压凝汽器冷凝，其背压分别为 5.1 kPa 和 11.8 kPa[8]。

1.2.5 回热循环

如图 1-8 所示，朗肯循环中状态 4 的温度较低，此时若给水直接进入锅炉被高温热源加热，会由于传热温差很大而导致极大的不可逆损失，因此回热循环利用从汽轮机某个部位抽取出的蒸汽预先加热锅炉给水，以提高循环热效率。一级抽汽回热循环系统的工作原理如图 1-15 所示，循环 $T-s$ 图如图 1-16 所示。此系统比如图 1-6 所示的朗肯循环系统多了一个回热器 R 和一个水泵，同时增加了从汽轮机中部连接至回热器的蒸汽管路。在一级抽汽回热循环中，每千克进入汽轮机的蒸汽膨胀至某一抽汽压力 p_2' 后，其中的 α kg 蒸汽被抽取出来并引入回热器，

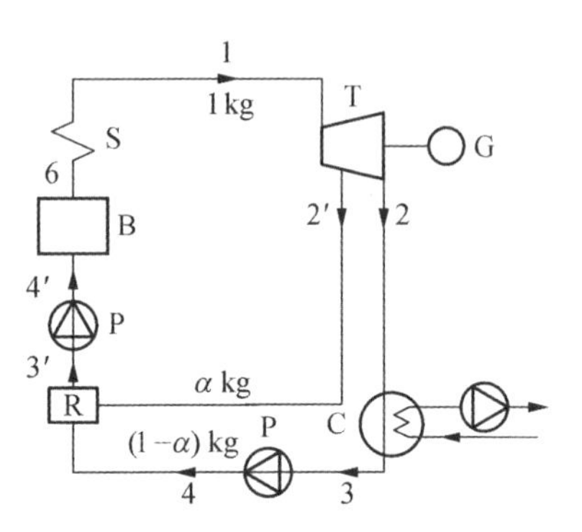

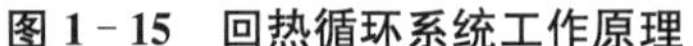
图 1－15　回热循环系统工作原理

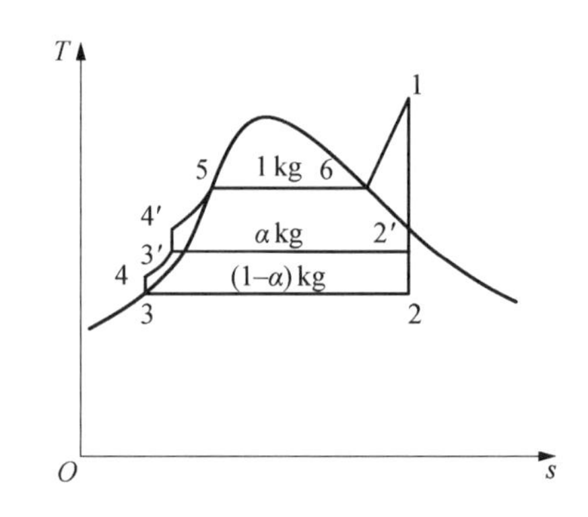

图 1－16　回热循环 $T-s$ 图

剩余的(1－α)kg 蒸汽继续膨胀(2′－2)，汽轮机排出的乏汽进入冷凝器冷凝为饱和水，由水泵加压为过冷水后进入回热器，(1－α)kg 过冷水在回热器中被抽取出来的 α kg 蒸汽加热(2′－3′为 α kg 蒸汽的放热过程，4－3′为(1－α)kg 水的吸热过程)，两者混合为 1 kg 的过冷水，然后经水泵加压重新进入锅炉。

一级抽汽回热循环中，吸热过程从状态 4′开始，单位质量的循环水在锅炉中的吸热量为

$$q_1 = h_1 - h_{4'} \tag{1-36}$$

蒸汽在汽轮机内的膨胀过程分为有 1 kg 蒸汽做功和只有(1－α)kg 蒸汽做功两个阶段，单位质量的蒸汽的做功量为

$$w_{\mathrm{T}} = (h_1 - h_{2'}) + (1-\alpha)(h_{2'} - h_2) \tag{1-37}$$

仅有(1－α)kg 乏汽进入冷凝器放热，单位质量的乏汽放出的热量为

$$q_2 = (1-\alpha)(h_2 - h_3) \tag{1-38}$$

两个水泵分别压缩(1－α)kg 和 1 kg 的水，单位质量的水所消耗的泵功为

$$w_{\mathrm{P}} = (1-\alpha)(h_4 - h_3) + (h_{4'} - h_{3'}) \tag{1-39}$$

则循环热效率为

$$\eta = \frac{w_{\mathrm{T}} - w_{\mathrm{P}}}{q_1} = \frac{(h_1 - h_{2'}) + (1-\alpha)(h_{2'} - h_2) - [(1-\alpha)(h_4 - h_3) + (h_{4'} - h_{3'})]}{h_1 - h_{4'}} \tag{1-40}$$

对回热器而言，α kg 状态为 2′的蒸汽与(1－α)kg 状态为 4 的水在其中混合为 1 kg 状态为 3′的水，其热平衡方程为

$$\alpha h_{2'} + (1-\alpha)h_4 = h_{3'} \tag{1-41}$$

由此可得抽汽量 α 为

$$\alpha = \frac{h_{3'} - h_4}{h_{2'} - h_4} \tag{1-42}$$

将 α 代入上述热效率公式，可得一级抽汽回热循环的热效率为

$$\eta = \frac{h_1 - h_{4'} - (1-\alpha)(h_2 - h_3)}{h_1 - h_{4'}} \tag{1-43}$$

相比于朗肯循环，一级抽汽回热循环中进入锅炉的水的温度由 t_4 提高到了 $t_{4'}$，循环吸热量减小，仅有 $(1-\alpha)$kg 蒸汽在冷凝器中被冷凝，循环放热量也减小，因此锅炉和冷凝器的换热面积也将减小，能够节省部分材料。而由于循环的平均吸热温度升高，平均放热温度维持不变，因此一级抽汽回热循环的热效率较朗肯循环为高。采用回热虽然能够提高朗肯循环的热效率，但循环中仅有 $(1-\alpha)$kg 蒸汽完全膨胀，而 αkg 蒸汽未完全膨胀，因此做功量减少，这使系统耗汽率增大，同时由于增加了管道、阀门、回热器和水泵等设备，系统的复杂程度和投资、运营成本也有所上升。此外，由于一般蒸汽在膨胀过程中膨胀前后的体积相差很大，使得汽轮机第一级叶片和末级叶片的尺寸相差很大，影响汽轮机的单机功率，而抽汽回热能够减小汽轮机低压端的蒸汽流量，有利于解决这一问题。

由上述分析可知，采用回热措施之所以能够提高循环热效率，是因为它提高了循环低温吸热段的吸热温度，减小了蒸汽从外部热源吸热过程中产生的不可逆性。然而，在抽取出来的蒸汽加热过冷水的回热过程中，由于蒸汽和水之间有一定的温差(图 1-16 中状态 2′的温度高于状态 4 的温度)，自然也存在着内部不可逆性，只是这种内部不可逆性弱于原本低温水和锅炉之间所存在的外部不可逆性，因此循环热效率仍然得以提高。多级抽汽回热是指从汽轮机的不同部位抽取不同温度的蒸汽，用温度较高的蒸汽加热温度较高的水，温度较低的蒸汽加热温度较低的水，以减小回热过程的传热温差。增加回热的级数能够减小回热过程的内部不可逆性，进一步提高循环热效率。当然，随着回热级数的提高，系统的复杂程度和投资成本也会大大增加，因此，选择回热级数时也需衡量级数提高所带来的收益和因此而增加的成本。现代的大中容量火电机组都采用回热循环系统，一般大型机组的抽汽回热级数为 3～8 级，很少采用超过 8 级的循环。

再热循环和回热循环的共同之处在于两者都是通过提高循环的平均吸热温度来提高系统的热效率，其中再热提高了循环高温吸热段的温度，而回热提高了循环低温吸热段的温度。现代的大中容量火电机组一般同时采用再热和回热措施，形成再热回热循环系统，以进一步提高系统的热效率。

某 330 MW 燃煤发电机组采用 7 级抽汽回热系统，锅炉过热器出口处的主蒸汽压力为 18.45 MPa，温度为 543℃，再热蒸汽的进、出口压力分别为 4.2466 MPa 和 4.0788 MPa，进、出口温度分别为 333.42℃和 543℃，额定负荷下汽轮机各级抽汽参数如表 1-1 所示[9]。

表 1-1 某 330 MW 机组抽汽额定参数

抽汽级数	抽汽压力/MPa	抽汽温度/℃
1	4.3342	336.99
2	2.1760	451.31
3	1.0299	344.78
4	0.4924	251.32
5	0.1368	125.42
6	0.0699	87.96
7	0.0258	63.25

1.2.6 朗肯循环应用

1.2.6.1 热电联供

朗肯循环最基础、最广泛的应用在于蒸汽发电。然而，即便采用了再热、回热等措施以及高参数的蒸汽，现代蒸汽发电系统的热效率最高也仅能达到 45%左右[7]。也就是说，仅有不到 45%的化学能得到了有效利用，而 50%以上的能量都被浪费了。绝大部分浪费的能量由冷凝器中的冷凝水带走，排放进了周围的环境中。而采用热电联供的措施，能够利用一部分原本被直接排放到环境中的热量，有效提高系统的能量利用率。

热电联供系统中，蒸汽仍然遵循朗肯循环，只是乏汽原本向冷凝水放热的过程变为向供热对象放热，使乏汽的部分热量得以利用。热电联供循环先利用高品位的热能进行发电，再利用低品位的热能进行供热，充分体现了“能量梯级利用”的原则。

如上文所述，降低蒸汽背压能够提高朗肯循环的热效率，因此在蒸汽发电系统中，常常尽可能地降低背压。然而背压降低至 3～5 kPa 时，对应的乏汽温度仅为 24～33℃，不足以用于供热。因此，在热电联供系统中，一般会稍微提高背压，虽然牺牲了部分做功量，但使乏汽达到了供热所需的温度品位，从而提高了能量的综合利用率。

根据所用机组的不同，热电联供循环可分为背压式机组循环和抽汽式机组循环。

1）背压式机组热电联供循环

在背压式机组循环中，水在锅炉中吸热汽化为蒸汽，蒸汽进入背压式汽轮机膨胀做功，汽轮机排出的乏汽不再通过冷凝器冷凝，而直接进入用户端的换热器向用户供热后变为液态水，再由回水泵加压进入回水箱，然后经给水泵加压后重新进入锅炉，完成一次循环，其工作原理如图1-17所示，$T-s$ 图如图1-18所示。

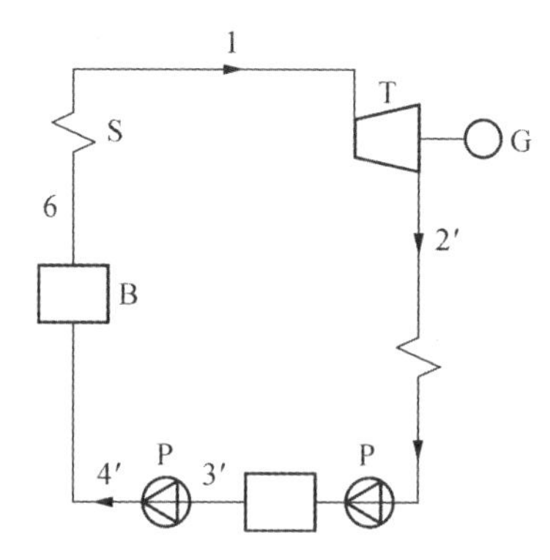

图1-17 背压式机组热电联供循环系统工作原理

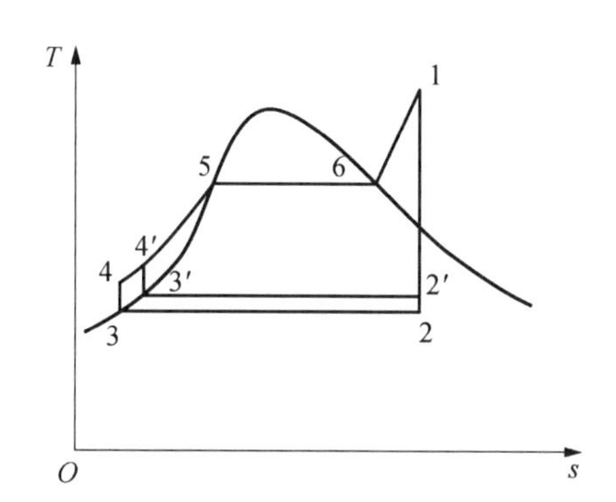

图1-18 背压式机组热电联供循环 $T-s$ 图

背压式机组循环仍为朗肯循环，相较于原循环1—2—3—4—5—6—1，其背压由 p_2 提高至 $p_{2'}$，因而热效率有所降低。但是，由于循环过程中乏流冷凝所放出的部分热量也得到利用，系统的总能量利用效率得以提高，一般情况下，热电联供系统的总能量利用效率为65%～90%[7]，显然大大高于普通蒸汽发电系统的热效率。

采用背压式机组循环的缺点在于发电量会随着供热需求的变化而变化，系统的负荷调节能力较差，因此多应用于以供热为主、发电为次的场合，而大型的热电厂则一般采用热负荷对发电量影响较小的抽汽式机组热电联供循环。

2）抽汽式机组热电联供循环

在抽汽式机组循环中，水在锅炉中吸热汽化为蒸汽，蒸汽进入抽汽式汽轮机膨胀做功，膨胀至某一压力 $p_{2'}$ 时，部分蒸汽从汽轮机中抽取出来，进入用户端的换热器向用户供热后变为液态水，再由回水泵加压进入回水箱，抽汽压力和抽汽量由供热需求决定，汽轮机中余下的另一部分蒸汽则继续膨胀至背压，然后进入冷凝器冷凝为液态水，由凝结水泵加压进入回水箱，回水箱中的水经给水泵加压后重新进入锅炉，完成一次循环，其工作原理如图1-19所示，$T-s$ 图如图1-20所示。

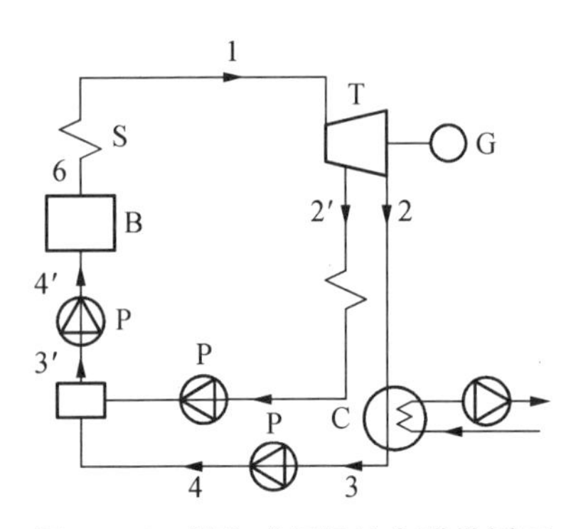

图 1-19 抽汽式机组热电联供循环系统工作原理

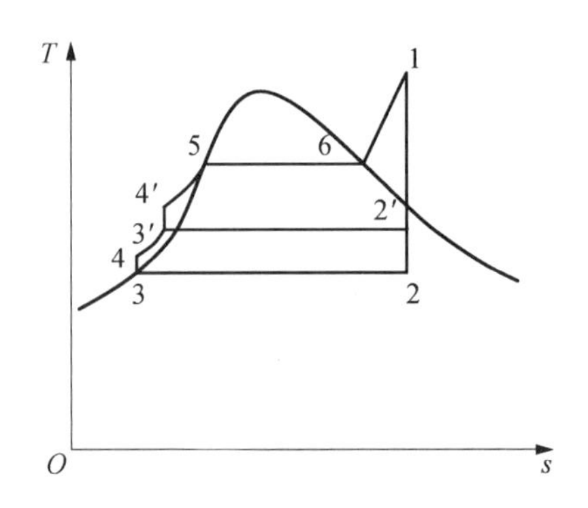

图 1-20 抽汽式机组热电联供循环 $T-s$ 图

与背压式机组循环相比,抽汽式机组循环中热负荷对发电量的影响较小,采用多级抽汽还能同时向有不同温度需求的用户供热,系统应用更为灵活。

1.2.6.2 燃气-蒸汽联合循环

燃气轮机循环中,空气在压气机内被压缩后,进入燃烧室与燃油混合燃烧,燃烧产生的燃气温度可达 1 000℃以上,然后进入燃气轮机做功。一般情况下,燃气轮机排出的烟气温度为 400~650℃[6],若直接排放入周围的环境内会造成极大的能源浪费和热污染。而水蒸气朗肯循环的温度上限目前不超过 650℃,放热温度可低至环境温度。由于燃气轮机循环具有较高的平均吸热温度,朗肯循环具有较低的平均放热温度,因此将前者的放热过程与后者的吸热过程结合起来,通过余热锅炉或余热换热器利用燃气轮机的排气加热朗肯循环的蒸汽,可以形成一个联合循环,而联合循环的热效率较两个独立的循环将会有所提高。

在燃气-蒸汽联合循环中仍可应用再热、回热等技术以进一步提高循环热效率,也可在水蒸气朗肯循环的尾部采用热电联供措施以进一步提高系统的能量利用率。

1.2.6.3 多工质朗肯循环

由于在相同的热源和冷源温度下,卡诺循环的热效率最高,因此,若实际循环越接近卡诺循环,则其热效率越高。在水蒸气朗肯循环中,液态水和过热蒸汽的吸热过程都不是等温过程,其平均吸热温度低于热源温度,热效率也低于相同热源和冷源温度下的卡诺循环。为了让水蒸气朗肯循环更接近卡诺循环,提高总循环的热效率,可以在其基础上增加其他工质循环,构成双工质或三工质朗肯循环。

水蒸气朗肯循环在低温下的性能较好,但因水的临界温度低,循环的高温特性差,因此可以在其上方增加一个高温循环。大气压下钾的沸点为 774℃,具有较好的高温特性。若采用钾作为高温循环工质，水作为低温循环工质，可以构成钾-水双工质循环。此循环中，液态钾在锅炉中吸热气化成为钾蒸气，钾蒸气进入汽轮机膨胀做功，汽轮机排出的乏气进入冷凝器冷凝为液态，又由工质泵加压进入锅炉，完成一次循环；高温循环的冷凝器就是低温循环的蒸发器，钾乏气在其中向液态水放热，水吸热汽化为蒸汽后进入汽轮机膨胀做功，汽轮机排出的乏汽在冷凝器中又冷凝为水，由水泵加压回到蒸发器，完成一次循环。

钾-水双工质循环的缺点在于一旦发生泄漏，钾和水接触将发生剧烈的化学反应，系统安全性差，因此可在两个循环间增加一个联苯循环，构成钾-联苯-水三工质循环。此三工质循环中，钾先后在锅炉和汽轮机中经历吸热汽化和膨胀做功过程，做功后的钾乏气进入冷凝器被冷凝为液态；这一冷凝器的冷却介质为联苯，联苯在其中吸热气化为联苯蒸气，然后进入汽轮机膨胀做功，乏气又被底循环的工质水冷凝为液态；水被联苯乏气加热汽化为蒸汽后进入汽轮机膨胀做功，而后在冷凝器中被冷凝水冷凝为液态。为进一步提高系统的热效率，此联合循环中的三个分循环也可采用抽汽回热。由国际能源总署设计的钾-联苯-水三工质循环系统参数如表 1-2 所示，此联合循环的热效率可达 60.9%[10]。

表 1-2　国际能源总署钾-联苯-水三工质循环系统参数

工质	蒸发压力/kPa	蒸发温度/℃	冷凝压力/kPa	冷凝温度/℃
钾	300	890	2.7	477
联苯	2090	455	200	287
水	5500	270	5	33

在上述双工质和三工质循环中，分循环的吸、放热过程都可近似看作等温过程，因而联合循环相较于单一的水蒸气朗肯循环更接近卡诺循环，具有更高的热效率。钾-联苯-水三工质循环比钾-水双工质循环更接近卡诺循环，同时由于增加了一级传热过程，虽然导致传热损失增大，但也降低了钾、水直接传热过程中由于压差太大而带来的工质泄漏的可能性，提高了系统的安全性。

1.2.6.4　有机朗肯循环

有机朗肯循环是指用低沸点有机物作为工质的朗肯循环，其工作原理与水蒸气朗肯循环相似，如图 1-21 所示，以 R245fa 为工质的有机朗肯循环的 $T-s$ 图如图 1-22 所示。有机工质在蒸发器 E 中吸热气化为蒸气(5—6—1)，蒸气进入汽轮机膨胀做功(1—2)，汽轮机排出的乏气进入冷凝器冷凝为液态(2—3—4)，由工质

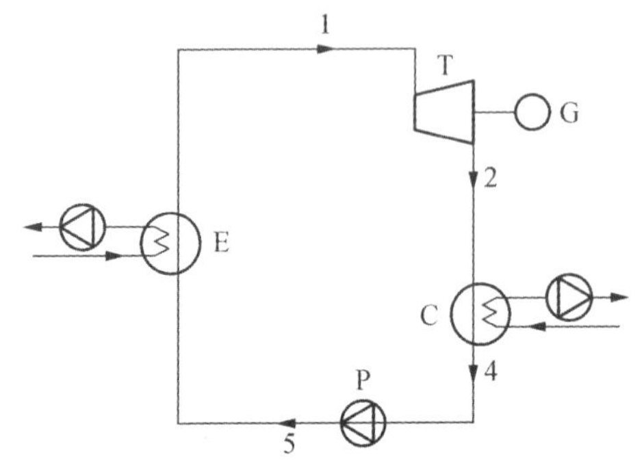

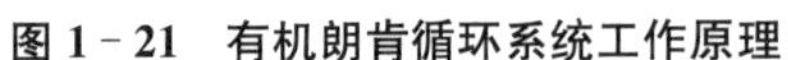
图 1－21　有机朗肯循环系统工作原理

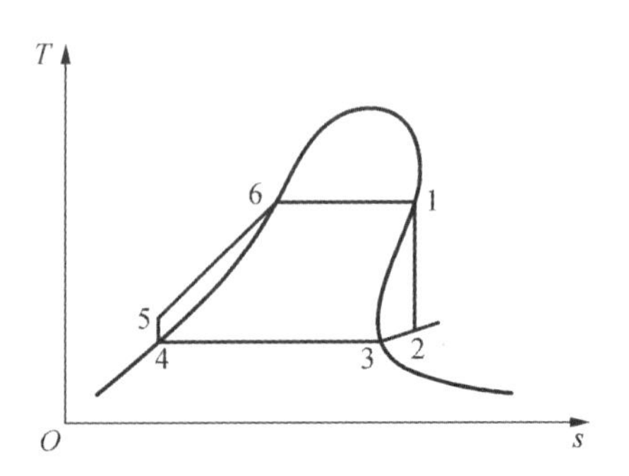

图 1－22　R245fa 有机朗肯循环 $T-s$ 图

泵加压(4—5)后重新进入蒸发器，完成一次循环。

与水蒸气朗肯循环相比，有机朗肯循环采用的低沸点有机工质在较低的温度和压力下即可气化为蒸气，而水蒸气朗肯循环受限于水蒸气的特性，需达到较高的吸热温度才具有一定的热效率，因此在利用工业余热以及太阳能、地热能和生物质能等中低品位的能源时，有机朗肯循环的效率高于水蒸气朗肯循环。但是由于有机朗肯循环在较低的温度区间内工作，其本身的循环热效率并不高，因此在实际应用中常常采用带抽气回热的循环系统。

对太阳能热发电系统而言，水蒸气朗肯循环需要高温热源，必须采用较为复杂的集热装置，而应用低沸点有机物作为工质，就可利用中低温热源，使用更为简单的集热装置，降低系统的复杂程度。图 1－23 是一个简单应用有机朗肯循环的太阳能热发电系统。换热流体在集热器 C 中吸热后进入蒸发器 E 将热量传递给有机工质，有机工质受热气化后进入汽轮机膨胀做功。

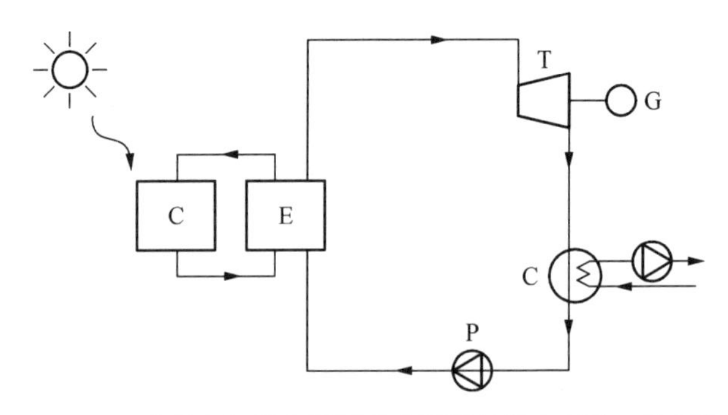

图 1－23　应用有机朗肯循环的太阳能热发电系统工作原理

有机朗肯循环可以根据不同的热源温度选择沸点最为匹配的有机物作为工质，因而能更好地利用不同类型的中低温热源。此外，有机工质的比容小，所以汽轮机和管道的尺寸小于水蒸气朗肯循环系统;有机工质的凝固点很低,在寒冷的环境下也无需防冻措施。

1.3 分布式能源

1.3.1 分布式能源概述

1.3.1.1 分布式能源的定义

分布式能源是相对传统集中式供电而言的,指将系统以小容量(数千瓦至50兆瓦)、模块化、分散式的方式布置在用户侧,并可独立地输出冷热电的系统(见图1-24)。

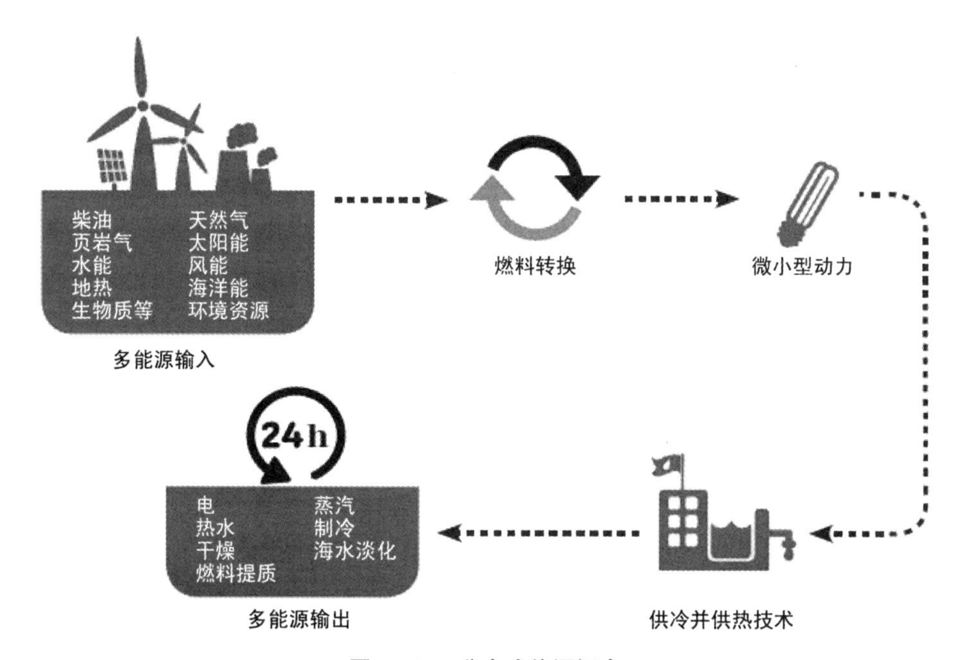

图1-24 分布式能源概念

分布式能源的概念起源于国外,至今并没有统一的定义。在美国称之为distributed energy resources,在欧洲和世界分布式能源联盟(WADE)称为decentralized energy resources。此外,国际上也有其他相近的命名,称为分布式发电(distributed generation, DG),分布式供电(distributed power, DP)等。虽然这些名词彼此相近,但包含的概念不完全一致。

DG:指建设在用户或公共电网变电站附近的小型发电系统,它包含多种发电技术,如燃气轮机、内燃机、蒸汽轮机等原动机发电技术以及太阳能、风能、生物质能等可再生能源发电技术。

DP：指位于用户附近，生产和储能的系统，它不仅包含了DG的发电系统，还包括了如蓄电池、飞轮、压缩空气、超导储能等储能技术。

DER：指一系列小型的、模块化的产能和存储的系统，一般建在用户或配电站附近。它涵盖更加广泛的概念，不仅包含了DG与DP所有的技术，并且包含供应侧及用户侧的管理技术。

与国外相似，我国不同学者对分布式能源的概念也有不同的定义，比如“分布式能量系统”“分布式发电”“分布式供能系统”，以及“需求侧能源装置”等[11,12]。2004年国家发改委在《关于分布式能源系统有关问题的报告》中正式提出“分布式能源”概念，标志着我国分布式能源发展步入一个崭新的阶段。

目前，分布式能源形式多种多样，以天然气等燃料为主的热电联产和冷热电三联供系统，是分布式能源的主要形式。同时，风力发电、光伏发电、小型水力发电等可再生能源发电系统，也是分布式能源的重要组成部分。

1.3.1.2 分布式能源的特点

当今人类活动中，电能是能源使用的基本形式。第二次工业革命以来，“大机组、大电网、超高压”构筑了第一代能源系统。这种以大容量、高参数机组发电，超高压、远距离输电，机组互联、形成大电网供电的模式，称为集中式供电。然而，随着电网规模的不断扩大，社会发展对电力供应的质量、安全及可靠性要求越来越高，超大规模电力系统所表现出的运行难度大、投入成本高等弊端也日益凸显。

随着技术的进步和社会发展的需求，能源供给模式正逐步地由第一代能源系统朝着第二代能源系统的方向发展。与第一代能源系统不同，第二代能源系统的主要特征包括燃料的多元化、设备的小型化、微型化以及能源的梯级利用等方面，体现了未来能源技术发展的重要趋势。而分布式能源，集中体现了第二代能源系统的主要特征[13]。

1）能源利用效率高

在日常生活和工业生产中，所需要的能量形式不仅仅限于电能，往往还存在大量的、不同温度的热能和冷能需求，如各种工业用蒸汽、供暖、热水、制冷等，仅仅依靠电力来满足上述需求，难以实现能源的综合利用。此外，随着电网建设的不断扩大，电力的输送成本和损失也越来越高。根据世界银行发展指标，2011年，全球的平均电力损失达12.5％，发展中国家如印度（21.1％）和巴西（16.5％）的损失率远远高于全球平均水平。而分布式能源遵循“温度对口，梯级利用”的科学用能准则，就地生产，按需供给，在满足用户需求的同时，减少输配电损失，并克服了冷能和热能无法远距离传输的困难，实现能源综合利用率有可能达到80％以上。

2）能源安全

20世纪初以来，电力行业流行的观点是：发电机组容量越大，则效率越高，单位容量投资越低，运行成本越低。然而随着电网的急速膨胀，对社会的供电安全与稳定性，却带来了非常大的威胁。大区域互连电网在安全性、稳定性、供电质量方面往往存在着各种隐患，若其中的一个环节出现故障，就可能导致互连区域发生大面积停电事故（见图1－25）。但如果在用户侧直接安置分布式能源系统，与大电网配合，则可以大大地提高当地供电可靠性，在地震、暴风雪等意外灾害和电网崩溃情况下，可以继续维持重要用户的供电。

图1－25　2008年中国南方雪灾造成停电事故

表1－3列出了全球21世纪初发生的比较严重的停电事故及其造成的影响，充分反映了集中式供电脆弱的一面。

表1－3　21世纪初全球停电事故及其影响

时间	国家	停电原因	后　果
2002－1－21	菲律宾	电缆故障	吕宋岛电力供应全部中断，全国4000多万人受影响
2003－8－14	美国、加拿大	纽约——发电厂遭雷击	美国东北部与加拿大地区发生大面积停电，约5000万人受到影响
2005－8－18	印度尼西亚	电网故障	全印尼1亿人受影响
2005－9－12	美国	电站员工操作失误	洛杉矶大面积停电，5000万人受到影响

（续表）

时间	国家	停电原因	后　　果
2006－7－1	中国	高压线路故障	河南5市停电，并影响到周边湖北、湖南、江西等各省电网
2006－9－24	巴基斯坦	输电线路维修	首都伊斯兰堡以及全国主要城市均被波及，全国70%以上的居民受到影响
2006－11－4	西欧多国	德国——高压线路关闭	西欧多国严重停电事故，约1000万人受影响
2007－4－26	哥伦比亚	电厂技术故障	全国供电网络中断
2009－11－10	巴西	闪电致电路故障	停电持续4小时，巴西境内5000万人受到影响，邻国巴拉圭全国断电15分钟
2012－7－30	印度	三大电网瘫痪	全印度一半地区多达6亿人受影响

此外，分布式能源还可以改善国家能源结构，促进绿色能源的开发和应用，降低石油、煤等传统化石能源的开采。这不仅可以减少开采事故和人员伤亡，还能缓解过度开采导致的生态、环境、气候、地质，乃至能源问题。

3）环境友好

分布式能源系统是使用清洁燃料的良好载体，同时以其高效率实现环保效益。包括天然气、轻质油或可再生能源在内的清洁能源，只有在分布式能源体系下，才有机会得以广泛、充分而高效地利用。即便燃煤火电机组采用最清洁的燃料，与之相比，天然气分布式能源系统二氧化碳排放量可减少50%以上。按照美国能源CCHP2020纲领的描述，部分新建建筑采用冷热电三联产（CCHP）后，美国可以减排19%[12]。此外，分布式能源规模小，适合分布式可再生能源的发展。

4）经济效益

分布式能源系统是按需就近设置，尽可能与用户匹配。与集中能源系统相比，没有能源远距离输送引起的输配损失以及高额的输配系统投资，经济效益好，并为终端用户提供了灵活、节能型的综合能源服务。此外，分布式能源系统可以满足特殊场合的需求，例如：不适宜铺设电网的西部等偏远地区或游牧地区，对供电安全稳定性要求较高的特殊用户，如医院、银行等，以及能源需求较为多样化的用户，需要电力的同时还需要热或冷能的供应[14]。

1.3.2 分布式能源技术

1.3.2.1 冷热电联产

冷热电联产(combined cooling, heating and power, CCHP)是在热电联产的基础上发展而来,它通过燃料燃烧产生的高品位热能通过燃气轮机或内燃机等热工转换设备发电,同时利用做过功的低品位热能(简称余热)直接面向用户提供热能,或通过热驱动制冷技术提供冷能(见图1-26)。

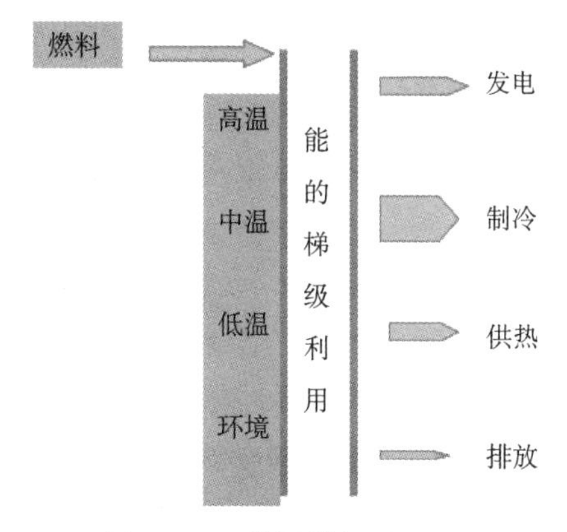

图1-26 能源梯级利用原理

冷热电联产是实现"温度对口、梯级利用"的一种总能系统,是分布式能源系统中前景最为明朗,也是最具实用性和发展活力的系统。

由于天然气具有管道运输的便利,国内外的冷热电联产系统主要以天然气为燃料,在国内也称为"天然气分布式系统"。目前,我国天然气冷热电联产主要服务对象是中小型能源用户,又分为楼宇型冷热电联产和区域型冷热电联产。楼宇型冷热电联产主要包括商场、酒店、写字楼、医院、机场等,而区域型冷热电联产包括大学、CBD(中央商务区)、度假村、工业园区、生态园区等(见图1-27)。

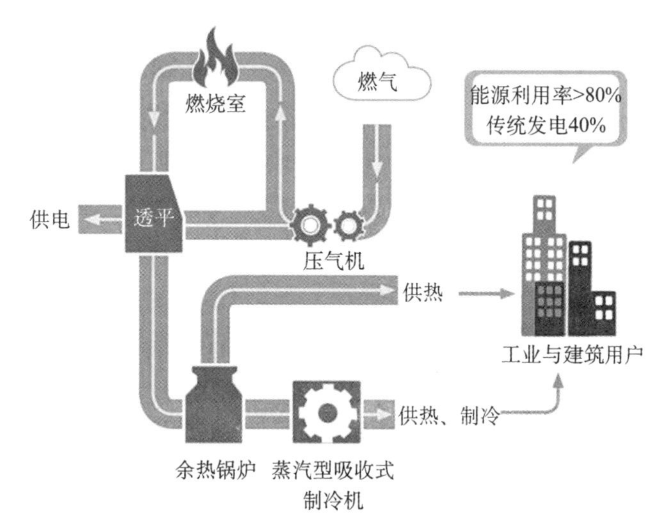

图1-27 天然气冷热电联产

1）冷热电联产系统简介

典型的冷热电联产系统一般包括动力系统、余热利用装置、余热驱动制冷系统等。其中，余热利用装置主要是余热锅炉(见图 1 - 28)。

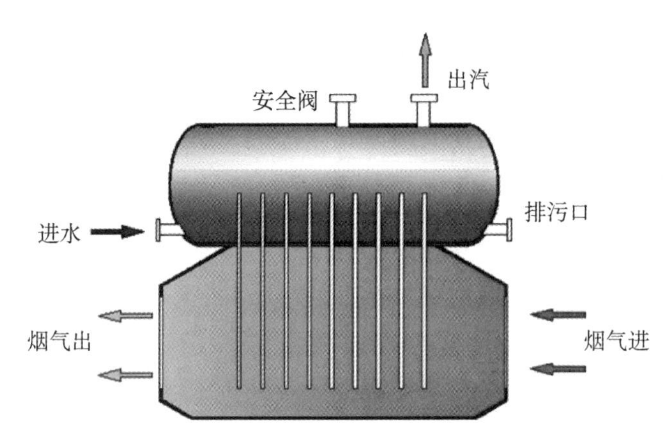

图 1 - 28　余热锅炉原理

余热驱动制冷技术主要包括吸收式制冷技术和吸附式制冷技术。目前，吸收式制冷技术较为成熟，溴化锂吸收式制冷机组在冷热电联产中已经得到广泛的应用。而吸附式制冷技术的应用相对较少，主要是用于小型或微型冷热电联供系统中，但是由于它具有驱动温度低、结构简单、无运动部件、无噪声、抗震性能好、无结晶现象以及几乎不受地点限制等突出优点，具有广泛的应用前景和价值。

针对不同的用户需求，冷热电联产系统方案的可选择范围很大。目前，冷热电联产系统常用的动力子系统主要有蒸汽轮机、燃气轮机、往复式发动机、斯特林机，及燃料电池等。

(1) 蒸汽轮机。蒸汽轮机采用蒸汽作为工作介质，由高温高压蒸汽带动汽轮机发电或做功。蒸汽轮机用于冷热电联产时，将部分做功后的蒸汽从汽轮机中间抽出或利用汽轮机排汽向用户供热，或作为余热型制冷机组的驱动热源，从而实现冷热电联产。由于系统性能与机组容量关系很大，容量较小的机组性能比较差，而大型机组生产冷量会受到传输距离制约；如采用蒸汽送至用户端然后做吸收式制冷，则管道造价较高；蒸汽系统以水为循环工质，系统复杂，不适合中小型用户。

(2) 燃气轮机。燃气轮机是以连续流动的气体为工质带动叶轮高速旋转，将燃料的内能转变为有用功的内燃式动力机械，是一种旋转叶轮式热力发动机。它主要由三部分组成：压气机、燃烧室和燃气透平。压气机将空气压缩进入燃烧室，在燃烧室内与喷入的燃气（如天然气）混合燃烧，之后在汽轮机里膨胀，驱动叶轮转动，使其驱动发电机发电。燃气轮机是热电联产系统最理想的选择。

① 燃气轮机-蒸汽型吸收式冷热电联供。燃气轮机产生的高温高压废热进入余热锅炉，用以产生蒸汽。夏季可利用蒸汽驱动蒸汽双效溴化锂吸收式机组制冷；冬季可利用这部分蒸汽直接供热（见图1-29）。

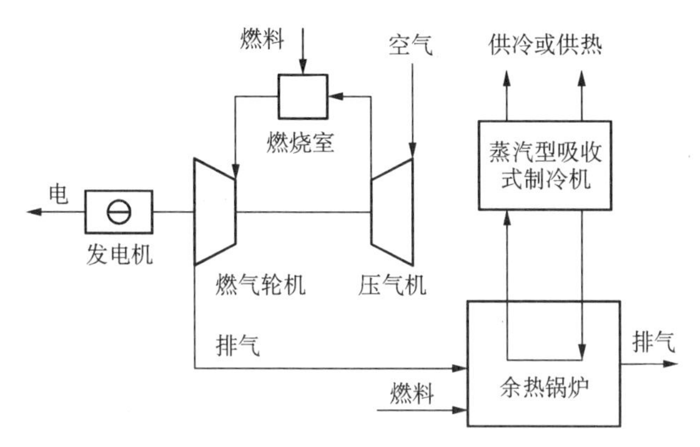

图1-29 燃气轮机-蒸汽型吸收式冷热电联供

② 燃气轮机-烟气型吸收式冷热电联供。与蒸汽型联产系统不同之处在于，排气中的余热直接通过烟气型溴化锂吸收式机组回收利用，没有了余热锅炉这一中间环节（见图1-30）。

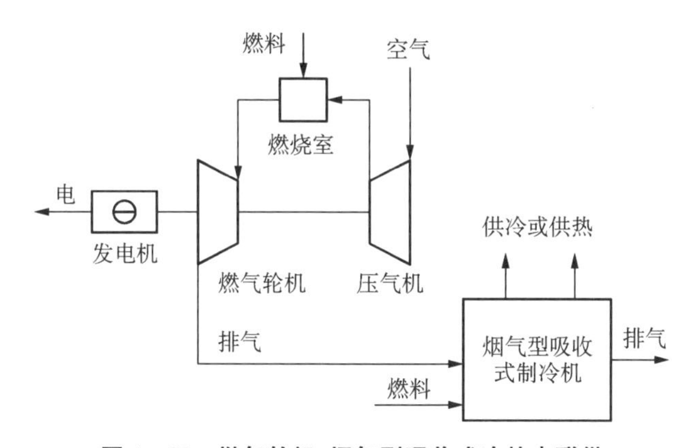

图1-30 燃气轮机-烟气型吸收式冷热电联供

（3）往复式发动机。往复式发动机（又称内燃机）用于发电，主要包括提供紧急备用电力、承担尖峰负荷以及热电联产等。冷热电联供系统采用内燃机驱动时，燃料先在内燃机的气缸内燃烧产生高温高压气体，循环初温可达2000℃，气体膨胀对外输出的动力被转换成电。同时，内燃机排出 350～450℃的烟气和85～90℃的缸套循环水。相对燃气轮机，内燃机的排烟温度较低，烟气流量较小，不适合产生蒸汽。因此内燃机主要与烟气型吸收式冷热水机组配套使用(见图 1-31)。

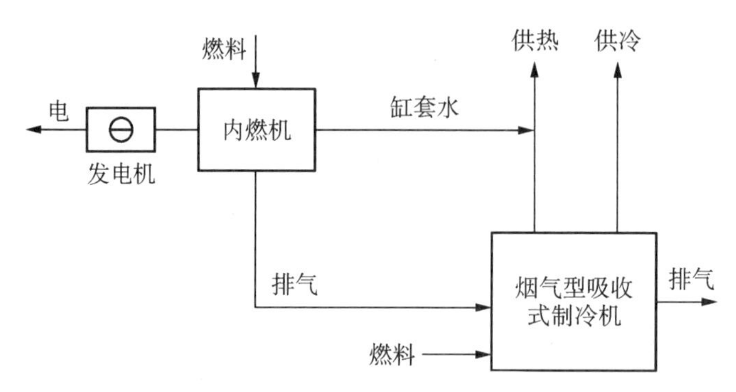

图 1-31　内燃机-烟气型吸收式冷热电联供

(4) 斯特林机。斯特林机(Stirling engine)，又名燃气外燃机，是一种闭式循环往复活塞式外燃机，其理想热力学循环称作斯特林循环，即概括性卡诺循环。斯特林机以氢、氮、氦或空气为工质，封闭在机器内，在各腔室循环反复使用。

以斯特林机为核心的分布式能源系统，主要使用燃料在发动机外燃烧，产生的热量用于加热一个封闭腔内的气体使其升温升压。这些气体流到封闭腔的另一端冷却收缩再返回，如此不断地循环往复，从而对外输出功。同时，燃烧产物中的余热(包括排放烟气和缸套水)可回收用于制冷或制热(见图 1-32)。

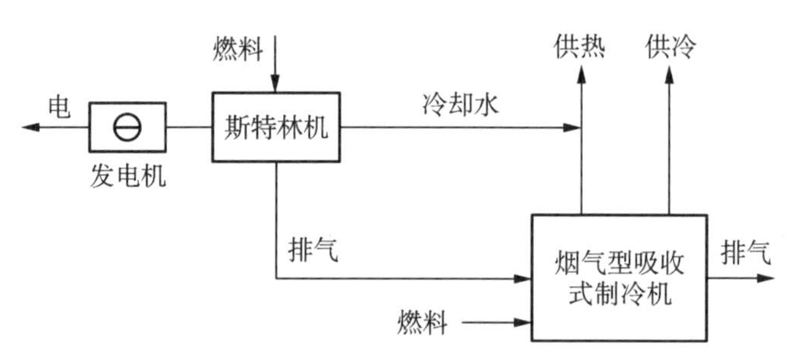

图 1-32　斯特林机-烟气型吸收式冷热电联供

(5) 燃料电池。燃料电池是一种将燃料化学能直接转化为电能的装置。以燃料电池为核心的冷热电联产系统，主要将天然气等燃料重整反应制成氢气，然后进行电化学反应进而转化为电能，同时利用回收的热能采暖、制冷和供应热水。发电效率为 40%，家用燃料电池还可以提供 70℃热水，综合热效率可达 80%。

表 1-4 给出了冷热电联供系统动力设备特点。[11]

表1-4 冷热电联供系统动力设备特点[11]

动力设备	适用范围	优点	缺点	发展趋势
蒸汽轮机	大型集中式电站，工业用热电联供	理论上可采用任何燃料，技术成熟，使用寿命长，可靠性强	发电效率低，启动速度慢，部分负荷性能差，初始投资高	小型的即插即用型蒸汽轮机
燃气轮机	发电量在1MW以上的大型热电联供系统	可靠性强，功率范围大，可与蒸汽轮机组成联合循环发电，具有有效的排放控制技术	需优质燃料，机组价格高，在高海拔或环境温度较高时，性能会大幅下降	微型燃气轮机，已部分商业化
往复式发动机	发电量在1MW以下的发电场合	启动速度快，部分负荷性能好，技术成熟，具有多种型号可供选择，初始投资低	震动严重，噪声大，运动部件多，维护周期短，维修费用高，排量大	具有更低排放的内燃机
斯特林机	小型热电联供，尤其适用于家用	几乎可采用任何燃料，排放低，效率高，噪声低	技术不成熟，成本高可回收余热的品位低	降低成本，采用太阳能驱动
燃料电池	家用或小型联供系统	发电效率高，污染物排放少，部分负荷性能好	技术不成熟，成本高，商业化程度低	降低成本，解决电解质腐蚀、燃料要求高等问题

2) 冷热电联产应用实例

广州大学城分布式能源系统(见图1-33)由能源站、集中生活热水系统、区域供冷系统组成，系统设计为向广州大学城(小谷围岛)区域内的11所大学及其他用

图1-33 广州大学城分布式能源系统

户约30万人提供全部生活热水、空调冷冻水和部分电力。分布式能源系统以天然气为一次能源，通过燃气-蒸汽联合循环机组发电，利用发电后的尾部烟气余热生产高温热媒水，用于制备生活热水和空调冷冻水。

分布式能源站规划使用4×78 MW燃气-蒸汽联合循环机组，一期建设2×78 MW机组，主体工程造价71870万元，同时配套建设220 kV送出线路工程，输送工程造价9399万元，合计工程总投资81269万元。燃气轮机发电机组为美国普惠公司的FT8－3 Swift Pac双联机组(60 MW)；蒸汽轮机发电机组供货商为中国长江动力公司(集团)，分别选用一套带调整抽汽的抽汽凝汽式蒸汽轮机发电机组和一套双压补汽式蒸汽轮机发电机组，配套18 MW和25 MW发电机各一台。

分布式能源系统建设在大学城区域负荷中心，可以实现区域所需各种能源的就地生产就地供应，最大限度地减少了能源输送损耗。由于热能的梯级综合利用以及能源输送损耗最小，一次能源的综合利用率得到大幅度提高，据统计，目前一次能源的利用效率达到了78%，每年可减排二氧化碳24万吨、二氧化硫6000吨，且氮氧化物的排放比常规燃煤电厂减少80%。图1－34为分布式能源系统。

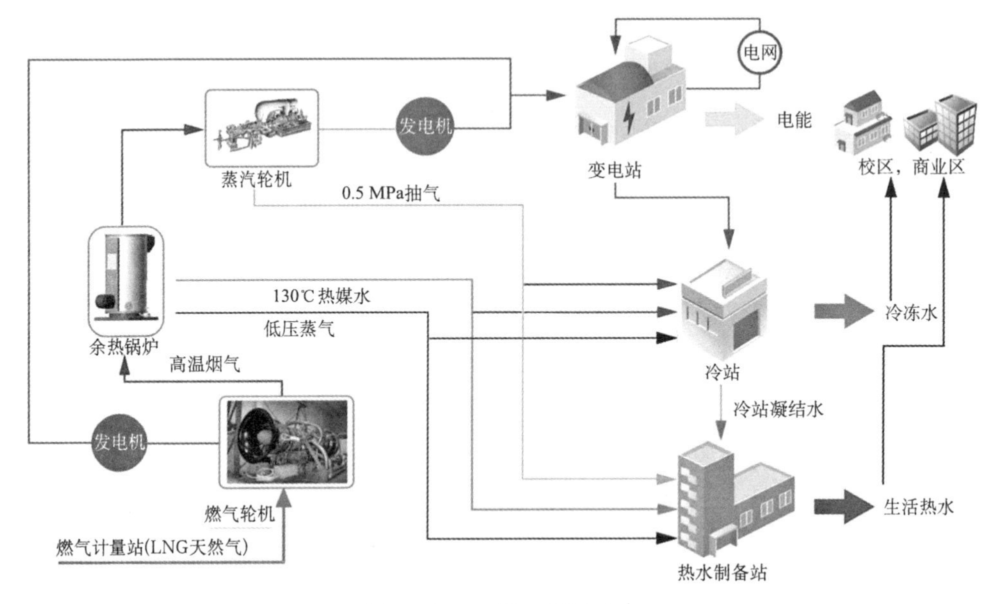

图1－34　分布式能源系统

1.3.2.2　可再生能源发电技术

自20世纪90年代以来，可再生能源发展迅速，已经在世界能源供应结构中占据一席之地，并越来越受到各国政府的重视。分布式可再生能源发电主要包括分布式光伏发电、分布式风力发电、小型水力发电、生物质能发电等多种方式，是分布式能源的重要组成部分。

1) 分布式光伏发电

光伏发电是利用半导体的光电效应将光能直接转变为电能的一种发电技术。截至2012年，全球的光伏发电装机容量超过100 GW，成为全球可再生能源领域光伏应用的重要里程碑。图1-35为分布式光伏发电的实物图。

图1-35 分布式光伏发电

分布式光伏发电主要有离网型、并网型及多能互补微电网等应用形式。并网型分布式发电多应用于用户附近，一般与中、低压配电网并网运行，自发自用，电力不足时从网上购电，电力多余时向网上售电；离网型分布式光伏发电多应用于边远地区和海岛地区，它不与大电网连接，利用自身的发电系统和储能系统直接向负荷供电；分布式光伏系统还可以与其他发电方式组成多能互补微电系统，如水/光/风互补发电系统等，既可以作为微电网独立运行，也可以并入电网联网运行。

离网型分布式光伏发电主要应用在偏远、无电地区的通信、交通、照明等领域，如太阳能通信电源、太阳能路灯(见图1-36)、城市景观、电动汽车充电站等利用方式。

并网型分布式光伏发电主要形式是建筑光伏发电，指在建筑屋顶和朝阳墙面上安装、在电网用户侧并入的分布式电源，是分布式光伏发电最重要的应用形式。建筑光伏发电可分为屋顶光伏系统和光伏建筑一体化(见图1-37)两种。

图 1-36　太阳能路灯

图 1-37　光伏建筑一体化

屋顶光伏发电(building attached PVs, BAPV)是把光伏系统安装在建筑物的屋顶或者外墙上,建筑物作为光伏组件的载体起支撑作用,光伏系统本身并不作为建筑的构成,拆除后建筑物仍能够正常使用。

光伏建筑一体化(building integrated PVs, BIPV)是指将光伏系统与建筑物集成一体,光伏组件成为建筑结构不可分割的一部分,如光伏屋顶、光伏幕墙、光伏瓦和光伏遮阳装置等。光伏建筑一体化是建筑光伏发电的更高级应用,光伏组件既作为建材,又能够发电,一举两得,可以部分抵消光伏系统的高成本,有利于光伏的推广应用。目前,国外已经出现了大量的示范性光伏建筑一体化工程。

2) 分散式风力发电

按照美国分布式风能协会(Distributed Wind Energy Association, DWEA)定义,分布式风力发电是指就近安装在居民社区、农场、商业办公楼、工业区及公共设施等地,直接接入配电网,用于满足全部或部分用户自身或附近用电需求的风力发电设备。2011 年,国家能源局在《关于分散式接入风电开发的通知》中,将"分布式"改成"分散式",并定义为:位于用电负荷中心附近,装机总容量不超过 5 万千瓦,不以大规模远距离输送电力为目的,所产生的电力就近接入电网,并在当地消纳。

与大型风电场远距离输送利用方式不同,分布式风力发电主要以风光互补(见图 1-38)、风电与柴油机加储能系统等利用方式供给偏远离网地区,例如边防连队、哨所、海岛、高山气象站、滩涂养殖业等。

据世界风能协会发布的《2014 年全球小型风电装机报告》显示,全球小型风电装机容量已超过 687 MW,较 2011 年的 576 MW 增长 19%。其中,中国装机容量

图 1-38 风光互补系统

占全球总量的 39%。

3) 生物质发电

由于生物质资源时空分布分散，运输成本高，因此生物质发电站通常规模较小，适宜在原料产地附近选址建设，采用分布式冷热电联供的利用方式来提高经济效益(见图 1-39)。

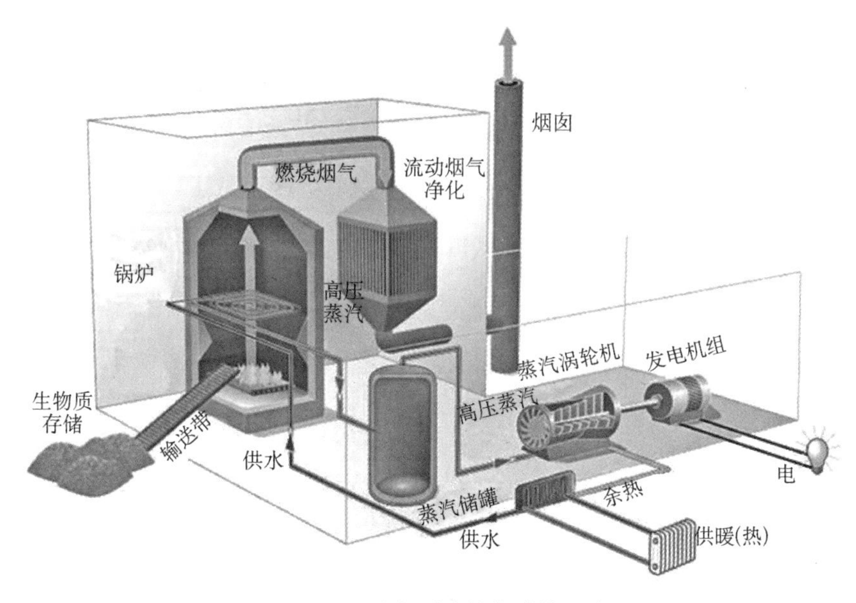

图 1-39 生物质冷热电联供系统

生物质发电技术主要有三类：直燃、混燃和气化发电。生物质直燃发电全部采用生物质为原料，在专用发电锅炉中燃烧，产生的蒸汽驱动蒸汽轮机，带动发电机发电。生物质气化发电是指采用气化技术将生物质原料转化为可燃气体，再通过燃气内燃机组发电。生物质混燃发电是常规煤发电厂在燃煤中掺入一定比例的农林生物质原料，利用煤—生物质混合燃料发电。该技术十分成熟，国际上普遍应用，英国所有燃煤发电机组都进行了相关改造。

4）小型水力发电

小型水电和大中型水电站一样，都是水力发电，但它不是小型化的大水电。小水电本身具有一系列特点，如：①分散性，即单站容量不大，但其资源到处存在；②对生态环境负影响很小；③简单性，即技术是成熟的，无须复杂昂贵的技术；④当地化，即当地群众能够参与建设，并可尽量使用当地材料建设；⑤标准化，即较易于实现设计标准化和机电设备标准化，以降低造价、缩短工期。图 1－40 给出小型水电系统原理。

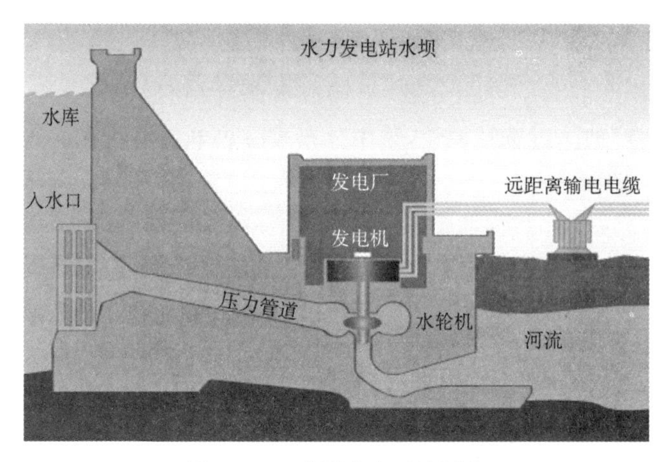

图 1－40　小型水电系统原理

小水电装机容量通常在 100 kW～30 MW，微型水电装机容量一般小于 100 kW。最简单的微型水电站是“顺河式”，不用建设水坝，不会影响生态环境。“顺河式”水电系统将一部分河水引入管道，水流从高处流入管内推动水轮发电。

1.3.2.3　分布式储能技术

分布式能源系统中，光伏发电和风力发电的主要缺点是其出力随着气象与大气条件的变化而变化，并且是间歇性的，为了保证对负荷的连续供电，必须在其系统中安装储能装置。在冷热电联产系统中，储能系统可有效缓解冷热电联供系统中能量供应和用户之间不匹配所带来的矛盾。储能技术能够调控分布式能源的不稳定、不连续性，实现安全、稳定供能，是实现未来人类能源愿景的核心技术。

分布式能源系统中的储能技术主要包括电储存技术和冷热能储存技术。

1) 电存储技术

电能储存技术主要包括电池储能、超导储能、飞轮储能、超级电容器等。

(1) 电池储能。电池储能是利用电池正负极的氧化还原反应进行充放电的电化学储能装置。根据内部材料以及电化学反应机理的不同,电池储能可分为多种类型,如铅蓄电池、锂离子电池、钠硫电池、液流电池、镍镉电池、镍氢电池等。各种不同类型的电池储能内部的核心结构基本相同,均由正级、负极、隔膜和电解质组成。不同类型的电池储能,其特性、发展水平,以及使用场合均有一定的差异。

(2) 超导储能。超导储能(SMES)是对超导线圈通以直流电流从而将能量存储在线圈的磁场中(见图 1-41)。如果储能线圈是由常规导线绕制而成,那么线圈所存储的磁能将不断地以热的方式损耗在导线的电阻上。由于超导体的直流电阻为零,超导线圈中的能量会永久存储在其磁场中,直到需要释放时为止。

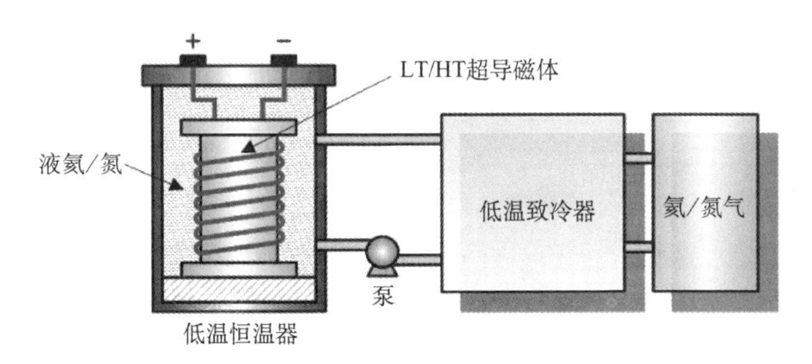

图 1-41 超导储能系统原理

超导储能在电力系统方面具有广泛的应用前景,它可以用来调节电力系统的尖峰负载,消除电力系统低频功率振荡,稳定电力系统的频率和电压以及用于电力系统无功率补偿和功率因数调节,从而提高电力系统的稳定性和功率输送能力。

(3) 飞轮储能。飞轮储能技术是一种机械储能方式,利用外部输入的电能通过电力电子装置驱动电动机旋转,电动机带动飞轮旋转,飞轮将电能储存为机械能;当外部负载需要能量时,飞轮带动发电机旋转,将动能转换为电能,并通过电力电子装置对输出电能进行频率、电压的变换,满足负载的需求(见图 1-42)。

早在 20 世纪 70 年代就有人提出利用高速旋转的飞轮来存储能量,并应用于电动汽车的构想。由于飞轮材料和轴承问题等关键技术一直没有解决而停滞不前,20 世纪 90 年代以来,由于高强度的碳纤维材料,低损耗磁悬浮轴承、电力电子

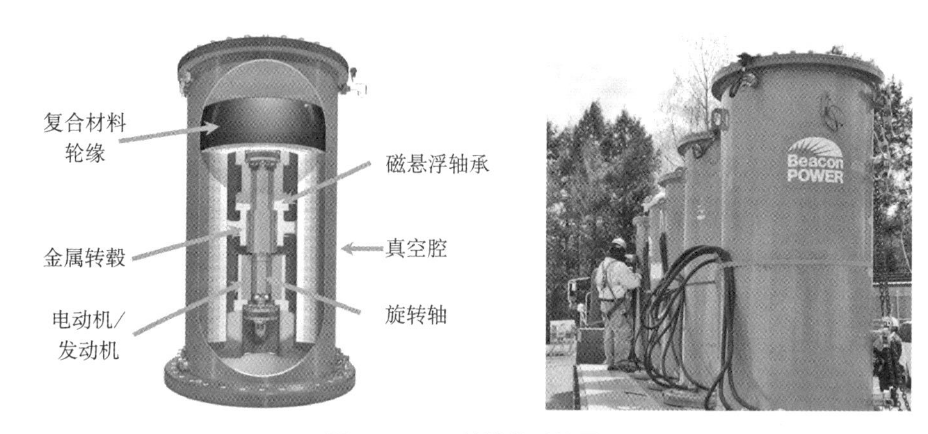

图 1-42　飞轮储能系统原理

学三方面技术的发展，飞轮储能器才得以重提，并且得到了快速的发展。

(4) 超级电容器。超级电容器因其数万次以上的充放电循环寿命和完全免维修、高可靠性等特点，是一种较为理想的蓄电池替代产品。超级电容器从原理上可以分为：双电层电容器和电化学容器。双电层电容器以活性炭等多孔介质为电极活性材料，充电时依靠在介质表面吸附电荷进行电能储存，放电时释放全部吸附的电荷，其储能/释能的过程不同于蓄电池的化学储能，是物理储能。电化学电容器是通过特殊的电化学过程储能，电极活性物质在电极表面或者内部的二维或三维空间进行高度可逆的电化学吸/脱附，或者发生 N 型/P 型元素掺杂/去掺杂反应，从而产生与电极电荷有关的所谓"法拉第电容"。

虽然目前电化学电容器在储能密度方面要大于双电层电容器，然而存在材料昂贵和性能不稳定的缺点，实现商业化有很多困难。

除了上述的几种储能方式外，在电力系统中应用较多的储能方式还有抽水储能、压缩空气储能等。抽水储能指电网低谷时利用过剩电力将作为液态能量媒体的水从低标高的水库抽到高标高的水库，电网峰荷时高标高水库中的水回流到下水库推动水轮机发电机发电(见图 1-43)。抽水储能在现代电网中大多用来调峰，属于大规模、集中式能量储存，在集中式发电中应用较多。

压缩空气储能采用空气作为能量的载体，大型的压缩空气储能利用过剩电力将空气压缩并储存在一个地下的结构(如地下洞穴)，当需要时再将压缩空气与天然气混合，燃烧膨胀以推动燃气轮机发电(见图 1-44)。压缩空气储能适合用于大规模风场，因为风能产生的机械功可以直接驱动压缩机旋转，减少了中间转换成电的环节，从而提高效率。这些储能方式在分布式能源系统中应用不多。

2) 冷热能存储技术

冷热能储存技术是一种新型的能源技术，可以用于冷热电联产系统中调整冷

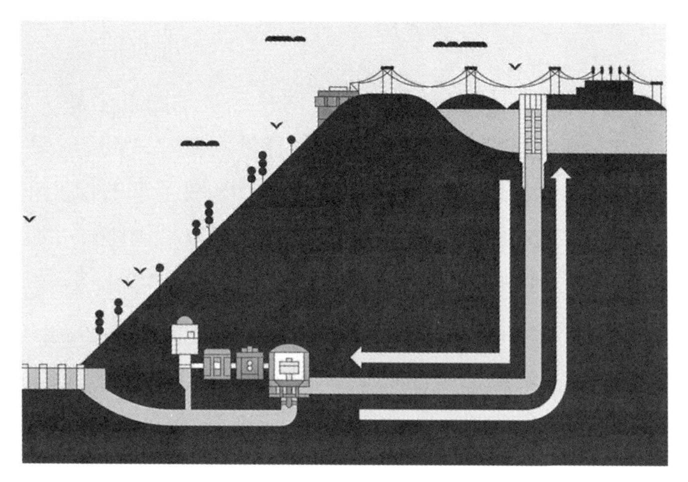

图1-43 抽水储能系统原理

图1-44 压缩空气储能系统原理

热能供应与用户需求在时间差异方面矛盾。目前已采用和正在研究的蓄能技术主要是显热蓄能技术和潜热蓄能技术。

（1）显热储能。显热储能是通过介质的温度变化来储存冷热能，并要求介质必须具有较大的比热容。满足显热储能要求的介质分为两类，即固态物质和液态物质。可作为储热介质的固态物质包括岩石、砂、金属、水泥和砖等；液态物质则包括水、导热油以及融熔盐。目前，较为成熟的显热蓄能技术主要包括水蓄冷蓄热、地源热泵系统、熔融盐储能技术等，其中水蓄冷蓄热技术是目前市场应用最广泛的显热储能技术。

浦东国际机场二号航站楼水蓄冷中央空调系统是我国首个超大型水蓄冷示范项目(见图1-45)。该水蓄冷系统使用4座总容量为$4\times11600\,m^3$的蓄冷罐，为二号航站楼提供制冷服务。水蓄冷空调系统利用夜间电网多余的电力(低电价时)制冷并以低温冷水形式储存，在用电高峰时段(高电价时)使用储存的低温冷水来作为冷源空调，从而达到“削峰填谷”，均衡用电及降低电力设备容量的目的。

图1-45 浦东国际机场二号航站楼蓄冷罐

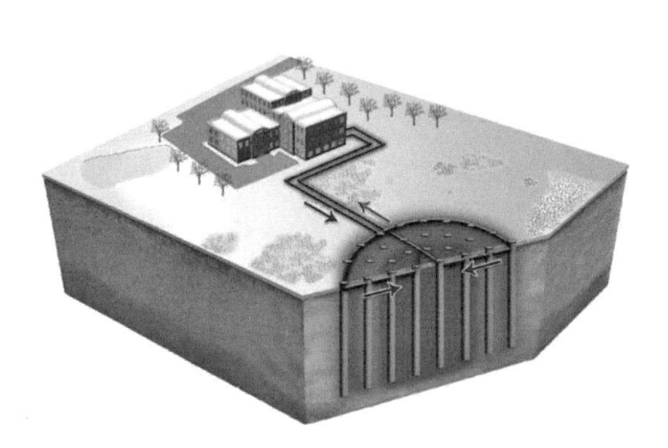

图1-46 地源热泵系统原理

地源热泵是利用地下浅层地热资源(也称地温能，包括地下水、土壤或地表水等)的既可供热又可制冷的高效节能空调系统(见图1-46)。地源热泵通过输入少量的电能，实现低温位热能向高温位转移。冬天利用地热源向建筑物供热，夏季利用地层中的冷源向建筑物供冷。目前我国地源热泵已超过2亿平方米。2015年，全国地热能供暖面积达到5亿平方米，地热发电装机容量达到10万千瓦，地热能年利用量折合2000万吨标准煤。

(2) 潜热储能。潜热储能主要是利用物质在固液相变过程中吸收潜热的现象来进行热能的储存，与显热储能相比，相变储能具有更大的储热能力，因而体积更小，重量更轻。市场上应用比较广泛的潜热储能技术有冰蓄冷、石蜡相变蓄冷、无机盐相变蓄冷等。其中,冰蓄冷是最早发展的蓄冷系统,由于其蓄冷密度高、约为水蓄冷的6～7倍,技术成熟,目前在蓄冷项目中市场份额最大。

目前,成本过高是限制很多储能技术在分布式能源中大量推广应用的主要障碍,提高能量转换效率和降低成本是今后储能技术研究的重要方向。随着分布式能源不断发展和普及,各种储能技术的发展进步,储能技术将在分布式能源系统中得到更加广泛的应用。

1.3.3 分布式能源发展

1.3.3.1 国外分布式能源发展

分布式能源的发展最早起源于美国。早在1882年,爱迪生就在纽约建设世界上第一座电厂"珍珠街电站",使用直流式发电系统,由六个往复式动力机,分别连接12 kW的发电机达到整体72 kW的发电功率,并向邻近建筑物提供电力和热能(见图1-47)。

图1-47 珍珠街电站发电机

在珍珠街电厂之后的20年,都是分布式能源的发展萌芽期。但随着涡轮机的发电能力越来越强,成本更低廉的集中式发电逐步取代了分布式发电,这种状况一直持续到20世纪90年代初。如今,随着技术的进步,分布式能源的成本和优势越来越明显,并且他们正在占领城市和乡村的各个角落。

20世纪末,全球变暖引起世界各国对温室气体排放的高度关注,为了响应《联合国气候变化框架公约》(UNFCCC),"国际热电联产联盟"正式成立,其总部设在欧洲,是国际热电联产的联合国。2002年,该组织更名为"世界分布式能源联盟",在热电联产基础上,加入了可再生能源发电的范畴。

1) 美国分布式能源发展

1978年,美国发布了《公共事业管理政策法案》,"分布式能源"概念被正式提出。2001 年，颁发了《关于分布式电源与电力系统互联的标准草案》，并通过了有关的法令允许分布式发电系统并网运行和向电网售电。在分布式能源 30 多年的发展中，美国呈现出两个截然不同的方向——“可再生能源发电”和“热电联产”。

美国具有丰富的天然气资源，2010 年探明储量 7.7 万亿，居世界第六位。而且随着页岩气等非常规天然气的开采，美国天然气产量从 2005 年的 5000 亿增长到 2010 年的 6000 亿，年均增长速度接近 4%，是世界第一大天然气生产国。在天然气充足供给和环境保护的双重推动下，美国天然气热电联产得到了长足的发展。根据美国能源部(DOE)统计，截至 2014 年，美国的热电联产能源站共 5541 座，装机总量达到了 82.73 GW，涵盖了商业建筑、学校、医院、工业等多个领域。目前，热电联产系统所提供的发电量占全美电能产量的 9%左右，且每年占据约 12%的新增装机量。此外根据美国能源部预测，到 2035 年，天然气发电将占到美国所有新增装机容量的 62%，新增装机 1.35×10^{8} kW(见图 1-48)。

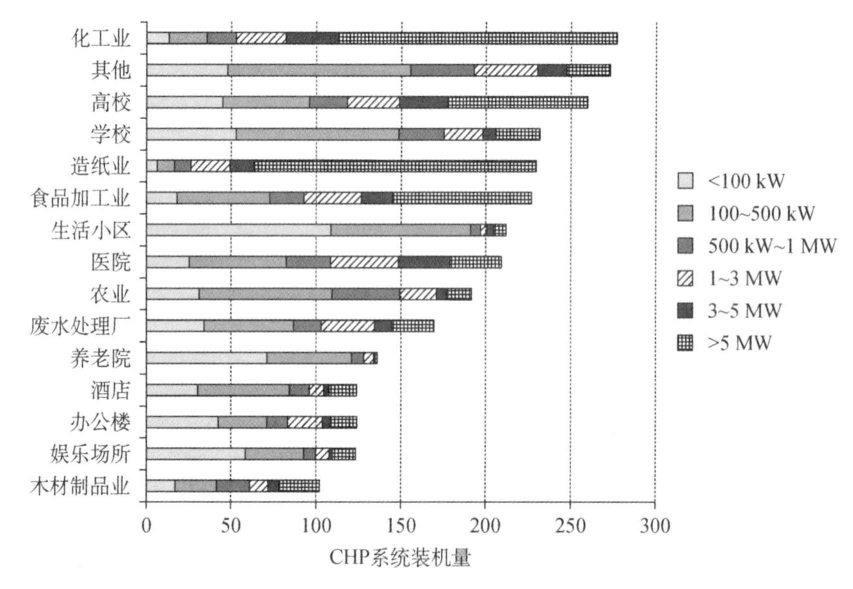

图 1-48　美国热电联产系统数量统计

此外，随着可再生能源发电的长足发展，美国分布式光伏和小型风电也形成一定规模。2003 年至 2014 年底，美国累计安装分布式风电机组达 7.4 万套，累计装机容量达 906 MW(见图 1-49)。2012 年，美国光伏发电新增装机容量 331 万千瓦，累计装机容量达到 722 万千瓦，居世界第三位。根据 EIA《美国 2011 能源展望》指出，2011—2035 年，美国将在分布式能源和建筑节能方面新增 110 亿美元的投资，预计 2010—2020 年间将增加 9500 万千瓦分布式能源发电项目，届时将分布

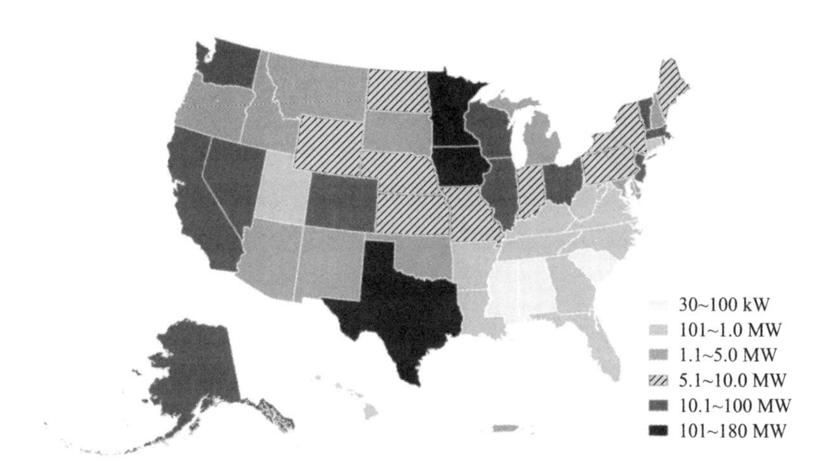

图 1-49 2003 年至 2014 年底美国小型风电累计装机量

式能源的比重提高到 28%左右。

2) 欧洲分布式能源发展

欧洲分布式能源的发展最早是从“热电联产”开始的。自 1973 年能源危机后，欧洲就积极为自己的传统工业产品在节能领域寻求新的市场，这种努力推动了“热电联产”诞生和发展。英国过去 20 年中，超过 1 000 个“热电联产”系统已被安装，遍布英国的各大饭店、休闲中心、医院、综合性大学和学院、园艺、机场、公共建筑、商业建筑、购物商场及其他相应场所[15]。欧洲分布式能源的发展，虽以天然气为主要燃料，但与可再生能源发展紧密结合，如德国、意大利对光伏装机进行大规模的财政补贴，利用安装在屋顶的太阳能光伏发电系统，实现零排放。

2006 年，欧盟委员会发布了“能源效率行动计划”，包含许多不同的能效措施，来推动分布式能源的发展。欧洲分布式能源的目标是：

(1) 2020 年，将可再生能源在总体能耗中的比例提高到 20%。

(2) 2050 年，使能源效率提高 35%，可再生能源占总能耗的 60%。

欧洲有关机构对分布式能源的节能潜力进行评估，结果表明：仅热电联产就能完成 1/3 的欧盟节能目标，每年可减少 CO_2 排放 1 亿吨。以丹麦为例：

丹麦是目前世界上分布式能源推广力度最大的国家，分布式能源在丹麦全国能源系统中的比重超过 60%。2014 年底丹麦分布式能源累计装机量如图 1-50 所示。

丹麦从 1980 年开始大力发展热电联供项目，截至 2014 年，热电联产系统累计装机量达 230 万千瓦。丹麦的热电联产技术的发展方向一是规模化，二是将地区性的区域供热厂的燃料由煤改为天然气、垃圾以及生物质能等。此外，积极支持有实力的企业和边远地区新建自己的区域供热电联产项目。全丹麦共有 8 个互联的

图 1－50　2014 年底丹麦分布式能源累计装机量

热电联产大区，80%以上的区域供热采用热电联产方式产生。目前的技术水平可达到煤/电转化效率超过 40%，连同供热考虑，总效率高达 80%。图 1－51 给出了 1990 年至 2014 年底丹麦热电联产系统累计装机量变化情况。

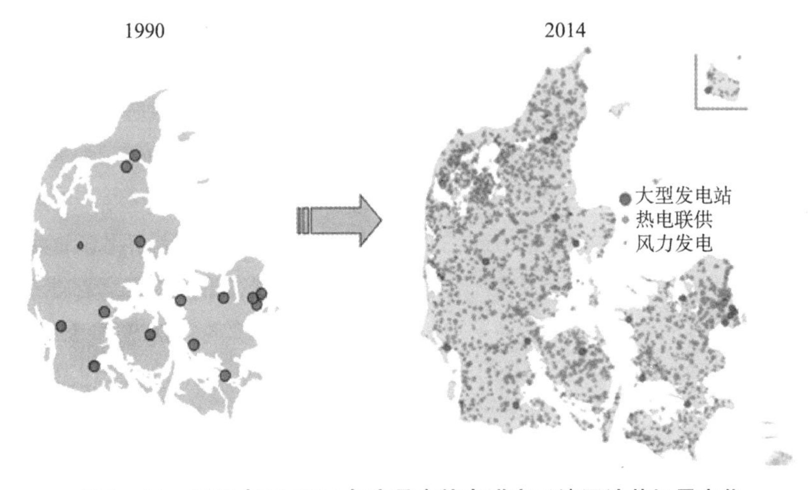

图 1－51　1990 年至 2014 年底丹麦热电联产系统累计装机量变化

除了热电联产外，丹麦可再生能源的装机容量也迅速增加，根据丹麦能源网(Energinet. dk)的统计，截至 2014 年丹麦风电累计装机容量达到 500 万千瓦，为丹麦全年提供了接近 40%的发电量，最高月份达到 61. 8%。

由于大力发展分布式能源，丹麦的废气排放量已经大大降低，近 30 年来，丹麦国民生产总值翻了一番，但能源消耗只增长了7%，污染排放下降13%，创造了“减排和经济繁荣并不矛盾”的“丹麦模式”。

3）日本分布式能源发展

日本不仅是亚洲能源利用效率最高的国家，在全世界也位居前列。由于缺乏能源资源，日本政府高度重视提高能源的利用效率。1974年出台了居民屋顶光伏发电系统的补贴政策——“阳光计划”，使日本成为全球首个政府导向的分布式能源实践国。1986年通产省发布了《并网技术要求指导方针》，使分布式能源系统并网实现合法化，1995年日本更改了《电力法》，并进一步修改了《并网技术要求指导方针》，使得分布式能源系统的多余电能可以反卖给电力公司，并要求电力公司对分布式能源系统提供备用电力保障。

近年来，在政策的引导下，日本国内大力发展分布式能源，以热电联产和太阳能光伏发电为主，其中热电联产装机容量超过了过去20年的总和。截至2012年3月，日本共安装了约8800座热电联产系统，总装机量超过9.5GW，为日本提供3.5%的全年发电量。工业用户热电联产平均容量3.3兆瓦，占总装机容量的80%；商业用户占20%；微型CHP主要应用于家庭，通常小于10 kW(见图1-52)。

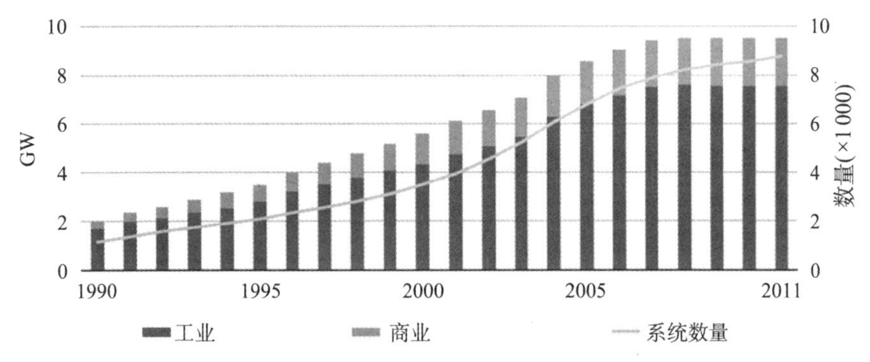

图1-52　1990年至2011年日本热电联产系统累计装机量

2011年，受福岛核事故的影响，日本开始着手大力发展可再生能源(主要是太阳能光伏发电)，并启动上网电价补贴政策，光伏市场得到了迅猛发展。日本光伏分布式发电应用广泛，不仅用于公园、学校、医院、展览馆等公用设施，还开展居民住宅屋顶光电的应用示范工程。2014年低，日本光伏发电累计装机容量达14.3GW，其中屋顶(住宅)光伏系统安装量约7.0GW，地面光伏系统安装量约为7.3GW。

1.3.3.2　国内分布式能源发展

与西方发达国家相比，我国对分布式能源的认识相对较晚。我国分布式发电始于小水电自发自供，近年来，我国分布式能源更多地借鉴并采用国外技术发展起来。

在过去20余年的经济快速发展中，以煤为主的能源结构造成的环境污染和生态问题，已经威胁到我国的可持续发展。2014年11月，国务院办公厅正式发布《能源发展战略行动计划(2014—2020年)》(以下简称《行动计划》)，未来6年的中国能源战略蓝图全面浮现。《行动计划》提出，坚持“节约、清洁、安全”的能源战略方针，通过节约优先、立足国内、绿色低碳、创新驱动战略，形成统一开放、竞争有序的现代能源市场体系。

1) 天然气分布式能源发展现状

2000年，国家四部委在《关于发展热电联产的规定》中正式提出：“鼓励使用清洁能源，鼓励发展热、电、冷联产技术和热、电、煤气联产，以提高热能综合利用效率”，并推出了一系列的鼓励政策，在北京、上海、广东等地开展分布式能源的推广应用。2004年，国家能源局在《关于分布式能源系统有关问题的报告》中，正式提出“分布式能源”概念。2011年，国家能源局在《关于发展天然气分布式能源的指导意见》中，给出了天然气分布式能源的定义：天然气分布式能源是指利用天然气为燃料，通过冷热电三联供等方式实现能源的梯级利用，综合能源利用效率在70%以上，并在负荷中心就近实现能源供应的现代能源供应方式，是天然气高效利用的重要方式。

2012年7月，国家发改委发布了《关于下达首批国家天然气分布式能源示范项目的通知》，成立了首批4个天然气分布式能源示范项目(见表1-5)。

表1-5 我国首批4个天然气分布式能源示范项目

序号	项 目 名 称	项目地址	项目规模/kW
1	华电集团泰州医药城楼宇型分布式能源站工程	江苏	4000
2	中海油天津研发产业基地分布式能源项目	天津	4358
3	北京燃气中国石油科技创新基地(A-29地块)能源中心项目	北京	13312
4	华电集团湖北武汉创意天地分布式能源站项目	湖北	19160

为了促进我国能源结构的合理发展，2014年《行动计划》提出，到2020年，非化石能源占一次能源消费比重达到15%，天然气比重达到10%以上，煤炭消费比重控制在62%以内。并且要加快常规天然气勘探开发，努力建设8个年产量百亿立方米级以上的大型天然气生产基地。到2020年，累计新增常规天然气探明地质储量5.5万亿立方米，年产常规天然气1850亿立方米。同时，要重点突破页岩气和煤层气开发，到2020年，页岩气产量力争超过300亿立方米，煤层气产量力争达

到300亿立方米。

在政府和企业的大力支持下,国内分布式能源项目得到了大力推广。根据中国城市燃气协会分布式能源专委会统计,截至2014年底,我国已建和在建天然气分布式能源项目装机容量已达380万千瓦,已建成项目82个,在建项目22个,筹建项目53个。但由于起步较晚,总体上看和发达国家相比还有很大差距,仅在北京、上海、广东等地发展较快。在分布式能源项目的有力拉动下,我国电力行业的天然气需求已从2010年的100亿增长至2014年的250亿,增幅达150%。

2) 可再生能源分布式发电现状

在《可再生能源发展"十二五"规划》中,国家能源局首次提出,可再生能源的开发应坚持集中开发与分散利用相结合,形成集中开发与分散开发、分布式利用并进的可再生能源发展模式。

2002年"送电到乡工程"揭开了我国分布式光伏发电的序幕。2006年以后实施"无电地区电力建设",2009年的开始的"金太阳示范工程"和"光电建筑一体化"工程都明显推动了我国分布式光伏的发展。到2012年底共5期的"金太阳示范工程"和光电建筑项目全部已经批准的分布式光伏项目超过630万千瓦。按照水规院对光伏装机的统计(与能源局并网装机容量数据略有出入),截至2012年底,全国32个省区分布式发电项目累计建设容量377万千瓦,已建成的分布式发电项目以金太阳示范项目为主,累计建设容量约304万千瓦,光电建筑应用示范项目建设容量52万千瓦,其他分布式发电项目容量为20万千瓦。

2013年8月,国家发改委发布《关于发挥价格杠杆作用促进光伏产业健康发展的通知》,对分布式光伏发电实行按照全电量补贴的政策,电价补贴标准为0.42元/千瓦(含税)。政策的实施,一定程度上刺激了分布式光伏装机显著增加,截至2014年底,我国分布式光伏新增装机容量约205万千瓦,累计装机容量约467万千瓦。2014年《行动计划》提出,到2020年,光伏装机将达到1亿千瓦左右,并且光伏发电与电网销售电价相当。

此外,国家能源局还推进了分散式接入风电开发与应用。2011年以来,国家能源局先后出台了《关于分散式风电开发的通知》(国能新能[2011]226号)、《分散式接入风电项目开发建设指导意见》(国能新能[2011]374号)等,明确分散式接入风电项目的定义、接入电压等级、项目规模等,并对项目建设管理、并网管理、运行管理等进行了严格的规定。从1983年开始到2013年底,我国累计生产中小型风力发电机组约为118万台。而目前生物质发电规模普遍较小,具备分布式能源的特征。截至2013年底,全国生物质直燃发电装机850万千瓦,但大多作为发电厂运行。

从分布式能源在日本、美国、欧洲等国家和地区的发展历史和现状可知,分布式能源已经受到了发达国家的高度重视与应用，并取得显著的“节能减排”成效。作为人类社会可持续发展的一个重要过程，分布式能源是目前解决能源资源短缺与环境污染的最佳选择。

1.4 科学用能概述

能源是国之根本，社会经济发展和人民生活水平提高都会消耗大量能源，而巨大的能源消耗通常会伴随着污染的增加。能源与环境是当今困扰我国甚至世界的共同问题。科学地利用能源，对确保我国社会、经济协调发展具有深远意义。

1.4.1 能源的开发利用

我国“十二五”期间能源消费总量从2011年的34.8亿吨标准煤，增至2015年的43亿吨标准煤，年增长率达到4.7%。随着经济发展，到2020年中国能源消费总量将达到54亿吨标准煤，到2030年达到70亿吨标准煤。如此快速的增长速度将使生态环境承受巨大的压力，十分不利于可持续发展。在2014年《中美气候变化联合声明》中，中国承诺中国的温室气体排放量从2030年开始减少，到2030年将一次能源中的非化石能源比重提升到20%。在随后国务院办公厅印发的能源发展战略行动计划(2014—2020年)中，也首次提出了到2020年我国能源消费总量控制在48亿吨标准煤，煤炭消费总量保持在大约42亿吨。从上述分析可知，能源的合理开发与高效利用已经成为我国经济发展的战略重点。

1.4.1.1 能源的作用和地位

1) 能源与社会发展

回顾人类的历史，人类的生存和发展的主要物质基础都离不开能源。从古至今，人类社会的三个能源时期为薪柴时期、煤炭时期和石油时期。

古人利用薪柴以及动物粪便等生物质燃料来取暖做饭，依靠人力、畜力和简单风力、水力机械作为动力从事生产活动。这种以薪柴为主要能源的时代持续了很久，当时的社会发展缓慢。18世纪蒸汽机的发明成为能源产业革命的重要转折点，工业快速发展，工业化进程加快，煤炭逐渐替代薪柴成为人类的主要能源。

石油资源的开发开启了能源利用的新时期。20世纪中叶，中东等地区发现了数量巨大的油气田，西方发达国家将主要能源从煤炭转换为石油和天然气。汽车和飞机的迅速发展不但极大程度上缩短了地区间的距离，也使世界的经济繁荣发展，创造了人类历史上空前的物质文明。由此可见，大规模利用煤、石油和天然气等化石燃料极大地创造了人类历史上空前的物质文明。

2）能源与国民经济

能源是国民经济发展不可缺少的重要基础，是现代化生产的主要动力来源。现代社会的生产和生活依赖于能源的大量消费。如果说农业为人们提供粮食，那么能源工业就是为所有机器设备提供“粮食”。能源不仅可以作为动力燃料，也可以用于化工行业的原料，如以煤炭、石油、天然气等能源为原料可以生产氮肥、塑料、合成纤维、合成橡胶；水泥、砖瓦和玻璃等建筑材料的生产也需要消耗相当数量的能源；对于现代化军队来说，如果没有能源，大型现代化武器都无法运转，从而丧失武器装备的威力。这就说明，能源的供应对经济发展、人民生活和军事建设的关系密不可分。

能源的合理利用，对国民经济的快速发展有重大意义。世界各国经济和技术发展表明：机械化自动化水平越高，经济、技术发展越快，能源的消费量也就越多。这里引入能源弹性系数，它是能源消费量的增长速度和国民生产总值的增长速度的比值。

一般情况下，在工业化初期，二者成正比例。若能源弹性系数越大，国民经济产值每增加1%时，则能源消费的增长率越高。处于工业化初期的国家，经济的增长主要依靠能源密集工业的发展，此时能源效率较低，因此能源弹性系数通常大于1[16]。表1-6是主要发达国家工业化初期的能源弹性系数。而到工业化后期，一方面经济结构转向服务业，另一方面技术进步使得能源效率提高，能源消费结构日益合理，因此能源弹性系数通常小于1。发展中国家的能源弹性系数一般大于1，工业化国家的能源弹性系数大多小于1。

表1-6 几个发达国家工业化初期的能源弹性系数

国家	产业革命开始年份	初步实现工业化年份	工业化初期能源弹性系数	初步实现工业化时人均能耗/tce	能源效率/%	
					1860年	1950年
英国	1760	1860	1.96 (1810—1860年)	2.93	8	24
美国	1810	1900	2.76 (1850—1900年)	4.85	8	30
法国	1825	1900	2.83 (1855—1900年)	1.37	12	20
德国	1840	1900	2.87 (1860—1900年)	2.65	10	20

1.4.1.2 我国的能源结构

我国已探明的能源总量为8231亿吨标准煤，其中原煤87.4%、原油2.8%、天然气0.3%。已探明的可开发的剩余可采总储量为1392亿吨标准煤，其中原煤58.8%、原油3.4%、天然气1.3%。已探明的煤炭储量占世界煤炭储量的33.8%，可采量仅次于俄罗斯和美国，居世界第三位[17]（见图1-53、图1-54）。

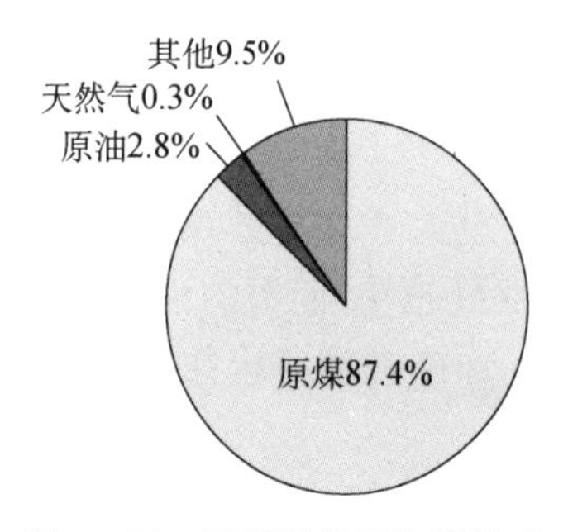

图1-53 已探明能源资源构成

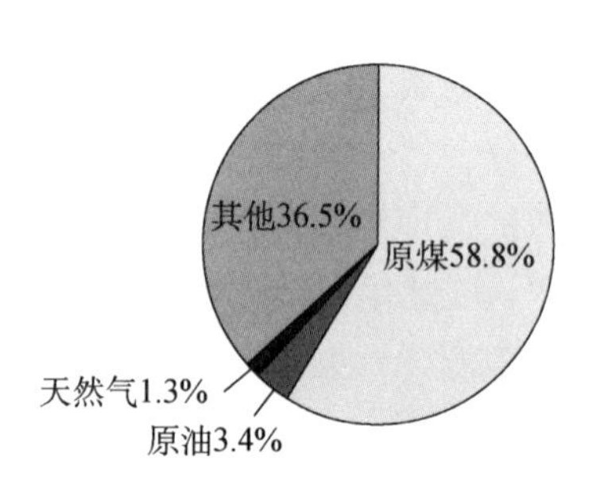

图1-54 可采能源资源构成

20世纪50年代，我国的煤炭消耗占全部能源消耗的比例高达90%，随着石油等能源的开发利用，煤炭消费比例才得以降低。表1-7为我国能源消费结构，从表中可以看出，近些年我国煤炭、石油等化石能源的消费比重降低，天然气、电力及其他能源消费量在逐步提高。其中2000年，煤炭所占份额为68.5%，石油为22.0%，到2014年，分别下降为66%和17.1%，两者合计下降7.4个百分点。表1-8为我国能源消费和国内生产总值增速关系。近年来我国经济结构逐步调整，转型升级的步伐也加快，我国经济正从高速增长向中高速增长转变，经济发展方式由规模速度型粗放增长向质量效率型集约增长转变。

表1-7 我国能源消费结构

年份	煤炭/%	石油/%	天然气/%	一次电力及其他能源/%
2000	68.5	22.0	2.2	7.3
2005	72.4	17.8	2.4	7.4
2010	69.2	17.4	4.0	9.4
2014	66.0	17.1	5.7	11.2

表1-8 我国能源消费和国内生产总值增速

年份	能源消费增速/%	电力消费增速/%	国内生产总值增速/%
1998	0.2	2.8	7.8
1999	3.2	6.1	7.6
2000	4.5	9.5	8.4
2001	5.8	9.3	8.3
2002	9.0	11.8	9.1
2003	16.2	15.6	10.0
2004	16.8	15.4	10.1
2005	13.5	13.5	11.3
2006	9.6	14.6	12.7
2007	8.7	14.4	14.2
2008	2.9	5.6	9.6
2009	4.8	7.2	9.2
2010	7.3	13.2	10.6
2011	7.3	12.1	9.5
2012	3.9	5.9	7.7
2013	3.7	8.9	7.7
2014	2.2	3.8	7.4

从表1-9可以看到,我国火电的比重有所降低,新能源发电发展迅速。2014年火电装机容量占全部装机容量比重为67.3%,比2000年下降7.1个百分点。核电近年发展迅速,2013年和2014年装机容量增速达到16.6%和35.6%。2014年核电装机容量达到1988万千瓦,比2000年的装机容量提高了0.8个百分点。2014年风电装机容量为9581万千瓦,较2000年大幅提高6.9个百分点。太阳能发电近两年异军突起,2014年装机容量增长66.9%,达到2652万千瓦,所占份额达到1.9%。

表1-9 我国发电装机容量构成

年份	火电/%	水电/%	核电/%	风电/%	太阳能发电/%
2000	74.4	24.8	0.7	0.1	—
2005	75.7	22.7	1.3	0.2	—

（续表）

年份	火电/%	水电/%	核电/%	风电/%	太阳能发电/%
2009	74.5	22.5	1.0	2.0	0.0
2010	73.4	22.4	1.1	3.1	0.0
2011	72.3	21.9	1.2	4.4	0.2
2012	71.5	21.8	1.1	5.4	0.3
2013	69.2	22.3	1.2	6.1	1.3
2014	67.3	22.2	1.5	7.0	1.9

近年来能源结构的转型升级体现了我国正在走向环境友好的生态文明发展道路。煤炭消费量降低的态势明显，以核电、风电、太阳能等为代表的清洁能源快速发展也表明了我国的能源结构和经济结构在发生改变。

1.4.1.3 科学用能的重要性

科学用能的任务是提高能源的利用效率，用相同数量的能源生产出更多数量的产品，创造出更多的价值，更好地满足人类社会的需要。科学用能已经成为世界性的课题，受到普遍的重视。

综上所述，能源问题不仅仅是全世界至关重要的问题，也是遏制我国的经济发展和社会发展的主要因素，因此正确合理的能源利用方案是我国可持续发展的重要前提。有效降低能源消耗，必须依靠科学技术，简单地说需要“科学用能”。节约能源的根本途径是科学用能，切实转变经济发展方式，提高经济发展的质量和效益，促进经济社会可持续发展[18]。

所以，科学使用能源，大力发展科学用能方法，是势在必行、具有利国利民的重大历史意义的。如何科学用能，科学用能遵循什么样的原则是深入探讨科学用能的关键。

1.4.2 能的可用性

理解科学用能的概念，首先要对能的可用性进行分析，进而才能得到科学用能的方法。所谓能的可用性，简单地说就是能量可以利用的程度，它是能的客观属性。能的可用性分析为我们实现能的科学利用提供了理论基础，而只有实现了科学用能，才能从根本上提高能的有效利用程度，节约能源。

确定能的可利用程度，可以从能的构成，用能方式和能的性质等方面入手。对于能的构成，可以从两个角度来说明：一个角度是能的数量和能的质量构成了能。

其中能的数量又称为能量,能的质量又称为能质。另一个角度是做功能和不做功能构成了总能。对于用能方式,能可以用来做功和传热。可以把做功理解为能的宏观传递,传热理解为能的微观传递。对于能的性质,从用能的角度看,满足三条性质,即能量守恒,能质贬值和能可做功。

因此,能的可用性应该包括可以利用的能源数量以及可利用能的质量两方面;应当包括做功能和不做功能两部分的利用;应当包括做功与传热两种方式的利用;只有综合考虑上述三条的合理配合,才能把能源提供的能"物尽其用"。

1.4.3 科学用能的概念

科学用能是基于能的可用性提出的能量利用方式。据此,提出科学用能的概念包括以下几个方面:

(1) 用能的指导思想——实现过程的最小不可逆性。

(2) 用能的基本原则——按质用能,又称为合理用能。

(3) 减少内外部损失——充分用能。

(4) 能的综合利用——优化用能。

下面将分别叙述。

1.4.3.1 用能的指导思想——最小不可逆性

生产过程就是使用能量的过程,通常来说用能的终端形式主要表现为做功与传热,然而实际过程中往往是二者同时存在。更深一步的探索发现,能量的使用或消耗过程,实际上是使能量从密度高的地方向能量密度低的地方转换或转移,有部分能量转移到产品中,有部分能量转移到环境中去。由此可见耗能或用能的过程就是能量的传递转移过程。

众所周知,任何耗能或用能的实际过程都是不可逆的,所以能量的传递过程也是不可逆过程。但其不可逆程度的大小取决于能量密度差的大小,即传递动力的大小。例如热量传递的动力是温度差,温度差越大不可逆性越大;质量传递的动力是浓度(密度)差,浓度差越大不可逆性越大;化学反应的动力是化学势,势差越大不可逆性越大。由于反应过程的不可逆性,因此必然造成能量的损失。这种不可逆损失称为内部损失。而类似跑、冒、滴、漏、排烟、散热、疏水、排气等传递到环境中的能量均称为外部损失。因此,要想方设法来减少不可逆造成的内部损失,即减少传递的动力,如减少温差、压差、势差、浓差等。此外需要进一步降低传递阻力,保证传递速率以满足生产要求。因此需要采用新的生产方式,以减少摩擦、减少热阻等。

衡量过程不可逆程度的尺度是体系的熵增 ΔS,由于不可逆造成的损失是体系的熵增与环境温度的乘积,即

$$E_{损失} = T_0 \Delta S \tag{1-44}$$

因而确定某体系在过程中的熵增，也就确定了该过程不可逆性造成的能量损失。

1.4.3.2 用能的基本原则——按质用能

科学用能的第一个环节是合理用能。用能方式的不恰当、不合理会造成能量损失，并且这个损失是巨大且不可挽回的。因此，我们的首要目标是实现用能方式的合理化。合理用能首先需要做到按质用能，其次是简单用能，尽最大的可能减少能量的传递次数，从而尽可能减少不可逆损失。

用能的实质是利用能的质量，故按能的质量来安排能的用途是合理用能的基本原则。为了实现按质用能，就必须确定能量的质量，也称能的品质。能的质量可用能级（品质系数）来定量描述。能级是指能量中做功能的数量。即

$$\varepsilon = \frac{e_x}{e} = \frac{e_x}{e_x + a_n} \tag{1-45}$$

通常用 ε 表示能级，用 e_x 表示㶲，a_n 表示炾。

这就是说，能的本质是以其做功本领来度量的。例如，电能的全部能量都是做功能，即都可用来做功，故电能的能级为 1；机械能也是如此；热能的能级要视其温度高低而定，因为热能的能级为

$$\varepsilon_{热能} = \frac{\left(1 - \frac{T_0}{T}\right)Q}{Q} = 1 - \frac{T_0}{T} \tag{1-46}$$

式中，T_0 表示环境温度，T 表示热源温度，$\left(1-\frac{T_0}{T}\right)Q$ 表示系统提供的热量㶲。可见，温度越高热能的能级越高。

对于水和水蒸气，其热能的能级为

$$\varepsilon_{蒸汽} = 1 - \frac{T_0 s}{h} \tag{1-47}$$

式中，s 表示基于标准温度下的比熵，h 表示基于标准温度下的比焓。

按质用能是依据用户（生产工艺或生活设施等）的要求，选择一种合适品质的能源供能，做到能源与要求一一对应。准确地说就是能质的输入或供给需要尽可能等同于能质的输出或要求，也可以说应该使输入的㶲尽可能转化为输出或产品的㶲。所以是否合理用能的标准就是使输入能与输出能的品质系数相当，也就是通常所说的品质匹配或能级匹配。亦即可以根据输入能与输出能的品质系数是否一致或相当来判断用能方式是否合理。

1.4.3.3 减少内外部损失——充分用能

在解决了用能方式的合理性后，为了考察能量利用得如何，自然会想到能量利用了多少，有多少根本没被利用就损失了，即考察能量利用的程度，亦即在用能过程中散失到周围环境中的能量——外部损失是多少。能源使用的主要形式主要为做功与传热，所以外部能源损失的主要形式为功损失和热损失，主要表现为如排烟损失、排汽热损失、冷却热损失、散热损失、不完全燃烧损失、摩擦损失、无功损失、空载损失、有功损失等。实现充分用能的方向与途径是：增加有效、减少损失、加强回收和降低消耗。

1）增加有效

增加有效主要是指努力增加已利用能，表现为提高效率，如锅炉效率、机械效率及其他各种设备效率。如钢铁企业加热车间的加热炉能耗百分之九十以上为热能，这些热能主要是通过加热炉等设备由燃烧转化而来。因此，提高加热炉的效率就显得十分必要。提高加热炉效率的方法很多，比较突出的做法是改善燃烧状况，以减少不完全燃烧。需要保证足够的燃烧温度、充分的空气混合以及足够的燃烧时间才能减少燃料不完全燃烧。

(1) 足够的燃烧温度。为保证着火、稳定燃烧，应按燃料特性使炉膛保持一定的温度。为此，可以采取预热空气、预热燃料、预热给水、减少炉膛漏风、适当布置炉膛受热面等一系列措施来保证足够的炉温。

(2) 充分的空气混合。足够的空气并且与燃料充分混合是改善燃烧的中心环节，特别对燃油炉就显得更加重要。重油在燃烧时首先蒸发成气体，再与空气混合燃烧。如果空气不够或混合不好则重油一边燃烧一边分解形成很难燃烧的碳颗粒与重碳氢化合物，从而造成不完全燃烧。

(3) 必要的燃烧时间。完全燃烧要有一个过程，为此必须保证足够的燃烧时间使燃烧得以完毕，因此一定的炉膛高度和容积是保证燃烧所需时间的重要条件。

2）减少损失

减少损失就是尽量减少未利用能，从另外一个角度来提高能源的利用程度。主要有减少排烟损失、排汽损失等。

(1) 排烟损失。降低排烟温度可减少排烟损失。一般来说，排烟损失的热量占供给热量的10%～15%，是很可观的。

(2) 排汽损失。在实际生产中往往有大量未充分利用的蒸汽排出，或损失于大气或损失于管道。排汽损失常被忽略，但其浪费极大，若能减少损失，效果也是很可观的。

3）加强回收

对于加强回收，由于生产工艺和设备等的限制，总有一部分能逐渐降低品质最后被排出，但是这部分能量仍可被利用，即有回收价值，故应千方百计地对各种可回收能加以回收利用。它主要包括热量回收和动力回收两大类型。

（1）高温段热量回收。通常是回收高温烟气，多采用余热锅炉产生高压蒸汽。例如石油化工行业的乙烯裂解装置、合成氨装置等；轻工业的玻璃炉窑、陶瓷窑等；建筑行业的水泥窑等。高压蒸汽最常见的是用来发电，还有一个用途是通过膨胀机做功，直接进行蒸汽推动。这种方式正在日益引起人们的重视。

（2）低温段热量回收。主要是指不能产生高压过热蒸汽用来做功和发电的余热回收。通常多采用各种热交换器进行回收。例如，可产生中压或低压蒸汽的蒸汽发生器；预热给水的省煤器；加热空气的空气预热器；回收废液的闪蒸器等。

（3）动力回收。改进降压过程，进行动力回收是能量回收的另一重要方面。即一方面改进管路、阀门等的阻力损失；调整负荷，改变运行机泵的数量等。另一方面则是采用各种膨胀机以代替节流装置充分利用压降，如催化裂化装置的烟气透平；硝酸生产中的尾气透平等。

4）降低消耗

降低工艺过程所需的能耗也具有十分重要的意义，如改进操作，改造设备和改进工艺等。特别是采用先进的节能工艺可以大幅度降低能耗。降低消耗是从降低需求能量的角度来节能的，前述三种则是从提高效率的角度来节能的，二者不同，均应十分重视。

根据前面内容的叙述可知，能的合理利用本质上是能质量的合理利用。此外在考虑能的数量利用时需要更关注能的质量利用，减少其内部的损失。根据能的贬值性，能的品质在使用过程中总是不断地降低，形成内部损失，而这种损失往往最后又以外部损失的形式排入周围环境，为了使能的质量得到充分利用，应该格外注意以下几个环节，即防止降质，重复利用，提高品质。

（1）防止降质。在利用能的质量时，首先应当把能本身的品质体现出来，不应该在还未利用时就已经降低了质量或者在降低了质量之后再利用。比如高温气体混合后再进行利用就属于降质的行为，高压蒸汽节流后再利用也是一个典型的例子，所以需要避免。

（2）重复利用。为了防止能的不必要降质，只要该能的品质高于环境品质，同时又存在低于该能品质的多种不同能质要求时，则应当按逐级降质的原则对能实行重复利用。重复利用主要表现在两个方面：一是梯级利用，另一是多级利用。梯级利用又称逐级利用，即按能的品质逐步降级使用。对于高温高压气体，应首先利用其压差和温差膨胀做功，然后再换热，比先换热再做功有利。而多级利用最典型的是多级蒸发。多级蒸发是在化工、轻工等行业中长期使用的有效节能措施，是蒸汽按品质分级利用的典型。仅用新蒸汽进行加热来实现蒸发的过程称为单级蒸发。一般情况下，我们将单级蒸发得到的二次汽通入到后一个压力较低的蒸发器中作为加热蒸汽，这样就形成了多个蒸发器的串联结构，即将后一个蒸发器的加热室作为前一个蒸发器的冷凝器，实现加热蒸汽在蒸发过程中的多次加热，而溶液也通过各个蒸发器不断进行加热蒸发的过程称为多级蒸发[19]。多级蒸发的载能体由新蒸汽变为一级的二次汽，再由一级的二次汽变为二级的二次汽，以此类推（见图 1-55）。这是应当加以区别和注意的。

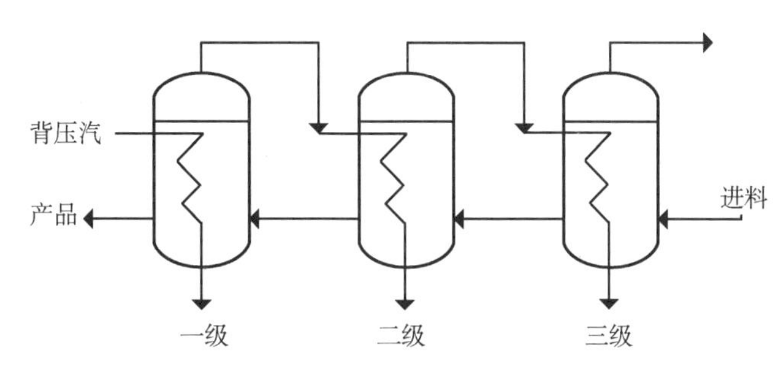

图 1-55 三级蒸发系统

（3）提高品质。对于已经降低了品质的能量，可以采用适当方式提高其品质使之发挥更好的作用。比如再热循环，新蒸汽膨胀到某一中间压力后品质已经降低，此时将蒸汽抽离汽轮机，之后通入锅炉的再热器中，将其加热使之回到高品质，然后再导入汽轮机继续膨胀，这种循环使用的方法往往比继续降质或者采用新的高品质能做功更有利，可用少的代价取得更大的效果。

1.4.3.4 能的综合利用——优化用能

能量利用主要通过三个环节，即能量的转换、能量的传递和能量的使用来实现。由能源转换设备（如锅炉等），输送设备（如蒸汽管道）和用能设备（如加热器等）组成的系统是用能的基本系统。所以合理全面地考虑整个系统的用能优化问题显得尤为重要。事实上设备之间的联合使用，并非是每一个设备都处于其最高效率时，系统使用效果就是最优，也不是将每个设备的能量完全利用即达到系统的最佳使用效果。比较典型的例子是钢铁企业的连铸连轧模式。铸造完成的钢坯是轧制工序的原料，以前的做法是回收热钢坯的热量，待其冷却后进入加热炉重新加热，再进行轧制。而连铸连轧模式是将热钢坯直接送入轧机轧制，省去了先冷却再加热的过程。表面看起来在铸造工序少回收了一些能量，而实际上却节省了大量能量，从整个系统来看是合理的。这就是系统用能的内涵。

参考文献

[1] 刘筱莉,仲扣庄.物理学史[M].南京:南京师范大学出版社,2003.
[2] 郭振华.普朗克与德国物理学的“黑暗岁月”[J].现代物理知识,1997,9(6):34-37.
[3] 曾丹苓,敖越,张新铭,等.工程热力学[M].北京:高等教育出版社,2002.
[4] 王修彦,张晓东.热工基础[M].北京:中国电力出版社,2007.
[5] 王璐,牟佳琪,侯建平,等.电解水制氢的电极选择问题研究进展[C].中国化工学会2009年年会暨第三届全国石油和化工行业节能节水减排技术论坛,2009.
[6] 沈维道,童钧耕.工程热力学[M].北京:高等教育出版社,2007.
[7] 冯青,李世武,张丽.工程热力学[M].西安:西北工业大学出版社,2006.
[8] 燕小芬.华能某电厂2×660MW二次再热机组六大管道布置分析[J].中国新技术新产品,2013(22):87-88.
[9] 国电宁夏石嘴山发电有限责任公司.集控运行规程[Z].2003.
[10] 肖立川,陈宏,黄冬良,等.应用多工质朗肯循环提高火电厂效率[J].动力工程学报,2006,26(2):273-277.
[11] 杨勇平.分布式能量系统[M].北京:化学工业出版社,2011.
[12] 郑志宇,艾芊.分布式发电概论[M].北京:中国电力出版社,2013.
[13] 孔祥强.冷热电联供[M].北京:国防工业出版社,2011.
[14] 金红光,郑丹星,徐建中.分布式冷热电联产系统装置及应用[M].北京:中国电力出版社,2010.
[15] 肖钢,张敏吉.分布式能源——节能低碳两相宜[M].武汉:武汉大学出版社,2012.
[16] 黄素逸.能源科学导论[M].北京:中国电力出版社,2012.
[17] 方梦祥.能源与环境系统工程概论[M].北京:中国电力出版社,2009.
[18] 徐建中.关于我国能源发展战略的思考[J].中国科学院院刊:2005,20(5):359-361.
[19] 张管生.科学用能原理及方法[M].北京:国防工业出版社,1986.

第 2 章　系统能量分析

2.1　能源计量方法

能源计量工作是一个长期的、渐进的过程，是能源统计分析的重要基础。能源计量是企业生产经营管理不可或缺的基本条件，准确的能源计量需要依赖多种测试手段，相关计量结果是确定节能减排效果的重要依据。长期企业实践证明，充分发挥好能源计量的作用，可以帮助企业减少能源费用支出，降低生产成本。

2.1.1　能源计量简介

计量学包括科学计量、法制计量及工业计量，能源计量属于工业计量类，是计量学的一个分支学科。能源计量是指在能源流程中，对于各个环节（生产、储存、转化、利用、管理和研究）的数量、质量、性能参数等进行检测、度量和计算[1]。能源计量是能源统计的工作基础，只有做好能源计量，真实记录能源的原始数据，并认真进行数据汇总与分析，才能更好地开展节能减排工作。能源计量工作比一般的计量更复杂，计量的能源多种多样，涉及的计量仪器仪表多种多样，能源计量工作者应对此有一定了解。

1）能源计量的对象

能源计量的对象包括各种在生产、生活中使用的能源，例如煤炭、原油、天然气、煤气、热力、液化石油气、生物质能以及其他直接或者经过加工转换而间接获得的各种能源。

2）能源计量的单位

按照能源的计量方式，能源计量单位主要有下面三种表示方式：一是用能源的实物量来表示，例如煤的质量（t），天然气的体积（m^3）；二是利用热工单位来表示，如焦耳（J）、千瓦时（kW・h）等；三是用能源的当量值表示，常见的如煤当量和油当量。其中，因为中国煤炭使用量较大，因此国内常用煤当量来计量。煤当量又被称为“标准煤”，是具有统一热值单位的能源计量单位。我国规定每千克标准煤的热值为7000千卡。而所谓千卡是煤炭行业常用术语，用来表示煤炭的发热量。1kg纯水温度升高或降低1℃，所吸收或放出的热量即为1千卡，即1kcal，又常被称作1大卡。1kcal约等于4.1868kJ。所以1kg煤当量的热值约为29307kJ。1kg油当量的热值为10000大卡，即41868kJ，因此1吨油当量约等于1.4286吨标准煤。使用煤当量或油当量来计量能源的目的是方便对比和统计分析，应用的场合比较多，本书还有很多地方会使用它。按照能源计量单位的适用范围，可分为国际标准计量单位和国家自行规定的法定计量单位两种表示方法。

3）能源计量仪器仪表及计量方法

能源计量仪器仪表是提供能源量值信息的工具，常见的能源计量仪器仪表有流量计、电表、称重仪等。

由于能源的种类与形态多种多样，对于不同的能源也就有着不同的计量方法，常见能源的计量方法主要有以下几种：

（1）煤、焦炭等化石能源只能采用称重法计量。

（2）原油、轻油和其他石油制品，可采用容积法或称重法计量。

（3）电能的计量采用瓦秒表或感应式回转表法计量。

（4）水、煤气、蒸汽、压缩空气采用流量计计量。

（5）液化气采用称重法计量。

在进行能源计量数据记录时，用能单位须采用规范的表格、卡片或单据，对能源流动过程进行原始记录。同时，在进行计量数据的汇总与分析时，必须说明被测量与记录数据之间的转换方法与关系。

2.1.2 能源计量的重要性

能源计量工作是企业加强能源管理、提高能源利用效率的重要基础，是企业贯彻执行国家节能法规、政策、标准，是科学用能、优化能源结构、提高能源利用效率、提高企业市场竞争力的重要保证。下面将从技术层面和管理层面分析能源计量的重要性。

1）技术层面

节能检测是政府对用能单位监督检查的手段，中国计量科学研究院是我国开展节能计量的最高技术机构。为了配合节能工作，我国进一步加强了在线、动态和远程校准及检测技术的研究。目前环保和节能技术的研究与开发，要求在各种非常规条件下进行能源计量。为满足这些技术要求，能源计量正变得更加困难和更为紧要，成为解决环保与节能难题的关键技术之一。

2）管理层面

采取强有力的节约能源措施势在必行，而这些措施的落实都离不开能源计量。

加强能源计量管理，提高能源利用率是减少资源消耗、保护环境的最有效途径，是走绿色发展道路的重要基础。能源计量涵盖了社会生活的各个环节，尤其是在工业生产领域，从原材料采集、运输、物料交换、生产过程控制到成品出厂，都需要通过测量数据控制能源的使用，涉及热工量、化学量、力学量、电量等诸多科学测量参数的应用，是企业生产经营管理必不可少的基本条件。离开计量数据管理，就不能量化各生产环节的能源消耗，各项节能措施就无法实施。工业企业作为能源消耗大户，增强节能意识，加强能源计量管理，提高能源利用效率，对保障社会经济发展，建立资源节约型社会和节能型工业都具有十分重要的意义。

2.1.3　能源计量器具

能源计量器具主要是指测量对象为一次能源、二次能源和载能工质的计量器具，如电能表、水表、流量计等。另外，如果热电偶、热电阻、压力表的测量值要应用于能源计算中也应算是间接的能源计量器具。

2.1.3.1　能源计量器具种类

具体来说，常见的能源计量器具包括以下几类。

1）衡器

衡器主要用于进出用能单位固体燃料、液体燃料的静态计量；进出用能单位固体燃料的动态计量以及主要用能设备的能耗计量。

主要种类有：地上衡、地中衡、轨道衡、吊秤、皮带秤、电子煤量计。

2）电能表

电能表的准确度等级主要参照电力部门现有的装表要求。这样在满足电力部门的计量管理、电力配额、安全运行等要求的同时，也需满足能源计量器具配置和管理要求，既规避了矛盾，也节约了成本。但应当说明的是能源计量器具的配置有时与电力部门的要求不完全一致，在这种情况下切忌漏装。

3）油流量表

油流量表（装置）主要用于进出用能单位结算需要、主要次级用能单位和主要用能设备的能耗考核，多用于对液体能源的计量。

进出用能单位的重油渣油及用量不大的成品油，一般多用静态衡器计量。常见的油流量表（装置）是指用能单位用量较大的汽油、柴油、原油计量。

4）气（汽）体流量计

气（汽）体流量计（装置）主要用于进、出用能单位气（汽）体能源的结算计量、主要次级用能单位及主要用能设备能耗考核计量。

5）水流量表

水流量表（装置）主要用于进、出用能单位、次级用能单位及重点用能设备的水量计量。

目前,水流量测量技术是比较成熟的,准确度优于 2%的水流量仪表很多。用能单位从经济角度出发,不必花高价购置精密水流量仪表,只要能满足标准中规定的准确度要求的流量仪表就行。

6) 能源的间接计量器具

在用能单位能源计量工作中,用于能源间接计量的计量器具主要有以下几种:

温度计:用于测量液体、气体、蒸汽温度及物体表面温度。

压力计:用于测量液体、气体和蒸汽的压力。

密度计:用于测量液体、气体的密度。

热值测定仪:用于直接测量各种固体、液体和气体的发热值。

气象色谱仪:通过分析气体的燃料组分,计算出气体燃料的发热值。

热流计:用于测量对象边界的热流交换。

酸露点仪:用于对含酸性气体的余热,确定温度下限。

终端设备效率仪:主要指燃烧效率仪、电机效率仪、风机效率仪等用能终端设备的效率测定装置。

2.1.3.2 能源计量器具配备率

为了满足能源分类计量的要求,满足用能单位实现能源分级分项考核的要求,国家对能源计量器具的配备率是有要求的。能源计量器具配备率等于能源计量器具实际的安装配备数量与理论需要量的比值。根据《用能单位能源计量器具配备和管理通则》(GB17167—2006)中的规定,能源计量器具配备率的要求可参见附表 A。

2.1.3.3 能源计量器具准确度

国家对于能源计量器具的准确度也是有明确要求的。具体要求可参见附表 B。有几点需要说明:

(1) 主要次级用能单位和主要用能设备配备能源计量器具的准确度等级参照附表 B 的要求,电能表可比附表 B 的同类用户低一个档次的要求。

(2) 能源作为生产原料使用时,其计量器具的准确度等级应满足相应生产工艺的规定要求。

(3) 能源计量器具的性能应满足相应生产工艺及使用环境(如温度、湿度、振动、腐蚀等)的要求。

2.1.4 能源计量方法和实例

1) 蒸汽计量

(1) 原理框图。锅炉及热力系统蒸汽计量的原理如图 2-1 所示[4]。

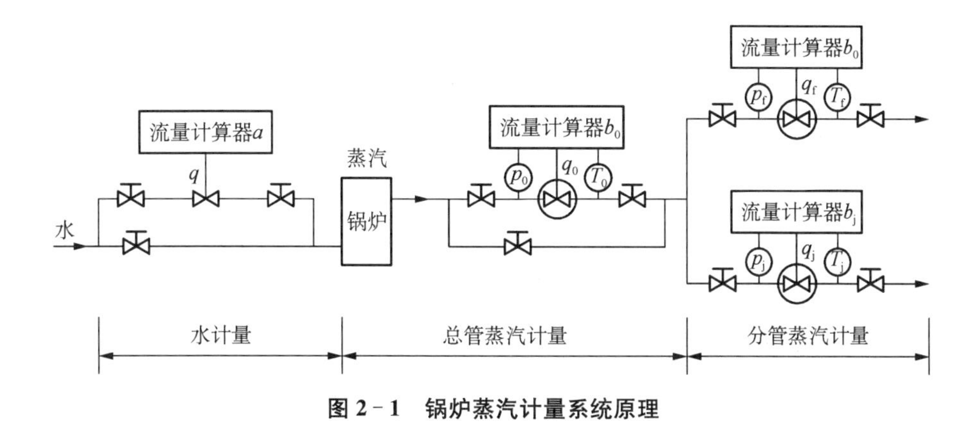

图2-1　锅炉蒸汽计量系统原理

(2) 流量计选择配置原则。由图2-1可知，整个计量系统主要由三部分构成，分别是进水计量、总管蒸汽计量和分管蒸汽计量。

进水计量仪表通常由流量计和流量计算器组成，其作用是对进水体积进行计量。进水计量仪表在流量计上的选择方案较多，常见的有涡轮流量计、电磁流量计、水表、涡街流量计等，在选择时考虑到实际计量成本，可以选择成本较低的水表和涡轮流量计。但考虑到计量准确度的要求，一般选择涡轮流量计，原因在于水表的准确度太低，会影响计量的准确性。

总管蒸汽计量相对而言比较麻烦，在系统原理图中，进水经过锅炉的加热变成水蒸气(有过热蒸汽和饱和蒸汽之分)。当蒸汽为过热蒸汽时，需要对蒸汽的压力和温度分别进行测量，并进行补偿计算，从而得到过热蒸汽质量。而当蒸汽为饱和蒸汽时，则需要先测量蒸汽的温度或者压力，并利用蒸汽温度或压力进行补偿计算。因为总管的蒸汽流量较大，所以尽可能选择流量大的流量计，但也要考虑到总流量的变化范围。如变化范围较小，可以采用成本较低的差压式孔板流量计；如变化范围较大，则采用涡街流量计。当然，对于不同的用汽季节，用汽量常会有较大变化，这时可考虑采用多块孔板(不同口径)的互换方式进行流量计量。

分管蒸汽计量主要由流量计、配套温度及压力仪表、流量计算器组成。测量过程中的仪表应选择同一型号的，这样有利于数据的分析处理。特别需要注意的是，由于蒸汽的压力损失以及与外界的热交换等原因造成的计量误差，分管蒸汽量总和一定小于总管蒸汽量，且总管蒸汽量一定小于进水量。

2) 天然气计量

(1) 原理框图。天然气计量系统的原理如图2-2所示。

(2) 流量计选择配置原则。由天然气计量原理框图2-2可知，天然气的计量主要包括三个部分，分别是高压总管输送计量、中压分管输送计量和用户使用计量。从总管进来的天然气是一种洁净的能源，经过加压之后，可以提高天然气的输

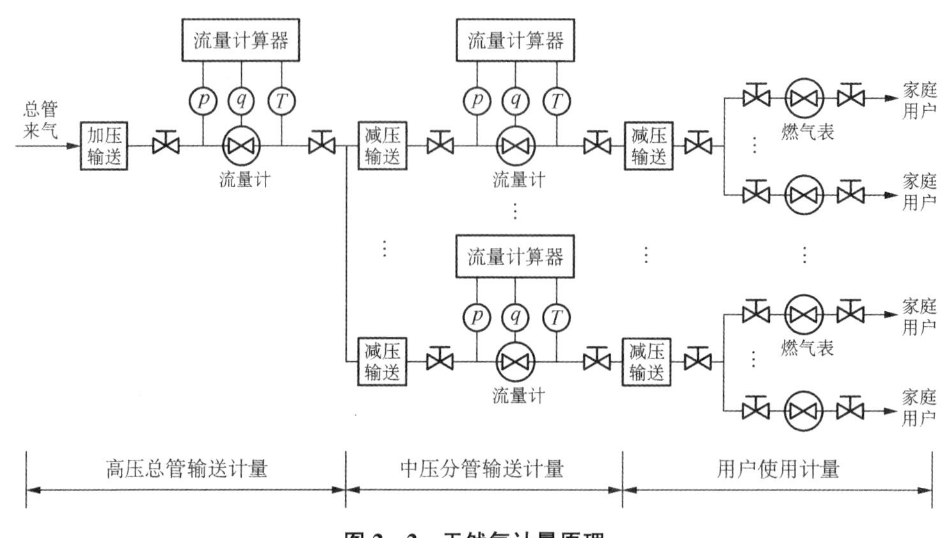

图 2-2 天然气计量原理

送效率。由于进气介质洁净的原因,除了选择无可动部件的流量计外,也可选择稳定性好的具有可动部件的气体流量计实现流量计量。其中,差压式孔板流量计、声速喷嘴流量计、气体涡轮流量计、气体超声波流量计是几种可供选择的类型。但考虑到天然气的中高压输送环境,测量所用的流量计应在中高压条件下进行检定,以保证计量性能不会有较大的差异,减少计量误差。而在中高压环境下进行计量时,需要有一定的温度与压力修正计算,因此必须配备相应的温度传感器、压力变送器以及其他补偿计算器。而在用户使用计量阶段,天然气计量采用非压力温度补偿计算方法,即采用体积计量方式完成结算。

3) 原油计量

(1) 原理框图。原油计量系统的原理如图 2-3 所示。

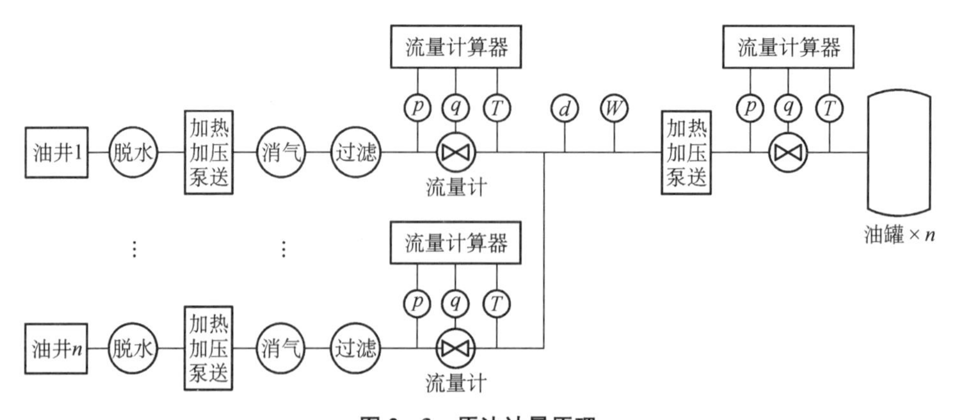

图 2-3 原油计量原理

(2) 流量计选择配置原则。从油井开采出的原油经过脱水处理,再经过加热加压及泵送等步骤,通过消气、过滤等加工工艺最终转变成可以直接进行计量的原油。在计量过程中,原油经过流量计算器测得原油的压力、流量和温度等参数,再经含水密度、压力、温度等测量修正后,最终储存在油库或油罐中。

之前我们提到,对原油的计量一般采用容积法或称重法,因此通常选用容积式流量计,如腰轮流量计和双转子流量计。然而从油井开采出来的原油通常会含有较多的沙粒,因此对于含沙量较大的原油通常采用刮板流量计。

4) 成品油计量

(1) 原理框图。成品油计量系统的原理如图 2-4 所示。

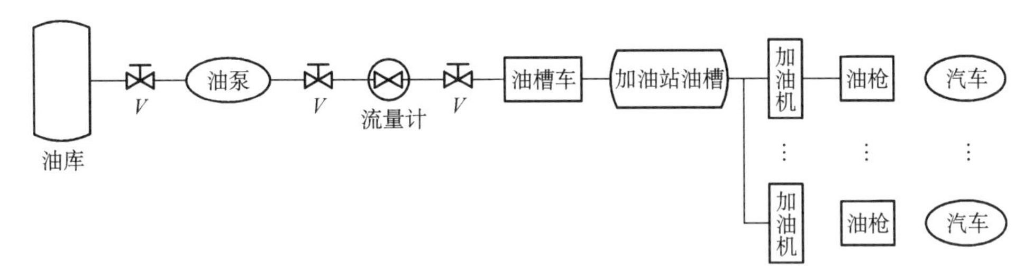

图 2-4　成品油计量原理

(2) 流量计选择配置原则。由成品油计量原理框图 2-4 可知,成品油的计量主要分为两部分,第一部分是从油库到加油站的批发环节,第二部分则是从加油站油槽到成品油用户的加注环节。由于第一环节往往涉及比较大量的成品油,因此该环节对于成品油的计量要求也就相对较高,一般选用准确度等级较高的容积式流量计和质量流量计等器具进行该环节的成品油批发计量。考虑到容积式流量计的准确度通常与被计量介质的动力黏度有关,因此在使用流量计之前必须用实际所要计量的介质进行检定,或者使用与被计量介质动力黏度相当的介质进行检定。而在采用质量流量计对成品油进行计量工作时,还应该对被计量介质的密度进行测量,这样可以方便实现质量与体积量之间的转换核算。

第二环节中的成品油计量受到油枪加注流量的限制。通常加油站采用加油机对汽车进行加注操作,加油机主要分为自吸泵式和潜液泵式两大类。自吸泵式加油机其本身内部含有泵和油气分离器,加油机在对汽车进行加注操作时可以自动从油槽中吸入成品油,适用于加注量少、油品种类较多的加油站;潜液泵式加油机其内部不含油泵和油气分离器,加油机在加注时的动力主要来自于油槽中的潜液泵,潜液泵可以按照不同的流量输送不同的成品油给单台或者多台潜液泵式加油机,从而实现加油工作。目前,我国国内生产的加油机计量准确度均高于 OIML(国际法制计量组织)相关国际建议要求,计量的示值误差均控制在±0.3%范围内。

5）水计量

（1）原理框图。水计量系统的原理如图 2-5 所示。

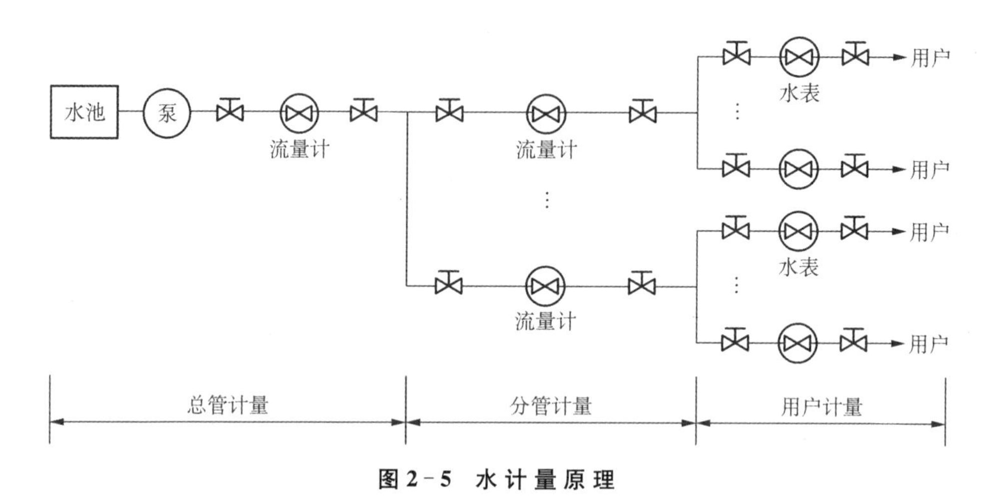

图 2-5　水计量原理

（2）流量计选择配置原则。水是我们日常生活中经常使用到的一种液体，我们把水分为原水和自来水加以区分。原水一般是通过地下开采用于水厂进水再处理，自来水则是经过自来水处理厂净化、消毒后生产符合标准的生产生活用水。通常原水的流量较大，因此所使用的计量器具也相对较大，并且原水计量器具一般安装在环境相对较差的场合。考虑到原水计量装置口径和体积都比较大，故一般一次安装之后就不再拆装，所以在选择时还需要考虑到计量器具的使用寿命等因素。不过，最重要的一点是，所采用的计量器具不能对水造成污染。目前，对于原水的计量工作以电磁流量计最优，中小口径管道的原水计量也可以采用涡轮流量计或者涡街流量计等其他结构形式的计量器具。而在分管计量中，有时也会采用大口径水表进行水的计量工作，在用户计量中，考虑到计量成本的影响，通常采用水表作为计量器具。

6）煤气计量

（1）原理框图。煤气计量系统的原理如图 2-6 所示。

（2）流量计选择配置原则。由煤气计量原理框图 2-6 可知，煤气计量主要分为三个部分，分别是总管计量、分管计量和用户端计量。煤气在总管计量中流经流量计算器并经过温度和压力修正，保证计量体积不随温度和压力的变化而变化，计量得到的体积值通常按照标准体积值计量（101.32 kPa，15℃）。考虑到煤气的特殊物理性质，特别是含有焦油等因素，在选择流量计时通常会选用不具有可动部件的流量计，其目的就是为了避免焦油对流量计中可动部件的运转造成影响，进而造成计量不准确的问题。因此，在总管计量与分管计量中，通常选用差压式流量计中的孔板流量计和气体超声波流量计等。而为了实现计量中的温度和压力修正，还

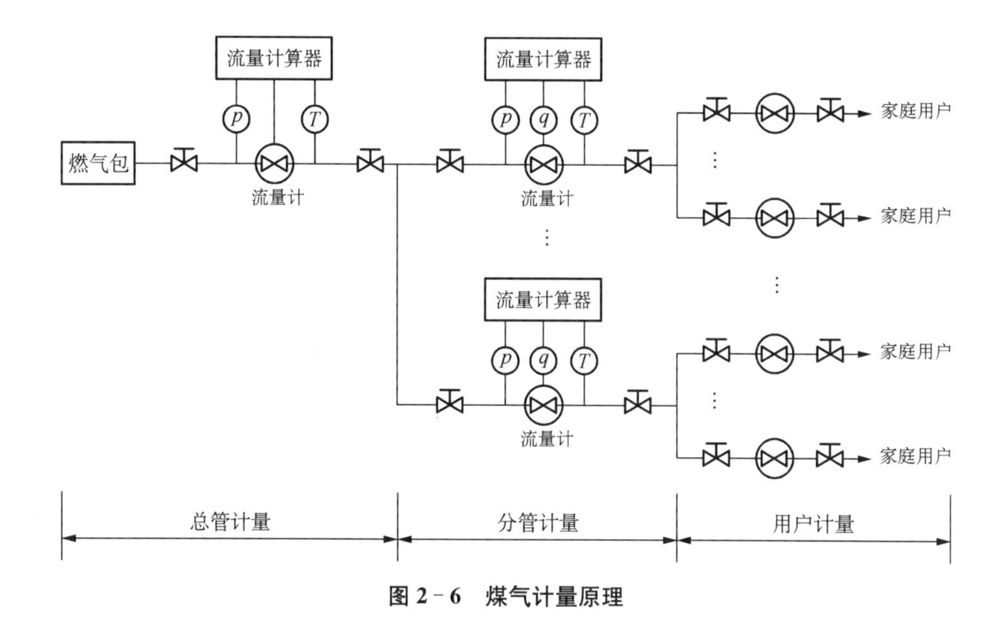

图 2-6　煤气计量原理

应该配备相应的压力变送器和温度传感器等。用户计量时，考虑到计量成本的影响，所以在计量时按照实际工况体积量计量，一般采用膜式燃气表进行计量。

2.2　能源统计分析

能源统计是国民经济统计中的一个重要分支，是政府或企业编制能源规划的重要依据，能源统计水平能在一定程度上直接反映能源管理水平。依据能源统计所形成的分析结果，用户能够充分认识自身能源消耗情况。

2.2.1　能源统计简介

能源统计是运用综合能源系统经济指标体系和特有的计量形式，采用科学统计分析方法，研究能源的勘探、开发、生产、加工、转换、输送、储存、流转、使用等各个环节运动过程、内部规律性和能源系统流程的平衡状况等数量关系的一门专门统计。

能源统计包含能源统计科学和统计分析两个方面的工作，分别对应理论与实践两个层面。针对统计部门而言，能源统计的基础是能源统计科学发展研究，其核心内容为能源统计工作。能源统计与其所涉及的统计对象、任务、报表和报表制度等，构成了完整的能源统计概念。

2.2.1.1　能源统计的对象、任务和报表制度

能源统计对象是其涉及的调查对象及其与能源有关的社会经济活动，包括：能源生产企业及其生产经营活动中的能源产量、产成品库存量、销售量以及相关生

产经营活动量;能源消费企业单位及其生产经营活动中的能源购进量、消费方式、消费量、库存量以及相关生产经营活动量;地质勘探企业与其生产活动中直接获得的能源地质储量;能源批发、零售贸易企业及其商品经营活动中的能源购进量、销售量、库存量以及相关经营活动量;城乡居民家庭日常生活中的能源消费量;能源生产和消费企业单位能源生产或消费水平。

能源统计需要及时、准确、全面系统地收集、整理和分析整个能源系统流程的统计数据。能源统计必须如实反映能源综合平衡状况、能源经济发展水平、能源经济效益等变化发展情况,为宏观管理以及企业的生产管理提供信息及依据。具体有以下几项任务:

(1) 为各级政府和部门制定方针、政策、编制能源计划提供可靠资料。

(2) 对能源经济活动和能源方针、政策、计划执行情况进行统计检查和监督。

(3) 为加强能源科学管理,挖掘能源潜力,提高能源利用效率服务。

(4) 为企业生产、加强经营管理、提高经济效益、降低能源消耗服务。

(5) 对能源生产及需求进行统计预测。

能源统计的实现形式是能源统计报表制度。能源统计报表制度是由国家统计局制定的为完成能源统计任务定期搜集和整理能源基本统计资料的调查组织形式,是各企业、各地方按国家统一规定的表格形式,统一的报送程序和报送时间自下而上地向国家和各级领导机关履行的一种报告制度。

能源统计报表制度内容主要包括法律依据、调查目的,以及报表目录、调查表式、报表调查、上报相关的其他具体事项等。具体内容有:

(1) 能源库存、购进和消费统计。这项统计由有能源消费行为的企、事业单位执行,视能源为消费资料。

(2) 能源加工转换统计。这项统计由参与能源加工转换活动的工业企业或车间填报,反映能源加工转换过程中投入与产出的定量关系,是计算综合能源消费量的基础,为计算加工转换效率、挖掘节能潜力、编制能源平衡表提供基础资料。

(3) 能源经济效益统计。这项统计的目的是考核能源利用效率,统计对象包括产值(收入)能耗、人均综合能源消费量、人均能源占有量、能源弹性系数等。

(4) 单位产品产量能源消耗量统计。这项统计是考核企业经济效益和节能计划完成情况的重要统计,因为它能够综合反映各工业行业、企业的生产技术水平、产品能源消耗和管理水平的高低[5]。

2.2.1.2 能源统计的折标概念

为了便于对比分析,在能源统计中还会经常使用到当量值、等价值以及折标系数等相关概念。当量值是指某种能源本身所含的热量。具有一定品位的某种能源,其单位当量热值是固定不变的。等价值是指为了获得一个度量单位的某种二次能源(如汽油、柴油、电力、蒸汽等)或耗能工质(如压缩空气、氧气、各种水等)所消耗的以热值表示的一次能源量。不管是当量值还是等价值,其最后都必须折算成前文所介绍的“标准煤”来相加。因此,“标准煤”是所有能源的折算标准。不同能源的消耗量只要乘以一个系数就能成为用标准煤计量的数值,而这个系数就称为“能源折标系数”,简称“折标系数”。将能源的当量值折算成标准煤的折算系数称为“当量折标系数”,按等价值折算的即为“等价折标系数”。例如,1 kW·h的电力所含能量为 3 600 kJ,因此折算成标准煤的当量折标系数为 3 600(kJ/kW·h) ÷ 29 307(kJ/kg) = 0.122 9 kgce/kW·h,其中 ce(coal equivalent)就是前文所提的煤当量,实际操作中经常使用 1.229 吨标准煤每万千瓦时作为电力的当量折标系数。火电厂的效率一般为 30%～45%,假设为 35%,则其等价折标系数为 1.229/35% ≈ 3.5。不同地区根据当地的火电厂平均效率,其电力等价折标系数可能会有所不同,而且是随技术进步不断变化的。等价折标系数可以理解为考虑能源转换效率的折算系数。常用能源和耗能工质的参考热值及折标系数可分别参见附表 C 与附表 D。

2.2.2　能源统计范畴

能源统计指标体系是指一系列互相联系补充的统计指标,以能源系统流程为基础,通过将能源勘探、开发、生产、加工、转换、输送、流转、储存和使用等一系列统计指标按一定目的、意义系统地结合在一起,说明总体数量特征和发展规律所形成的体系。能源统计指标体系主要包括:

1) 能源资源统计

能源资源统计的对象是现有能源资源的储量、品位、开发利用情况,以及资源对需求的保证程度。能源资源统计能够为编制能源开发规划、制订能源方针政策提供基础数据。目前,我国主要对水力、煤、石油、天然气和核资源进行统计。

能源资源统计的基本任务主要有:

(1) 按探明程度确定能源资源储量及其投入社会经济周转的可能量。

(2) 研究能源资源的构成情况、分布情况和质量状况。

(3) 分析已探明储量的动态及其增长原因,编制能源资源储量变动平衡表。

(4) 分析能源资源勘探及开发计划完成情况以及能源资源保护与补充情况。

(5) 研究能源资源的开发利用程度及其经济效益。

2) 能源生产统计

能源生产统计是反映能源生产规模、构成、生产成果和发展速度的主要指标,为编制能源生产计划、检查能源生产计划完成情况、分析能源合理构成、研究能源合理开发利用提供重要依据。

3）能源加工和转换统计

能源加工和转换统计由参与能源加工转换活动的工业企业填报，即从事发电、供热、洗煤、炼焦、炼油、制气等生产活动的火力发电厂、热电厂、供热企业、洗煤厂、机械化和土法炼焦厂、炼油厂、煤气厂等。

能源加工、转换统计能够反映能源加工、转换过程中能源的投入与产出之间的定量关系；分析能源加工转换效率及其影响因素；挖掘节能潜力，提高经济效益，并为编制能源平衡表提供资料。

能源加工、转换统计主要指标有：（能源加工转换的）投入量、产出量、损失量、效率以及损失率。

4）能源运输（输送）统计

能源运输（输送）是连接能源生产领域与消费领域的重要环节。能源运输（输送）在交通运输中占有很大比重。煤炭、石油、天然气的运输主要靠铁路、水路、公路、管道四种方式实现。能源的合理运输极为重要，需要用最少的时间，走最短的路线，用最省的费用安全地把能源从产地运到目的地。因此，及时、准确、安全、经济的合理运输（输送）是必须遵守的原则。

能源运输（输送）统计是对能源在各种运输与输送活动中的数量、去向进行统计，以反映能源运输与输送的流向情况、流量规模与构成、输送的合理性以及对社会再生产顺利进行的保证程度。

5）能源流转统计

能源流转是能源生产企业和从事能源销售的批发零售贸易业，把煤炭、石油、煤气、天然气、电力、热力等能源产品作为商品，从生产领域传送到消费领域的转移过程，是能源生产与需要之间的桥梁。这种转移通过商品买卖行为，即商品与货币的交换形式来实现，是中转形式的能源流通。

能源流转统计由能源进货量（或收入量）、能源销售量（或拨出量）、能源库存量等指标和价值量指标构成，反映能源在流通领域中的运动过程、能源销售和供应的规模构成等变化情况、能源供求及产销之间的经济联系等。能源流转统计能为编制计划、加强能源流通领域的经济管理、综合分析市场的特点及发展趋势提供依据。

6）能源库存量统计

能源库存量统计是对一定时间点各种能源库存量及其构成情况的统计，对能源库存构成研究、现有能源资源充分利用和合理调剂、社会再生产正常进行、市场供需调剂、能源供应改善、能源周转加速等方面都有重要意义。

能源库存量作为一个重要指标，能够反映在报告期内某个时间点，企业、行业、地区或全国实际拥有的待用储备量。按观察的时间点不同，分为期初库存量和期末库存量，期初库存量通常为月初、季初、年初的第一天零点实际库存量。期末库存量通常为月末、季末、年末最后一天二十四点的实际库存量。

7）能源消费统计

能源消费统计是指用能单位按照规定对能源计量数据进行归纳汇总，其目的是在能源计量的基础上获得真实、准确、完整的能源消费汇总数据，为用能单位的生产经营决策和制定节能计划、采取节能措施提供可靠的依据。

能源消费统计主要反映能源消费的数量、质量和构成情况，是反映国情国力的重要指标。能源消费与能源资源、能源生产、能源流转、能源运输、能源储备之间都相关联，在能源统计中具有重要作用。能源消费量统计的原则是：

(1) 谁消费、谁统计。即由实际消费能源的一方统计，不论其支出费用与否，凡在本单位实际消费的能源，均应统计在本单位消费量中。

(2) 何时投入使用，何时算消费。各工业企业统计能源消费量的时间界限以投入第一道生产工序为准。

(3) 对反复循环使用的能源不能重复计算消费量。如余热、余能的回收利用，不再计算在消费量中。

(4) 耗能工质(如水、氧气、压缩空气等)。在计算单位产品能耗时，耗能工质是否计入能源消费量应依据有关行业或地方要求进行统计分析。

(5) 企业自产能源，凡作为本企业生产另一种产品的原材料、燃料，又分别计算产量的要统计消费量。如煤矿用原煤生产洗精煤、炼焦厂利用煤炭生产焦炭过程中产生的煤气、炼油厂用燃料油发电等。产品生产过程中消费的半成品和中间产品不计入消费量。

8）能源综合平衡统计

能源综合平衡统计是能源统计工作的高级阶段，是一项综合性很强的系统工程。从微观到宏观，从单项到综合，从局部到整体，从个别能源流转环节到全部能源系统流程，形成了一个完整的能源平衡体系。

能源综合平衡统计能够全面系统地反映一定时期内能源的资源开发、加工转换、输送、分配、储备、使用的能源系统流程全貌和系统内部各运行环节的特征以及相互联系和能源经济运行中所形成的总量、比例、速度、效益之间的平衡制约状况。能源综合平衡统计是国家制定能源和国民经济及社会发展政策、编制能源规划、加强能源科学管理、分析能源供需状况、建立能源投入产出模型、进行能源生产和需求预测等各项工作的重要基础和依据之一[6]。

2.2.3 能源统计能耗指标

2.2.3.1 单位GDP能耗

单位GDP能耗，即每万元国内生产总值所需的能源消费量，是综合能源消费量与国内生产总值的比值，是我国目前主要采用的衡量能源消费水平的统计指标。国内生产总值是指一个国家、地区在一定时期内所生产的全部最终产品和提供劳务的市场价值总和，是综合反映社会经济活动成果的重要指标。能源消费总量是指物质生产部门、非物质生产部门和生活所消费的各种能源的能量总和(包括终端消费量和能源加工转换损失量)，包括原煤、原油及其制品、天然气、电力，不包括低热值燃料、生物质能和太阳能的利用。单位 GDP 能耗是反映能源消费水平和节能降耗状况的主要指标。该指标说明一个国家经济活动中对能源的利用程度，反映经济结构和能源利用效率的变化。

$$\text{单位 GDP 能耗} = \frac{\text{能源消费总量}}{\text{国内生产总值}} \tag{2-1}$$

单位 GDP 能耗可以在一定程度上反映一个国家或地区在某个时期的经济活动对能源的消费水平，但是受到汇率问题、不同时期产业结构、产品结构变动和价格水平变动的动态条件以及能源结构、国家所处发展阶段、国家的地理位置、国土面积大小、资源禀赋等静态条件的影响，它的高低不能作为评判先进与落后的依据，也不能以此判别节能潜力或节能工作的差距。

2.2.3.2 综合能耗

综合能耗计算的能源指用能单位实际消耗的各种能源，包括一次能源、二次能源以及耗能工质消耗的能源。

企业在计划统计期内用于生产活动中的能源消耗量，是指在生产活动中经过实测得到的各种能源消耗量。特别是主要生产系统的能耗，必须以实测为准。燃料发热量也应按实测求得。

统计期内企业的某种燃料实物消耗量可按下式进行计算：

$$\begin{aligned}\text{企业的燃料实物消耗量} = {} & \text{企业购入的燃料实物量} + \text{期初库存燃料实物量} - \\ & \text{外销的燃料实物量} - \text{生活用燃料实物量} - \\ & \text{期末库存燃料实物量}\end{aligned} \tag{2-2}$$

综合能耗分为四种，即综合能耗、单位产值综合能耗、产品单位产量综合能耗以及产品单位产量可比综合能耗[7]。

1) 综合能耗

企业综合能耗是指用能单位在统计报告期内，实际消耗的各种能源实物量，按规定计算方法折算后的总和：

$$E = \sum_{i=1}^{n} (e_i \times p_i) \tag{2-3}$$

式中，E 为综合能耗；n 为消耗的能源品种数；e_i 为生产和服务活动中消耗的第 i 种能源实物量；p_i 为第 i 种能源的折标系数，按能源的当量值或能源的等价值折算。

实际消耗的各种能源是指一次能源（原煤、原油、天然气等）、二次能源（如电力、热力、焦炭等国家统计制度所规定的能源统计品种）和生产使用的耗能工质（水、氧气等）所消耗的能源。所消耗的各种能源不得重计或漏计。存在供需关系时，输入、输出双方在量值上应保持一致。

为避免重复计算，合理的综合能耗中输入能量应扣除输出能量。从系统理论的观点看，系统的消（损）耗为输入减同质的输出。因此，综合能耗的计算公式应修正为

$$E = \sum_{i=1}^{n}(e_i \times p_i) - \sum_{j=1}^{m}(\varepsilon_j \times q_j) \tag{2-4}$$

式中，E 为系统的综合能耗；n 为系统消耗的输入能源品种数；e_i 为第 i 种输入能源实物量；p_i 为第 i 种输入能源的折标煤系数，按能量的当量值或能源的等价值折算；m 为系统产生的输出能源品种数；ε_j 为第 j 种输出能源实物量；q_j 为第 j 种输出能源的折标煤系数，按能量的当量值或能源的等价值折算。

能源及耗能工质在企业内部进行贮存、转换及分配供应（包括外销）中的损耗，也应计入企业综合能耗[8]。

2）单位产值综合能耗

单位产值综合能耗指企业在统计报告期内的综合能耗与期内创造的净产值（价值量）总量的比值。

3）单位产量综合能耗

产品单位产量综合能耗指单位产品产量的直接综合能耗，这里的产品是指企业合格的最终产品。对同时生产多品种产品的情况，应按实际耗能计算。在无法分别进行实测时，或折算成标准产品统一计算，或按产量分摊。

4）单位产量可比综合能耗

为了在同行业中实现相同产品能耗可比，对影响产品能耗的各种因素，用折算成标准产品或折算成标准工序等办法加以修正所计算出来的单位产量综合能耗量。

2.2.3.3　节能量

用能单位节约的能源量简称节能量。它是指在一定的统计期内，用能单位实际消耗的能源量与某一个基准能源消耗量的差值，通常是实际消耗的能源量与某一能源消费定额之差值。基准能源消耗量通常是指上期能源消耗。随着所选定的基准量（或是定额）不同，其节能量也有所不同。

节能量是一个相对比较的量，它等于实际能耗与比较基准之差，因此按实际目的、要求选择合适的比较基准就显得十分重要。目前用来计算节能量的基础指标主要有三个：单位产值综合能源消费量、单位产品产量（工作量）综合能源消费量、

单位产品产量(工作量)单项能源消费量。

根据统计期不同,企业节能量又可分为当年节能量和累计节能量。当年节能量是前一年与当年的能源消耗量的差值;累计节能量是以某一确定的年份与当年的能源消耗量的差值,实际上等于这一期间内各年的节能量之和。

计算节能量需要遵循一定的原则和方法:

(1) 根据综合能源消费量计算某一地区、某一部门或某个企业的节能量。综合能源消费量是一定时期内实际消费的各种能源,扣除重复计算后,分别折算为同一标准能源单位的总和。计算节能量采用的各种能源消费量,不包括余热、余气、煤渣等的回收利用以及煤矸石等的综合利用。

(2) 根据不同的节能量计算指标,计算单位可以采用实物单位或标准单位。在计算单位产值综合节能量和单位产品综合节能量时,所消耗的各种能源均应按规定折算成标准单位(我国使用标准煤)。而计算单位产品单项节能量如节煤量、节油量、节电量时,则可分别采用不同的实物量单位。

(3) 计算节能量时所采用的产值应按可比价格计算,方便与基准期对比。所采用的产品产量是指合格产品,不包括废品和次品,但能源消费量应包括废品、次品所消耗的能源数量。

(4) 节约或浪费总是相对某一对比基准而言。计算节能量时,可根据不同的目的和要求,选用不同的比较基准。如与计划或能耗定额对比,与上期或上年同期对比等。

节能量的计算公式为

$$节能量=\left(\frac{基期能源消费量}{基期产值}-\frac{报告期能源消费量}{报告期产值}\right)\times 报告期产值 \quad (2-5)$$

$$节能量=(基期单位产值能耗-报告期单位产值能耗)\times 报告期产值 \quad (2-6)$$

计算结果正值为消耗量减少,负值为消耗量增加。

综合节能量是根据单位产值综合能耗计算的节能量,反映企业直接节能和间接节能总成果。

综合节能量的计算公式为

$$综合节能量=(基期单位产值综合能耗-报告期单位产值综合能耗)\times 报告期工业总产值 \quad (2-7)$$

直接节能量是根据单位产品综合能耗计算的节能量。

直接节能量的计算公式为

$$直接节能量=\sum[(基期某种产品单位产量综合能耗-报告期其单位$$

产量综合能耗)×报告期该种产品产量]　　(2-8)

2.3　系统能量平衡

根据能量守恒原则我们知道,能量不会凭空产生,也不会凭空消失,只能从一个物体传递到另一个物体,或者从一种形式转换到另一种形式。因此,我们可以引入能量平衡的概念,对于一个体系而言,其收入的能量和输出的能量必然在数值上是相等的。可以通过这种关系来定量分析系统的用能情况。也就是说,对于一个确定的体系,可以列出如下方程:

体系内部能量变化 = 输入能量 − 输出能量　　(2-9)

除了该方程外,计算物质所具有的能量还需要有一个基准状态。一般而言,人们习惯于把地球表面人类生活的环境状态视为基准状态,因为这个环境状态的容量非常大,不受局部、有限的能量利用过程影响而改变其相对恒定性。

2.3.1　系统能量平衡简介

2.3.1.1　能量平衡概述

能量平衡是对进入体系的能量与离开体系的能量在数量上的平衡关系进行考察。在体系内,能量的移动、转换遵循能量守恒定律。能量平衡包括各种能源的收入与支出平衡,消耗与有效利用及损失之间的数量平衡。

通常而言,我们需要考虑的能源形式包括:

(1) 外部储存能:借助物质以外的参考坐标系的参数来确定的能量。主要有宏观动能和重力势能。

(2) 内部储存能:与物质内部粒子的微观运动和粒子的空间位形有关的能量。包括内能、化学能等。

由以上的能源形式可以列出能量平衡构成表,如表2-1所示。

表2-1　能量平衡构成表

能量种类	输入能量	输出能量
热量	燃料发热量 化学反应放热量 外界向体系传热量	输出可燃物放热量 化学反应吸热量 体系向外界传热量
功	电功 机械功	电功 机械功

（续表）

能量种类	输入能量	输出能量
所处状态与基准状态的焓差	燃料、工质等带入的能量	燃料、工质等带出的能量
机械能	宏观动能与重力势能	宏观动能与重力势能

能量平衡构成表可以指导我们如何分析系统能量的收支平衡。我们需要列举出体系输入的能量和输出的能量，然后对其数值进计算，从而得到一个收支平衡的结论。

然而这只是能量平衡分析的基础，要对能量利用进行分析，就必须对出入能量重新分类。能量总是为了某个明确的目的而提供给系统的，而能量并不是随意转换的，能量的转换和传递都是在一定条件下进行的，遵循客观规律，比如说机械能可以很容易地转换为热能，而热能则需要靠一系列的热能动力装置才能转换为机械能，且效率无法达到百分之百。又比如说热量总是自发地从高温物体流向低温物体，而要让热量从低温物体流向高温物体则要付出一定代价。因此我们应该以提供能量的能源和接收能量的体系为考察对象，分析能量是否进行了有效利用，是否用于达成某个目的，是否高效有序地传递到了关键环节，又是否符合能量流动的规律[9]。其中能源提供的能量称为“供给能量”，体系接收到的用于特定目的的能量称为“有效利用能量”，而未用于实现目的并通过各种形式进入环境的能量称为“损失能量”。这样就构成了能量平衡新关系：

$$\text{供给能量} = \text{有效利用能量} + \text{损失能量} \tag{2-10}$$

这种关系称为能量的“得失平衡”。

2.3.1.2　企业能量平衡

对于企业而言，能量的得失平衡显然要比单纯的能量平衡更为重要。由此也可以引入企业能量平衡的概念。企业能量平衡就是以企业为对象，研究各类能源的收入与支出平衡、消耗与有效利用及损失之间的数量平衡，进行能量平衡与分析。其目的包括掌握企业的能耗情况，分析企业用能水平，查找企业节能潜力，明确企业节能方向，为改进能源管理，实行节能技术改造，提高企业能源利用率和进行企业用能的技术经济评价提供科学依据。企业能量平衡是对企业用能过程进行定量分析的一种科学方法与手段，也是企业能源管理中一项基础性工作和重要内容。它自身也在不断地发展、完善与提高，其应用范围也在不断地扩展，我们开展企业能源审计、企业能源监测，建立企业能源管理信息系统等各项工作，都要以企业能量平衡为基础[10]。企业能量平衡是我国开创的一种企业能源管理方法，为提高我国企业能源科学管理水平，节能降耗工作做出了重要贡献。

我国在 1978 年提出的企业热平衡基础上，逐渐增加了企业电平衡、企业水平衡等内容才将其发展为今天的企业能量平衡，并于 1983 年制定了国家标准 GB3484—1983《企业能量平衡通则》。到 2009 年国家又继续完善并出台了国家标准 GBT3484—2009《企业能量平衡通则》。目前，热能仍是能量利用的主要形式，习惯上，人们常用热平衡来指代能量平衡。因此，企业热平衡是指以车间、企业为对象，研究其能量的收入与支出、消耗与有效利用及损失之间的平衡关系，运用系统综合的方法，采用统计、测试、计算等手段，通过能耗、利用率和回收率等三类技术指标来分析和掌握企业的耗能状况及用能水平，找出能量损失的原因和节能潜力，从而针对性地制定技术改造措施和整改方案，以提高系统的能量利用水平；企业电平衡是指在研究分析的用电体系边界范围内，一定时期的电能收入与支出，即传递、流向、分布、转换过程中的消耗与有效利用及损失之间的平衡关系。企业电平衡可以揭示出用电企业在整个生产过程中各个用电环节电能使用情况，研究分析出电能是怎样利用的，从而找出电能利用的科学规律，揭示电能利用中的问题和节电的主要途径；企业水平衡是指一个用水体系在其生产中，所用全部水量的工艺用水平衡。通过水平衡测试可以摸清企业用水现状，正确评估企业用水水平，挖掘节水潜力，明确节水主攻方向。为进一步采取节水技术措施，制定节水规划提供依据，并为水行政主管部门实施用水许可制度和年度用水审验提供基本保证。

2.3.2　系统能量平衡模式

任何企业用能系统都可简化成这样一种标准形式，系统由能源供入企业，按照能源流向依次划分为购入储存、加工转换、输送分配和最终使用四个环节，以有效能和各类能量的损失流出系统[11]。

企业能源系统每一个用能环节又是由若干用能单元组成，如图 2－7 所示。

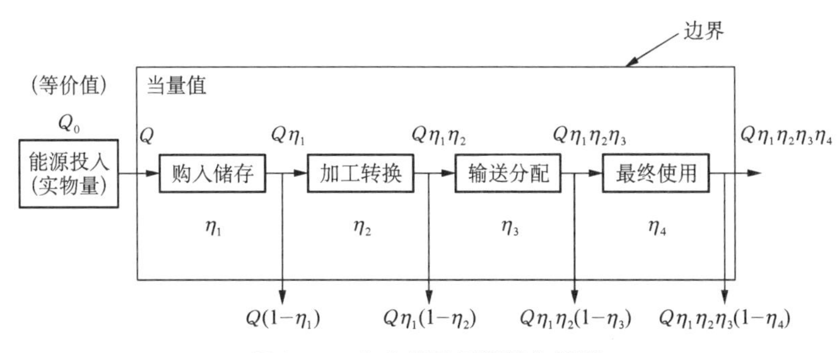

图 2－7　企业能量平衡简化模型

显然，企业用能系统的能量流，是一个以各用能环节串联，各用能单元并联的混合联结系统。从这个系统可以直接求出企业能源利用率 η_0 和企业能量利用率 η 分别为

$$\eta_0 = \frac{Q}{Q_0}\prod_{k=1}^{4}\eta_k = \frac{Q}{Q_0}\eta_1\eta_2\eta_3\eta_4 \tag{2-11}$$

$$\eta = \frac{Q}{Q}\prod_{k=1}^{4}\eta_k = \eta_1\eta_2\eta_3\eta_4 \tag{2-12}$$

以下是这四个能源流向环节的具体内容：

(1) 购入贮存：能源的购入、贮存环节是企业能源的进口，一般包括企业的供销、计划、财务、储运等部门，是了解企业能源消耗总量的关键环节。企业购入贮存的能源种类一般包括一次能源和二次能源，即煤炭、原油、天然气、电力、焦炭、蒸汽、煤气、石油制品等。

(2) 加工转换：加工转换是企业工艺所需直接消耗的能源转换环节，包括一次转换和二次转换。一次转换部门有发电站(或热电站)、锅炉房、炼焦厂、煤气站等；二次转换部门有变电站、空气压缩站、制冷站等。要特别注意，一次转换部门是一个企业耗能较大的部门，是企业能量平衡与节能工作的重点。加工转换环节中重大耗能设备多，也是节能潜力大的环节，应关注它们的负荷和运行情况，加强计量与管理。

(3) 输送分配：输送分配是将企业用能送到各终端用能部门的一个重要环节，如各种输电线路，蒸汽、煤气管网等，均可列入输送分配系统。对于大多数企业而言，能源的输送分配损失并不构成企业总能量损失的主要部分，因此，在考察企业能源利用的过程中，输送分配系统是一个相对次要部门。但是，热力管网保温仍然是十分重要的节能部分。

(4) 最终使用：最终使用是企业能源系统最为复杂的一个环节，对不同的企业，最终使用环节的部门构成差异很大。一般地说，可以将企业的最终用能环节划分为如下几个主要部分：主要生产，辅助生产，采暖(制冷)，照明，运输，生活及其他。更进一步细分，还可将主要生产和辅助部门细分成各生产车间，生产车间又可按用能设备细分。至于具体应用中将最终用能环节分至何等详细的程度，应根据用户的复杂程度而定，一般以分到车间为宜。

2.3.3 系统能量平衡方法

系统能量平衡方法包括测试法和统计法。

测试法是以测试计算为主、统计计算为辅的方法。这种方法的特点是其得到的是测试期间(短期)的实际结果。然而这种方法只能反映测试状态下的用能状况，有些数据只有几十分钟到数小时，不能反映企业运行期复杂多变的实际工况。因此也就出现了以统计计算为主、辅以测试计算的统计法。统计法的特点是其得到的是统计期间(长期)的平均结果。这种方法着眼于企业用能整体，运用系统工程思想，从各系统、各环节、各设备的联系中考察、分析，提高企业整体用能水平。

在企业能量平衡推广初期，比较强调采用测试法来进行企业能量平衡工作。这一方面是因为受到设备能量平衡的影响（设备能量平衡采用测试方法进行）；另一方面是因为在能源计量器具配备不足情况下，统计计算中往往存在着人为的估计、分摊现象。但是测试法存在着诸多缺点，比如：要进行大量的测试工作造成了要花费许多时间，甚至跨年度才能完成任务；同时也要花费不少人力物力；并且企业技术力量和仪器仪表不足，往往要借助外力，不能独立进行测试；不能每个统计期都持续进行，变成了突击性工作；不过最大的问题是，利用在不同时间内对许多设备进行少量次数测试的结果来算出整个企业在统计期的能源利用率，其结果难以令人信服[12]。

因此在企业中应该推行以日常连续计量、监测为基础而辅以必要的典型测试的统计计算方法。减少测试工作可以使企业能量平衡工作简化，并使其成为企业可以独立进行的、日常化的工作。同时，只有使用统计计算方法，才能使企业能量平衡的结论可信。表 2－2 列出企业的三大技术指标中的各项目应该采取的测试方法。

表 2－2　项目求取方法表

<table>
<tr><th>指标</th><th colspan="2">项　　目</th><th>方法</th></tr>
<tr><td>能耗</td><td colspan="2">产品产量
产品总产值
产品净产值
某种能源消耗量
总综合能耗量</td><td>统计</td></tr>
<tr><td rowspan="3">设备效率</td><td colspan="2">测试效率</td><td>测试法</td></tr>
<tr><td rowspan="2">平均运行效率</td><td>有效能量总和</td><td rowspan="2">统计法</td></tr>
<tr><td>供给能量总和</td></tr>
<tr><td rowspan="5">企业能源利用率</td><td rowspan="4">企业有效利用能量</td><td>生产工艺与物质输送</td><td rowspan="5">统计法</td></tr>
<tr><td>采暖</td></tr>
<tr><td>照明</td></tr>
<tr><td>运输</td></tr>
<tr><td colspan="2">总综合能耗量</td></tr>
</table>

2.3.4　系统能量平衡计算

能量平衡计算的第一点是确定计算基准。包括基准温度、燃料发热量、燃烧用空气。其中基准温度应选择环境温度，若是其他基准温度应加以说明。燃料发热量以收到基低位发热量为基准计算。燃烧用空气原则上采用下列空气组分：按体积比：O_2 21.0%，N_2 79.0%，按质量比：O_2 23.2%，N_2 76.8%。另外，在用能设备能量平衡计算中二次能源按当量值计算。

在产品的生产中，除了人的劳动外，最基本的物质条件是三项：生产对象、生产工具和能源。因此企业能量平衡中最少但最必需的三项指标正与这三项基本条件相对应。这三类技术指标就是：能耗、设备效率和企业能源利用率。通过能量平衡来改善能源利用状况，可以靠这几个指标来检验节能效果。

首先，能耗是考察生产单位产量产品或单位产值产品所消耗的能源量。能耗分为单项能耗、综合能耗、可比能耗三类。

（1）单项能耗：

$$\text{单位产量能耗} = \frac{\text{某种能源总消耗量}}{\text{某种产品产量}}(\text{吨标准煤} / \text{单位产量}) \tag{2-13}$$

$$\text{单位产值能耗} = \frac{\text{某种能源总消耗量}}{\text{净生产产值}}(\text{吨标准煤} / \text{万元产值}) \tag{2-14}$$

（2）综合能耗：

$$\text{单位产量综合能耗} = \frac{\text{各种能源总消耗量}}{\text{产品产量}}(\text{吨标准煤} / \text{单位产量}) \tag{2-15}$$

$$\text{单位产值综合能耗} = \frac{\text{各种能源总消耗量}}{\text{净生产产值}}(\text{吨标准煤} / \text{万元产值}) \tag{2-16}$$

（3）可比能耗：

$$\text{可比能耗} = \frac{\text{各种能源总消耗量}}{\text{标准产品产量}}(\text{吨标准煤} / \text{单位产量}) \tag{2-17}$$

$$\text{可比能耗} = \frac{\text{标准工序总消耗量}}{\text{产品产量}}(\text{吨标准煤} / \text{单位产量}) \tag{2-18}$$

式中各种能源的总消耗量是指所消耗的各种能源，按等价热值折算成相当于一次能源的能量。单位综合能耗是考核能源利用水平的重要指标，不断地降低单位综合能耗是能源管理的中心环节。在计算时要注意三个问题：产值计算应取净产值，而不是总产值；产量计算时应是合格品，而不包括次品、等外品和废品；对于生产多种产品的企业应考虑实际情况，合理分摊能源消耗量。这样才能有力地推动能源的节约和合理使用。

能耗指标反映了消耗能源所产生的生产效果。付出单位能源代价所获得的效果量(产品产量或产值)是一种效果系数。反过来，其倒数是获得单位效果所付出的能源代价量，也就是产品单位产量能耗或单位产值能耗，也是效果系数。在能耗指标中，产品单位产量能耗最直接反应能耗的生产效果。当企业生产多种产品而且难以分别求出每种产品的单位产量能耗时，往往采取企业的产品单位产值能耗，但这不能确切地反应能耗的生产效果。

设备效率包括测试效率和平均运行效率。测试效率是对已使用的设备通过测试得知的效率。测试是按某种规定的工况（测试工况）进行的，测试效率反映子设备在测试工况下的性能水平。在实际运行中，设备不会总是处在最佳状态，其负荷率、燃料品种、操作人员、运行工况、设备完好程度等都是随时间而变化的。真正反映设备实际用能效率的应该是平均运行效率，或称使用效率。

$$\text{平均运行效率} = \frac{\text{统计期内有效能量的总和}}{\text{统计期内供给能量的总和}} \times 100\% \qquad (2-19)$$

企业能源利用率是一项综合性技术指标，它反映了包括管理、运行、操作、负荷、工艺、原料、产品、环境等多种因素与环节的情况，它是企业真正用能水平和实际能力的集中表现。它能反映企业对供给的一次能源的最终有效利用程度。

$$\text{企业能源利用率} = \frac{\text{企业有效能量之和}}{\text{企业总综合耗能量}} \qquad (2-20)$$

另外还有回收率等指标。回收率表示企业由于采取余热回收和重复利用所带来的节能效果。

$$\text{回收率} = \frac{\text{回收利用总能量}}{\text{供入总能量}} \qquad (2-21)$$

综合起来，这些技术指标各有特点，从不同角度来反映企业用能水平。能耗直观性强，适用于考核产品的耗能水平，还便于比较；设备效率和企业能源利用率体现企业和设备用能水平，通过对它的测试分析，可找出节能潜力与方向；回收率则反映企业余热利用程度。可以初步衡量一个企业的能源管理水平，为制订节能技术改造措施提供科学依据。

2.3.5　系统能量平衡表

系统能量平衡表是在社会经济发展中，具体反映能量平衡的表格形式（见表 2-3）。从数量上较为直观地揭示能源的资源供应、加工转换和终端消费间的平衡关系。系统能量平衡表按统计范围可分为全国、地区、部门和企业能量平衡表；按品种可分为单项能源平衡表（如煤炭能源平衡表）和综合能源平衡表。本节主要以企业能量平衡表为例，介绍系统能量平衡表的编制方法。企业能量平衡表是一种综合能源平衡表，在编制时要把各种能源按统一的标准（如标准煤）进行折算，最后汇总。

企业能量平衡表是企业在购入贮存、加工转换、输送分配、最终使用 4 个环节

表 2 - 3　某企业能量平衡表

某企业能量平衡表

（统计期：　　）单位：tce

项目		购入贮存			加工转换				输送分配	最终使用						
		实物量	等价值	当量值	发电站	制冷站	其他	小计		主要生产	辅助生产	采暖（空调）	照明	运输	其他	合计
能源名称		1	2	3	4	5	6	7	8	9	10	11	12	13	14	15
供入能量	蒸汽	80 993 t	10 448.1	7 636.48		251.36	7 385.1	7 636.5	7 385.1	5 968.7		1 217.6			156.6	7 342.9
	电力	6.69 GWh	2 701.5	821.52		38.15	769.4	807.6	785.8	497.6	49.8	136.0	68.9		17.3	769.6
	柴油	89.94 t	155.5	131.05	82.6		48.4	131.0	48.4	48.4						48.4
	汽油	82.33 t	133.3	121.14			121.1	121.1	121.1	13.1				180.0		121.1
	煤炭	160.90 t	114.90	114.90			114.9	114.9	114.9						114.9	114.9
	冷媒水								128.7			114.6				114.6
	热水															
	合计		13 553.3	8 825.09	82.6	289.51	8 438.9	8 811.0	8 584.0	6 527.8	49.8	1 468.2	68.9	108.0	288.8	8 511.5
有效能量	蒸汽			7 636.48			7 385.1	7 385.1	7 342.9	901.6		1 217.6			156.6	2 275.8
	电力			807.58	16.4		769.4	785.8	769.6	156.5	17.7	56.7	58.4			289.3
	柴油			131.05			48.4	48.4	48.4	3.2						3.2
	汽油			121.14			121.1	121.1	121.1					14.7		14.7
	煤炭			114.90			114.9	114.9	114.9						45.9	45.9

（续表）

项目	购入贮存			加工转换				输送分配	最终使用						
	实物量	等价值	当量值	发电站	制冷站	其他	小计		主要生产	辅助生产	采暖（空调）	照明	运输	其他	合计
能源名称	1	2	3	4	5	6	7	8	9	10	11	12	13	14	15
冷媒水					128.7		128.7	114.6			114.6				114.6
热水															
小计			8 811.15	16.4	128.7	8 438.9	8 584.2	8 511.5	1 063.3	17.7	1 388.9	58.4	14.7	202.5	2 743.5
回收利用															
损失能量			13.94	66.2	160.8		240.9	72.5	5 466.5	32.1	79.3	10.5	93.3	86.3	5 768.0
合计			8 825.09	82.6	289.5	8 438.9	8 811.0	8 584.0	6 527.8	49.8	1 468.2	68.9	108.0	288.8	8 511.5
能量利用率%			99.84	19.9	44.5	100.0	97.4	99.1	16.2	35.5	94.6	84.7	13.6	70.1	31.1

企业能量利用率 = 2 743.5 ÷ 8 825.09 = 31.09%，企业能源利用率 = 2 743.5 ÷ 13 553.5 = 20.24%

对供入能量、有效能量、损失能量的统计分析报表。企业能量平衡表是对企业能源系统进行综合分析的一种有用工具。

企业能源平衡表的编制应遵循以下原则：

(1) 企业能量平衡表采用矩阵形式表示，大部分是纵向排列(栏)表示能源项，横向各行表示能源的流向(来源去向)。

(2) 企业用能包括一次能源、二次能源和耗能工质，特别是要区分购入能源、自产能源与耗能工质。

(3) 平衡表内数据关系应符合能量守恒定律，即热力学第一定律。不得漏项，不得重复计算。对企业自产的二次能源与耗能工质应特别注意这一点。

(4) 设计企业能量平衡表的内容应尽可能详细，如因数据不足，暂时不能考虑的项目在以后加进表格时，应不改变平衡表的基本结构与布局。

(5) 企业能量平衡表格应和国家标准(GB/T16615—1996)、上级主管部门统计口径一致。

(6) 在企业能量平衡表内，要对某一局部做详细填写时，可以编制企业能量平衡表分表，作为总表的补充与说明。

由于受表格的限制，企业能量平衡表不能填写许多文字来说明复杂的用能过程，它必须附有一些必要的解释与说明，甚至要加一些附表。其中包括：说明企业能量平衡表的填写方法与表中各项的意义；说明原始数据来源与数据处理方法；说明平衡表正、负号的含义；说明库存量变化；企业平衡表的每一纵列应保持平衡，当出现不平衡时，把不平衡部分放入统计误差项，并加以说明；标明能量折算系数表；标明统计期。表 2-3 为某企业能量平衡表。

从上面的企业能量平衡表我们可以知道应该要按照何种格式编制企业能量平衡表：

(1) 企业能量平衡表的横行划分为购入贮存、加工转换、输送分配、最终使用四个环节。纵行是能源的供入能量、有效能量和损失能量、回收能量和能量利用率等项。

(2) 最终使用划分为主要生产系统、辅助生产系统、采暖(空调)、照明、运输及其他这六个用能单元。

(3) 企业能量平衡表中只在购入贮存环节中有等价值栏和当量值栏，企业能量平衡表中其他环节只采用当量值。

其中，购入贮存环节需要统计购入能源实物量、等价值和当量值，以及期初库存量和期末库存量。购入贮存环节的有效能量就是全厂能源实际消耗量(包括非生产用能)。购入贮存环节能源损耗量等于该环节供入能量小计与有效能量小计之差。加工转换环节的供入能量需要统计各台设备能源消耗量。加工转换环节中能源损耗量等于各台设备能源消耗量当量值总和减去其供电量或供热量当量值总和。输送分配环节电量供入能量与有效能量之差等于主变压器损耗和线路损耗量，输送分配环节热量供入能量与有效能量之差等于输送热量管道散热量和泄漏量。输送分配环节有效能量作为最终使用环节的供入能量。对于一般企业，最终使用环节划分为主要生产系统、辅助生产系统、附属生产系统及非生产这四个用能单元[10]。

2.4　能源流程图

能源流程图又叫能源流向图，简称能流图，可以用来表示能源流动状况。实际操作中，能源流程图主要通过两种形式来呈现：条形图和网络图。图 2-8 是世界自然基金会与自然资源保护协会联合评估并绘制的 2012 年中国能源流程图，其通过条形图来展现各种能源的流动情况，非常直观。线条的粗细直观反映了能源流动量的大小，每种能源的流动去向也能很清晰地在图上展示出来。

图 2-9 是根据某热电厂 2012 年的能源数据而绘制出的能源流程图，其通过网络图的形式清晰地展现了各个主要用能环节的能源使用情况。此外，企业的一些主要用能指标如能源利用效率、各个环节的能量损耗以及最终的有效利用能量也都在这张图上明确地反映了出来。

能源流程图绘制的对象主要有两类，它可以是某个国家或地区，如图 2-8 中国 2012 年能源流程图，也可以是某工业企业或单独设备，如图 2-9 某热电厂能源流程图。目前，能源流程图主要应用在以下两个方面：

(1) 一些科研机构，主要是能源分析机构，如 IEA(国际能源署)对不同国家或地区的能源使用情况作总结和分析，向高级官员或普通大众直观地展示能源的流动情况。

(2) 在企业能源审计中，审计人员通过绘制企业能源流程图，可以对企业的能源使用情况有个全面而直观的了解。审核者和被审计企业通过能源流程图也可以一目了然地发现企业在能源使用方面的一些问题。

2.4.1　能源流程图的作用

能源流程图可以使得一个范围内的能源使用情况变得更加直观和清晰，因此在分析地区或企业能源使用情况时发挥着不可替代的作用。

首先，能源流程图集中了一个地区或企业的能源物流和信息流，形象直观地描述了能源系统的基本平衡关系，让所有人都能一眼对该地区或企业的能源使用情况有个总体的认识。

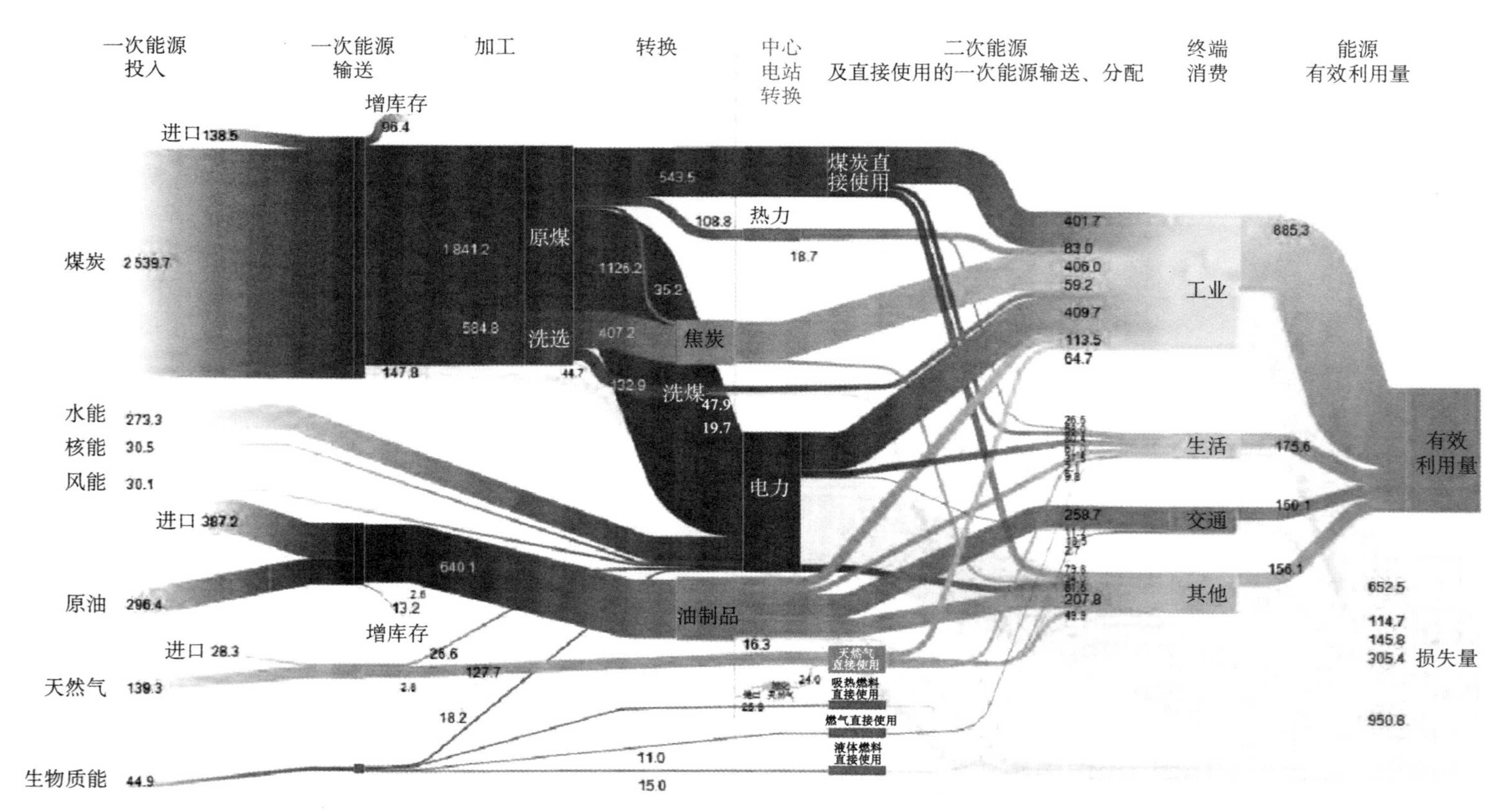

图 2-8 2012 年中国能源流程图(评估)

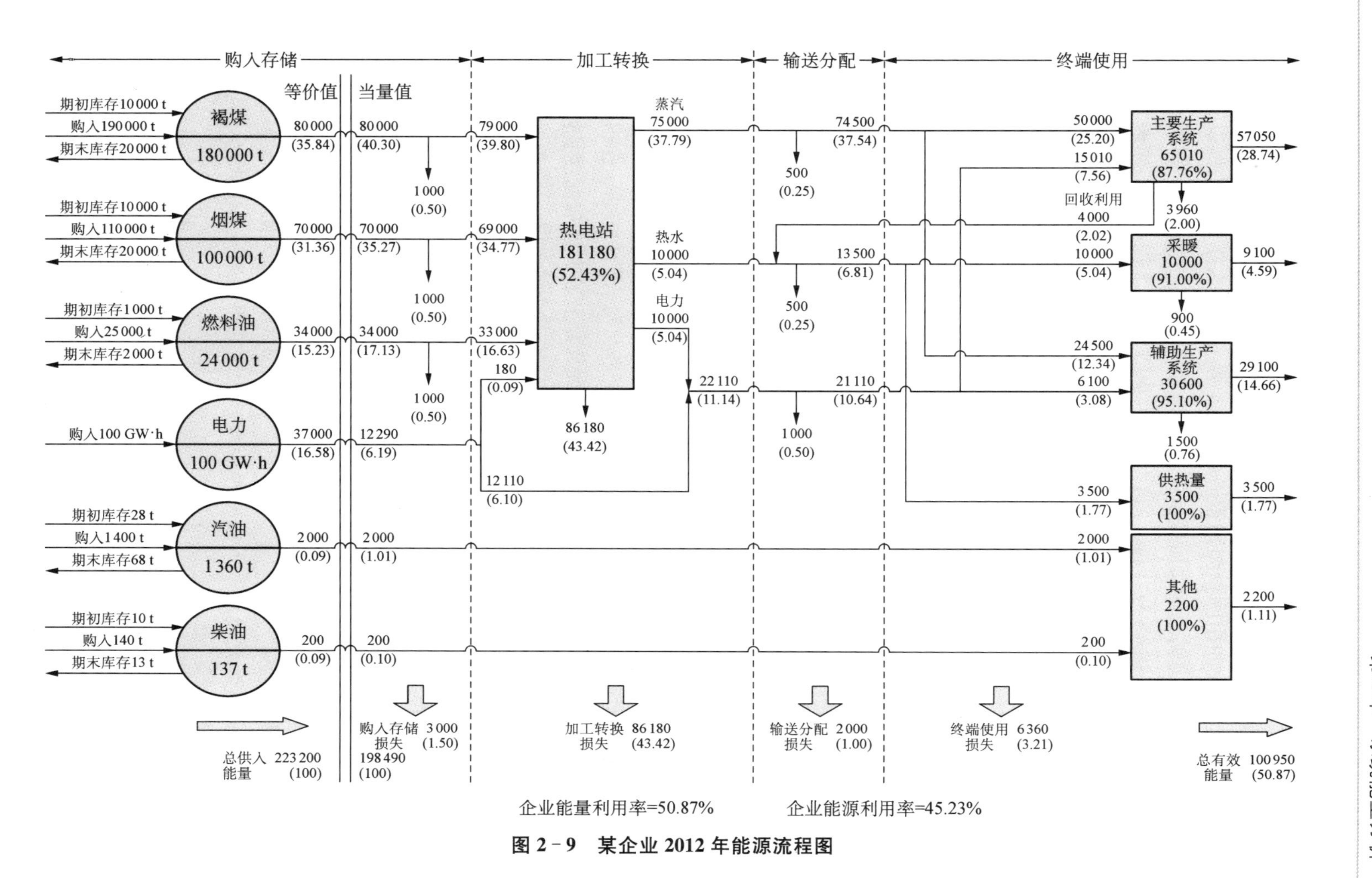

企业能量利用率=50.87%　　企业能源利用率=45.23%

图 2-9　某企业 2012 年能源流程图

第二,能源流程图也反映了各环节或者各节点的能量平衡关系,方便审核能源数据的正确性。

再次,在能源审计图上通常还标注了不同能源占总投入能量的比例以及各用能环节的能量消耗比例,系统而清晰地表明了该地区或企业的能源消费结构,可以针对性地提出一些节能技改建议。通过能源流程图,人们可以一目了然地获得一些能源利用指标,从而进行一些更深入的分析。

最后,能源流程图本身就是能源系统的一种描述模型,它可以发展成为各种能源数学模型并建立能源数据库,为利用计算机技术建立企业能源管理信息系统打下基础。

2.4.2 绘制能源流程图的方法

本节所描述的绘制方法主要针对的是以网络图形式表达的能源流程图,而条形能源流程图的绘制方法与其大同小异,只是表达形式不一样,在此不再赘述。我国曾经在 1996 年颁发过相应的国家标准 GB/T16616—1996《企业能源网络图绘制方法》。近年来,随着节能意识的增强,国家发改委要求企业依据国家有关规定、标准进行能源审计节能降耗。因此,我国在 2008 年又更新了此项标准。以下介绍的绘制方法参考了最新的国家标准。

2.4.2.1 所需数据

绘制能源流程图的数据包括各输入能源数量以及对应折标系数,各用能环节能源使用情况以及利用效率,最终的能源输出情况及其对应折标系数(如果有),所有的数据应该汇总成一张能量平衡表,可参见 2.3.5 节系统能量平衡表。能源流程图中的各类能源应由实物量折算为等价值或当量值,可参考 2.2.1.2 节相应的表述。

2.4.2.2 四大环节

能源流程图把企业的能源系统从左至右依次划分为购入贮存、加工转换、输送分配、终端使用四个环节。详细介绍可参见 2.3.2 节系统能量平衡模式。本节针对这四大环节分别介绍其绘制方法。

1) 购入贮存

购入贮存环节包括企业购入的各种能源。在能源流程图中,用圆形图来表示购入贮存环节的各种外购能源。所有的外购能源都应该折算成等价值或当量值的标准煤量,并计算各类能源占企业总供入量的比例。另外值得注意的是,如果在购入贮存环节中有能量损耗也应该在图上标注出来。

图 2-10 是某企业能源流程图的购入贮存环节,由图上可以看出,圆形图上半部标注能源种类,下半部标注供入企业能源的实物数量和单位。左侧箭头如果指

向圆形图则表示购入，离开圆形图则表示外供。右侧箭头上方数字表示供入能源的等价值和当量值，水平线下方括号内数字表示该能源占企业总供入量的比例(%)。

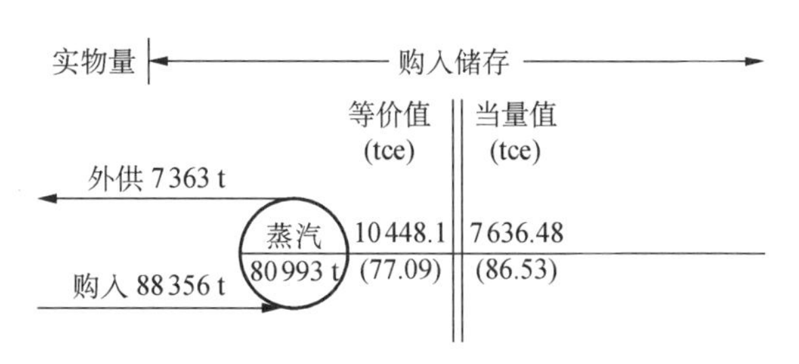

图 2-10　购入贮存环节示意图

2）加工转换

常见的加工转换环节主要有锅炉房、煤气站、制冷站、发电站等。加工转换环节需要着重考虑能源转换效率问题。一般在加工转换环节的能量损失比较大，是能量损失的主要来源。但是需要注意的是，加工转换环节的转换效率通常受热力学第二定律限制。常用矩形图表示加工转换环节，左侧箭头表示输入能量，箭头上下方分别注明其当量值与所占总投入能量比例，右侧箭头表示输出的能量。矩形图上半部标注用能单元名称，下半部表示其投入产出效率(能量利用率)，即输出能量与输入能量之比。图 2-11 为某加工转换环节示意图。

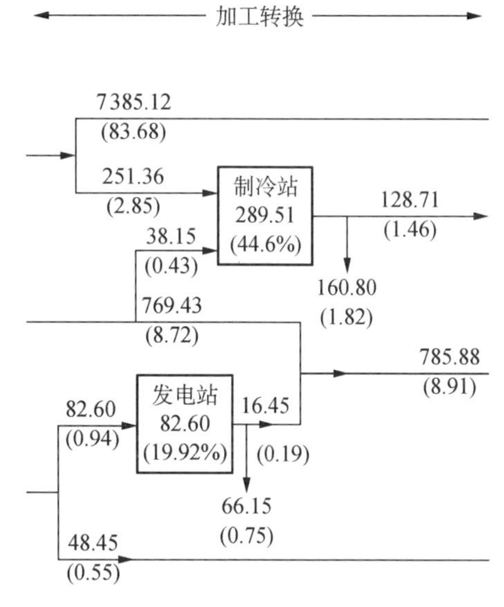

图 2-11　加工转换环节示意图

3）输送分配

输送分配环节主要包括蒸汽、水以及电的输送分配，其对应的环节为蒸汽管道，输水管以及变配电系统。输送环节的效率一般是比较高的，通常在 95%以上。但是必须重视输送分配环节的能量损失，因为这类损失在理想情况下其实是可以避免的，不像加工转换的大部分能量损失是由热力学第二定律决定的，无法避免。输送分配环节的绘制和加工转换环节基本相同。

4）终端使用

终端使用环节即企业的最终用能环节，包括但不限于各种生产车间、辅助设施、照明设备以及车辆运输。终端使用环节也是用矩形图表示，内部标注用能单元

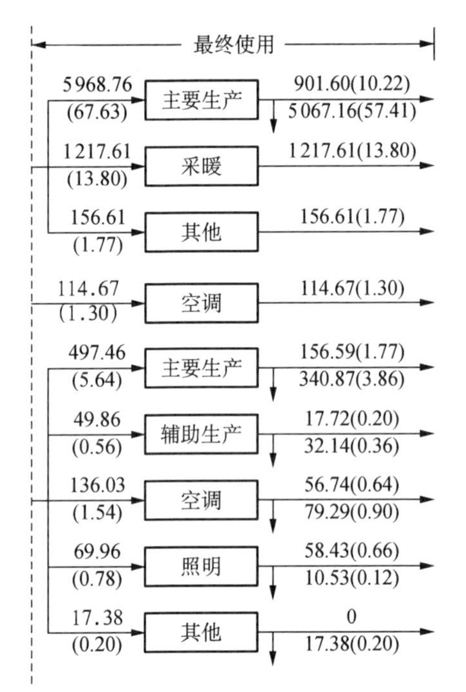

图 2-12　终端使用环节示意图

名称，两侧箭头上注明输入与输出能量的当量值及所占比例。输出能量与输入能量之比即为该环节的投入产出效率（能量利用率），需要注意的是与加工转换环节不同，终端使用环节的投入是各类能源，而产出可能是各类产品，因此其投入产出效率也可表示为单位产值能耗。图 2-12 为终端使用环节示意图。

2.4.2.3　补充说明

（1）能量损耗：几乎每个环节都有能量损耗，这在绘制能源流程图时尤其要注意。从用能单元右侧流出向下的箭头表示损失能量数字，括号内数字表示该损失能量占企业总能量（当量值）的百分数。

（2）能量平衡：各类能源的流入量与流出量应当平衡；各过程相互衔接的节点处，流入能量总和应等于流出能量的总和；各用能单元的流入能量与流出能量应当平衡。

（3）有效能量：能源流程图最右侧的粗箭头代表总有效能量，即所有终端设备最终有效利用的能量。箭头上应标注总有效能量的数值，括号内标注总有效能量占企业总能量（当量值）的百分数，即该企业的能量利用率。

（4）回收能量：在生产过程中回收的可利用能源用菱形框图表示，上部标注回收能源名称，下部标注回收能源实物量的数字及单位。菱形框图右侧绘出的箭头上方的方括号内标注回收能源的标准煤当量数值。

2.4.3　应用实例

2.4.3.1　火力发电厂案例

某典型坑口电厂，总装机容量为 4 × 600 MW，机组类型为亚临界燃煤机组。该电厂购入的能源只有原煤和少量辅助燃烧的燃油，种类比较单一。加工转换环节为 4 台锅炉，而输送分配环节主要是蒸汽管道和变配电系统。终端使用环节主要为 4 台汽轮机，还包括配套的辅机以及平日办公用电，最终上网电量为有效能。电厂的特殊性在于自身发电，电力为主要产品，但同时电厂本身还会消耗一部分自己生产的电量，即拥有所谓的自用厂用电量。因此发电厂的发电量等于厂用电量与供电量之和。

发电厂的简易工艺流程如图 2-13 所示。

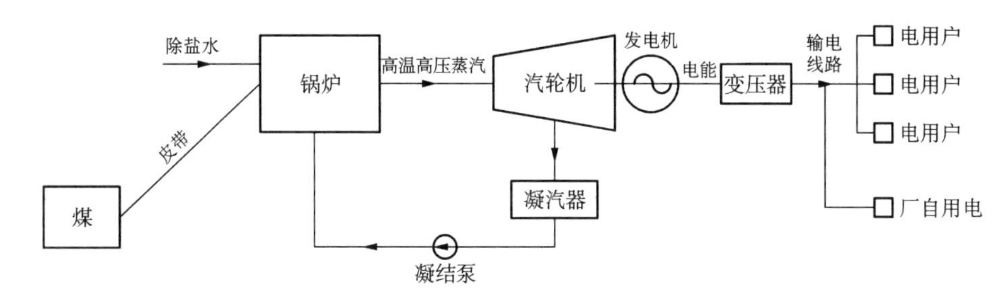

图 2-13 发电厂工艺流程

在绘制火力发电厂的能源流程图时，最重要的是理解发电煤耗和供电煤耗的概念。火力发电厂的燃料消耗量(折算成标准煤)与发电量之比，叫发电煤耗。而发电厂中发电量扣除厂用电，实际外供电量所消耗的燃料(折算成标准煤)叫供电煤耗。发电煤耗和供电煤耗的单位均为 gce/kW·h，即克标准煤/千瓦时。

根据计算方法的不同，供电煤耗分为正平衡供电煤耗与反平衡供电煤耗。其中：

$$正平衡供电煤耗 = 统计期内发电用总煤量(折算标煤后)/统计期内总供电量 \tag{2-22}$$

$$反平衡供电煤耗 = 汽轮机热耗率/标煤发热量/(管道效率 \times 锅炉效率)/(1-发电厂用电率) \times 1000 \tag{2-23}$$

式中，汽轮机热耗为汽轮机每产生 1 度电(1 kW·h)所需要热量，单位 kJ/kW·h。

另外，供电效率也是发电厂的一项重要指标。供电效率可由下式计算：

$$供电效率 = 供电量/总投入能量 \tag{2-24}$$

式中，分子分母均折算成当量值后计算。

而发电效率和发电煤耗的计算方法类似，只要注意发电量需要在供电量的基础上加上厂用电量。即

$$发电量 = 供电量 + 厂用电量 \tag{2-25}$$

该电厂的能量平衡表如表 2-4 所示。

表 2-4 某电厂能量平衡表

项目		购入贮存/tce			加工转换/tce	输送分配/tce	最终使用/tce			
		实物量	等价量	当量值	锅炉系统	蒸汽管道	汽机系统	生产耗电	其他辅助	上网供电(合计)
能源名称		1	2	3	4	5	6	7	8	9
供入能量	原煤	6575141 t	3500054	3500054	3476958	—	—	—	—	—
	燃油	7638.1 t	10119	10119	10115	—	—	—	—	—

（续表）

项目		购入贮存/tce			加工转换/tce	输送分配/tce	最终使用/tce			
		实物量	等价量	当量值	锅炉系统	蒸汽管道	汽机系统	生产耗电	其他辅助	上网供电（合计）
能源名称		1	2	3	4	5	6	7	8	9
	蒸汽	—	—	—	—	3213557	3203602	—	—	—
	合计	—	3510173	3510173	3487073	3213557	3203602	—	—	—
利用能量	原煤	—	—	3476958	3213557	—	—	—	—	—
	燃油	—	—	10115.4		—	—	—	—	—
	蒸汽	—	—	—	—	3203602	—	—	—	—
	电力	—	—	—	—	—	1378422	−60147	−5176	1313009
	合计	—	—	3487073.4	3213557	3203602	1378422	−60147	−5176	1313009
回收能量		—	—	—	—	—	—	—	—	—
损失能量		—	—	23099.6	273516	9955	1825180	—	—	—
合计		—	—	3510173	3487073	3213557	3203602	—	—	1313009
能量利用率/%		—	—	99.34	92.16	99.69	43.03	—	—	37.41

通过以上分析和企业的能量平衡表，可以绘制出该电厂的能源流程图，如图2－14所示。

2.4.3.2　燃煤热电厂案例

某热电厂现有装机容量为两台15MW、一台18MW抽凝式发电机组，配备有两台75t/h、一台90t/h、一台150t/h次高温次高压煤粉炉。该热电厂已累计投资4000万元，建设热网管线长达56km，年供汽量达50余万吨，满足了110家热用户的供热需求。

热电厂的工艺流程如图2－15所示。燃煤燃烧产生的化学热，供锅炉内工质（水）吸收而生成饱和蒸汽，达到额定压力和温度后，继续加热成为过热蒸汽，送入汽轮机做功，带动发电机发电。部分蒸汽从汽机抽出由管道送至热用户。

因此，热电厂能源流程图的绘制基本与发电厂相同，唯一的区别在于热电厂不仅供电，而且外供蒸汽，由此引出一些只有热电厂才有的概念，如供热比和供热煤耗等。热电厂各指标的详细计算流程如下：

(1) 供热比 ＝ 供热量／发电供热总耗热量　　(2－26)

其中：发电供热总耗热量 ＝ 锅炉出口蒸汽焓 － 锅炉给水焓　　(2－27)

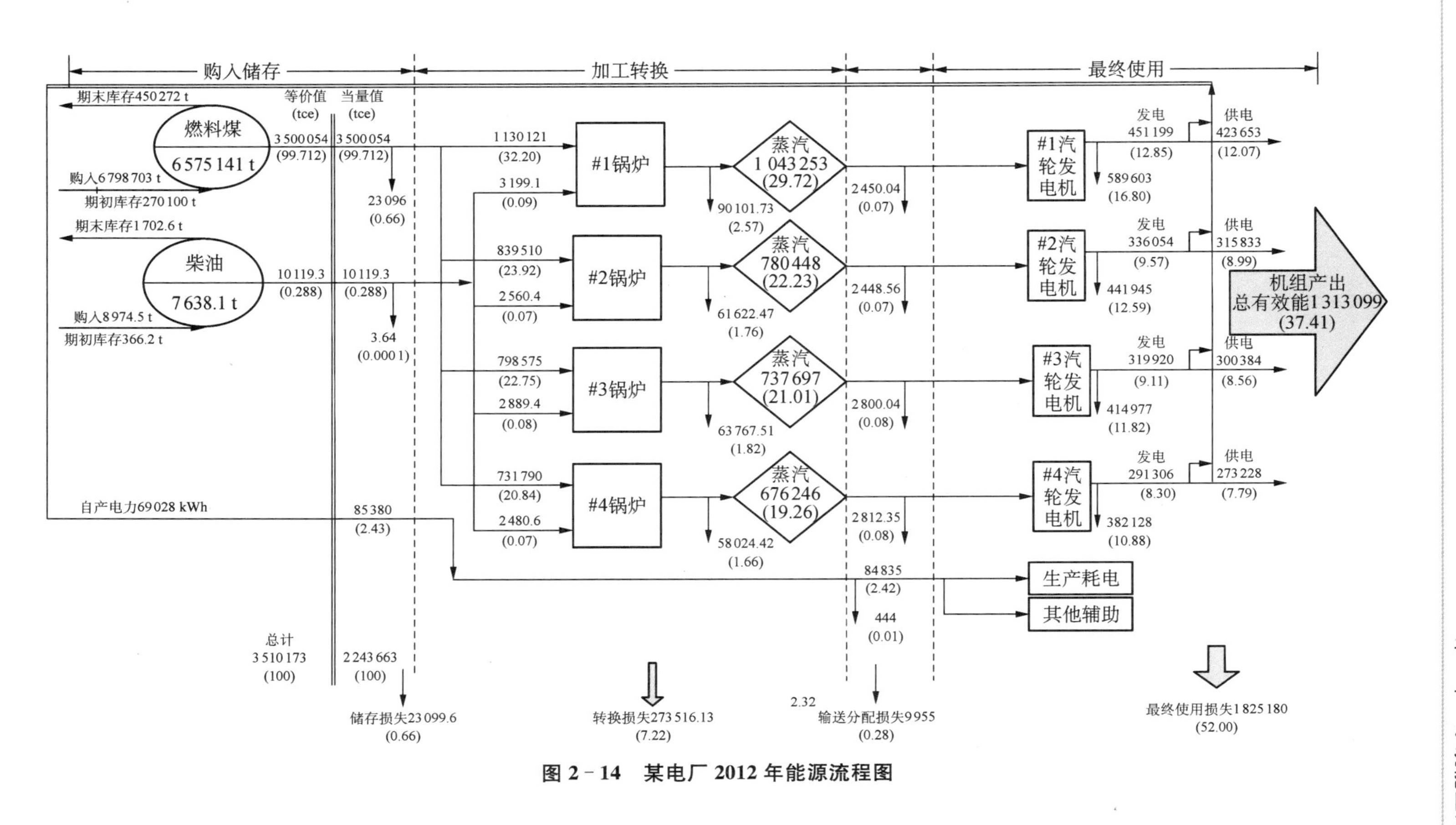

图2-14　某电厂2012年能源流程图

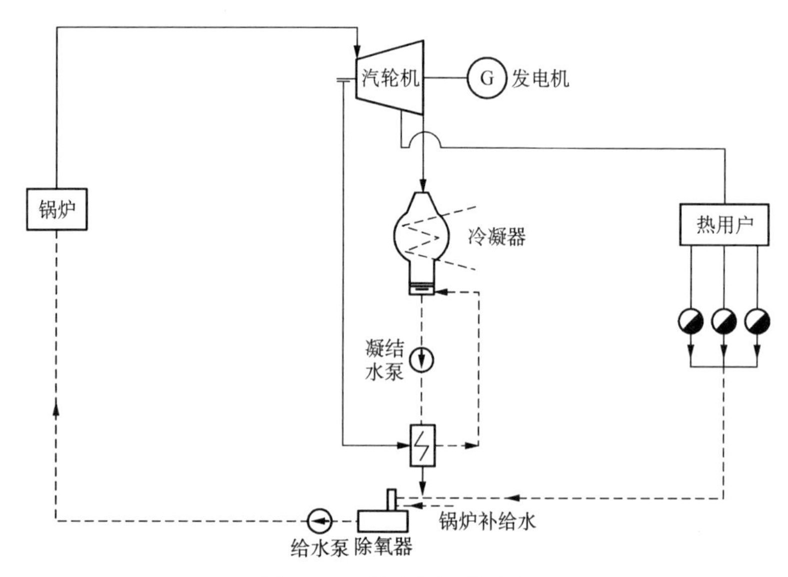

图 2-15　热电厂工艺流程

(2) 供热比 × 总用煤量 = 供热用煤量　　(2-28)

(3) 发电用煤量 = 总用煤量 − 供热用煤量　　(2-29)

(4) 发电煤耗 = 发电用煤量 / 发电量,(g/kW·h)　　(2-30)

(5) 供热煤耗 = 供热用煤量 / 供热量,(g/t 或 g/GJ,取决于供热量的单位)　　(2-31)

(6) 供热厂用电量 = 总厂用电量 × 供热比　　(2-32)

发电厂用电量 = 总厂用电量 ×(1 − 供热比)　　(2-33)

(7) 供电煤耗 = 发电用煤量 /(发电量 − 总厂用电量)　　(2-34)

最终绘制出的热电厂能源流程图如图 2-16 所示。

2.4.3.3　用能企业(化工产品)案例

本节所分析的用能企业是焦化厂。焦化厂是专门从事冶金焦炭生产及冶炼焦化产品、加工、回收的专业工厂。生产出来的冶金焦炭是炼钢的燃料;回收、加工的炼焦化学产品,广泛用于工业、农业、交通运输业、国防建设及科学研究领域中。焦化厂的生产工艺流程主要包括选煤、炼焦熄焦及煤气净化三部分。

焦化厂所购入的能源种类比较多,有原煤、精煤、水、蒸汽、柴油、煤油以及电力。加工转换环节为选煤系统。输送分配环节损耗很小。终端使用环节为焦化系统和一些辅助生产系统。最终的产品有中泥煤、焦炭、焦油以及粗苯。焦化厂的特

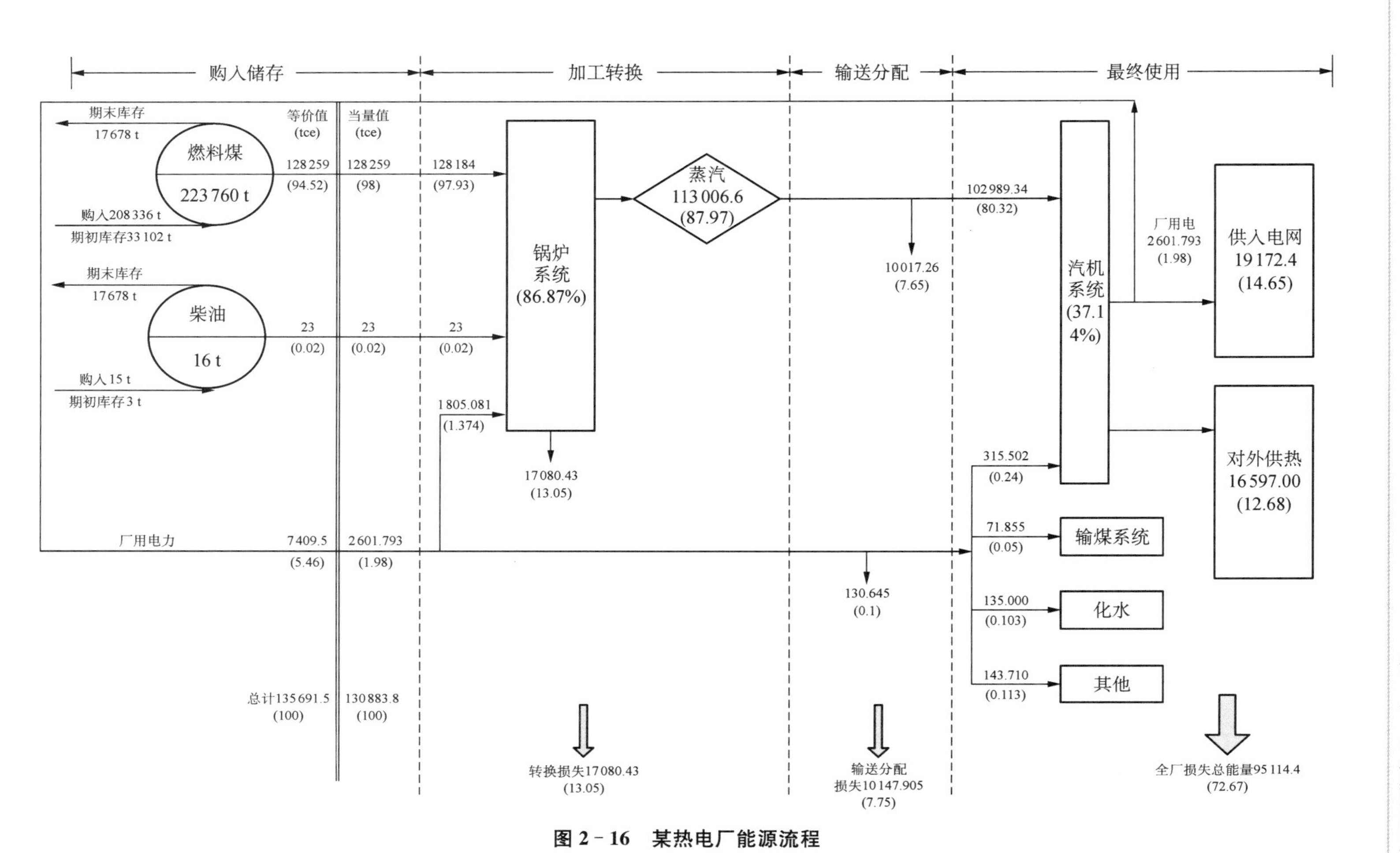

图 2-16　某热电厂能源流程

殊性在于其生产的产品均是耗能工质，耗能工质指的是在生产过程中所消耗的那种不作原料使用，也不进入产品，制取时又需要消耗能源的工作物质。由于焦化厂生产的这些耗能工质均作为产品外供给其他企业，而购买使用这些耗能工质的企业才是真正消耗能量的，因此在计算焦化厂的综合能耗时，需要在总能耗中减去这些产品(耗能工质)的折标总能量。即

$$综合能耗 = 总能耗 - 能源产品折标能量 \tag{2-35}$$

该焦化厂的能量平衡表如表 2-5 所示。

表 2-5　某焦化厂能量平衡表

项目		购入贮存/tce			加工转换/tce	输送分配/tce	最终使用/tce			最终产品/tce
		实物量	等价量	当量值	选煤系统		焦化系统	其他辅助	合计	
能源名称		1	2	3	4	5	6	7	9	10
供入能量	原煤	1593911 t	1036377	1036377	1036377	—	—	—	—	—
	精煤	231102 t	191475	191475	—	—	829323	—	829323	—
	电力	33335700 kW·h	12001	4097	3623	−3.420	8375	—	8375	—
	水	898320 t	128	0	24.922	−0.611	101.926	0.911	102.837	—
	蒸汽	42396.85 t	26	26	—	—	26	—	26	—
	柴油	547.76 t	798	798	—	—	—	798	798	—
	煤油	51.91 t	76	76	—	—	—	76	76	—
	合计	—	1240882	1232849	1040000	—	837825.926	874.911	838700.837	—
损失能量		—	—	0	167861	4.031	114938	874.911	115812.911	—
利用能量		—	—	1232849	872139	—	722888	0	722888	—
有效能量	精煤				637823	—	—	—	—	—
	中泥煤	—	—	—	234316	—	—	—	—	234316
	焦炭	—	—	—	—	—	683732	—	683732	683732
	焦油	—	—	—	—	—	29213	—	29213	29213
	粗苯	—	—	—	—	—	9940	—	9940	9940
能量利用率/%		—	—	100	83.86	99.89	86.28	—	86.19	77.64

绘制出的焦化厂能源流程如图 2-17 所示。

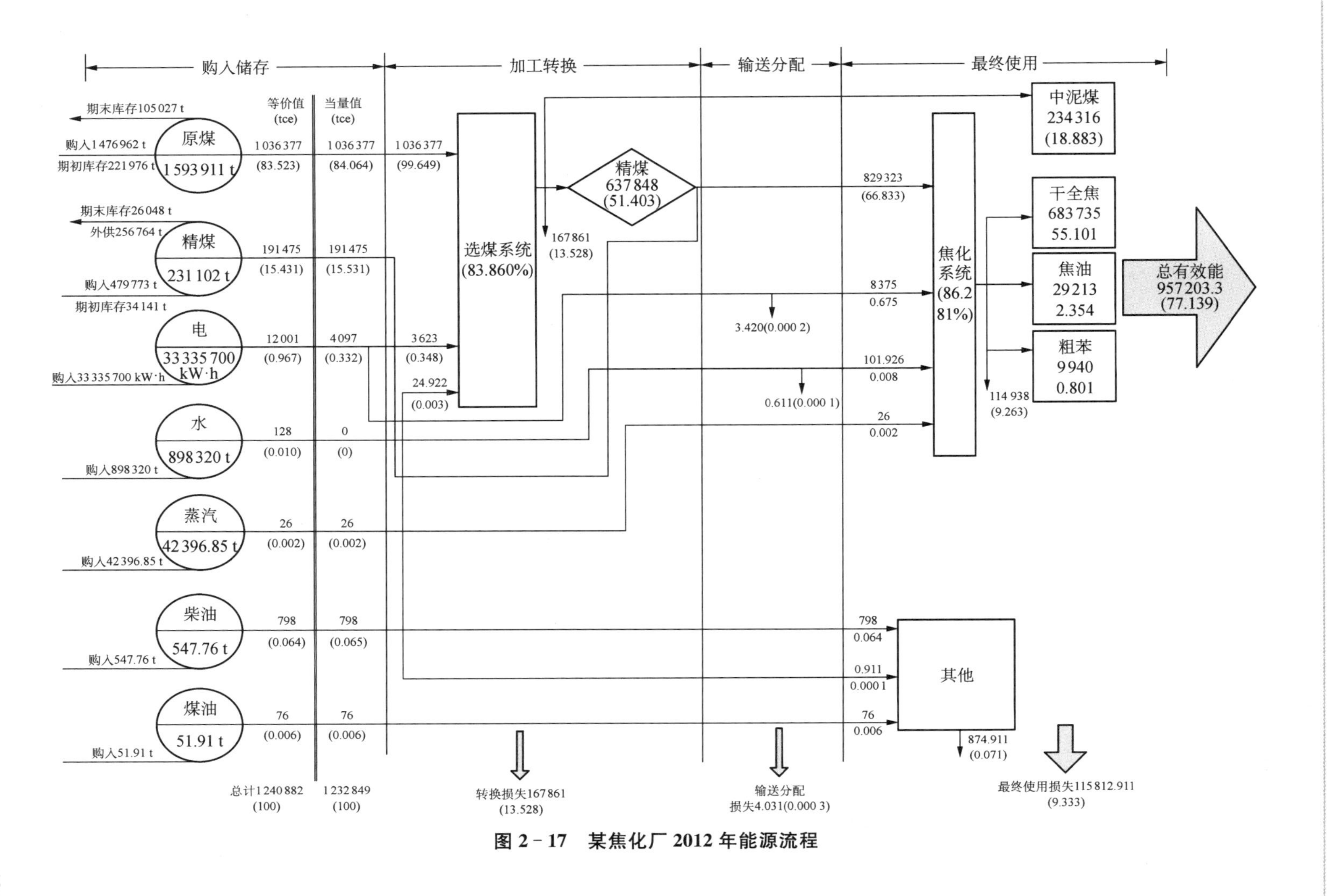

图2-17　某焦化厂2012年能源流程

通过以上这三个例子，总结绘制能源流程图的一些要点。首先一定要对该企业的工艺流程有初步了解，明白该企业是做什么的，它的主要生产工艺有哪些，分别属于四大环节中的哪一类。然后着重分析一下企业的主要产品是什么，该产品是否是能源产品，计算综合能耗时需不需要在总能耗中减去外供能源产品所含能量。特别需要注意的是发电厂和热电厂的综合能耗计算。发电厂的综合能耗需要在总输入能量的基础上减去外供电量对应的当量值。而热电厂则需要同时减去外供电量和外供热量所对应的当量值。另外，能量损耗和有效能量一定要在图上很清晰地体现出来，这是绘制能源流程图的主要目的之一。绘制完成后，还要检查一下各个环节是否都满足能量平衡要求。

附表 A

能源计量器具配备率要求

单位：%

能源种类		进出用能单位	进出主要次级用能单位	主要用能设备
电力		100	100	95
固态能源	煤炭	100	100	90
	焦炭	100	100	90
液态能源	原油	100	100	90
	成品油	100	100	95
	重油	100	100	90
	渣油	100	100	90
气态能源	天然气	100	100	90
	液化气	100	100	90
	煤气	100	90	80
载能工质	蒸汽	100	80	70
	水	100	95	80
可回收利用的余能		90	80	—

注 1：进出用能单位的季节性供暖用蒸汽（热水）可采用非直接计量载能工质流量的其他计量结算方式。

注 2：进出主要次级用能单位的季节性供暖用蒸汽（热水）可以不配备能源计量器具。

注 3：在主要用能设备上作为辅助能源使用的电力和蒸汽、水等载能工质，其耗能量很小（低于主要用能设备能源消耗量（或功率）限定值）可以不配备能源计量器具。

附表 B

用能单位能源计量器具准确度等级要求

<table>
<tr><th>计量器具类别</th><th colspan="2">计量目的</th><th>准确度等级要求</th></tr>
<tr><td rowspan="2">衡器</td><td colspan="2">进出用能单位燃料的静态计量</td><td>0.1</td></tr>
<tr><td colspan="2">进出用能单位燃料的动态计量</td><td>0.5</td></tr>
<tr><td rowspan="6">电能表</td><td rowspan="5">进出用能单位有功交流电能计量</td><td>Ⅰ类用户</td><td>0.5S</td></tr>
<tr><td>Ⅱ类用户</td><td>0.5</td></tr>
<tr><td>Ⅲ类用户</td><td>1.0</td></tr>
<tr><td>Ⅳ类用户</td><td>2.0</td></tr>
<tr><td>Ⅴ类用户</td><td>2.0</td></tr>
<tr><td colspan="2">进出用能单位的直流电能计量</td><td>2.0</td></tr>
<tr><td rowspan="2">油流量表（装置）</td><td rowspan="2" colspan="2">进出用能单位的液体能源计量</td><td>成品油 0.5</td></tr>
<tr><td>重油、渣油 1.0</td></tr>
<tr><td rowspan="3">气体流量表（装置）</td><td rowspan="3" colspan="2">进出用能单位的液体能源计量</td><td>煤气 2.0</td></tr>
<tr><td>天然气 2.0</td></tr>
<tr><td>蒸汽 2.5</td></tr>
<tr><td rowspan="2">水流量表（装置）</td><td rowspan="2">进出用能单位水量计量</td><td>管径不大于 250 mm</td><td>2.5</td></tr>
<tr><td>管径大于 250 mm</td><td>1.5</td></tr>
<tr><td rowspan="2">温度仪表</td><td colspan="2">用于液态、气态能源的温度计量</td><td>2.0</td></tr>
<tr><td colspan="2">与气体、蒸汽质量计算相关的温度计量</td><td>1.0</td></tr>
<tr><td rowspan="2">压力仪表</td><td colspan="2">用于气态、液态能源的压力计量</td><td>2.0</td></tr>
<tr><td colspan="2">与气体、蒸汽质量计算相关的压力计量</td><td>1.0</td></tr>
</table>

注 1：当计量器具是由传感器（变送器）、二次仪表组成的测量装置或系统时，表中给出的准确度等级应是装置或系统的准确度等级。装置或系统未明确给出其准确度等级时，可用传感器与二次仪表的准确度等级按误差合成方法合成。

注 2：运行中的电能计量装置按其所计量电能量的多少，将用户分为五类。Ⅰ类用户为月平均用电量 500 万 kW·h及以上或变压器容量为 10 000 kVA 及以上的高压计费用户；Ⅱ类用户为小于Ⅰ类用户用电量（或变压器容量）但月平均用电量 100 万 kW·h 及以上或变压器容量为 2 000 kVA 及以上的高压计费用户；Ⅲ类用户为小于Ⅱ类用户用电量（或变压器容量）但月平均用电量 10 万 kW·h 及以上或变压器容量为315 kVA及以上的计费用户；Ⅳ类用户为负荷容量为 315 kVA 以下的计费用户；Ⅴ类用户为单相供电的计费用户。

注 3：用于成品油贸易结算的计量器具的准确度等级应不低于 0.2。

注 4：用于天然气贸易结算的计量器具的准确度等级应符合 GB/T18603—2001 附录 A 和附录 B 的要求。

附表 C

各种能源折标准煤参考系数

能源名称		平均低位发热量	折标准煤系数
原煤		20 908 kJ/kg(5 000 kcal/kg)	0.714 3 kgce/kg
洗精煤		26 344 kJ/kg(6 300 kcal/kg)	0.900 0 kgce/kg
其他洗煤	洗中煤	8 363 kJ/kg(2 000 kcal/kg)	0.285 7 kgce/kg
	煤泥	8 363 ～ 12 545 kJ/kg（2 000 ～ 3 000 kcal/kg)	0.285 7～0.428 6 kgce/kg
焦炭		28 435 kJ/kg(6 800 kcal/kg)	0.971 4 kgce/kg
原油		41 816 kJ/kg(10 000 kcal/kg)	1.428 6 kgce/kg
燃料油		41 816 kJ/kg(10 000 kcal/kg)	1.428 6 kgce/kg
汽油		43 070 kJ/kg(10 300 kcal/kg)	1.471 4 kgce/kg
煤油		43 070 kJ/kg(10 300 kcal/kg)	1.471 4 kgce/kg
柴油		42 652 kJ/kg(10 200 kcal/kg)	1.457 1 kgce/kg
煤焦油		33 453 kJ/kg(8 000 kcal/kg)	1.142 9 kgce/kg
渣油		41 816 kJ/kg(10 000 kcal/kg)	1.428 6 kgce/kg
液化石油气		50 179 kJ/kg(12 000 kcal/kg)	1.714 3 kgce/kg
炼厂干气		46 055 kJ/kg(11 000 kcal/kg)	1.571 4 kgce/kg
油田天然气		38 931 kJ/m^3(9 310 kcal/m^3)	1.330 0 kgce/m^3
气田天然气		35 544 kJ/m^3(8 500 kcal/m^3)	1.214 3 kgce/m^3
煤矿瓦斯气		14 636 ～ 16 726 kJ/m^3（3 500 ～ 4 000 kcal/m^3)	0.500 0～0.571 4 kgce/m^3
焦炉煤气		16 726 ～ 17 981 kJ/m^3（4 000 ～ 4 300 kcal/m^3)	0.571 4～0.614 3 kgce/m^3
高炉煤气		3 763 kJ/m^3	0.128 6 kgce/m^3
其他煤气	(a) 发生炉煤气	5 227 kJ/kg(1 250 kcal/m^3)	0.178 6 kgce/m^3
	(b) 重油催化裂解煤气	19 235 kJ/kg(4 600 kcal/m^3)	0.657 1 kgce/m^3
	(c) 重油热裂解煤气	35 544 kJ/kg(8 500 kcal/m^3)	1.214 3 kgce/m^3
	(d) 焦炭制气	16 308 kJ/kg(3 900 kcal/m^3)	0.557 1 kgce/m^3
	(e) 压力气化煤气	15 054 kJ/kg(3 600 kcal/m^3)	0.514 3 kgce/m^3
	(f) 水煤气	10 454 kJ/kg(2 500 kcal/m^3)	0.357 1 kgce/m^3

（续表）

能源名称	平均低位发热量	折标准煤系数
粗苯	41816kJ/kg(10000kcal/kg)	1.4286kgce/kg
热力(当量值)	—	0.03412kgce/MJ
电力(当量值)	3600kJ/(kW·h)[860kcal/(kW·h)]	0.1229kgce/(kW·h)
电力(等价值)	按当年火电发电标准煤耗计算	按当年火电发电标准煤耗计算
蒸汽(低压)	3763MJ/t(900Mcal/t)	0.1286kgce/kg

注：电力的等价折标系数需按当地当年的火电标准煤耗计算，如上海地区 2016 年平均供电煤耗约 300gce/kW·h，则电力等价折标系数为0.3kgce/kWh。

附表 D

各种耗能工质折标准煤参考系数

品种	单位耗能工质耗能量	折标准煤系数
新水	2.51MJ/t(600kcal/t)	0.0857kgce/t
软水	14.23MJ/t(3400kcal/t)	0.4857kgce/t
除氧水	28.45MJ/t(6800kcal/t)	0.9714kgce/t
压缩空气	1.17MJ/m³(280kcal/m³)	0.0400kgce/m³
鼓风	0.88MJ/m³(210kcal/m³)	0.0300kgce/m³
氧气	11.72MJ/m³(2800kcal/m³)	0.4000kgce/m³
氮气(做副产品时)	11.72MJ/m³(2800kcal/m³)	0.4000kgce/m³
氮气(做主产品时)	19.66MJ/m³(4700kcal/m³)	0.6714kgce/m³
二氧化碳气	6.28MJ/m³(1500kcal/t)	0.2143kgce/m³
乙炔	243.67MJ/m³	8.3143kgce/m³
电石	60.92MJ/kg	2.0786kgce/kg

注：附表C和附表D中的数据均来源于《综合能耗计算通则》(GB/T2589—2008)。

参 考 文 献

[1] 国家统计局工交司. 能源统计知识手册[M]. 北京：中国统计出版社，2006.
[2] 李张标. 能源计量[M]. 北京：中国质检出版社，2013.
[3] 国家质检总局. GB17167-2006 用能单位能源计量器具配备和管理通则[S]. 2006.
[4] 张进明，葛志松，姚新红. 能源计量方法和实例[J]. 上海计量测试，2011(3)：57-61.

[5] 天津市统计局能源处.天津能源统计实用手册[M].2007.
[6] 国家统计局工交司.能源统计知识手册[M].2006.
[7] 综合能耗计算通则 GBT2589－2008[S].
[8] 提福楠.综合能耗计算方法探讨[J].中国工程咨询,2013(8)：32－33.
[9] 范柏樟.企业能量平衡[J].节能技术.1985(4)：43－45.
[10] 张管生.企业能量平衡统计法的示范方法[J].大众用电.1994(2)：34－35.
[11] 孟昭利.企业能量平衡[M].北京：清华大学出版社.
[12] 范柏樟.企业能量平衡的简化问题[J].节能技术.1989(6)：2－3.

第3章　总 能 系 统

3.1　蒸汽动力循环系统

现代生产和生活的主要动力是机械能和电能。人们通过消耗一次能源，利用热力循环实现热能连续转化为机械能，并可进一步将机械能转换为所需要的电能，故将这个热力循环称为动力循环。当使用水蒸气作为热力循环的工作介质时，称为蒸汽动力循环。本节将对此动力循环的工艺流程、性能参数等进行详细介绍。

3.1.1　工艺流程

蒸汽动力循环系统遵循朗肯循环热力学原理，基本结构包括工质水蒸发器、汽轮机、凝汽器和水泵四部分，工作介质水经过“吸热蒸发、膨胀做功、冷凝和升压”的周而复始的循环过程，实现热能转化为机械能。图3-1所示为蒸汽动力循环系统的基本工艺流程：工质水在蒸发器内近似定压的情况下受热汽化成饱和蒸汽，饱和蒸汽再进一步吸热成过热蒸汽；高温高压的过热蒸汽离开蒸发器进入下游汽轮机，在汽轮机内绝热膨胀做功，实现热能转换为机械能；从汽轮机尾部排出的做过功的乏汽在凝汽器内等压、定温冷凝成水，释放出汽化潜热；凝结水经给水泵绝热压缩升压后，再次进入蒸发器吸热，从而完成一个简单的热力循环。为提高整个循环的热效率，实际热力循环更多地采用蒸汽再热、抽汽回热以及热电联供等复杂热力循环系统，其热力学原理和工艺流程将在下文介绍。

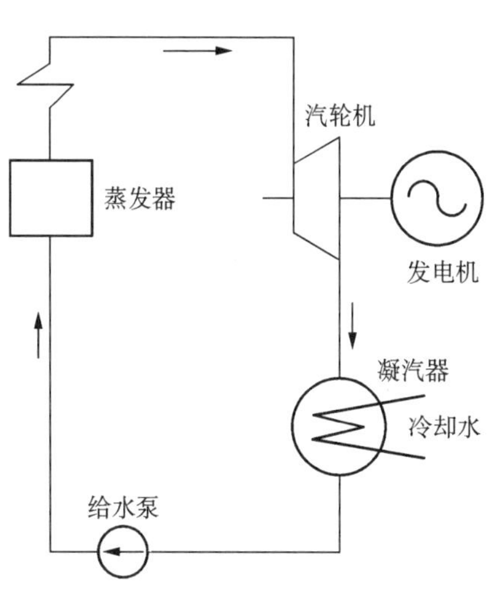

图3-1　蒸汽动力循环系统工艺流程

火力发电厂蒸汽动力循环系统包括燃烧系统、汽水系统和电气系统三大部分，实现了“燃料化学能—机械能—电能”的转化。

1）燃烧系统

化石燃料、原子能、太阳能等均可作为蒸发器的热源，相应的工质水蒸发器差异较大。以煤为热源的蒸汽动力循环发电厂称为火力发电厂，是目前为止我国主要的热功电转换方式，工质水蒸发器称为锅炉。煤燃烧系统的工艺流程如图 3-2 所示。经过初级破碎的原煤由皮带输送到锅炉车间的煤斗，经磨煤机磨制成煤粉，然后与经过空气预热器预热的空气一起送入高温炉膛内燃烧，产生高温烟气，将煤的化学能转化成烟气的热能。高温烟气通过辐射、对流方式加热布置在炉膛及尾部烟道的各级受热面，最终将受热面内的工质水加热成过热蒸汽，烟气则冷却后离开锅炉，经除尘、脱硫、脱硝等净化工艺处理后，由烟囱排入大气。燃烧工艺产生的炉渣和除尘器捕获的细灰由灰渣泵排至灰场。

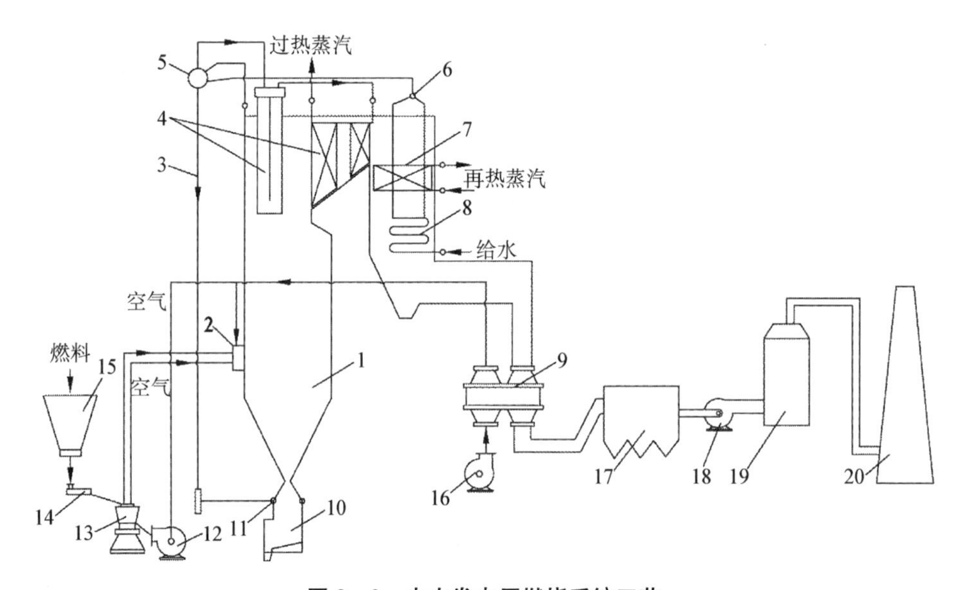

图 3-2　火力发电厂燃烧系统工艺

1—炉膛；2—燃烧器；3—下降管；4—过热器；5—汽包；6—省煤器出口联箱；7—再热器；8—省煤器；9—空气预热器；10—排渣装置；11—下联箱；12—排粉风机；13—磨煤机；14—给煤机；15—煤仓；16—送风机；17—除尘器；18—引风机；19—脱硫装置；20—烟囱

2）汽水系统

火力发电厂蒸汽动力循环的汽水系统工艺流程如图 3-3 所示。水在锅炉受热面中受热蒸发成高温、高压过热蒸汽，经蒸汽管道送入汽轮机。在汽轮机中，蒸汽不断膨胀，产生的高速汽流驱动汽轮机的转子以额定转速旋转，从而将蒸汽热能转换成机械能，带动与汽轮机同轴的发电机发电。在膨胀过程中，蒸汽的压力和温度不断降低。蒸汽做功后从汽轮机下部排出。排出的蒸汽称为乏汽，它排入凝汽

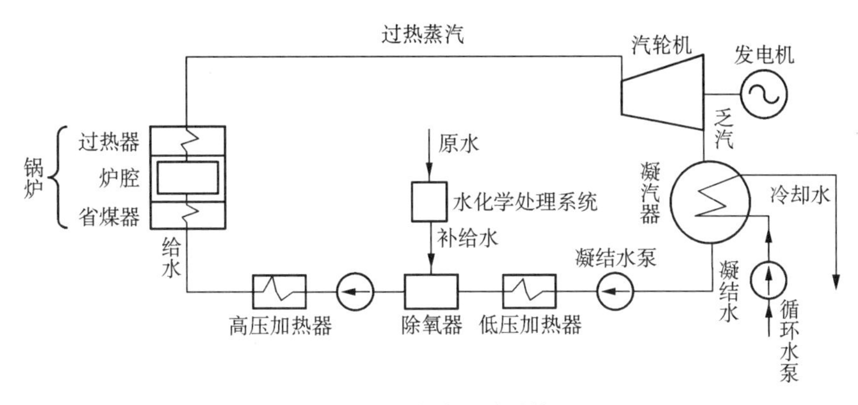

图 3-3 汽水系统结构

器。在凝汽器中,汽轮机的乏汽被冷却水冷却,凝结成水。凝汽器下部所凝结的水由凝结水泵升压后进入低压加热器和除氧器,提高水温并除去水中的氧(以防止腐蚀炉管等),再由给水泵进一步升压,然后进入高压加热器,回到锅炉,完成水—蒸汽—水的循环。给水泵以后的凝结水称为锅炉给水。汽水系统中的蒸汽和凝结水在循环过程中总有一些损失,因此,必须不断向给水系统补充经过化学处理的水。补给水可由除氧器或凝汽器进入汽水系统,同凝结水一块由给水泵打入锅炉。

3) 电气系统

作为火力发电厂三大主机的发电机组,实现了机械能向电能的转换。如图 3-4所示,电气系统包括发电机、励磁系统、厂用电系统和升压变电站等。发电机的机端电压和电流随其容量不同而变化,其电压一般在 10～20kV 之间,电流可达数千安至 20kA。因此,发电机发出的电,一般由主变压器升高电压后,经变电站高压电气设备和输电线送往电网。极少部分电,通过厂用变压器降低电压后,经厂用电配电装置和电缆供厂内风机、水泵等各种辅机设备和照明设备等使用。

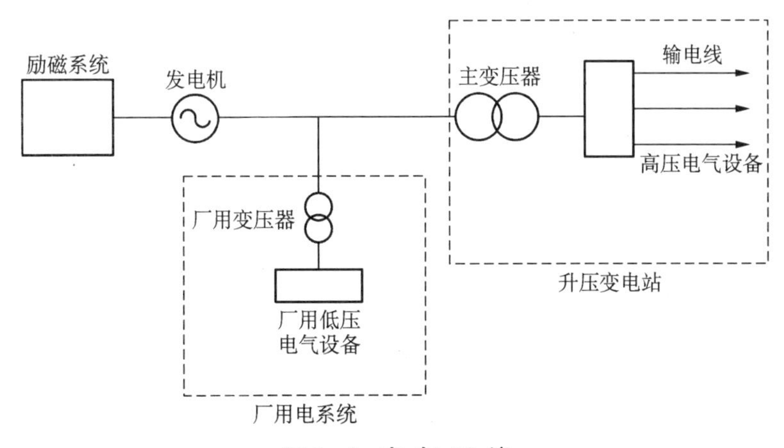

图 3-4 电气系统

3.1.2 热经济性评价指标

定量评估蒸汽动力循环系统性能的方法有两种：第一种是基于热力学第一定律的热量法，第二种是基于热力学第二定律的熵方法。热量法反映了燃料化学能从数量上被有效利用的程度，是评价热力发电厂热经济性的主要方法，被火力发电厂广泛采用。

热量法采用热效率的大小衡量电厂的热经济性。按纯凝汽式火力发电厂蒸汽动力循环系统的工艺流程，热效率依次包括锅炉效率、管道热损失、汽轮机绝对效率、机械效率和发电机效率，如图 3－5 所示。

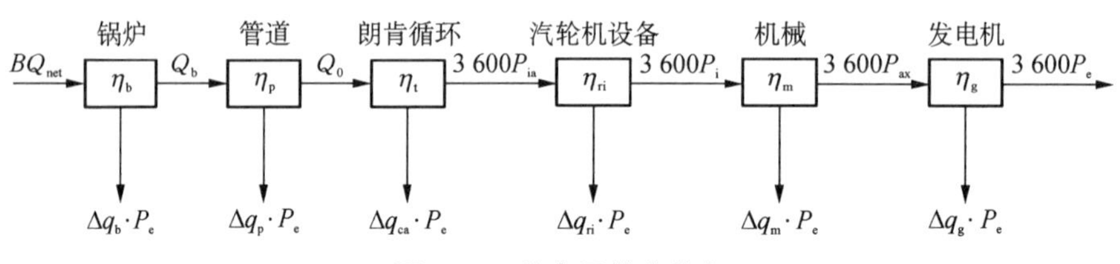

图 3－5 热电厂效率分布

3.1.2.1 锅炉效率

锅炉效率定义为锅炉每小时有效利用的热量(即工质水吸收的热量)占输入锅炉的全部热量的百分数，采用符号 η_b 表示。

$$\eta_b = \frac{Q_b}{BQ_{net}} = \frac{D_b(h_{gr} - h_{gs})}{BQ_{net}} \tag{3-1}$$

式中，Q_b 为工质吸热量，单位为 kJ/h；B 为锅炉实际燃煤消耗量，单位为 kg/h；Q_{net}为煤收到基低位发热量，单位为 kJ/kg；D_b 为锅炉产生的过热蒸汽量，单位为 kg/h；h_{gr}为锅炉工质出口过热蒸汽焓，单位为 kJ/kg；h_{gs}为锅炉给水焓，单位为 kJ/kg。

影响锅炉效率的热损失包括排烟热损失(q_2)、化学不完全燃烧热损失(q_3)、机械不完全燃烧热损失(q_4)、散热损失(q_5)和灰渣热损失(q_6)。因此，锅炉效率也可以描述为

$$\eta_b = 1 - q_2 - q_3 - q_4 - q_5 - q_6 \tag{3-2}$$

在各项热损失中，排烟热损失所占比例最高，是提高锅炉效率的最重要环节。影响排烟热损失的主要因素是排烟温度，一般我国许多电站锅炉的排烟温度大多在 120～140℃，实际运行排烟温度一般还要略高些。电站锅炉效率约为 88%～94%，而排烟热损失则占锅炉热损失的一半以上。如果能将排烟温度降至 70～

90℃，锅炉效率将提高2%～5%，供电煤耗将下降2～6 g/(kW·h)。对于全国超过7亿千瓦的火电机组而言，年节约标煤可达800～2 400万吨，年可减排CO_2约2 200～6 600万吨[1]。

3.1.2.2 管道效率

过热蒸汽离开锅炉，流过通往汽轮机的蒸汽管道时，会有一定的阻力损失、散热损失和排污与泄漏损失。扣除这部分损失造成的蒸汽品质的降低，即为主蒸汽管道的效率η_b，以下式表示：

$$\eta_p - \frac{Q_0}{Q_b} = 1 - \frac{\Delta Q_p}{Q_b} \tag{3-3}$$

式中，Q_0为汽轮机汽耗D_0时的热耗，单位为kJ/h；ΔQ_p为主蒸汽管道热损失，单位为kJ/h。

3.1.2.3 汽轮机效率

高温、高压过热蒸汽进入凝汽式汽轮机后膨胀做功，驱动汽轮机转子高速旋转，产生的实际输出轴功率称为汽轮机的实际内功率W_i。做过功的乏汽在冷凝器内等压、定温冷凝成凝结水，释放出汽化潜热，然后升压后返回锅炉，完成一个简单的热力循环。对于凝汽式汽轮机，其能量平衡式为

$$Q_0 = W_i + \Delta Q_c \tag{3-4}$$

式中，W_i为汽轮机汽耗D_0时的实际内功率，单位为kJ/h；ΔQ_c为汽轮机冷源热损失，单位为kJ/h。

由此，定义汽轮机的绝对效率为汽轮机实际内功率W_i与汽轮机热耗Q_0的比值：

$$\eta_i = \frac{W_i}{Q_0} = \frac{W_i}{W_a} \cdot \frac{W_a}{Q_0} = \eta_{ri} \cdot \eta_t \tag{3-5}$$

式中，W_a为汽轮机汽耗D_0时的理想内功率，单位为kJ/h；η_{ri}为汽轮机相对内效率。由于汽轮机中存在各种能量损失，导致蒸汽在汽轮机中的能量损失不能全部转变为有效功，可以由蒸汽在汽轮机中的实际比焓降（Δh_i）与理想比焓降（Δh_t）之比获得；η_t为循环的理想热效率，也即蒸汽在汽轮机中的理想比焓降（Δh_t）与汽轮机汽耗D_0时的热耗Q_0之比。

3.1.2.4 汽轮机的机械效率

汽轮机在运行时，用于克服径向轴承、推力轴承摩擦阻力和带动主油泵、调节系统等消耗一定的功，产生了机械损失，扣除这部分损失就是汽轮机实际输出给发电机轴端的功率P_m。P_m与汽轮机实际内功率W_i之比称为机械效率η_m，表达式为

$$\eta_m = \frac{3\,600P_{\mathrm{m}}}{W_{\mathrm{i}}} \tag{3-6}$$

式中，P_{m} 为发电机输入功率，单位为 kW。

3.1.2.5　发电机效率

发电机中的损失包含铁损(铁芯涡流发热等)、铜损(线圈发热)和摩擦损失等，导致发电机的输出功率 P_{e} 小于输入功率 P_{m}，两者比值定义为发电机效率，表达式为

$$\eta_{\mathrm{g}} = \frac{P_{\mathrm{e}}}{P_{\mathrm{m}}} \tag{3-7}$$

3.1.2.6　电厂总效率与标准煤耗率

发电厂的总效率 η_{cp}反映了输入电厂的热量转化成电能的效率，表达式为

$$\eta_{\mathrm{cp}} = \frac{3\,600P_{\mathrm{e}}}{BQ_{\mathrm{net}}} = \frac{P_{\mathrm{e}}}{P_{\mathrm{m}}} \cdot \frac{3\,600P_{\mathrm{m}}}{W_{\mathrm{i}}} \cdot \frac{W_{\mathrm{i}}}{Q_0} \cdot \frac{Q_0}{Q_{\mathrm{b}}} \cdot \frac{Q_{\mathrm{b}}}{BQ_{\mathrm{net}}} = \eta_{\mathrm{b}}\eta_{\mathrm{p}}\eta_{\mathrm{i}}\eta_{\mathrm{m}}\eta_{\mathrm{g}} \tag{3-8}$$

因此，发电厂的总效率为各过程热效率的连乘积。火力发电厂生产过程将消耗一定的电能 P_{ap}，从发电厂输出功率 P_{e} 中扣除这部分电能消耗后的全厂热效率称为发电厂的净热效率，表达式为

$$\eta_{\mathrm{cp}}^{n} = \frac{3\,600(P_{\mathrm{e}} - P_{\mathrm{ap}})}{BQ_{\mathrm{net}}} = \eta_{\mathrm{cp}}(1-\zeta_{\mathrm{ap}}) \tag{3-9}$$

式中，ζ_{ap}为厂用电率，$\zeta_{\mathrm{ap}} = \dfrac{P_{\mathrm{ap}}}{P_{\mathrm{e}}}$。

为考核发电厂能源利用效率，通常采用煤耗率 b_{cp} 作为一个重要的热经济指标，定义为每发 1 千瓦·时(kW·h)的电能所消耗的燃煤量：

$$b_{\mathrm{cp}} = \frac{B}{P_{\mathrm{e}}} = \frac{3\,600}{Q_{\mathrm{net}}\eta_{\mathrm{cp}}}\ \mathrm{kg/(kW \cdot h)} \tag{3-10}$$

取上式中煤的发热量 Q_{net} 为标煤的低位发热量(29 270 kJ/kg)，可得发电厂标准煤耗率为

$$b_{\mathrm{cp}}^{s} = \frac{3\,600}{29\,270\eta_{\mathrm{cp}}} \approx \frac{0.123}{\eta_{\mathrm{cp}}}\ \mathrm{kg/(kW \cdot h)} \tag{3-11}$$

3.1.3　循环热效率的提高措施

蒸汽动力循环系统是火力发电厂的核心，提高其循环效率是提高整个电厂发电效率的必要途径。由朗肯循环热效率计算公式可知[2]，提高工质初温和初压、降低工质终温和终压以及降低冷源损失是提高循环热效率的有效手段。

3.1.3.1 初、终参数的调节

在初压与背压一定的条件下，提高汽轮机入口蒸汽温度可使系统热效率增大。如图3-6(a)所示，蒸汽温度由1提高到1′点时，平均吸热温度随之提高，循环温差增大，从而提高了循环热效率。另外，循环工质在膨胀终点的干度随着蒸汽温度的提高而增大，而干度的增大有利于提高汽轮机的相对内效率，并延长其使用寿命。但受到金属材料耐热温度的限制，我国目前超(超)临界机组主蒸汽温度很少超过620℃，而美国在役机组最高蒸汽温度为649℃。

如图3-6(b)所示，在相同的初温和背压条件下，提高汽轮机入口蒸汽的初始压力，状态参数将从图中1点变化到1′点，增加了吸热与放热温差，循环热效率增加。但是，随着初压的提高，从图示可以看到降低了乏汽的干度，而水分的增加会增加对汽轮机叶片的腐蚀，缩短汽轮机的寿命。所以在提高初始压力的同时，一般也应提高初始温度，可以适当弥补乏汽干度降低带来的不利因素。

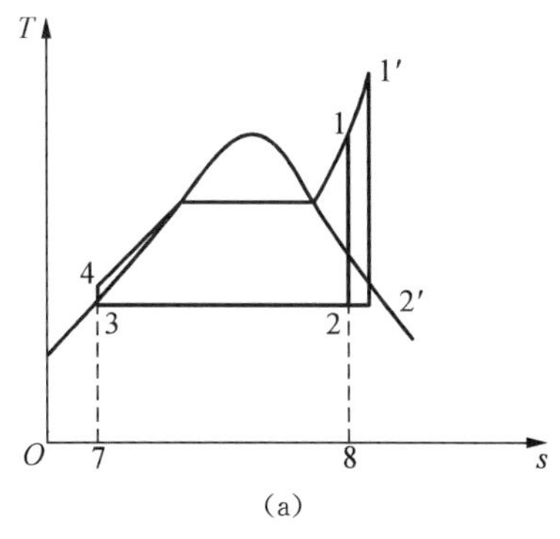

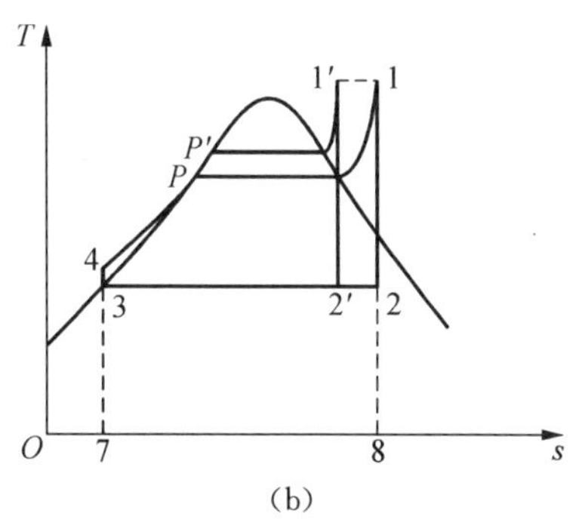

图3-6 提高初始参数

(a) 提高初温；(b) 提高初压

在相同的初压、初温下，降低背压 p_2，从图3-7中可以看出净功提高。同时，放热平均温度降低，提高了蒸汽循环效率。p_2 的降低意味着凝汽器饱和温度 t_2 的降低，而 t_2 必须高于环境温度。因此，t_2 会随真实的环境温度改变而改变，所以 p_2 也会相应地有所改变，所以降低背压 p_2 具有一定的局限性。

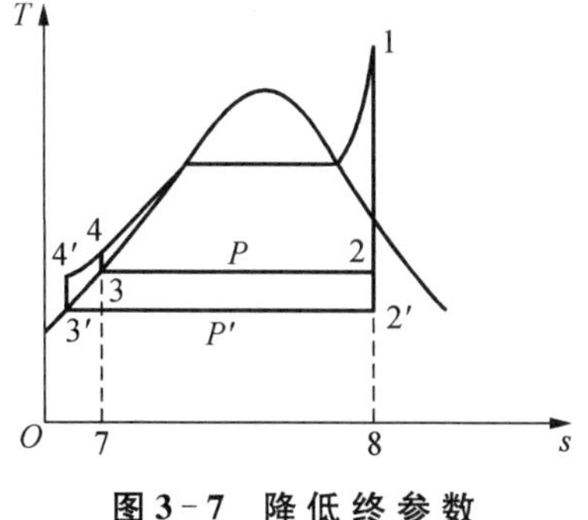

图3-7 降低终参数

3.1.3.2 采取再热和给水回热循环系统

根据前文所述，提高初参数、降低终参数会带来蒸汽循环热效率的提高，但提高蒸汽温度会受到锅炉和汽轮机等金属材料性能限制,目前所达到的最高蒸汽温度为650℃左右。提高汽轮机蒸汽入口压力也可提高循环热效率,但进汽压力的提高会导致排汽湿度增大,这会加剧低压部分叶片的冲刷腐蚀,也会导致汽缸承压部件应力过高。在新蒸汽参数相同的条件下,可通过降低背压提高净功的方式来提高效率,但是它会受环境温度 t_2 的限制,另一方面也会使排汽比容增大,汽轮机末级叶片和凝汽器的尺寸不得不相应增大。现代汽轮机采用蒸汽再热循环和给水回热循环,减少凝汽器的凝汽损失,从根本上提高了循环热效率 η_t。

1) 再热循环系统

蒸汽动力再热循环如图3-8所示,就是当蒸汽在汽轮机中膨胀到某一中间压力后离开汽轮机,返回锅炉的再热器,再次吸热升温后重新进入汽轮机,继续膨胀做功。这样做的好处是提升了乏汽干度,抵消了提高初始压力带来的不利影响。同时,从图中可以看出,重新加热部分的平均吸热温度比原始温度高,所以增加汽轮机再热提高了循环的平均吸热温度,提高了循环热效率。

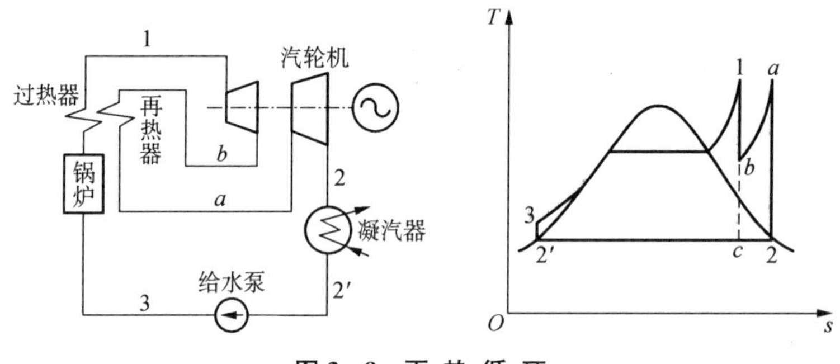

图3-8 再热循环

2) 回热循环系统

回热循环系统的目的是尽可能多地把原来要释放到冷源的热量用于加热锅炉给水,减少工质从锅炉的吸热量。回热方式是从汽轮机中部抽取少量尚未膨胀完全的压力、温度相对较高的蒸汽,去加热凝结水泵至锅炉的输送管路中的低温凝结水。这部分蒸汽因没有经过凝汽器放热,而是将热量用来加热冷凝水,从而提高了系统热效率。

3.1.3.3 热电联产

虽然采用提高蒸汽初参数、蒸汽再循环和回热循环等方式能够提高蒸汽动力循环热效率,但是依旧会有大量热量在凝汽器释放给冷源,导致能源的浪费,而且系统循环热效率很难超过40%。另一方面,生产和生活中需要用热的地方,又要额外消耗燃料产生热,而没有用到蒸汽的做功能力。所以,热电联产是集中生产热

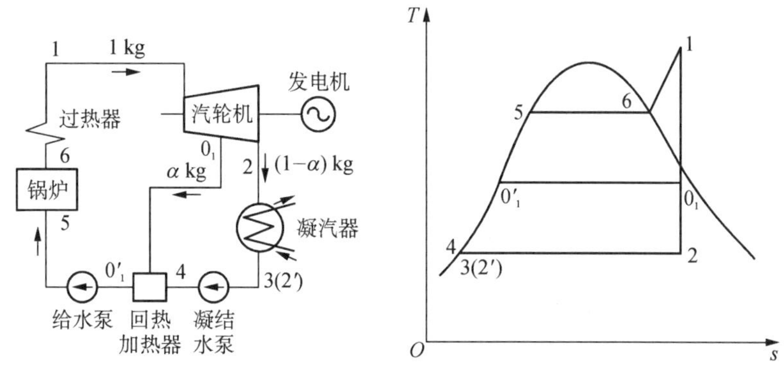

图 3-9 回热循环

能和电能,通过调节热电产品份额以提高系统能源利用水平。热电联产的工艺方式分为背压式汽轮机组和抽汽式汽轮机组两种。

1)背压式汽轮机组

背压式汽轮机组工作流程如图 3-10 所示,是将汽轮机做功后的排汽直接供给热用户。背压式汽轮机组的排汽参数取决于热用户的要求,也就是说背压式汽轮机组的发电量主要取决于热负荷的大小。所以,它的缺点是不能同时满足热、电负荷,但是它将凝汽式汽轮机组排汽损失的热量用来提供热量,大大提高了蒸汽循环的效率。在实际应用中,背压式汽轮机组大多和凝汽式汽轮机组并联使用,由于存在各种损失和热电负荷的不协调,系统热效率在 70%左右。

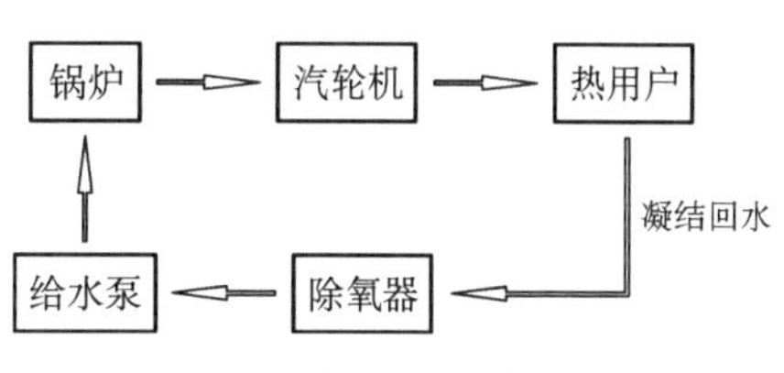

图 3-10 背压式机组工作流程

2)抽汽式汽轮机组

抽汽式汽轮机组工作流程如图 3-11 所示,从汽轮机中间级抽出局部蒸汽供给热用户,其余蒸汽依旧保持凝汽式汽轮机组运行模式,继续膨胀做功,最终排入

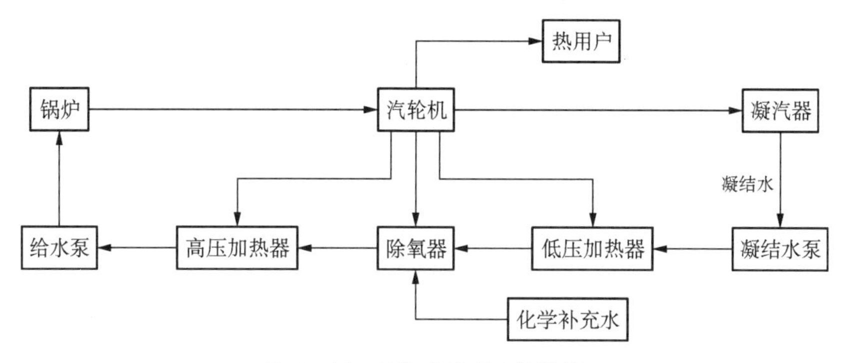

图 3-11 抽汽式机组工作流程

凝汽器中。抽汽式汽轮机组可以视为背压式与凝汽式机组复合而成，它的背压式汽轮机的供热部分热效率为 1，但是仍然有一部分热量由凝汽式机组的冷却水带走，从而影响了整体的热效率。根据用户的需要，抽汽式汽轮机组可分为一次调节抽汽式和二次调节抽汽式两种，其中二次调节抽汽式汽轮机可提供热用户两种不同压力的蒸汽。

此外，为不断提高蒸汽动力循环系统热效率，同时满足不同地区用户的不同需要，还有冷热电三联产系统、分布式能源系统等先进的热力系统[3]。

3.1.4 原则性热力系统

发电厂原则性热力系统是以汽轮机及其原则性回热系统为基础，考虑锅炉与汽轮机的匹配以辅助热力系统与回热系统的配合而形成的，包括锅炉、汽轮机以及给水回热加热器、除氧器等热力系统等。拟定原则性热力系统的主要目的是提供热力系统的基本构成、主辅热力设备规格以及确定电厂在典型工况下的热经济指标等[4]。

图 3-12 为 N300-16.7/538/538 型汽轮机组原则性热力系统简图，该机组配 HG1025/18.2/540/540 型强制循环锅炉。该机组汽轮机为单轴双缸双排汽，八级

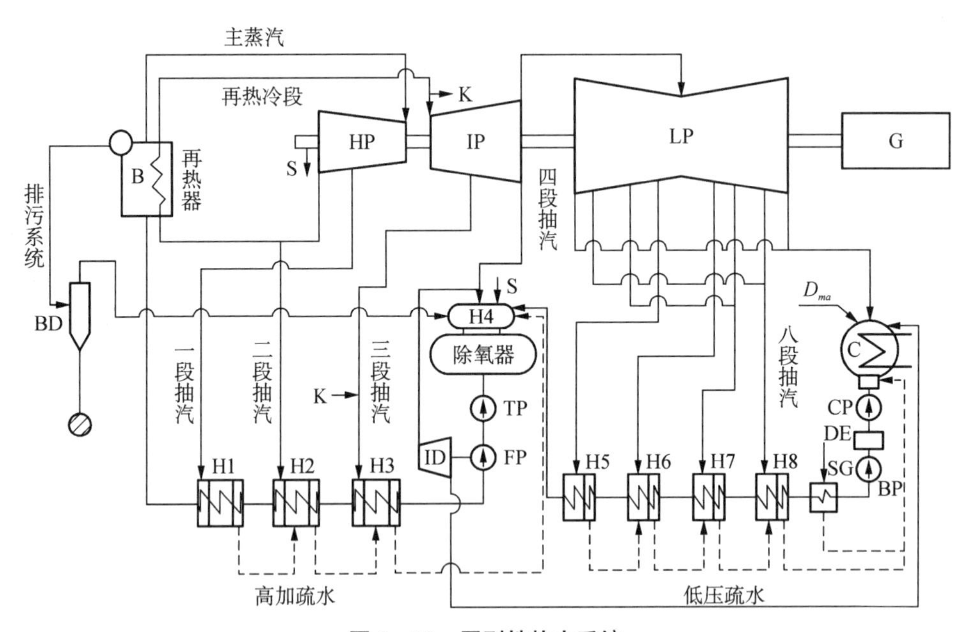

图 3-12 原则性热力系统

B—锅；HP\IP\LP—高压，中压，低压汽轮机；G—发电机；C—凝汽器；CP—凝结水泵；DE—除盐装置；BP—升压泵；SG—轴封冷却器；H1—给水回热器；TP—前置泵；FP—给水泵；T—驱动汽轮机；HD—除氧器；BD—排污系统

不调整抽汽，回热系统为三高四低一除氧，除氧器为滑压运行。采取疏水逐级自流方式。

其具体工作方式为从锅炉排出的高压蒸汽进入汽轮机高压缸做功，膨胀到一定压力，导出高压缸进入到再热器重新升温至540℃，然后进入汽轮机中压缸继续做功，最后蒸汽进入低压缸做功。在这个过程中，高压缸有第一段、第二段两段抽汽回热，引至高压加热器。中压缸有第三段、第四段抽汽回热。其中，第四段抽汽分成两股，一股进入除氧器，另外一股进入驱动汽轮机TD，膨胀做功，带动给水泵FP。低压缸总共有四个抽汽段，抽出的蒸汽分别进入第5～8级低压加热器加热冷凝水。有两个排汽口的蒸汽进入到凝汽器中，经凝结水泵、除盐装置、升压泵、轴封冷却器以及四个低压加热器后，进入除氧器。而在高压加热器处，虚线部分表示高压疏水，凝结的蒸汽经过逐级自流的方式，进入除氧器。低压加热器处同样通过逐级自流的方式与凝汽器出口凝结水会合，向下游流动，最终进入除氧器。凝结水通过除氧后，通过前置泵和给水泵，流经高压加热器升温，最后进入到锅炉，完成整个蒸汽动力循环。在原则性热力系统图的左侧，锅炉部分需要排污的水经过排污系统，也进入到除氧器，与其他凝结水汇合，加入到循环当中。

3.2 燃气-蒸汽联合循环

燃气-蒸汽联合循环具有循环热效率高、环保性能好、启停速度快、建设周期短、安全性能好等诸多优点，近些年得到了快速发展，是有很好发展前途的高效、清洁发电技术之一[5,6]。

3.2.1 工艺流程

燃气-蒸汽联合循环系统如图3-13所示，主要包括燃气轮机、汽轮机、发电机和余热锅炉四大关键部件。燃气轮机是联合循环中最核心的设备，其做功输出轴功的同时排出大量做过功的高温烟气；高温烟气直接进入下游余热锅炉，将工质水加热成过热蒸汽，用于驱动汽轮机转动做功；燃气轮机和蒸汽轮机输出的轴功通过发电机转换为电能，从而构成燃气-蒸汽联合循环发电机组。

燃气-蒸汽联合循环机组通常采用天然气(NG)作为燃气轮机的燃料。天然气经降压、预热后，与经压气机增压之后的空气在燃烧室混合燃烧，形成高温、高压的烟气。高温、高压的烟气继而通过透平膨胀做功，驱动叶轮高速旋转，降温、降压后进入下游余热锅炉。余热锅炉通常为三压再热式余热锅炉，每一压加热装置均由省煤器、汽包、蒸发器及过热器组成。在低压加热装置中，一部分凝结水首先流经低压省煤器(或称为凝结水加热器)进行预热后进入低压汽包；然后再通过低压蒸

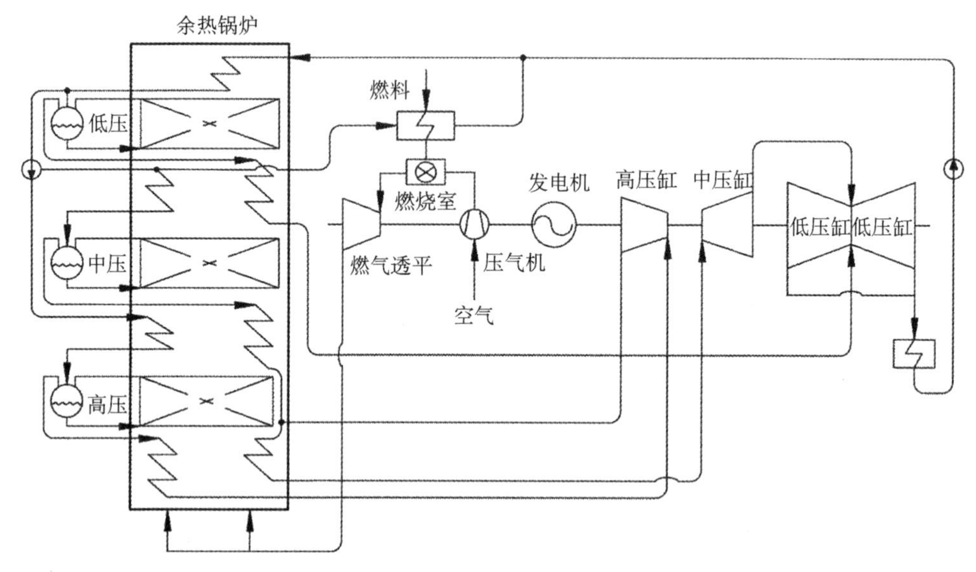

图 3-13 燃蒸联合循环工艺流程

发器进行循环式的加热，形成汽水混合物；在汽包中经汽水分离之后的饱和蒸汽再依次通过各级低压过热器得到低压过热蒸汽，并经由管道输送至低压缸进行做功。另一部分凝结水以同样的工艺流程，经中压、高压给水泵及中压、高压加热装置形成中压、高压过热蒸汽并分别被输送至汽轮机的中压缸和高压缸，将热能转化成为机械能。在带有再热系统的余热锅炉中，高压缸排汽与中压主蒸汽汇合后，再依次通过余热锅炉中各级再热器，升温、升压后，再通入中压缸进行做功。在中压缸做过功的过热蒸汽，会直接进入低压缸与低压主蒸汽一起带动低压缸转子进行做功。这三级蒸汽轮机同时驱动发电机进行发电。

3.2.2 系统结构

3.2.2.1 关键设备

1）燃气轮机

燃气轮机为整套联合循环系统的核心设备，具有结构紧凑、运转高效、输出功率大等许多优点，并且其轮机入口温度越高，效率也越高。若在单循环机组中，因其排气温度较高，余热浪费较为严重，所以需要余热锅炉和汽轮机与其配合形成联合循环，回收利用燃气轮机产生的烟气的余热，提高整个循环的效率。

燃气轮机的主要燃料为天然气，天然气经降压后，与经过压气机加压后的空气在燃烧室入口混合并燃烧，得到的高温高压烟气进入透平带动透平转子旋转进行做功发电。现今比较常用的重型燃气轮机，通常采用 15 级左右的压气机，压比约为17，透平入口温度在1300℃以上。具体结构将在动力设备章节中给予介绍。

2）余热锅炉

余热锅炉包括上升管、下降管、汽包、过热器、省煤器等主要部件，是整套系统中最庞大笨重的组件，工艺流程如图3－14所示。上升管是由密集的管道排成的管簇，由上、下联箱连成一体；上联箱通过汽水引入管连通汽包，汽包再通过下降管连到下联箱；上升管、汽包、下降管构成了一个封闭的循环。上升管管簇在炉膛内，汽包与下降管在炉体外面，外敷保温层。把水注入汽包，水便灌满上升管管簇与下降管，把水位控制在靠近汽包中部的位置。当高温燃气通过上升管管簇外部时，管簇内的水被加热成汽水混合物。由于下降管中的水未受到加热而呈液态，因此上升管管簇内的汽水混合物密度比下降管中的水小，在下联箱形成压力差，推动上升管内的汽水混合物进入汽包，下降管中的水进入上升管，形成自然循环。汽包是水受热、蒸发、过热的重要枢纽，保证锅炉正常的水循环。上升管内的汽水混合物进入汽包后，通过汽水分离器分离成饱和蒸汽与水，饱和蒸汽通过汽包上方蒸汽出口输出；分离出的水与给水管注入的水再次进入下降管。用来产生饱和蒸汽的上升管管簇称为蒸发器，电厂锅炉还有省煤器与过热器，它们都由管簇组成。进汽包的水先在省煤器加热，再通过汽包、下降管进入蒸发器，可以提高蒸发器的效率与锅炉的效率。蒸发器生成的饱和蒸汽经汽包输出，再进入过热器加热成过热蒸汽，用于推动蒸汽轮机运转。

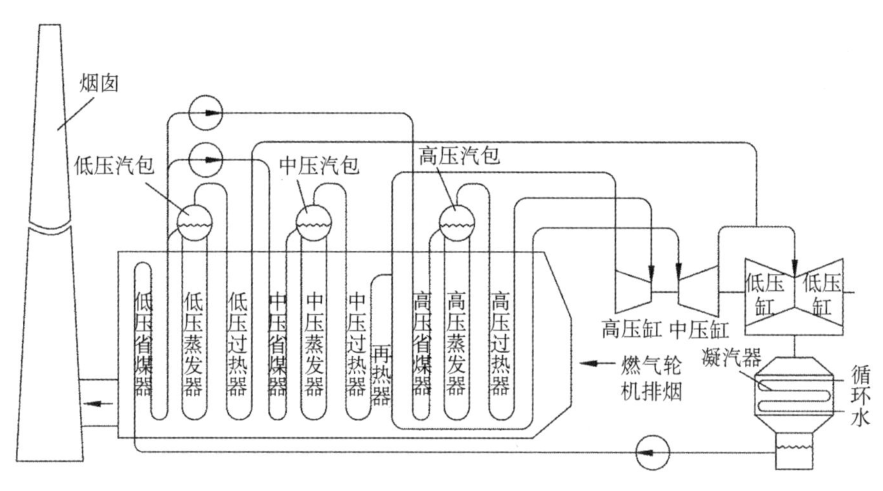

图3－14　余热锅炉汽水系统流程

余热锅炉现多采用双压或者三压锅炉。因为锅炉中的温度随着远离燃气轮机的排气口而降低，所以将汽包分为低压、中压、高压汽包，这种布置方式可以使锅炉中废热传热温差相差更小，锅炉的效率得以提高。

3）蒸汽轮机

蒸汽轮机的工作原理与燃气轮机大体相同，但所用工质为过热蒸汽。大型燃机机组配套采用三压三缸双流式汽轮机，包含高压汽轮机、中压汽轮机、低压汽轮机。高中压汽轮机采用高中压合缸结构，在一个外缸内有高压汽缸（内缸）与中压汽缸（内缸），高压汽缸内装有高压汽轮机，中压汽缸内装有中压汽轮机，高压汽轮机与中压汽轮机共用同一根转轴。被蒸汽推动旋转的叶片是动叶，动叶安装在转轴上，构成转子。安装在汽缸上的叶片是静叶，起喷嘴的作用。一级动叶与一级静叶构成汽轮机的一个级。高压汽轮机由多级动叶与静叶组成，中压汽轮机也由多级动叶与静叶组成。进入高压汽轮机的蒸汽压力约为 12 MPa，从高压蒸汽入口进入高压汽缸，推动动叶，使转子旋转，做功后的蒸汽再从高压缸出口排出，通向再热器。进入中压汽轮机的蒸汽压力约为 3.5 MPa，从中压蒸汽入口进入中压汽缸，推动转子旋转，做功后的蒸汽再从中压缸出口排出。低压汽轮机与凝汽器组成一个整体，上方是低压汽轮机，下方是凝汽器。低压汽轮机采用双分流结构，在同一个外壳（汽缸）内装有对称的两个低压汽轮机转子。每个汽轮机的转子有多级叶片，原理与高、中压汽轮机相同。进入低压汽轮机的蒸汽压力为 0.46 MPa，从低压蒸汽入口进入后，分向两边汽缸，推动两个汽轮机的叶片轮旋转，做功后的蒸汽排到下方的凝汽器。

低压汽轮机排出的蒸汽已释放了绝大部分能量，但它来自高纯度的除盐水，不能排放浪费，在凝汽器把这些蒸汽冷却成凝结水，通过凝结水泵送往锅炉再利用。凝汽器就在蒸汽轮机下方，外壳与低压汽轮机汽缸连为一体。在凝汽器中排列着冷却水管，从一端到另一端，密集的冷却水管称为管束。管束的左端连通进口水室，右端连通出口水室。冷却水从进水管到进口水室，再进入管束，从管束中出来后通过出口水室的出水管流出。按一定规律排列的管束构成凝结区，低压汽轮机排出的蒸汽碰到管束凝结成水，流到下方热井，由凝结水泵送往锅炉。实际凝汽器的水室分布与管束排列并不都一样，管束非常密集，结构要复杂得多，管束要有良好的导热性能又要耐腐蚀。

4）发电机

发电机主要由转子与定子组成，由于汽轮机的转速很高，故汽轮发电机的转子只有一对磁极，在额定转速 3 000 转/分钟时输出 50 Hz 的三相交流电。在铁芯圆周上开有一些槽，用来嵌放励磁绕组，在圆周两侧各有一段槽距大的面称为大齿，就是磁极。由于转子圆周上没有凸出的磁极，称之为隐极式转子。在转子槽中嵌入励磁绕组，励磁绕组两端通过集电环（滑环）接到励磁电源，在转子圆周两侧就形成北极与南极，旋转时就产生旋转磁场。为降低发电机的温度，在转子两端还装有冷却风扇。

3.2.2.2 系统布置

在实际应用中,根据不同的系统布置方式,燃气-蒸汽联合循环可以分为单轴布置与多轴布置两种类型[6,7]。

1) 多轴布置

图 3-15 为多轴布置系统示意图,燃气轮机与蒸汽轮机将分别连接两个发电机组。多轴联合循环系统通常采用二拖一或者三拖一的布置方式,即两、三台燃气轮机带一台蒸汽轮机,每一台燃气轮机配有余热锅炉和单独的发电机,通过管道将蒸汽汇入蒸汽轮机中发电。这样的系统具有启动快、维修简单的特点。在建立好燃气轮机部分之后,不需要等蒸汽轮机建立好即可开始发电,这样在建设的过程中减小了时间成本。另外,当系统建立起来之后,燃气轮机可以不必等蒸汽轮机里的水在锅炉中加热为蒸汽即可开始工作,提高了发电的效率。这种独立性也保证当蒸汽轮机检修时,燃气轮机也可以继续工作。所以现在我国 20 万千瓦以下的燃气-蒸汽联合循环发电机组大多数采用多轴布置。

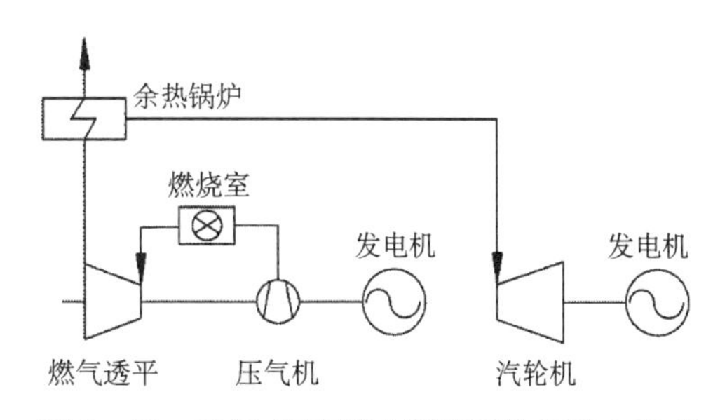

图 3-15 燃气-蒸汽联合循环系统多轴布置式

2) 单轴布置

如图 3-16 所示,单轴布置的特点是所有的动力产生装置都连向同一台发电机,使得发电功率得以提升。另外,单一发电机的设计可以节省相关电器设备,减少厂房面积,简化系统调配。我国 30 万千瓦以上的燃气-蒸汽联合循环发电机组多采用此类布置方式。

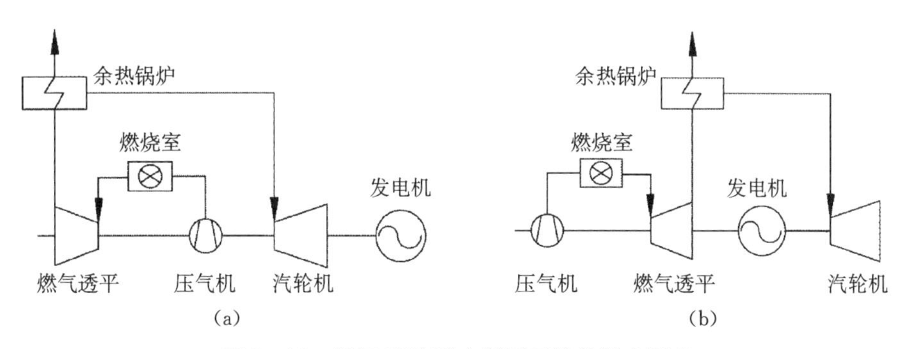

图 3-16 燃气-蒸汽联合循环系统单轴布置式

(a) 发电机尾置;(b) 发电机中置

单轴与多轴布置相比有下列特点：

(1) 单轴布置仅需一台发电机及其输电变电配套设备，而余热锅炉也不需要加装额外旁通烟囱，余热锅炉与蒸汽轮机之间连接管道短，有利于减小温降、压降，减少管路中的能量损失。

(2) 冷却设备等辅助设施也相对更加简化，整体设备更加紧凑高效，成本较低。例如，在相同的装机容量下，F级双轴机组的单位发电容量的占地面积约为单轴机组的1.5倍[8]。

(3) 单轴系统的控制系统比较简单，可靠性比较高，也便于检修和维护。

(4) 单轴布置燃气轮机与汽轮机在同一个车间内，有利于抑制噪声，对环境影响较小。

(5) 但是，单轴设计对于轴系的制造标准要求较高，并且因为轴长度比较长，在安装和运行中往往会造成比较多的技术问题，如需要注意因轴自重引起的弯曲形变等问题，对技术水平提出的要求比较高。

3.2.3 系统效率

联合循环的发电效率 η_{cp} 反映了系统输入的热量多少转化成电能，表达式为

$$\eta_{cp} = \frac{3\,600(P_{GT} + P_{ST})}{BQ_{net}} \tag{3-12}$$

式中，P_{GT} 为燃气轮机输出的电功率，单位为kW；P_{ST} 为蒸汽轮机输出的电功率，单位为kW；B 为燃料消耗量，单位为kg/h；Q_{net} 为燃料的发热量，单位为kJ/kg。

联合循环系统生产过程将消耗一定的电能 P_{ap}，从输出的总电功率中扣除这部分电能消耗后的效率称为系统的净发电效率，表达式为

$$\eta_{cp}^{n} = \frac{3\,600(P_{GT} + P_{ST} - P_{ap})}{BQ_{net}} = \eta_{cp}(1 - \zeta_{ap}) \tag{3-13}$$

式中，ζ_{ap} 为系统用电率，$\zeta_{ap} = \dfrac{P_{ap}}{P_{GT} + P_{ST}}$。

燃气-蒸汽联合循环的发电效率通常可达48%～58%，在同等功率条件下高于常规火力发电厂15%以上。近年来，国外正在发展具有更大容量、效率更高的先进型燃气轮机，比如压气机采用“可控护压”的设计理念，把单轴压气机的压缩比提高到了22～30水平，同时提高入口烟温使燃气轮机的热效率大大提高。目前世界上最大的西门子SGT5-8000H型燃气轮机，已将循环发电净效率提高到60%以上。国内已有很多F级燃机电厂，联合循环效率已达到58%～59%，只是燃机国产化能力不足，国外垄断比较严重，国内燃气电厂的服务维护受到很大的制约。另

外，国外新一代H级燃气机组的引进，也受到发达国家一定的制约。

为能够提高燃气-蒸汽联合循环的发电效率，通常采用以下几种方法：

首先，提高燃气轮机进口烟气温度。但是受限于材料发展水平的限制，燃气轮机入口温度增长是有限的。随着冷却技术和耐高温复合材料的发展，先进的燃气轮机涡轮进口温度已经达到1700℃以上[9]。由于我国工业基础整体不足，此方面的落后尤其明显，入口烟气温度难以大幅提升，限制了燃气轮机的制造水平，也使我国联合循环系统的研制生产落后于发达国家。

其次，降低系统内部能量损失。如提高余热锅炉的换热效率、降低系统散热损失等。再如，根据热力学第二定律，双压和三压锅炉的应用可以使传热中的温差尽可能减小，实现较为平稳的传热过程，减少了传热过程中不可逆的功损失。

值得注意的是，与单纯的蒸汽轮机或者燃气轮机不同，联合循环中不能够通过单纯降低燃气轮机出口温度提高循环效率，而应追求整个系统能源利用效率的最大化。过度降低燃气轮机出口温度会导致蒸汽轮机效率降低，得不偿失，有碍整体系统效率提高。一般来说存在一个燃气轮机效率与蒸汽轮机效率的耦合点，即恰当的燃气轮机排气温度可以使燃气轮机和蒸汽轮机都保持较高的循环效率，从而使得整个系统获得最高的循环热效率。

3.2.4 整体煤气化联合循环发电系统(IGCC)

天然气价格高且供给量有限，对我国燃气-蒸汽联合循环发电技术的推广产生了一定的限制。而我国煤炭资源储量丰富、分布广泛，发展煤制气与燃气-蒸汽联合循环发电相结合的IGCC(integrated gasification combined cycle)技术，既为燃气-蒸汽联合循环提供了充足的燃料，又解决了煤炭资源直接燃烧发电带来的环境污染问题。

3.2.4.1 IGCC工艺流程与原理

IGCC称为整体煤气化联合循环发电系统，如图3-17所示，是将煤气化技术和燃气-蒸汽联合循环发电技术相结合的先进动力系统。IGCC由两大部分组成，即煤的气化与净化部分和燃气-蒸汽联合循环发电部分。第一部分的主要设备有气化炉、空分装置、煤气净化设备；第二部分为燃气-蒸汽联合循环系统，如前文所述。

IGCC工艺始于煤在气化炉内的气化。煤的气化是燃料热处理的方法之一，是在气化剂的作用下，在一定温度和压力下将煤中有机物热转化为煤气。涉及的化学反应基本过程包括[10]：

(1) 碳的氧化燃烧反应，生成CO_2和水蒸气，释放出一定的热量。由于处于缺氧环境下，该反应仅限于提供气化反应所必需的热量。

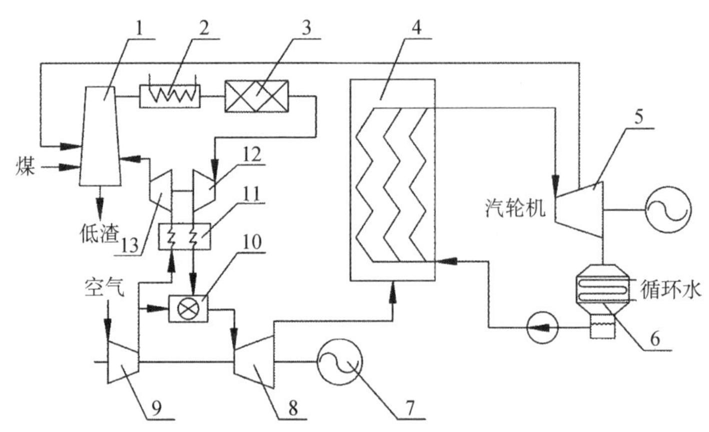

图 3-17　整体煤气化联合循环发电系统

1—气化炉；2—洗涤冷却器；3—煤气净化器；4—余热锅炉；5—汽轮机；6—凝汽器；7—发电机；8—燃气透平；9—压气机；10—燃烧室；11—气气换热器；12—煤气膨胀透平；13—空气增压器

$$C + O_2 \longrightarrow CO_2 + 394.55\,kJ/mol$$

$$H_2 + 1/2O_2 \longrightarrow H_2O + 21.8\,kJ/mol$$

(2) 气化反应。这是气化炉中最重要的还原反应，发生于正在燃烧而未燃烧完的燃料中，碳与 CO_2 反应生成 CO，在有水蒸气参与反应的条件下，碳还与水蒸气反应生成 H_2 和 CO_2(即水煤气反应)，这些均为吸热化学反应：

$$CO_2 + C \longrightarrow 2CO - 73.1\,kJ/mol$$

$$C + H_2O \longrightarrow CO + H_2 - 131.0\,kJ/mol$$

在实际过程中，随着参加反应的水蒸气浓度增大，还可能发生如下反应：

$$C + 2H_2O \longrightarrow CO_2 + 2H_2 - 88.9\,kJ/mol$$

(3) 甲烷生成反应。当炉内反应温度在 700～800℃时，还伴有以下的甲烷生成反应：

$$2CO + 2H_2 \longrightarrow CH_4 + CO_2 + 247.02\,kJ/mol$$

除上述反应涉及的气体外，煤气还包含 H_2S、CO、NH_3 等含氮、硫气体以及灰尘等。为此，在气化炉与燃气轮机之间需布置净化系统，除去煤气中的硫化物、氮化物以及粉尘等污染物，变为清洁的气体燃料，然后送入燃气轮机的燃烧室燃烧。

3.2.4.2　IGCC 技术优势

与传统燃煤技术相比，IGCC 发电技术把联合循环发电技术与煤炭气化和煤气净化技术有机地结合在一起，具有高效率、清洁、节水、燃料适应性广，易于实现多联产等优点，符合我国未来发电技术的发展需求。

(1) IGCC 将煤气化和高效的联合循环相结合，实现了能量的梯级利用，提高了采用燃煤技术的发电效率。目前国际上运行的商业化 IGCC 电站的供电效率最高已达到 43%，与超(超)临界机组效率相当。当配套更先进的 H 系列燃气轮机，IGCC 供电效率可以达到 52%。

(2) IGCC 对煤气采用“燃烧前脱除污染物”技术，煤气气流量小(大约是常规燃煤火电尾部烟气量的 1/10)，便于处理。因此 IGCC 系统中采用脱硫、脱硝和粉尘净化的设备造价较低，效率较高，其各种污染排放量都远远低于国内外先进的环保标准，可以与燃烧天然气的联合循环电厂相媲美。

(3) IGCC 的燃料适应性广，褐煤、烟煤、贫煤、高硫煤、无烟煤、石油焦、泥煤都能适应。采用 IGCC 发电技术，也可以燃用我国储量丰富、限制开采的高硫煤，使燃料成本大大降低，而且可以获得多种硫副产品。

(4) IGCC 机组中蒸汽循环部分占总发电量约 1/3，使 IGCC 机组比常规火力发电机组的发电水耗大大降低，约为同容量常规燃煤机组的 1/2～2/3 左右。

(5) IGCC 的一个突出特点是可以拓展为供电、供热、供煤气和提供化工原料的多联产生产方式。IGCC 本身就是煤化工与发电的结合体，通过煤的气化，使煤得以充分综合利用，实现电、热、液体燃料、城市煤气、化工品等多联供，从而使 IGCC 具有延伸产业链、发展循环经济的技术优势。

3.2.4.3 IGCC 现存问题与发展趋势

IGCC 技术的目的是实现煤炭资源高效、清洁综合利用。但该技术内部结构复杂，运行过程中各系统和设备互相牵连，互相影响，比常规燃煤技术复杂得多。另外，与常规燃煤电站锅炉直接在锅炉炉膛内完成燃烧不同，IGCC 需要先将原煤在气化炉中气化，再经过净化后在燃气轮机燃烧室内燃烧驱动燃机发电，排气余热再经余热锅炉及汽轮机发电。由于发电机组为了适应外界电负荷的需求，必须频繁改变发电机组的负荷，但 IGCC 的煤气化装置并不适合于在部分负荷及频繁变负荷的工况下运行。此外，投资成本高、建设周期长等因素也制约 IGCC 在发电行业的推广。

为了克服 IGCC 技术存在的问题，发挥其多功能的优势，近些年国内陆续提出与建立了一些示范性的 IGCC 工程，基本思想是以发电为主的煤基能源与化工多联产，发电设备与化工设备相结合，并进而整合 CO_2 捕集与封存装置的先进 IGCC 系统。煤气化装置连续满负荷运行生产煤合成气，在发电满负荷时，全部(或大部分)煤气直接用于燃烧发电；在部分电满负荷时，部分煤合成气直接用于燃烧发电，其余的煤气作为化工原料去进一步生产合成气、制氢或液体燃料、生产化工产品；

同时因地制宜地考虑煤气、热、冷等多联产,以及实现 CO_2 捕集与封存等。

3.3 热泵系统

在自然界中,水总由高处流向低处,热量也总是从高温物体传向低温物体。但人们可以利用水泵,消耗一定的电能把水从低处输送到高处;同理,也可以利用热泵(heat pump)借助媒介把热量从低温物体传递到高温物体。环境污染和能源危机的加剧已使得热泵技术成为近些年在全世界倍受关注的新能源技术之一。

3.3.1 基本概念

热泵是一种以消耗一定量的高品位能为代价,将热量从低温热源传递给高温热源的节能装置(见图 3-18)。更具体地说,热泵可以将自然界中的低位能(如空气、土壤、水中所含的热能,生活和生产废热等)转换为可以利用的高品位热能,以用于建筑供暖、制冷和供应热水等。相对于普通的利用电能、燃烧化石燃料供暖方式,热泵技术的应用节省了高品位能源,所以为节能技术。

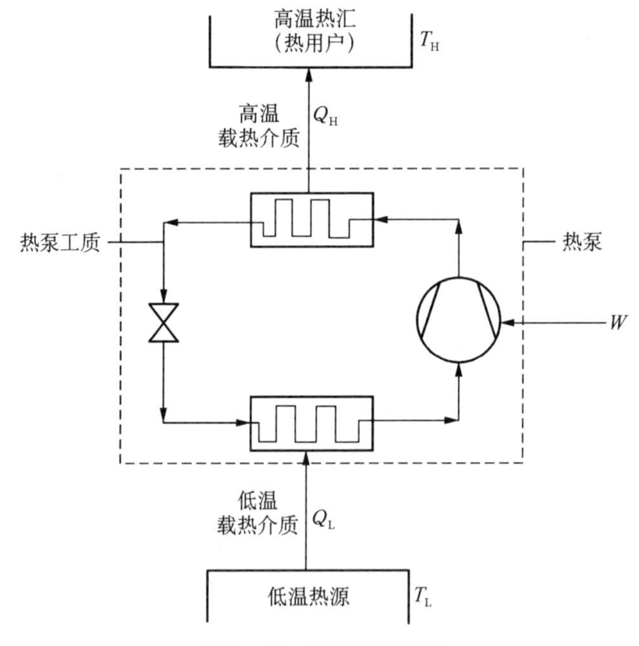

图 3-18 热泵系统结构

3.3.1.1 热泵系统的分类

热泵的种类很多,分类方法也各有不同[11]。常用的分类方法一是按换热器接触的载热介质，二是按低位热源分类。此外，还可以按驱动方式、布置方式等进行分类。

1）按低温和高温端的载热介质分类

根据换热器两端的换热介质，可将热泵机组分为空气-空气热泵、空气-水热泵、水-水热泵、水-空气热泵、土壤-空气热泵、土壤-水热泵等。空气-空气热泵机组换热器（蒸发器和冷凝器）的两端换热介质都是空气，这种热泵机组最为常见，广泛用于民用住宅和商用建筑物。

空气-水热泵机组和水-空气热泵机组都是室内、室外换热器中有一端的换热介质为水，区别在于空气-水热泵机组室外换热器介质为空气，水-空气热泵机组室外换热器介质为水。

水-水热泵机组换热器两端的换热介质均为水；土壤-空气热泵和土壤-水热泵，两者的差别在于室内换热器的换热介质分别是空气工质和水工质。

2）按低位热源分类

按热源的不同，主要分为空气源热泵、水源热泵、土壤源热泵以及太阳能热泵等，如图3-19所示。

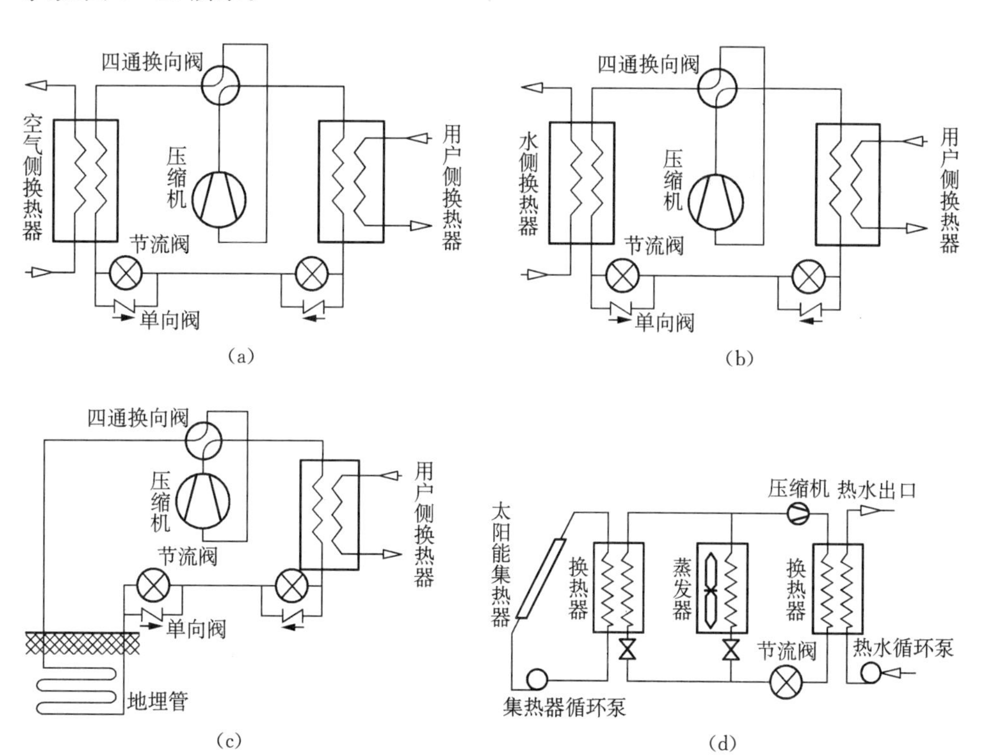

图3-19 不同热源热泵系统图

(a) 空气源热泵；(b) 水源热泵；(c) 土壤源热泵；(d) 太阳能热泵

(1) 空气源热泵：以所处环境的空气作为热源，所以又称为风冷热泵，是空气-空气热泵和空气-水热泵的总称。在温度变化明显的地方，尤其是在冬季环境温度较低，空气源热泵的性能将随着供热需求的升高而下降，甚至寒冷地区还会出现结霜现象[12]。

(2) 水源热泵：水源热泵包含了水-空气热泵和水-水热泵。水源热泵的热源可以是湖水、海水、井水甚至是地下水，也可以是工业尾水、城市污水等，不同水质也会对热泵性能产生影响。根据使用的水源不同又可分为地下水源热泵和地表水源热泵。在水温适宜、水量充足稳定、水质较好、开采不会对地质带来危害的情况下，可以使用地下水作为热泵系统的低位热源。然而这类热泵系统的应用在很多国家有严格的使用限制，因而在世界范围内应用并不广泛。地表水源热泵只能应用在靠近湖水、海水、河水等的建筑，放置换热器的水域，水流不能过快，并且有足够的水深保证底部不结冰。

(3) 土壤源热泵：土壤源热泵机组主要有三部分：室外地热能交换器，核心热泵机组（一般是水-空气热泵机组或水-水热泵机组），以及室内的空调末端系统。室外的地热能交换器，一般采用地埋管换热器，也正是因为如此又把土壤源热泵系统称为地耦合地源热泵系统。土壤源热泵又可根据地埋管的铺设形式分为浅层土壤源热泵和地下岩石源热泵。浅层土壤源热泵，即水平埋管式土壤源热泵系统，适用于制冷/供热量需求少、而空地富裕的场合。地下岩石源热泵，即垂直埋管式土壤源热泵系统，管道深入地下，土壤热特性不会受地表温度变化的影响。但出于保护地下水的目的，很多国家对此类热泵系统的质量、凿洞及钻机设备制定了严格的标准。

由于水源热泵和土壤源热泵所用冷/热源均取自陆地浅层，因此两者可统称为地源热泵。

(4) 太阳能热泵系统：太阳能热泵系统主要有两个部分，太阳能集热器和热泵机组，大大提高了太阳能的利用效率。但单纯以太阳能为热源，将受到太阳能资源不足和集热能力的限制，系统规模一般比较小，有时不得不需要增加其他辅助热源。

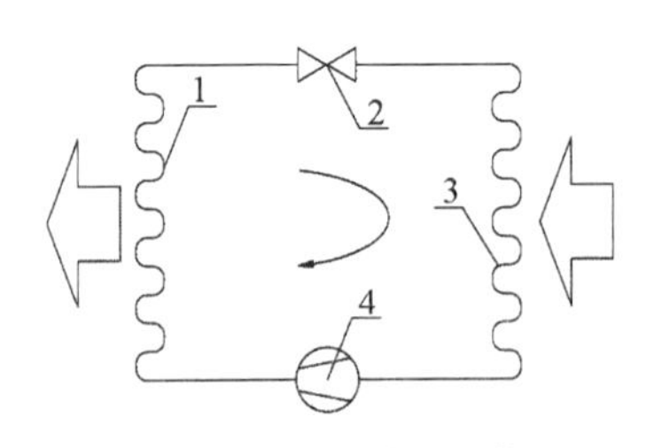

图 3-20　压缩式热泵工作原理

1—冷凝器；2—节流阀；3—蒸发器；4—压缩机

3) 按驱动方式分类

按驱动方式，可以将热泵分为两种类型：机械压缩式热泵和吸收式热泵。机械压缩式热泵，如图 3-20 所示，以消耗机械能为代价驱动热泵系统工作，将低温热源传递到高温热源。根据机械能的来源不同，又可细分为电动、柴油、汽油、燃气和蒸汽透平驱动的热泵等。压缩式热泵主要有压缩机、冷凝器、节流阀和蒸发器四大部件组成，应用范围比较广泛，因此本节重点对此类热泵进行介绍。

吸收式热泵如图 3-21 所示，以消耗热能为补偿，实现热量从低温热源向高温热源转移的过程。吸收式热泵也有蒸发器、冷凝器和节流阀，工质在这三个构件中的循环过程也与机械压缩式热泵一样，但吸收式热泵用溶液回路代替了压缩机，该溶液回路由吸收器、溶液泵、发生器及溶液回路节流阀等部分构成。根据输入热能和获得热能的对比，又可将吸收式热泵分为两类，第一类吸收式热泵，也称增热型热泵，是利用少量的高温热源（如蒸汽、高温热水、可燃性气体燃烧热等）为驱动热源，产生大量的中温有用热能；第二类吸收式热泵，利用大量的中温热源产生少量的高温有用热能。

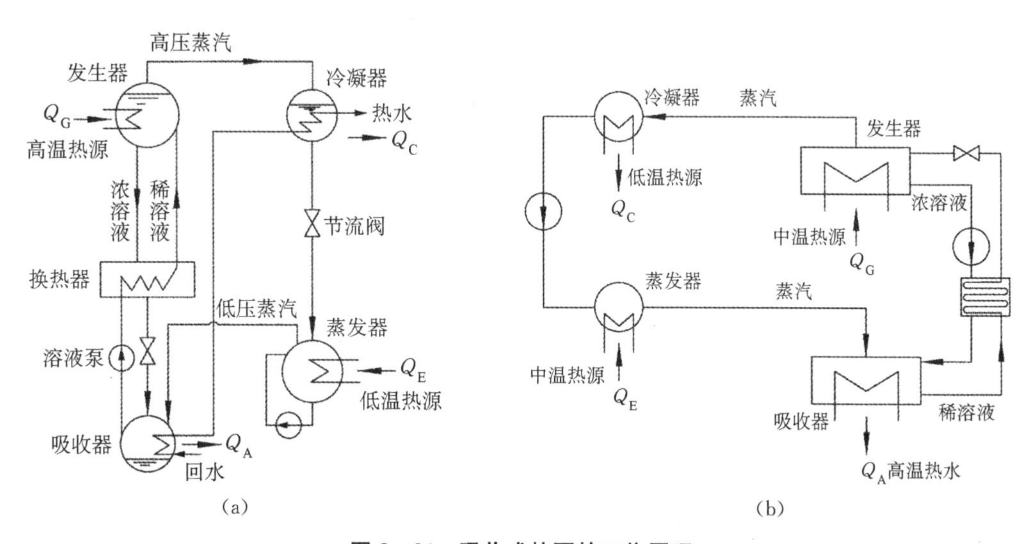

图 3-21 吸收式热泵的工作原理

(a) 第一类吸收式热泵；(b) 第二类吸收式热泵

4) 按设备集中程度分类

可分为集中式热泵和分散式热泵。前者集中为用户供冷或供热。后者是将热泵机组直接设置在房间内，为一个或几个房间供热或供冷。

5) 按用途分类

可分为供热（供暖或热水供应）热泵、全年空调（夏季供冷、冬季供热）热泵、同时供冷热热泵和热回收热泵等。

3.3.1.2 基本结构

机械压缩式热泵系统如图 3-20 所示，主要由压缩机、蒸发器、冷凝器、节流阀四部分组成。热泵系统的工质在这四部分设备构成的循环回路中流动，经过冷凝放热、绝热节流降温降压、蒸发吸热和绝热压缩四个过程，完成一个基本的热力循环过程。

蒸发器：是系统中吸收热量的换热设备，经节流阀流入的工质在蒸发器中蒸发，吸收并带走被冷却物体的热量，从而实现制冷效果。蒸发器的设计与安装过程中，除应考虑强化换热外，还应注意蒸发器的防冻和防腐蚀问题。

冷凝器：是系统中输出热量的换热设备，高温高压的工质气体在冷凝器中冷凝成高压液体，向冷凝器外的工质放出热量，从而实现制热或加热的功能。

压缩机：是热泵系统的心脏，通过压缩过程将低温低压的气体变成高温高压的气体，是热泵循环过程中最重要的一个过程，同时也为工质提供了循环的动能。常用的压缩机有往复活塞式、涡旋式、螺杆式、离心式等。

节流阀(或膨胀阀)：对循环工质起到节流降压作用，由于节流冷效应，工质温度也会降低；同时，节流阀还能根据制冷量调节进入蒸发器的循环工质流量。

3.3.1.3 热泵工质

在热泵系统循环变化的工作物质，称为热泵工质，担负着转换与传递能量的作用。因此，热泵系统所用工质可以采用制冷系统所用的制冷剂，特别是冬天供暖、夏天制冷的热泵系统。但是对于仅制冷或仅制热的热泵系统，热泵工质和制冷剂便不一样。

由于工质对热泵性能和安装使用影响较大，因此工质的选择需要综合考虑工作环境、热泵系统性能、经济性以及工质热力学特性等多因素。表 3-1 列出了选择理想热泵工质需要考虑的一系列因素条件。满足此系列条件的热泵工质可分为无机物(如氨、水和 CO_2)和有机物(如碳氢化合物、卤代物等)，也可以为混合物质。混合工质又可分为共沸和非共沸混合工质两类。其中非共沸混合工质在蒸发和冷凝过程中温度是变化的，若用于变温热源，可使得传热过程中有效能损失减少。

表 3-1 热泵工质的选取因素

热力性质	(1) 临界温度应高于最大冷凝温度，可让热泵循环更接近卡诺循环； (2) 在工作的温度范围内，工质饱和蒸气压略大于大气压，饱和蒸气压小于大气压，空气会从蒸发器中进入系统，降低制冷能力，饱和蒸气压过大，会增加密封性要求； (3) 绝热指数小，减少压缩过程中的轴功消耗； (4) 凝固温度低，避免制冷剂在系统中凝固； (5) 汽化潜热尽可能大，可以减少系统中制冷剂的使用量； (6) 导热系数和热扩散系数较高，减小换热器的换热面积
物理性质	(1) 对润滑油有较好的溶解性，制冷剂与润滑油混合良好，不发生化学反应，既能起到好的润滑性，又不会影响传热； (2) 能与水化合，具有一定的吸水性，避免水结冰堵塞管道；

（续表）

物理性质	(3) 黏度小，能够减小阻力，减少功耗
化学性质	(1) 无毒、无腐蚀； (2) 在 160～180℃的高温下，不分解，不爆炸； (3) 环境友好，无污染
经济性质	生产和运输成本低

3.3.2 热力学原理

热泵系统的热力学原理与制冷系统是一致的。低温低压的液态工质首先在蒸发器里从高温热源吸热并气化成低压蒸气，然后被压缩机压缩成高温高压的蒸气，该高温高压气体在冷凝器内被低温热源冷却凝结成高压液体，最后再经节流元件节流成低温低压液态工质，如此就完成一个制冷循环。热泵系统的制热循环则是制冷循环的逆过程。

热泵通过一个循环实现热量从低温热源向高温热源转换，循环中热泵工质状态参数周期性变化。根据热力学第二定律，热泵完成一个循环将热量从低位热源转移到高位热源，需要外界对热泵系统做功。这也就意味热泵最好是输入较少的功并获得足够多的热量，因此定义热泵的制热系数和制冷系数(获得的能量与输入能量的比值)来衡量热泵的效率。

当压缩式热泵系统制冷时，低温热源为目标温度，制冷系数(COP)＝制冷量(发生在蒸发器)/耗电量；制热时，高温热源则为目标温度，制热系数＝制热量(发生在冷凝器)/耗电量；而冷凝器的放热量＝蒸发器吸热量＋耗电量，所以理论上制热系数＝制冷系数＋1，因此制热系数总是大于 1。受到制冷、制热实际工况的影响，制热系数可以上下浮动。通常热泵的制冷系数为 3～4 左右，也就是说，热泵能够将自身所需能量的 3～4 倍的热能从低温物体传送到高温物体。所以热泵实质上是一种热量提升装置，工作时它本身消耗很少一部分电能，却能从环境介质中提取数倍于电能的装置，这也是热泵节能的原因。

在确定了高温热源和低温热源后，所有正向循环(顺时针方向循环)中卡诺循环的热效率最高。卡诺循环是一个理想的热力循环，它由可逆的定温过程和两个可逆的绝热过程组成。热泵实现最高效率的循环是逆卡诺循环(逆时针方向循环)，其 $T-s$ 图如图 3－22 所示。

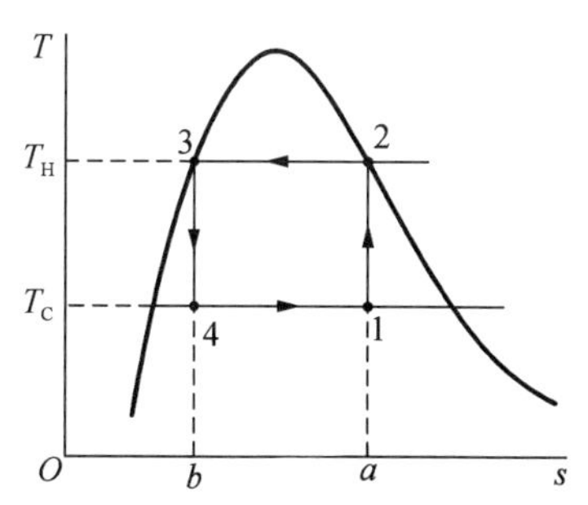

图 3－22 逆卡诺循环 $T-s$ 示意图

工质先经过等温过程 4—1，在冷源温度 T_C

下膨胀，从冷源吸收热量 q_2；又经过绝热过程 1—2，工质被等熵压缩，温度升高；再经过等温过程 2—3，工质在热源温度 T_H 下继续被压缩，向热源释放出热量 q_1；最后经过绝热过程 3—4，工质膨胀，温度降低，回到初态，完成循环。在 $T-s$ 图上，工质从冷源吸取的热量 q_2 为面积 $ab41a$，即

$$q_2 = T_C(s_1 - s_4)$$

工质向热源放出的热量 q_1 为面积 $ab32a$，则

$$q_1 = T_H(s_2 - s_3)$$

由于过程 1—2、3—4 为等熵过程，即 $s_1 - s_4 = s_2 - s_3$，则逆卡诺循环的制冷系数为

$$\varepsilon_c = \frac{q_2}{q_1 - q_2} = \frac{T_C(s_1 - s_4)}{T_H(s_2 - s_3) - T_C(s_1 - s_4)} = \frac{T_C}{T_H - T_C} \tag{3-14}$$

逆卡诺循环的制热系数为

$$\varepsilon_h = \frac{q_1}{q_1 - q_2} = \frac{T_H(s_2 - s_3)}{T_H(s_2 - s_3) - T_C(s_1 - s_4)} = \frac{T_H}{T_H - T_C} \tag{3-15}$$

根据上式可知，(1)逆卡诺循环的制冷系数只取决于热源温度 T_H 和冷源温度 T_C，且随热源温度 T_H 的降低和冷源温度 T_C 的提高而增大；(2)逆卡诺循环的制热系数总是大于 1，而其制冷系数可以大于 1、等于 1 或小于 1。在一般情况下，由于 $T_C > (T_H - T_C)$，所以制冷系数也是大于 1 的。

由于压缩机不能高效稳定地压缩两相区的流体，所以热泵工作的实际循环并不能完全实现逆卡诺循环，而是进行如图 3-23 所示工作循环：在蒸发器中可当作工质等温等压蒸发(4→1)，进而在压缩机中绝热压缩(1→2)，冷凝器中等压冷凝(2→3)，膨胀阀中定焓膨胀(3→4)。

3.3.3 应用状况与发展

3.3.3.1 应用状况

自 1852 年英国学者汤姆逊在其论文中首先具体提出了热泵的设计思想后，在相当长的一段时间这一技术并没有得到重视。大约 100 年后，特别是 20 世纪 70 年代能源危机的爆发，节能在工业生产和生活中的重要促使发达国家开始研制和应用热泵系统，热泵技术趋于成熟。美国热泵年产量从 1971 年的 8.2 万台跃升至 1977 年 50 万台，截至 1976 年，美国国内运行的热泵总量达到 160 万台；日本在

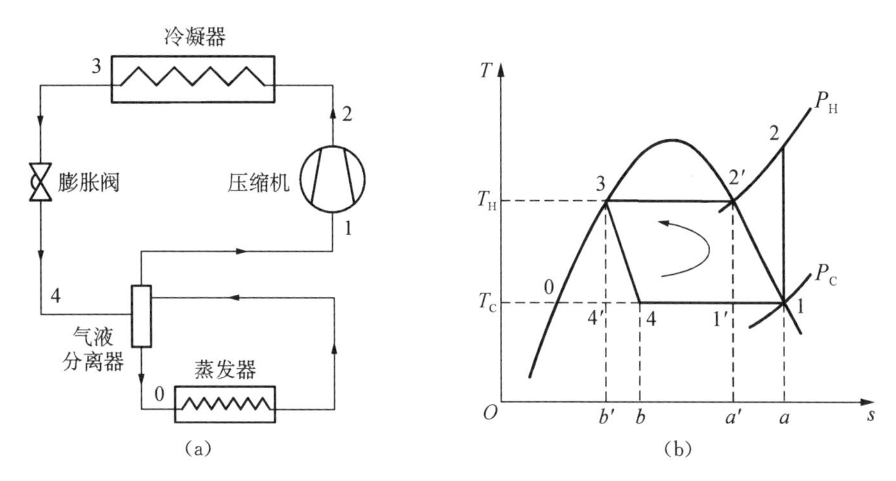

图 3-23 实际蒸汽压缩式热泵的工作循环

(a) 工作过程；(b) 热力循环

1977 年的年产量超过美国；到 1987 年，瑞典的斯德哥尔摩市的市区供热量的 50% 由大型热泵站供给。1997 年 12 月京都协议制定后，减少温室效应、保护环境成为人们关注的焦点，而热泵以其特有的节能和环保优势而得到了更快速的发展，图 3-24 为近 20 年欧洲和日本热泵市场变化图[13]。

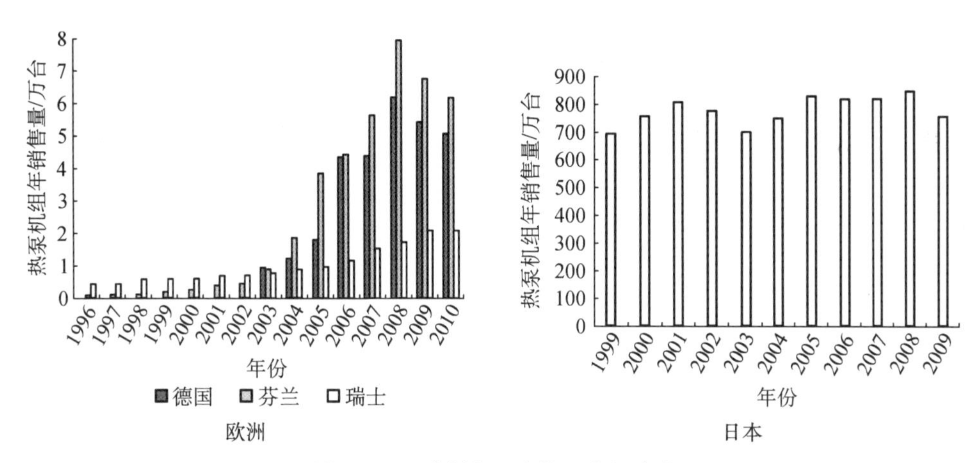

图 3-24 欧洲和日本热泵市场变化

我国热泵系统作为商业化应用与世界发达国家相比起步略晚。20 世纪 50 年代天津大学、同济大学的一些学者开始热泵技术的研究，60 年代开始在我国暖通空调中应用热泵技术。由于我国能源供给以煤炭为主、能源价格的特殊性等因素，热泵系统发展缓慢。80 年代初至 90 年代末，随着城市能源结构的变化，在我国暖通空调领域掀起了一股“热泵热”，热泵供暖(冷)在北京、上海、广州和天津等大城市的应用日益广泛，初期以引进国外产品与技术为主，逐步自主研发小型分体空气/空气热泵机组、大中型空气/水热泵机组产品、水源热泵和土壤耦合热泵系统等[14]。近些年，在国家的大力支持下，以大型热泵机组开发应用为主导的产业发展模式已在国内蓬勃兴起，大型地源热泵、水源热泵和高温热泵及多功能热泵已成为象征中国式热泵技术和引领热泵行业发展的新亮点。

热泵系统技术是一项融合了多专业、多学科的综合能源利用技术，设计和安装需要暖通、建筑、电气、地质水文等相关专业的技术人员相互合作，做好现场勘察、方案设计、安装施工、调试运行等各个环节的工作，才能让热泵系统达到节能环保、安全稳定的要求。从现阶段热泵应用范围来看，目前国内外生产的热泵主要用于住宅和商业建筑的空调。在产业上应用还不普遍，主要用于低温干燥[15]，如木材、食品等行业。在能源危机和环境污染的双重压力下，节能减排任务日趋紧迫，热泵技术能够有效回收、利用工业余热以及太阳能和地热资源等低温能源，能源利用率高，节能效果明显，将会在各行业得到更加广泛的应用。

3.3.3.2　发展趋势

1）清洁、高效热泵工质

热泵工质类型直接影响热泵系统的运行性能和经济性。此外，随着人们对环境的日益重视，环境友好也是选择热泵工质需要重点考虑的一个因素。新型高效环保工质的探索及其在热泵系统中的应用成为热泵技术的主要发展方向之一[16, 17]。

2）高温热泵技术

提高热泵输出温度，可拓宽热泵技术的应用领域。与输出温度 55℃以下的普通热泵相比，高温热泵泛指使用侧出口温度在 60℃以上的机组，在油田原油加热、化工工艺、污水热回收、海水淡化以及木材食品干燥方面有着广泛的应用前景及良好的节能效果[18]。

3）太阳能辅助热泵

太阳能辅助热泵通常是指作为太阳能热利用系统辅助装置的热泵系统，包括独立辅助热泵和以太阳辐射热能作为蒸发器热源的热泵，多用于供热。太阳能分布广泛，使用清洁，是重要的可再生能源，但太阳辐射能量密度低，受阴晴雨雪天气变化影响，存在不连续性。热泵的辅助，可使传统太阳能装置克服不能稳定连续供能的不足，实现高效、连续供热和制冷，同时可以降低单一热泵供热的能耗。为此，国内外研究工作者已开展了相关研究与技术开发工作[19]，如太阳能辅助二氧化碳热泵、太阳能平板集热器与 R22 热泵联合供热系统、干燥和热水制取的太阳能辅助热泵联合系统等。

3.4　有机朗肯循环系统

目前，我国能源消耗逐年上升，年碳排放量仅次于美国，甚至大有超过之势。

随着节能减排压力日益增加，以及国内污染日益严重带来的诸多环境问题，节能减排已成为目前我国经济社会发展的一项重要而紧迫的任务。

我国工业用能中近60%～65%的能源转化为余热资源，但仅有30%得到回收利用，因此，我国还有很大的余热利用空间。由于我国中低温余热占余热总量的70%之多，所以研究重点大多集中于中低温余热的回收，采取的方式分为热交换、热功转换以及余热制冷与制热三个方向。有机朗肯循环（organic rankine cycle，ORC）以有机物代替水作为工质，能够动力回收低温余热，相对水蒸气朗肯循环，具有热效率高、系统结构简单、环境友好等优点，被认为是一项切实可行的绿色能源技术。本节将对有机朗肯循环的热力学原理、流体工质的性质和选择、有机工质膨胀机的特点与选型以及应用状况等进行详细介绍。

3.4.1　热力学原理

图3-25为有机朗肯循环系统工艺流程及理想热力循环图。类似蒸汽动力循环系统，主要由蒸发器、有机工质膨胀机、凝汽器和工质泵组成，所用工质为低沸点的有机化合物。该系统热力学循环过程也包括绝热膨胀（1—2）、定压冷却（2—3）、绝热加压（3—4）、定压加热（4—1）四个基本过程。工质从泵出来以后，变成高压液体进入蒸发器，在蒸发器中余热流把热量传递给有机工质，产生高温、高压蒸气，进入有机工质膨胀机做功，进而带动发电机发电。经过工质凝汽器以后，工质变为液体回到工质储液罐，完成一次循环。

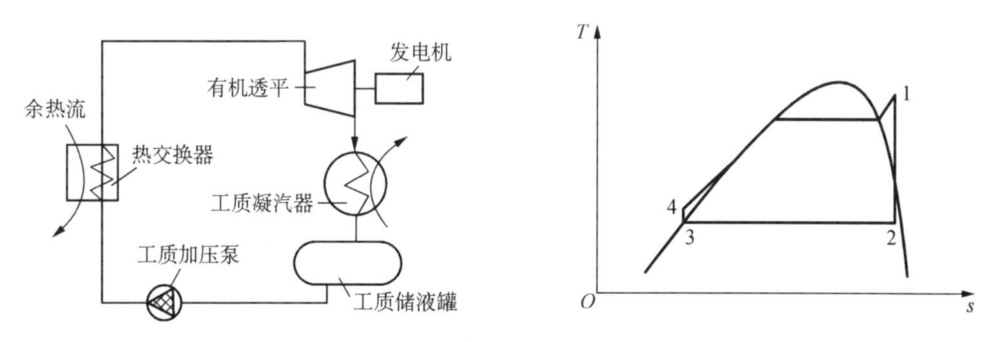

图3-25　有机朗肯循环系统流程与T-s图

当系统工作达到稳定状态时，上述热力过程对应的能量关系描述如下：

蒸发器内的定压加热（4—1）：$q_1 = h_1 - h_4$（kJ/kg）；

有机工质膨胀机的绝热膨胀（1—2）：$w_t = h_1 - h_2$（kJ/kg）；

凝汽器内定压冷却（2—3）：$q_2 = h_2 - h_3$（kJ/kg）；

工质泵绝热加压（3—4）：$w_p = h_4 - h_3$（kJ/kg）；

由此得热力循环的净功：$w_{net}=w_t-w_p$(kJ/kg)；

对应的理想循环的热效率为

$$\eta_t=\frac{w_{net}}{q_1}=\frac{w_t-w_p}{h_1-h_4} \tag{3-16}$$

式中，h_1、h_2、h_3 和 h_4 分别为各状态点有机工质的比焓值，单位为 kJ/kg。

与蒸汽动力循环系统采取的措施相同，有机朗肯循环也可以通过提高膨胀机入口蒸气参数以及采取再热式、回热式等热力循环方式，提高循环的热效率，如图 3-26 和图 3-27 所示。再热式 ORC 系统就是把单个膨胀机分解成高压和低压两个膨胀机，同时增加再热器以实现二次等压加热过程，高温、高压工质蒸气首先在高压膨胀机做功，当蒸气膨胀做功至某一中间压力后，引入再热器，蒸气再次加热后输入到低压膨胀机继续做功。

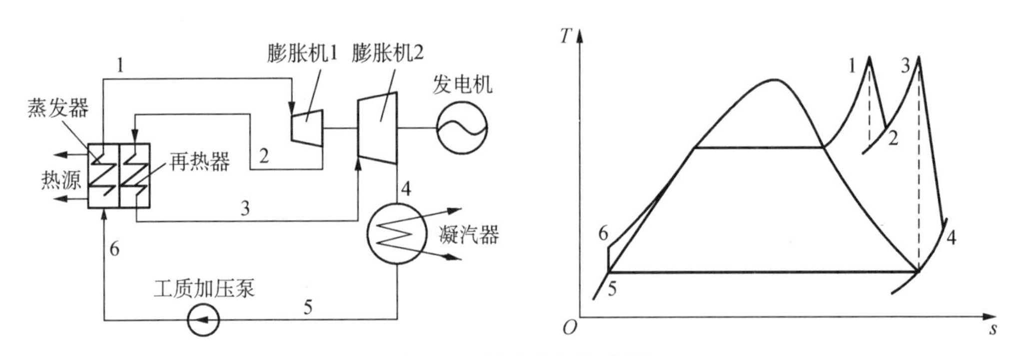

图 3-26　再热式有机朗肯循环

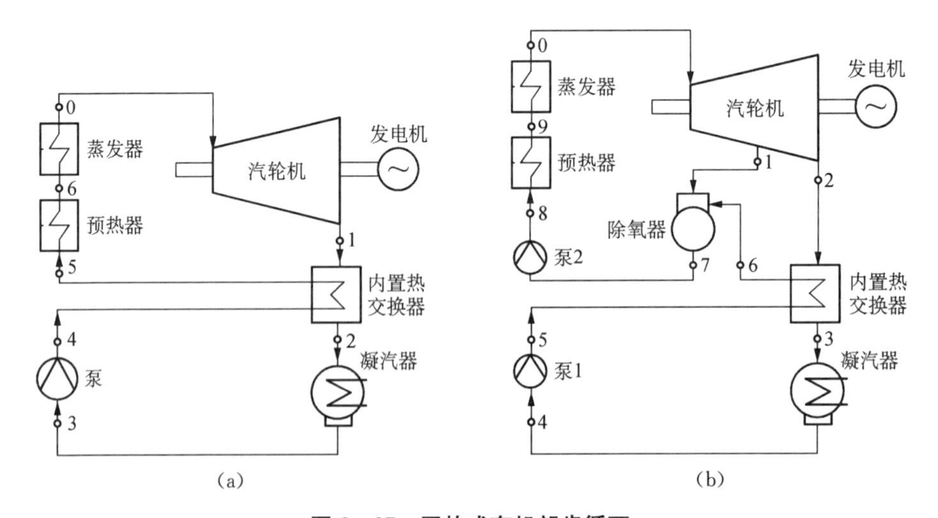

图 3-27　回热式有机朗肯循环

(a) 无抽气；(b) 抽气

回热式有机朗肯循环分为抽气式和无抽气式两种方式。无抽气回热有机朗肯循环系统简单，仅是在膨胀机出口处增加一个回热器，实现膨胀机出口乏气与工质泵出口回流工质的热交换。而在抽气回热有机朗肯循环中，工质蒸气在膨胀机中经过初步膨胀做功而压力降低到某个中间压力，从中抽出部分蒸气作为热源送至回热器，其余蒸汽继续在膨胀机中膨胀至乏气压力，乏气进入冷凝器凝结为液态，由工质泵升压后进入回热器，与被抽出的那部分有机工质混合后返回蒸发器。回热式有机朗肯循环一方面回收了乏气的热量，减少了冷源损失，提高了循环热效率；另一方面提高了进入蒸发器的工质的温度，降低了蒸发热负荷。

3.4.2 工作介质

3.4.2.1 工质的选择原则

流体工质在有机朗肯循环中有着非常重要的地位，直接关系到系统效率、运行环境和经济效益等。流体工质不仅需要适合应用的热力物性参数，而且在温度变化范围内需要有足够的化学稳定性，主要选择原则归纳如下：

1）流体类型

有机工质可以分为干流体（$dT/ds < 0$）、湿流体（$dT/ds > 0$）和等熵流体（$dT/ds = 0$）。通过膨胀机膨胀之后，湿流体会处于气液混合状态，不利于膨胀机设计，提高了生产成本；而干流体在膨胀机膨胀之后，处于饱和蒸气线上，不存在湿流体的问题，并且干流体不需要进行过热处理，从而不会对膨胀机叶片带来冲击或腐蚀的危害。因此就流体类型来讲，应优先选择干流体。

2）热物性

高潜热、高密度和低比热容的流体是相对较好的工质，因为高潜热和高密度的流体能从热源吸收更多的能量、换热器压降降低，因而减少了设备的尺寸和泵的能耗。

3）环境因素

在环境方面，主要考虑的因素包括工质对全球气候变暖、臭氧层空洞等影响，因此宜采用烷烃类介质作为有机朗肯循环的工质。

4）安全因素

通常来说，工质的性质应当包含化学稳定性好、抗腐蚀、不易燃和无毒。但这些性质并不是都需要满足或者说有时并不是那么的绝对。许多物质，像R601被认为是易燃的，但是在周围没有火源的情况下不会构成问题。

5）费用因素

在实际运行过程中，有机工质会有一定的消耗，因此工质的供给量以及价格因素也是设计有机朗肯循环需要考虑的一个因素。

但是在实际应用中，工质很难同时满足上述全部条件，需要根据情况进行选择。采用不同有机工质或者有机工质的混合物，可回收不同温度范围的低温热能。所选用的工质热物性的差异，导致其热力循环特征有所不同，相应的热力发电系统也各具特点。

3.4.2.2　有机工质的优势

虽然使用补气式汽轮机和闪蒸技术以及优化整个系统用热方式，以水为工质的余热利用系统效率可得到大幅提高[20]，但基于水本身特性，在低温条件下，其余热回收效率不可能再有很大的提升。所以相比较常规的水作为工质，有机工质在低温余热回收方面的优势总结如下：

(1) 有机工质沸点很低，极易产生高压蒸气。

(2) 有机工质的蒸发潜热比水小很多，因此低温情况下热回收率高。

(3) 有机工质的冷凝压力接近或稍大于大气压，工质泄漏可能性小，无需复杂的真空系统。

(4) 有机工质凝固点很低(低于－73℃)，这就允许它在较低温度下仍能释放出能量。这样做，在寒冷天气可增加出力，冷凝器也不需要增加防冻设施。

(5) 由于有机工质本身的特性，系统的工作压力低，约 1.5 MPa，管道工艺要求低。

(6) 有机工质基本都是等熵工质或干流体，无需过热处理，不会出现液滴对高速运转的膨胀机叶片造成冲击损害，也不会腐蚀膨胀机机械部件。

此外，针对大部分余热流进入余热锅炉或蒸发换热器换热过程中都是有降温的，并不是一条水平线，如图 3－28 所示[21]。为了使工质温度变化趋势更贴近余热

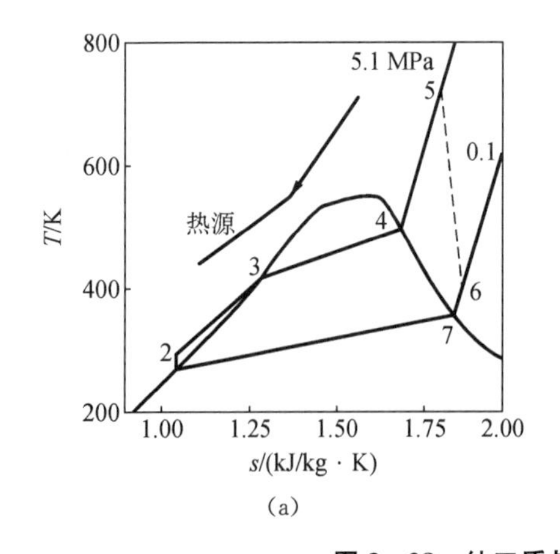

(a)

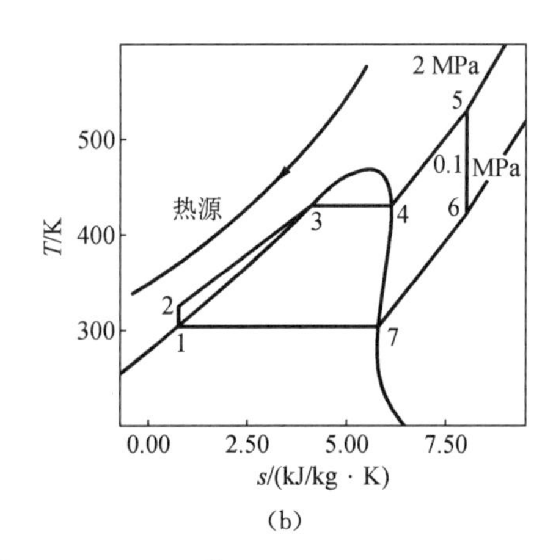

(b)

图 3－28　纯工质与混合工质 T－s 图比较

(a) 混合工质 T－s 图；(b) 纯工质 T－s 图

源,减少换热不可逆损失,有机朗肯循环还可以采用混合工质(见图3-28(a)),利用混合工质的非共沸特性:其相变时存在明显的温度滑移,蒸发曲线3—4为向右上倾斜的斜线,而不是单一纯工质状态下的斜率为0的水平线(见图3-28(b)),因此工质的等温蒸发吸热过程与低温热源的配合紧密,换热平均温差小,而使其换热不可逆损失降低。

3.4.2.3 工质选择实例

余热资源品位的高低将会影响有机工质的类型。相关研究结果表明,对二甲苯适合于回收温度在300℃左右的高温废热,而R113和R123在回收200℃的低温废热时有较好的性能,且R123优于R113[22,23];热源温度为70~90℃,R123和戊烷的性能比氨水和PF5050的性能突出,效率分别为9.8%和9.9%[24]。

冯永强等人[25]基于中低温余热(150~500℃)作为热源的有机朗肯循环系统,选取苯、R11、R113、R123、异戊烷、R245ca、R245fa、异丁烷、R12、丙烷以及制冷剂替代工质R134a、R410a、R407c、R500以及非共沸混合物R32/R142b,计算分析了理想朗肯循环效率,并与水和氨工质进行对比。这些工质的热力学物性参数如表3-2所示。选取蒸发压力2.5 MPa、冷凝温度25℃,基于有机朗肯循环的热效率公式,随着膨胀机进口温度的升高,各个工质的循环效率如图3-29(a)所示。效率最高的为水,大约为35%~38%;其次为苯及其衍生物(苯)、氟氯烃类(R11,R113,R123)、烷及烷基类(异戊烷,R245ca,R245fa,异丁烷)和R12;效率最低的为氨水,效率大约为9%~12%。根据工质的选择原则,水作为一种湿流体,会对膨胀机叶片产生一定的冲击损坏,因此不适合用来作为有机朗肯循环的工质,而苯以及其衍生物具有一定的毒性,也不大适合使用,所以主要考虑R11、R113和R123。在中低温热源有机朗肯循环中,R11相对R113更适合热源温度较高、压力较大的系统。

考虑到工质环保性和安全性,选取常见的制冷剂替代工质R245ca、R245fa、R134a、R410a、R407c和非共沸混合物R32/R142b,进行分析计算,随着膨胀机进口温度升高,各种工质循环效率变化如图3-29(b)所示。在蒸发压力为2.5 MPa,冷凝温度为25℃情况下,替代工质R245ca和R245fa循环效率最高,大约为19%~21%;其次为R134a;R410a效率最低,大约为5%。

综合上述分析,基于中低温余热(150~500℃)回收,考虑有机朗肯循环系统热效率、设备运行安全性、环保性等因素,在蒸发压力2.5 MPa、冷凝温度25℃条件下,最终建议R245ca和R245fa是比较适合的工作介质。

表 3-2 工质的热力物性参数

工质	分子式	M/(kg/kmol)	T_{cr}/℃	P_{cr}/MPa	P_{max}/MPa	ODP	GWP
水	H_2O	18.01	373.95	22.03	1000		
氨	NH_3	17.03	132.25	11.333	100		
笨	C_6H_6	78.108	289.05	4.894	78		
R11	CCL_3F	137.37	197.98	4.4	30	1	3660
R113	CCL_2FCCLF_2	187.38	111.97	3.39	200	0.90	5330
R123	$CHCL_2CF_3$	152.93	183.68	3.66	40	0.012	53
R12	CCL_2F_2	120.91	111.97	4.13	200	0.82	
异戊烷	$(CH_3)_2CHCH_2CF_3$	72.149	187.35	3.378	1000		
R245ca	$CHF_2CF_2CH_2F$	134.05	174.42	3.925	60	0	693
R245fa	$CF_3CH_2CHF_2$	134.05	154.05	3.64	60	0	1020
丙烷	$CH_3CH_2CH_3$	44.096	116.89	4.2512	1000		
R134a	CF_3CH_2F	102.03	101.21	4.0593	70	0	1430
R410a	R32 ∶ R125 = 0.5 ∶ 0.5		71.5	4.0919			
R407c	R32∶R125∶R134a = 0.23∶0.25∶0.52		86.18	4.6293			
R500	R12∶R152a = 0.738∶0.262		102.24	4.1683			
非共沸 R32-R142b	R32∶R142b = 0.5∶0.5		99.68	5.494			

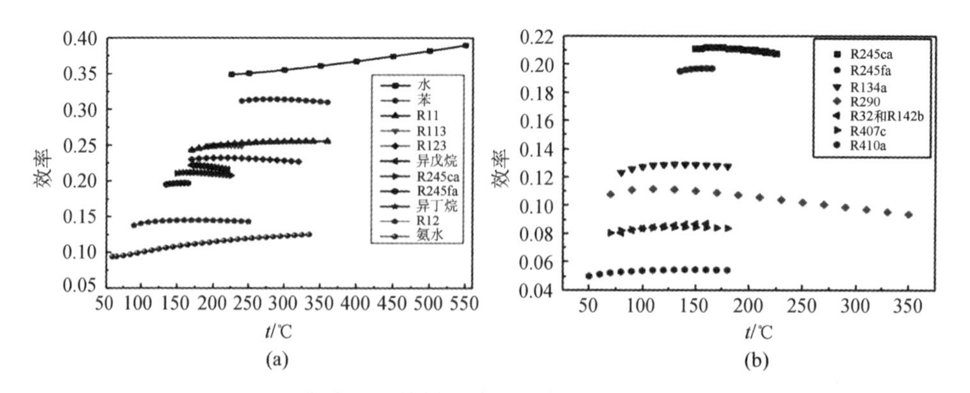

图 3-29 各类工质的循环效率随膨胀机进口温度的变化

3.4.3 有机工质膨胀机

膨胀机是有机朗肯循环的关键设备之一。与蒸汽轮机相比较，因为有机工质膨胀机所用工质与水蒸气的热物性差异较大，从而使得有机工质膨胀机具有一些特殊性：

(1) 有机工质分子量较大，因此声速较低，设计时应该尽可能避免在喷嘴出口出现超声速，从而引起激波损失。

(2) 有机工质密度大、比容小，因此膨胀机的通流部分及总体尺寸可以较小。此外，由于饱和线斜率为正，膨胀机排气为干蒸气，可以减除湿气损失。

(3) 有机工质膨胀比高而焓降小，在一定的温差之间能有较大膨胀比，但焓降不大，因此各种损失对膨胀机的性能影响很大。

(4) 有机工质中有些是易燃易爆的，有些是价格昂贵的。所以要严格防止工质向膨胀机外泄漏，密封装置是有机工质膨胀机设计中的关键问题。膨胀机的密封一般采用机械密封，机械密封是一种接触式的密封，自动环与静环瓦相紧贴并且相对滑动，从而获得较好的密封效果。对于有机工质膨胀机来说，密封介质是气体，所以一般要采用双端面的密封。

有机工质膨胀机类型通常分为速度型和容积型两种。速度型膨胀机是利用喷嘴将高温、高压蒸气的能量转化为蒸气的高速动能，然后驱动叶轮旋转，输出轴功，适用于大流量工况下，如多级轴流蒸汽轮机、向心透平等；而容积型膨胀机通过改变体积来获得膨胀比和焓降，从而对外做功，适用于小流量、大膨胀比工况，如活塞式、涡旋式等。表 3-3 比较常见的几种膨胀机的主要工作参数[26]。因有机朗肯循环主要用于回收工业生产中的中低温余热资源，一般是小型或微型系统，所以更多地采用容积型膨胀机，主要有螺杆膨胀机、涡旋膨胀机和旋转叶片膨胀机几种。

螺杆膨胀机具有适应气、液两相的特点，非常适合作为气液两相膨胀机[27]。当螺杆膨胀机的工质为气液混合状态时，在干度为 0.05～0.20 的范围内，其相对内效率比干饱和蒸气状态要高，这是由两方面原因造成的：一方面，由于液体的密度和黏度较大，入口处的工质突然加速，造成局部阻力损失很大，同时膨胀中液体不断被离心力甩向边壁，又对转子的端部产生很大的黏滞阻力，引起动力损失；另一方面，由于液体黏度大，它对泄漏间歇产生封闭作用，这种封闭作用再通过液体的表面张力得到进一步强化。涡旋式及旋转叶片式膨胀机的设计制造比螺杆式膨胀机容易，适于小型化以及制造费用相对便宜。另外，涡旋式及旋转叶片式膨胀机受运行工况变化的影响相对较小，这有利于在热源较不稳定的情况下进行热力发电。

表 3-3　可用于 ORC 的各种类型膨胀机比较

类型		简图	参考功率范围/kW	转数/(r/min)	成本	评　价
速度型	向心式		50～500	8000～20000	高	适用于中小型系统，效率高；变工况性能较差；转速高，对轴承及其密封要求高
	轴流式		>100	>50	高	流量大，适用于中大型系统；用于小流量系统时泄露大，效率低
容积型	活塞式					往复式压缩机，运动部件多，且较为笨重
	涡旋式		1～10	<6000	低	适用于小型或微型 ORC； 转速低； 膨胀比大
	螺杆式		15～200	<6000	中	适用于中小型 ORC 系统； 转速较低，设计简单； 制造精度高，变工况特性好

（续表）

类型		简图	参考功率范围/kW	转数/(r/min)	成本	评价
容积型	旋转叶片式		1～10	<6000	低	适用于小型或微型ORC； 制造精度要求较高
	三角转子式		5～20	3000	低	
	摆线式		<5	<5000		

3.4.4 应用与发展

3.4.4.1 世界各国应用举例

ORC系统由于其在低温余热回收上的突出优势，在日本、美国等一些发达国家得到应用，自20世纪70年代起陆续有成功的实际应用案例。如，日本三菱重工1977年在大分县九州电力公司建成大岳地热发电装置，用异丁烷做工质，发电功率1000kW；日本三井造船开发了三井有机朗肯循环系统（三井ORCS），并已在该公司的第二玉野发电厂建立了ORC发电装置，输出电功率为500kW；1984年初，由美国机械技术公司设计的有机朗肯循环2套发电设施应用于莫比尔石油公司托伦斯炼油厂的炼油生产装置中，总发电功率2140kW；1999年由以色列奥玛特（ORMAT）公司设计，在德国的Lengfurt水泥厂3000t/d的生产线上，建成了世界首座水泥厂ORC纯低温余热发电站，发电功率1500kW。图3-30给出了欧美市场ORC总装机数目及装机容量的增长趋势[28]。2005年之后，欧美市场ORC发电技术发展异常迅速。国际上，地热ORC发电技术最为先进的是以色列ORMAT公司，该公司大多数项目发电量均在10MW以上，其2013年在印尼萨鲁拉地区的地热发电项目装机量高达 330 MW,投资金额为 2.54 亿美元。

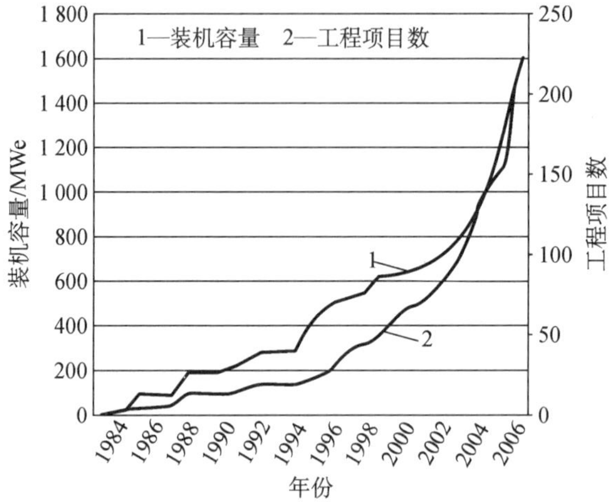

图 3-30　ORC 发电机组总装机容量和项目数目

我国存在大量的低温余热资源,但 ORC 余热发电技术还不成熟。1993 年底在西藏那曲建成的地热电站,装机容量为 1 MW,引进以色列 ORMAT 公司的双工质有机朗肯循环机组系统,地热热源温度为 110℃,有机工质采用异戊烷。但由于结垢问题严重,该电厂未能很好运行,在间断运行至 1999 年垢死,未再使用。国内的工业领域目前没有建造过 ORC 低温余热发电装置,主要是由于 ORC 发电机组所适用的能源对象品质较低,因此发电机组效率相对低、投资回报率不高。但随着我国节能减排任务日趋紧迫,工业低品位余热的回收以及太阳能、地热资源等低温能源的利用越来越受到国家的重视,ORC 技术以其所具有的诸多优势将会得到一定的快速发展。

3.4.4.2　复合动力循环

为保证背压式汽轮机组始终在额定工况附近运行,刘强与段远源[29]提出了背压式汽轮机组与有机朗肯循环耦合的热电联产系统,如图 3-31 所示,一是可以保证背压式汽轮机组的热效率,二是在热负荷降低时,多余排汽供 ORC 发电,充分提高系统的发电量及设备利用率,进而高效、灵活地满足工业用热和电量需求。

低热负荷时,提高背压式汽轮机的进汽量,一是可以提高汽轮机的相对内效率,二是增加系统发电量。其系统流程:背压式汽轮机的多余排汽供给 ORC 系统的蒸发器,并被有机工质冷凝至饱和水,然后进入疏水扩容器,扩容回收的蒸汽和疏水进入低压除氧器加热补水,以替代汽轮机的部分排汽,给水经高压除氧器、给水泵、高压加热器进入锅炉,完成背压式汽轮机组循环;在 ORC 系统蒸发器中,有机工质被背压式汽轮机的排汽加热至蒸汽,然后进入膨胀机做功,有机工质采用干

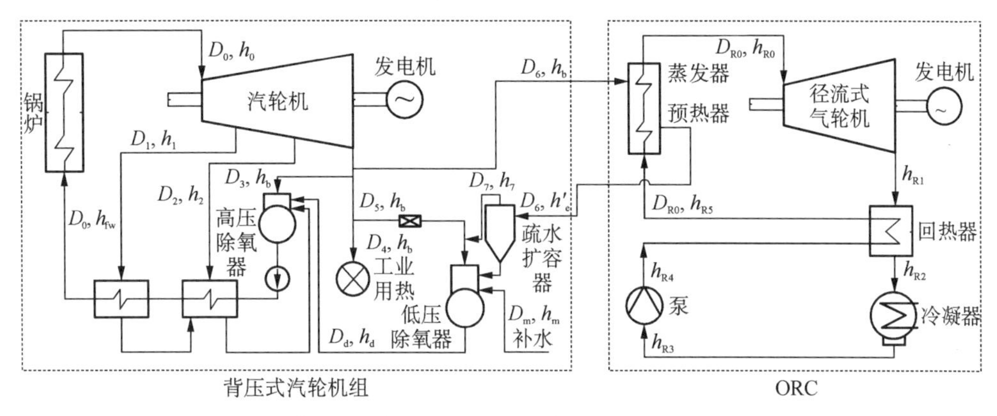

图 3-31 背压式汽轮机组与有机朗肯循环耦合的热电联产系统

流体，膨胀后仍处于过热状态，如果直接进入冷凝器，会增大冷源损失，降低能源的利用效率，因此过热状态的有机工质先通过回热器，冷却至 40℃后再进入冷凝器，冷凝后的有机工质经泵加压后，首先通过回热器进行加热，然后再进入预热器和蒸发器吸收背压式汽轮机排气的热量，至此完成有机朗肯循环，回热器有利于提高工质进入预热器的温度，进而提高循环热效率。

参考文献

[1] 徐钢，许诚，杨勇平，等. 电站锅炉余热深度利用及尾部受热面综合优化[J]. 中国电机工程学报，2013，33(14)：1-8.

[2] 沈维道，童钧耕. 工程热力学(第四版)[M]. 北京：高等教育出版社，2012.

[3] 叶涛. 热力发电厂(第四版)[M]. 北京：中国电力出版社，2012.

[4] 郑体宽. 热力发电厂(第二版)[M]. 北京：中国电力出版社，2008.

[5] 阎维平. 洁净煤发电技术(第二版)[M]. 北京：中国电力出版社，2008.

[6] 荆永昌. 800 MW 燃气-蒸汽联合循环机组单轴和多轴配置的比较[J]. 中国电力，2014，47(5)：102-106.

[7] 张军. 燃气-蒸汽联合循环机组布置方案研究[J]. 华电技术，2009，31(8)：26-30.

[8] 何语平. 大型天然气联合循环电厂 F 级机组动力岛布置的优化[J]. 中国电力，2005，38(10)：56-64.

[9] 唐学智，李录平，黄章俊，等. 重型燃气轮机涡轮叶片寿命分析研究进展[J]. 燃气轮机技术，2015，28(3)：6-13.

[10] 廖汉湘. 现代煤炭转化与煤化工新技术新工艺实用全书[M]. 合肥：安徽文化音像出版社，2011.

[11] 陈东，谢继红. 热泵技术及其应用[M]. 北京：化学工业出版社，2006.

[12] 洪静.空气源热泵在寒冷地区的适应性研究[D].北京：北京建筑工程学院，2007.06.
[13] 杨灵艳，徐伟，朱清宇，等.国际热泵技术发展趋势分析[J].暖通空调，2012，42(8)：1-8.
[14] 马最良.热泵技术助推我国绿色建筑的发展[J].制冷与空调，2013，13(10)：11-14.
[15] 陈东，谢继红.热泵干燥装置[M].北京：化学工业出版社，2007.
[16] 范晓伟，陈洁，王方.R125/R290及R125/R600a热泵工质适用温区探究[J].低温工程，2014，5，40-44.
[17] 彭金梅，罗会龙，崔国民，等.热泵技术应用现状及发展动向[J].昆明理工大学学报(自然科学版)，2012，37(5)：54-59.
[18] 胡斌，王文毅，王凯，等.高温热泵技术在工业制冷领域的应用[J].制冷学报，2011，32(5)：1-5.
[19] 邓帅.太阳能辅助二氧化碳热泵性能和应用研究[D].上海：上海交通大学博士学位论文，2013.
[20] 王统彬.纯低温余热发电方案设计与系统优化[D].北京：华北电力大学，2008.
[21] 冯驯，徐建，王墨南，等.有机朗肯循环系统回收低温余热的优势[J].2010，28(5)：387-391.
[22] Hung T C. Waste heat recovery of organic Rankine cycle using dry fluids [J]. Energy Conversion and Management，2001，42(5)：539-553.
[23] Hung T C，Shai T Y，Wang S K. A review of organic Rankine cycles (ORCs) for the recovery of low-grade waste heat [J]. Energy，1997，22(7)：661-667.
[24] Hettiarachchia H D M，Golubovica M，Woreka W M，et al. Optimum design criteria or an Organic Rankine cycle using low temperature geothermal heat sources [J]. Energy，2007，32：1698-1706.
[25] 冯永强，李炳熙，杨金福，等.利用中低温余热的有机朗肯循环的工质选择[C].西安：第七届全国制冷空调新技术研讨会，2012.
[26] 顾伟.低品位热能有机物朗肯动力循环机理研究和实验验证[D].上海：上海交通大学，2009.
[27] 邓立生，黄宏宇，何兆红，等.有机朗肯循环的研究进展[J].新能源进展，2014，2(3)：180-189.
[28] 王大彪，段捷，胡哺松，等.有机朗肯循环发电技术发展现状[J].节能技术，2015，33(3)：235-242.
[29] 刘强，段远源.背压式汽轮机组与有机朗肯循环耦合的热电联产系统[J].中国电机工程学报，2013，33(23)：29-36.

第 4 章　热能动力设备

4.1　锅炉

在人们的日常生活及工业生产中，常需要蒸汽或其他工质进行传热或者产生动力。例如在家中需要使用热水进行淋浴和取暖；在工业中需要蒸汽提供热能来满足生产工艺的需要，更多情况下需蒸汽产生动力，如汽轮机等。因此，人们需要一种加热设备，通过这种设备，将由煤粉等化石燃料燃烧所产生的热能传递到常温工质中，使该工质在短时间内吸收大量的热量，从而达到人们需求，服务于人们的生产、生活。这种设备就是锅炉。锅炉在电力、化工、冶金、造纸、机械、纺织、食品等行业，都发挥着巨大的作用[1, 2]。

4.1.1　基本结构与工艺流程

4.1.1.1　定义与分类

锅炉是利用燃料(一般为化石燃料)燃烧释放的热能加热水或其他工质，以生产规定品质的蒸汽、热水或其他工质的设备，实现着燃料化学能向热能的转化。

锅炉种类很多，可依据用途、结构、蒸汽参数等进行分类[3]。如从锅炉用途上来讲，可分为电站锅炉、生活锅炉、工业锅炉，电站锅炉用于电厂发电，生活锅炉提供采暖和热水，工业锅炉用于企业生产；再如，按照结构可分为火管锅炉和水管锅炉，烟气在管内的锅炉为火管锅炉，汽水在管内的锅炉为水管锅炉。

蒸汽锅炉，就是利用燃料燃烧产生的热能加热水，从而获得规定参数(压力、温度)下的蒸汽的一种蒸汽发生器。蒸汽锅炉可产生大量的过热蒸汽，其产能巨大，因此在发电上广泛应用。接下来从技术上，介绍几种蒸汽锅炉典型的分类方式：

1) 按照容量分类

锅炉容量指的是单机蒸发量，单位为 t/h，为单位时间内锅炉产生的蒸汽量。根据锅炉容量大小可将锅炉分为大型、中型和小型，三者之间没有固定的界限。因为，随着时代的发展，科技不断突破，对于锅炉大中小型的定义也在不断发生变化，曾经的大型锅炉可能数年之后便成为了常见的中型,甚至小型锅炉,最终被淘汰。以我国为例,2002 年,我国电力行业标准《大容量煤粉燃烧锅炉炉膛选型导则》将 300 MW 的锅炉列为大型锅炉;2006 年,我国首台 1000 MW 机组并网发电,直接将容量提升了三倍有余;2007 年我国又出台规定,在电网覆盖范围内,新建凝汽式发电机组容量不得小于 300 MW。

2) 按照出口蒸汽参数分类

按照出口蒸汽参数分类是一种应用广泛的分类方式,同时也与容量有着密切关联。出口蒸汽参数主要指其压力和温度。根据蒸汽压力的高低可以分为低压($p \leqslant 2.45$ MPa)、中压(2.94 MPa $\leqslant p \leqslant$ 4.92 MPa)、高压(7.84 MPa $\leqslant p \leqslant$ 10.80 MPa)、超高压(11.80 MPa $\leqslant p \leqslant$ 14.70 MPa)、亚临界压力(15.7 MPa $\leqslant p \leqslant$ 19.6 MPa)、超临界压力($p >$ 22.1 MPa)和超超临界压力($p >$ 26 MPa)。表 4-1 列出了国产电厂锅炉的常见参数。

表 4-1　国产电厂锅炉的常见参数

压力等级	主蒸汽压力/MPa	蒸汽温度(主/再)/℃	给水温度/℃	蒸发量/(t/h)	配套机组功率/MW	循环方式
超高压	13.7	540/540	240	420 670	125(135) 200(210)	自然循环 自然循环
亚临界	1637～1735 17.5～18.3	540/540 540/540	260 278	1025 2008	300(330) 600(650)	自然循环 控制循环
超临界	25.4 25.4	543/569 571/569	289 282	1950 1910	600(650) 600(650)	直流 直流
超超临界	26.25	603/605	296	2950	1000	直流

基于效率、清洁环保等各方面的考虑,高压以下的蒸汽锅炉正逐渐在发电行业中被改造或者被淘汰。目前,我国的超临界和超超临界锅炉发展十分迅猛。在 20 世纪 90 年代初,我国引进首台 600 MW 超临界机组(24.2 MPa)在华能石洞口二厂投入商业运行;2004 年,我国首台国产化 600 MW 超临界机组(24.2 MPa)在华能沁北电厂投入商业运行;两年后,我国首台 1000 MW 的超(超)临界机组(26.25 MPa)在华能玉环电厂投入商业运行。

3) 按照燃烧方式分类

按照煤粉在炉膛内部的燃烧方式,可以分为层燃炉、流化床炉、室燃炉和旋风炉这几种类型。

在层燃炉中，煤块在移动或固定的炉排上保持层状，依次经过受热干燥、挥发分析出并着火燃烧、焦炭燃烧以及燃尽等阶段，燃烧所需要的空气自下向上穿过炉排。链条炉是移动层燃炉的典型代表。

流化床炉中，煤颗粒在燃烧室底部呈上下翻滚的沸腾状，因此流化床炉也被称作沸腾炉。流化床锅炉的底部设置了多孔布风板，下部的空气作为一次风穿过这层风板进入炉膛，使得煤颗粒上下翻动，与上层二次风共同作用下，使得煤颗粒能够充分燃烧。流化床炉具有燃料适应性广，高效低污染等优点，是清洁煤燃烧技术之一。

室燃炉的燃料可以是液体、气体以及粉状固体，在燃烧室里呈悬浮状态燃烧。煤粉室燃炉是电厂锅炉的主要形式。根据室燃炉的排灰、排渣的状态，又可以将其分为液态和固态两种。我国的煤粉炉主要采用固态排渣方式。

旋风炉的燃烧室为一柱型旋风筒，可分为卧式和立式两种布置方式。煤粉从旋风筒的入口切向(或轴向)高速吹入，在筒内高速旋转，并伴随剧烈燃烧。旋风炉燃烧速度快，燃烧温度高，灰渣一般以液态形式排出。

4) 按照水循环方式分类

根据蒸发受热面内汽水流动方式不同，锅炉可分为自然循环锅炉、强制循环锅炉和直流锅炉。

自然循环指的是汽水在无外界作用的情况下在锅炉内进行的循环。如图 4 - 1 所示，工质在省煤器预热后流入汽包，下行进入下降管、联箱，由上升管受热后返回汽包，工质在上升管中受热、蒸发，呈汽水混合状态，密度减小，因此下降管内工质密度大于上升管内工质的密度，从而推动汽水循环的进行。采用此类循环的锅炉为自然循环锅炉。

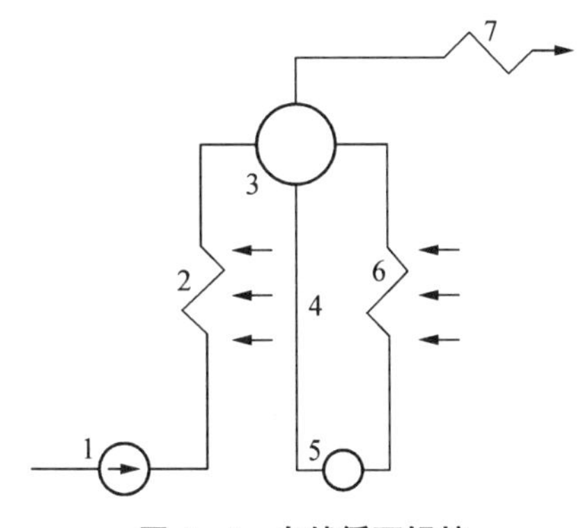

图 4 - 1　自然循环锅炉

1—给水泵；2—省煤器；3—汽包；4—下降管；5—联箱；6—上升管；7—过热器

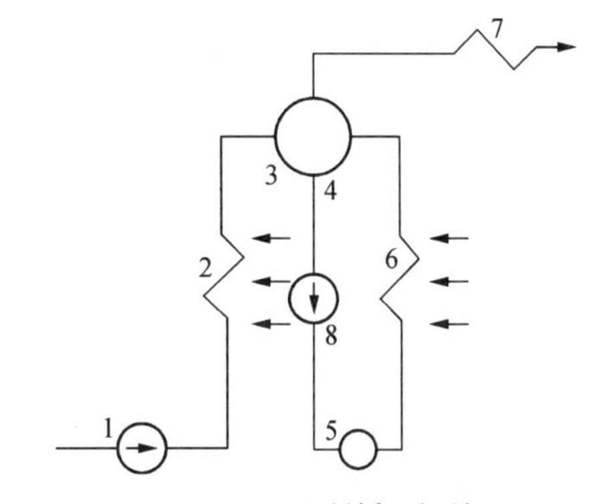

图 4 - 2　强制循环锅炉

1—给水泵；2—省煤器；3—汽包；4—下降管；5—联箱；6—上升管；7—过热器；8—强制循环泵

强制循环锅炉简图如图 4 - 2 所示，与自然循环相同的是，它们都会有汽包对

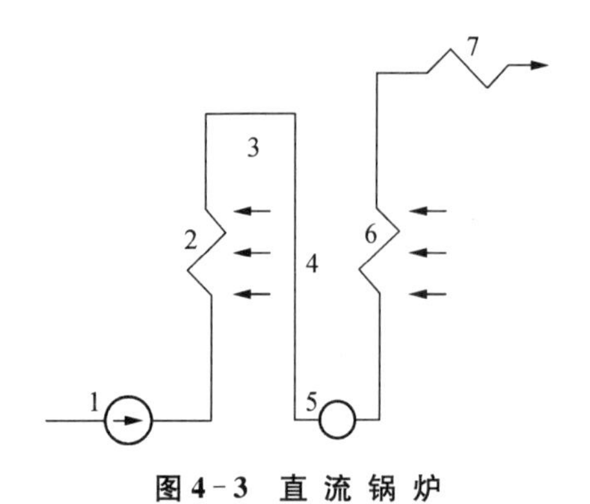

图 4-3　直流锅炉

1—给水泵；2—省煤器；3—汽包；4—下降管；5—联箱；6—蒸发管；7—过热器

进出的水与蒸汽进行控制与分离;不同点是,强制循环锅炉两边管路的密度差不足以提供整个循环的动力需求,因此还需要安装在下降管上强制循环泵的推动。

直流锅炉的水路如图 4-3 所示。这种类型锅炉没有汽包,工质水只依靠给水泵的压头,依次通过省煤器、蒸发部分和过热器等受热面,最终被加热成过热蒸汽。超临界及超超临界锅炉水的压力大于等于临界压力时,水变成蒸汽,不存在汽水两相共存状态,因此不需要汽包,直接采用直流锅炉。

4.1.1.2　基本结构

电厂锅炉是一套较为复杂的系统,由锅炉本体和辅助设备等部分组成。锅炉中的炉膛、锅筒、燃烧器、水冷壁、过热器、空气预热器、省煤器、炉墙和构架等主要部件构成生产蒸汽的核心部分,称为锅炉本体。辅助设备包括制粉设备(磨煤机、给煤机及制粉系统)、通风设备(一、二次风机、引风机)、污染物控制设备、除尘设备(电除尘器、布袋除尘器)、脱硫与脱硝设备等[4]。

在运行过程中,锅炉机组又可根据设备功能的不同,分为煤粉制备与燃烧系统、汽水系统两个主要的部分。

煤粉制备与燃烧系统功能是为工质提供热源,包括原煤仓、磨煤机、煤粉分离器、炉膛、燃烧器,以及送风机和相关管路。这些设备相互合作,使得煤能够很好地进入炉膛并开始燃烧,从而达到燃料化学能的转化。

汽水系统实际上是热交换设备,吸收煤粉燃烧产生的热量加热工质。汽水系统设备很多,主要包括汽包、水冷壁、省煤器、过热器、再热器等。通过优化这些设备的位置与结构,能够最大限度地利用和吸收热量,提高锅炉的热效率。

4.1.1.3　工艺流程

如图 3-2 所示,煤运送到电厂后,储存于煤仓中,由输煤皮带送到给煤机。给煤机运送煤至磨煤机,使之变成煤粉,目的是能够在后面完全燃烧。煤粉制备完成后,经燃烧器投入到炉膛进行悬浮燃烧。炉膛四周墙面以水管围成,称为水冷壁。水冷壁与煤粉燃烧产生的高温烟气进行强烈的对流换热和辐射换热,并将热量传递给管内的水,使水由液态转化成饱和蒸汽。同时,水冷壁对炉墙起到热保护作用。换热后的烟气向炉膛上方流动,经折焰角后离开炉膛,依次冲刷过热器、再热器、省煤器和空气预热器等设备降温后进入尾部烟道。烟气以较低温度经过除尘、脱硫、脱硝等一系列净化工艺后通过烟囱排入大气。

锅炉汽水系统中，锅炉给水首先进入省煤器。省煤器位于锅炉的尾部烟道，是由按照一定方式排列的管道组成，炉膛内的高温烟气在经过尾部时温度相对降低，但是可以给水进行初步加热，从而提高锅炉的热效率。经初步加热后，热水进入由汽包、下降管、炉水循环泵（自然循环炉没有此泵）、联箱和水冷壁等组件组成的水蒸发循环回路中继续加热，最终以饱和蒸汽状态离开汽包。饱和蒸汽无法满足用户需要时，还需进一步加热成过热蒸汽。因此，已经成为饱和蒸汽的工质进入到布置在水平烟道中的过热器，进一步吸收热量，成为满足要求的过热蒸汽。过热蒸汽随后进入汽轮机做功，完成热能与机械能的转化。阶段做功的蒸汽进入再热器再次加热升温，产生的高温蒸汽进入汽轮机的中压缸、低压缸，继续做功，从而达到提高能源使用效率的目的。设计中，再热器一般布置在高、低温过热器中间。完成这一系列的步骤后，就是新一轮的循环：乏汽通过凝汽器凝结成水，通过回热和水泵加压重新变成高压水，再次进入锅炉的省煤器。

值得注意的是，如果工质水中含有杂质，在蒸发时可能会在它们所流过各类蒸发受热面内产生水垢，导致传热恶化，严重时就会使壁面烧毁。因此，必须控制给水质量。

维持燃烧的空气首先进入空气预热器，与炉膛尾部排出的烟气通过空气预热器完成换热。进行空气预热的原因一是利于提高炉内理论燃烧温度，强化辐射传热，二是进一步降低烟气温度，提高锅炉效率。空气预热器出来的热空气中一般会被分为一次风和二次风分别送入炉膛。其中一次风的目的是携带煤粉进入燃烧器，提供部分氧气用于燃烧，二次风的目的是提供燃烧所需的剩余氧气，保证燃料的燃尽。对于集中布置的直流燃烧器来说，可能还会存在三次风。

4.1.1.4　煤的组分

锅炉燃料包括固体、液体及气体燃料。以煤为代表的固体燃料是锅炉最主要的燃料。掌握煤组分和性质对于锅炉的设计以及运行的安全性、可靠性、环保性能（污染物排放）和经济性有着重要的作用。

煤是一种可燃矿物，由有机成分和无机成分组成，其中包括水分、灰分和可燃质（挥发分和固定碳）如图 4－4 所示。对煤的分析最常采用元素分析和工业分析两种方法。

通过元素分析，可以测定煤中可燃质的主要元素组成及其质量百分比。煤中可燃质主要由碳（C）、氢（H）、氮（N）、硫（S）、氧（O）等成分构成。工业分析指的是在规定的条件下将煤样进行干燥、加热和燃烧，以测定煤中的水分（M，包括外水和内水）、挥发分（V）、灰分（A）和固定碳（FC）的质量百分含量。元素分析和工业分析是最常用、最基础的煤质分析方法，也是锅炉设计和运行时最常规、最重要的煤质评价指标和依据。

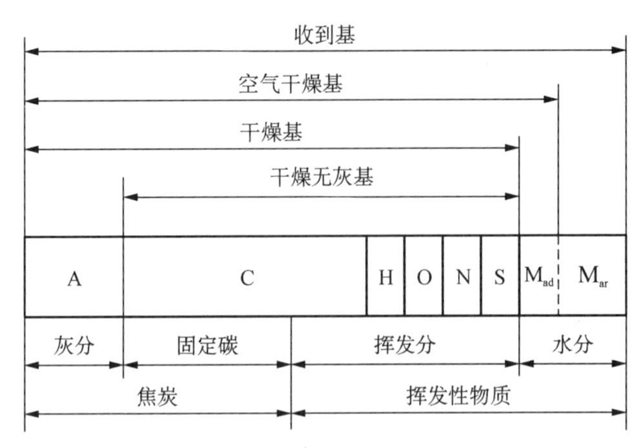

图 4-4　煤的成分及各基准关系

由于煤的水分含量会随环境的变化而改变，其他成分质量分数也会随之改变。因此，在说明每种成分含量时需注明基准。常用基准有：

(1) 收到基(ar)：以进入锅炉房的原煤为基准，常应用于锅炉热力计算中。原煤水分也常以此表示。

$$C_{ar}+H_{ar}+O_{ar}+N_{ar}+S_{ar}+A_{ar}+M_{ar}=100\%$$

(2) 空气干燥基(ad)：以经自然干燥去除外部水分后的煤为基准。

$$C_{ad}+H_{ad}+O_{ad}+N_{ad}+S_{ad}+A_{ad}+M_{ad}=100\%$$

(3) 干燥基(d)：以去除所有水分后的煤为基准，灰分含量常以此表示。

$$C_{d}+H_{d}+O_{d}+N_{d}+S_{d}+A_{d}=100\%$$

(4) 干燥无灰基(daf)：以去除全部水分、灰分的煤为基准，常用于表示煤中有机物的各元素成分和挥发分。

$$C_{daf}+H_{daf}+O_{daf}+N_{daf}+S_{daf}=100\%$$

表 4-2 为各基准之间的换算关系。

表 4-2　不同基准之间的换算系数

已知＼所求	收到基	空气干燥基	干燥基	干燥无灰基
收到基	1	$\frac{100-M_{ad}}{100-M_{ar}}$	$\frac{100}{100-M_{ar}}$	$\frac{100}{100-M_{ar}-A_{ar}}$

（续表）

所求 / 已知	收到基	空气干燥基	干燥基	干燥无灰基
空气干燥基	$\frac{100-M_{ar}}{100-M_{ad}}$	1	$\frac{100}{100-M_{ad}}$	$\frac{100}{100-M_{ad}-A_{ad}}$
干燥基	$\frac{100-M_{ar}}{100}$	$\frac{100-M_{ad}}{100}$	1	$\frac{100}{100-A_d}$
干燥无灰基	$\frac{100-M_{ar}-A_{ar}}{100}$	$\frac{100-M_{ad}-A_{ad}}{100}$	$\frac{100-A_d}{100}$	1

4.1.1.5　锅炉的主要部件

锅炉作为复杂系统由多种部件构成，对于其中一些重要的部件，还需进一步介绍。

1）汽包

汽包又称锅筒，是自然循环和强制循环锅炉中最重要的承压部件和最庞大的设备，其长度可达 25～28 m，直径 1 700～1 800 mm，厚度 130～200 mm。与汽包相连的有给水管、下降管等辅助管件。汽包上还装有水位表、安全阀等监测和保护设施。

汽包的主要作用是：接受来自省煤器的给水和来自水冷壁的汽水混合物，通过下降管向循环回路供水，通过蒸汽引出管向过热器提供符合要求的饱和蒸汽，从而实现汽水分离；汽包储水量大，蓄热能力强，当锅炉负荷变动时可起到缓冲作用。通常汽包还会装有加药管和排污管，因此汽包还可对循环水质进行适当改善，对循环过程中产生的污垢进行有效处理并及时排出。

2）水冷壁

水冷壁是由布置在炉墙四周的水管组成，吸收炉膛内火焰的热辐射，将管内热水加热成饱和蒸汽。水冷壁的管型结构通常有光管式、膜式、销钉式、内螺纹光管式和内螺纹鳍片管式几种。

在设置水冷壁时，不仅仅要考虑到如何强化换热，还要考虑到减小非换热区域的换热量以及安装问题等。设计管道时，应当充分考虑到管内气液两相流的流动状态，避免传热恶化。一些结构的使用可以很好地解决上述问题。例如：在管内增加内螺纹，这样可以破坏热边界层，推迟膜态沸腾的产生，同时也就避免了传热恶化；还可以在壁面上设置连续的钢结构，不但减轻了砖墙和保温材料的热负荷和重量，还可以保护壁面，增加其使用寿命，同时可以减少热量损失，维持一定的温度，使得炉内燃烧更加充分。

3）省煤器

省煤器利用尾部烟气的余温加热锅炉给水，降低了排烟温度，节省了燃料，从而提高了锅炉的热效率，成为锅炉重要的受热面。按照省煤器的出水温度划分，省煤器有沸腾式与非沸腾式；按照管型结构划分，有光管式、鳍片式、膜片管式和螺旋肋片管式；按管子排布方式划分，有错列和顺列两种。

4）过热器

工质流过蒸发受热面后成为蒸汽，但是还没有达到汽轮机所要求达到的焓值，还需要尽可能地提高蒸汽的焓值。从理论上来讲，蒸汽进入汽轮机的初参数（温度、压力、焓值）越高，对于汽轮机的运转也就越有利，对提高整个电厂热力循环的效率也是有利无害的。因此，过热器就是对饱和蒸汽继续加热，提高其品质，使其成为满足条件的过热蒸汽，进一步地提高热功转化效率。

过热器的形式和结构多种多样，主要有对流式、半辐射式和辐射式过热器，可以根据不同的条件来选择。在大型电厂中，三种形式的过热器都会存在，一般以串联形式布置。

对流式过热器布置在锅炉对流烟道内，主要以对流方式进行热交换。根据管内蒸汽和管外烟气的相互流向，可分为逆流、顺流和混合流三种布置形式；根据对流管束排列方式分为顺列和错列布置；根据对流管束的布置方式分为立式和卧式。

半辐射式过热器一般布置在炉膛上部或炉膛烟气出口处，既接收炉内的直接辐射热，又吸收烟气的对流热的受热面。在大型锅炉中，普遍设置了分隔屏（前屏、大屏）和屏式过热器，其作用是减少烟气扰动和旋转，进一步降低炉膛出口烟温，避免对流受热面发生结焦，同时改善过热蒸汽的汽温特性。

5）再热器

再热器是将高压缸的排汽加热到与过热蒸汽接近的再热温度，然后再送到中压缸及低压缸中膨胀做功，从而提高蒸汽循环的效率。再热器一般会布置在锅炉的中后部，这样能够利用仍具有一定温度的烟气对其加热。

虽然汽轮机的效率随蒸汽初参数的提高而升高，但在实际生产过程也要考虑再热器所用材料可承受的温度。过高的温度会使金属的许用应力大幅下降，甚至造成结构上的破坏。

过热器和再热器在锅炉运行过程中的温度并不是一直不变的，经常会随着锅炉负荷、过量空气系数、给水温度、受热面的污染情况、燃烧器运行状况和燃料种类的不同而产生变化。过高的温度会使金属许用应力大幅下降，因此，需要有相对应的蒸汽温度调节方法，以防止蒸汽温度过高，烧坏管路。一般的调节方法为喷水调节，直接在过热蒸汽处喷少量的高压水，以降低温度。

6）燃烧器

煤粉燃烧器是锅炉燃烧设备的重要组成部分，其性能、参数对燃烧的稳定性、经济性及污染物的生成都有很大的影响。

燃烧器的主要作用是将燃料和燃烧所需空气送入炉膛，在炉内形成良好的空气动力场，使燃料能迅速稳定地着火、燃烧。良好的燃烧设备需要具备几点重要条件：要能及时供应燃烧所需空气，使空气可以和燃料（煤粉）充分混合，达到必须的燃烧强度，使燃料在炉内能够完全燃烧；保证燃烧稳定可靠，炉内不结渣，保证锅炉安全经济地运行；具有较好的燃料和负荷适应性，具有良好的调节性能和较大的调节范围，以适应煤种和负荷变化的要求；同时 NO_x 的生成量尽可能低，以减轻尾部烟气净化装置的负担。

根据出口气流的特征，燃烧器可分为直流燃烧器（出口气流为直流射流）和旋流燃烧器（出口气流主要为旋转射流）。

直流燃烧器由一组圆形、矩形或多边形的喷口构成，煤粉和燃烧所需要的空气分别由不同的喷口以直流射流的形式进入炉膛。直流燃烧器携带空气可以分为一次风、二次风、三次风。一次风携带煤粉送入燃烧器，主要作用是输送煤粉和满足燃烧初期挥发分燃烧对氧气的需要；二次风是待煤粉气流着火后再送入的空气，主要作用是补充煤粉继续燃烧所需的氧气并起扰动、混合作用；三次风是燃尽风。根据风的布置方式，可以把直流燃烧器分为均等配风燃烧器和分级配风燃烧器。

直流燃烧器通常采用四角切圆布置，即燃烧器布置在炉膛的四个角，出口气流轴线射向炉膛的一个假想切圆。这种燃烧器布置方式的特点是：着火性能较好，煤种适应性强；一、二次风混合的快慢可以通过燃烧器的设计进行适当的调节；虽然直流燃烧器的气流初期混合差，但是后期混合好，气流扰动较强，有利于燃尽；另外 NO_x 生成量相对少。

旋流燃烧器是利用旋流装置使气流产生旋转运动的燃烧器。它的出口的二次风射流是绕燃烧器轴线旋转的射流，一次风射流可为直流射流或旋转射流，但燃烧器总的出口气流都是旋转射流。

与直流燃烧器相比，旋流燃烧器的特点是除具有轴向速度和径向速度外，还有切向分速度。另外，旋流燃烧器出口附近能形成与主气流流向相反的回流运动，因而会产生回流区。内回流区和射流外边界两个方面共同卷吸周围高温介质，有利于稳定煤粉的着火。

7）炉膛

炉膛又称燃烧室，为燃料的燃烧提供足够的空间，以保证燃料燃烧完全，同时还需将出口烟气温度控制在合理温度下，以防对流受热面结渣。因此，炉膛机构应满足：良好的空气动力学特性，避免火焰冲撞炉墙造成结渣，同时要使火焰在炉膛中有较好的充满度；要布置数量合理的受热面，使烟气温度降到不结渣温度以下；要有合适的热强度，以满足燃料和空气气流在炉内有充分发展、混合、燃烧的空间和低 NO_x 排放要求。

炉膛在设计时需充分考虑燃料的特性。运行燃料应尽量与设计燃料特性相近，否则锅炉运行的经济性和可靠性可能会降低。

4.1.2 关键技术参数与效率

4.1.2.1 技术参数

锅炉参数是表示锅炉性能的主要指标，包括锅炉容量、热功率、工作压力、蒸汽温度、给水温度等。

1）锅炉容量

锅炉容量可用额定蒸发量或最大连续蒸发量来表示，常用单位为吨/小时(t/h)。额定蒸发量是在规定的出口压力、温度和效率下，单位时间内可连续生产的蒸汽量。最大连续蒸发量是在额定蒸汽参数、额定给水温度和使用设计燃料时，长期连续运行所能达到的最大蒸发量。

2）热功率

热功率即供热量，是指热水锅炉长期安全运行时，每小时出水有效带热量，单位为兆瓦(MW)。

3）工作压力

工作压力是指锅炉最高允许使用的压力。工作压力是根据设计压力来确定的，通常单位是兆帕(MPa)。

4）蒸汽温度

通常是指过热器、再热器出口处的过热蒸汽温度。如没有过热器和再热器，即指锅炉出口处的饱和蒸汽温度，通常单位为摄氏度(℃)。

5）给水温度

给水温度是指省煤器的进水温度，无省煤器时即指锅筒进水温度，单位为摄氏度(℃)。

4.1.2.2 锅炉效率

锅炉效率是锅炉的一个重要经济指标，为锅炉单位时间内输出的有效利用热与锅炉的输入热量之比。现代电厂的锅炉效率都在90%～92%以上。而超临界锅炉以及超超临界锅炉的效率一般在93%～94%左右。

为了考核性能和改进设计，锅炉常要经过热平衡试验。直接从有效利用能量来计算锅炉热效率的方法叫正平衡，从各种热损失来反算效率的方法叫反平衡。

锅炉机组的热平衡就是输入锅炉机组的热量与锅炉机组输出热量之间的平衡。输入的热量主要来源于燃料燃烧放出的热量，输出的热量包括有效利用热（用于生产蒸汽或热水）以及热损失（生产过程中的各项热量损失）。锅炉热平衡的目的是计算锅炉的效率、分析引起热量损失和影响锅炉效率的因素、确定提高锅炉效率的途径。

热平衡方程式可表达为

$$Q_f = Q_1 + Q_2 + Q_3 + Q_4 + Q_5 + Q_6 \tag{4-1}$$

式中，Q_f 为1kg燃料带入炉内的热量，kJ/kg；Q_1 为锅炉有效利用热量，kJ/kg；Q_2 为排烟热损失，kJ/kg；Q_3 为化学未完全燃烧热损失，kJ/kg；Q_4 为机械未完全燃烧热损失，kJ/kg；Q_5 为锅炉散热损失，kJ/kg；Q_6 为其他热损失，kJ/kg。

上式两边都除以 Q_f，则锅炉热平衡可用各热量百分比表达式

$$100\% = q_1 + q_2 + q_3 + q_4 + q_5 + q_6 \tag{4-2}$$

排烟热损失（q_2）是指锅炉排出的烟气焓高于一次风、二次风进入锅炉时的焓，所造成的热量损失。排烟热损失是锅炉热损失中最大的一项，现代电厂锅炉排烟热损失范围为5%～6%。影响排烟热损失的因素是排烟温度（一般在110～150℃之间）、燃料性质、过量空气系数和漏风系数以及受热面的结渣、积灰等。

气体不完全燃烧热损失（q_3）是锅炉排烟中残留的可燃气体如CO、H_2、CH_4 和重碳氢化合物 C_mH_n 等未放出其燃烧热而造成的热损失，煤粉炉一般不超过0.5%。化学未完全燃烧损失的影响因素有燃料性质、过量空气系数、炉膛结构、运行工况等原因。

机械未完全燃烧热损失（q_4）是燃煤锅炉主要的热损失之一，是部分固体燃料颗粒在炉内未能燃尽就被排出炉外而造成的热损失，仅次于排烟热损失。煤粉炉的机械未完全燃烧热损失达到0.5%～5%（大型电站锅炉燃用烟煤时，可以达到0.5%～0.8%），由两部分引起：一部分是排烟携带的飞灰中未燃尽的碳粒（飞灰含碳）造成的机械未完全燃烧损失，另外一部分是锅炉冷灰斗排出的灰渣（也称炉渣）中未参加燃烧或未燃尽的碳粒（炉渣含碳）造成的机械未完全燃烧损失。

锅炉散热损失（q_5）是由于锅炉炉墙、汽包、集箱、汽水管道、烟风管道等部件的温度高于周围环境温度，通过自然对流和辐射向周围散失的热量。它的影响因素有锅炉的外表面积、表面温度、炉墙结构、保温层的隔热性和厚度以及周围环境温度等。

其他热损失（q_6）主要是指灰渣带走的物理热损失。层燃炉、沸腾炉和液态排渣炉等炉型排出的灰渣具有较高的温度（约600～800℃），该项热损失较大，必须

予以重视。

4.1.3 污染物的形成与控制

我国以煤为主要能源，煤的燃烧是造成我国生态环境破坏的最大污染源之一。燃煤排放的二氧化硫(SO_2)、氮氧化物(NO_x)和二氧化碳(CO_2)等已经对我国的环境造成了很大的危害。

4.1.3.1 污染物的生成方式

二氧化硫的生成是因为煤中含有硫分，且主要为可燃硫，在燃烧过程中，所有的可燃硫都会从煤中释放出来。在氧化性气氛条件下，可燃硫均会被氧化生成 SO_2。SO_2 排放到大气中也会继续与空气中的氧以及水蒸气反应，生成 H_2SO_4，从而会造成酸雨污染。

在煤粉燃烧过程中，还会生成 NO_x，其途径主要有三类，分别是热力型、燃料型和快速型。热力型 NO_x 是空气中的氮气在高温下直接氧化而生成的，它的生成和温度密切相关，仅当火焰温度大于 1 500℃时，才会大量生成；燃料型是燃料中氮在燃烧过程中氧化而生成的 NO_x，与温度的关系不大，是最主要的 NO_x 生成途径；快速型是燃烧时空气中的氮和燃料中的碳氢离子团等反应生成的 NO_x，在煤燃烧过程中的生成量较小。

4.1.3.2 二氧化硫控制技术

二氧化硫的控制途径有以下三种：

(1) 燃烧前燃料脱硫：燃烧前燃料脱硫用得较多的是洗选技术。由于煤中硫化亚铁密度较大，因此可以通过洗选法脱除部分的硫化亚铁以及其他矿物质，常规洗选法可以脱除 30%～50%的硫化亚铁。其他的燃料脱硫技术还有化学浸出法、微波法以及细菌脱硫等。

(2) 燃烧中脱硫：燃烧中脱硫主要指燃烧过程中 SO_2 遇到碱金属氧化物如 CaO、MgO 等，便会反应生成 $CaSO_4$、$MgSO_4$ 等而脱除掉。由于煤灰中含有部分碱金属氧化物，在不采取任何措施时，部分 SO_2 也会在燃烧中脱除。燃烧中脱硫技术主要有脱硫剂吹入法、流化床燃烧以及型煤技术等。

(3) 烟气脱硫：烟气脱硫是目前煤粉炉中采用的主要脱硫技术，又可分为湿法、干法和半干法。应用比较广泛的湿法脱硫技术采用石灰石/石膏等碱性溶液吸收烟气中的 SO_2，反应速度快、脱硫效率高以及钙利用率高，在 Ca/S=1 时，可达到 90%的脱硫率。

4.1.3.3 氮氧化物控制技术

(1) 空气分级燃烧技术。

空气分级燃烧技术是目前应用较为广泛的低 NO_x 燃烧技术，它的主要原理是将燃料的燃烧过程分段进行。煤粉由一次风携带进入炉膛，因空气量不足而进行缺氧燃烧，从而降低燃料型 NO_x 的生成，促使更多的燃料氮转化为氮气。缺氧燃烧产生的烟气再与补入的二次风混合，使燃料完全燃烧。不同煤种燃料特性差异较大，因此要达到一定的 NO_x 降低率，煤粉气流在主燃烧区内的停留时间和相应的过量空气系数不同。

(2) 燃料分级燃烧技术。

当环境中存在烃基(CH_i)、未完全燃烧产物 CO、H_2、C 和有机物(C_nH_m)时，会发生 NO_x 的还原反应，从而降低 NO_x 排放水平。根据这一 NO_x 分解机理开发出用燃料分级燃烧技术，将锅炉的燃烧分为两个区域进行，将 85%左右的燃料送入第一级燃烧区进行富氧燃烧，生成大量的 NO_x，在第二级燃烧区送入 15%的燃料，进行缺氧燃烧，将第一区生成的 NO_x 进行还原，从而降低 NO_x 的排放。布置在再燃区上面的"火上风"喷口喷入燃尽风，保证未完全燃尽的燃烧产物的进一步燃尽。燃料分级燃烧时所使用的再燃燃料可以与主燃料相同，但由于煤粉气流在再燃区内的停留时间相对较短，再燃燃料宜于选用容易着火和燃烧的烃类气体或液体燃料，如天然气、生物质热解气。

(3) 选择性非催化还原(SNCR)技术是一种不用催化剂，在 850～1 100℃范围内还原 NO_x 的方法，还原剂常用氨或尿素。该方法是把含有 NH_x 基的还原剂喷入炉膛温度为 850～1 100℃的区域后，迅速热分解成 NH_3 和其他副产物，随后 NH_3 与烟气中的 NO_x 反应生成 N_2。

SNCR 还原 NO_x 的反应对于温度条件非常敏感，炉膛上喷入点的选择是 SNCR 还原 NO_x 效率高低的关键。一般认为理想的温度范围为 850～1 100℃，并随反应器类型的变化而有所不同。SNCR 烟气脱硝技术的脱硝效率一般为 50%～80%，且大多用作低 NO_x 燃烧技术后的二次处置。

(4) 选择性催化还原(SCR)是指在催化剂的作用下，利用还原剂(如 NH_3、液氨、尿素)来"有选择性"地与烟气中的 NO_x 反应并生成无毒无污染的 N_2 和 H_2O。SCR 技术对锅炉烟气 NO_x 控制效果十分显著，在合理的布置及温度范围下，脱硝效率可达到 80%～90%。在没有催化剂的情况下，上述化学反应只在很窄的温度范围内(850～1 100℃)进行，采用催化剂后使反应活化能降低，可在较低温度(300～400℃)条件下进行。而选择性是指在催化剂和氧气存在的条件下，NH_3 优先与 NO_x 发生还原反应，而不与烟气中的氧进行氧化反应。

SCR 技术具有 NO_x 脱除效率高，二次污染小，技术较成熟等显著优点。但投资费用高，运行成本高。

4.1.3.4 其他污染物的控制途径

(1) 二氧化碳的控制：电力生产中 CO_2 的排放相对比较集中，目前对 CO_2 的控制主要是对锅炉排放的 CO_2 进行控制，主要有提高能源效率、利用生物质燃烧以及对生成的二氧化碳进行埋藏和固化处理。

（2）可吸入颗粒物的排放控制：对可吸入颗粒物的排放控制主要是采用高效除尘器。高效除尘器包括静电除尘器和布袋除尘器，能够吸收大部分的飞灰颗粒。

静电除尘器是通过静电场的作用除去微尘颗粒，在现有基础上可通过改变电荷、黏度、化学成分等参数来改变飞灰特性，如在烟气中加入少量的 NH_3 等可大大增加飞灰颗粒的黏性，提高除尘效率。

布袋除尘器是让含尘气流通过细密的滤料，微尘颗粒就在滤料一侧收集，然后通过振动或者使滤料通过相反方向的气流除去上边收集到的灰尘，再生滤料。影响布袋除尘效率的主要因素有：滤料的选取、清除频率、空气流率、颗粒特性等。根据国外的经验，如果操作得当，布袋除尘器除尘效率可达 99.9%（包括 99%以上的 PM10 和 95%以上的 PM2.5）。较高的除尘效率，除去重金属元素的效率也较高。

4.1.4 锅炉技术发展

为节约能源和减少污染，国内外正努力开发多种洁净、高效煤发电技术，如循环流化床、超临界与超超临界技术、增压流化床联合循环以及整体煤气化联合循环。尽管同等蒸汽参数情况联合循环的效率比蒸汽循环的效率高约 10%，但联合循环技术尚处于示范阶段，技术上还在不断完善。目前，超临界技术已十分成熟，超（超）临界机组也大量投运并积累了良好的运行经验，国内外已有一套成熟的设计、制造技术。因此，大容量高参数的超临界和超（超）临界机组将是我国煤发电技术的主要发展方向[5]。截至 2015 年，我国已投产的 1 000 MW 超（超）临界机组达 82 台。

超大容量超超临界锅炉也面临很多技术难题。如果想进一步提高压力和温度，对锅炉优化结构、提高材料性能都有很大的挑战。压力参数不仅影响受压件的材料与强度结构设计，而且由于汽轮机排汽湿度的原因，在提高压力的同时，如仍采用一次再热，则必须采用更高的再热温度（如 600℃以上）或二次再热。虽然采用二次再热可使机组的热效率提高 1%～2%，但也造成了调温方式和受热面布置上的复杂性，成本明显提高。另外还要面临材料问题。美国等国家早期开发的超临界和超超临界机组，由于蒸汽参数的选择超出了当时的金属材料技术水平，在其运行中都暴露出不少问题。其中，最主要的是奥氏体钢的使用问题。奥氏体钢比铁素体钢具有更高的抗高温氧化、腐蚀性和热强性，但同时也存在热导性差、膨胀系数大、应力腐蚀开裂敏感、晶间腐蚀和异种钢焊接等问题。

近年来，美国、日本和欧洲各国纷纷致力于锅炉用耐热新钢种的研究开发。经多年在役考验及试验论证，一些改良型铁素体、奥氏体耐热钢以其优异的抗高温氧化、热强性、耐腐蚀性及良好焊接工艺性脱颖而出并相继得到国际权威机构认可，在当今超临界、超(超)临界机组厚壁及高温部件中得到越来越广泛的应用。正是由于改良型铁素体和奥氏体钢的开发及使用成功，促进了超临界和超(超)临界机组蒸汽参数的进一步提高。当前，日本、美国及欧洲正在开发适用于34.3 MPa/650℃及40 MPa/700℃蒸汽参数的新钢种系列，届时可使火电机组的热效率达50%～55%。

在我国锅炉技术发展过程中，材料技术是弱项，尤其是电站用钢。由于批量小、开发难度大，最初的超(超)临界组所用高温高压合金钢材料尚需从国外进口。经过几年来材料工业和制造行业的共同努力，超(超)临界机组所需的关键耐热金属材料，如T91、T92、P92、SUPER304和HR3C等材料开始实现国产化和批量化，并已在国产超(超)临界机组中使用，填补了国产电站用钢的空白。

在国际上开始研究700℃计划时，我们根据国情提出在国际市场采购已成熟的高温高压合金钢为基础，完成了600℃超(超)临界燃煤发电机组的研发与推广工作，提升了国内电站设计、制造、建设、运行队伍的整体水平。从目前国际700℃计划的研究结果看，与600℃计划相比，700℃在发电装备的布局上差别不大，真正的考验是材料，需要耐受更高温度、更大压力。因此在700℃计划的研发中，电力行业、机械制造行业还需加强与冶金行业的合作，联合攻关材料技术。同时，应考虑与欧美国家开展材料技术的国际合作。

尽管在材料领域的基础研究相对较弱，但是我们在超超临界其他领域的经验与水平都处于国际前列。在攻关材料技术的同时，还应该加快700℃计划工程示范的进度，推进示范电站的选址、技术选型和技术经济可行性研究等工作，为更高效的超(超)临界机组早日投入实际运行而努力。

4.2　汽轮机

汽轮机(steam turbine)是一种旋转式的流体动力机械，将蒸汽的热能转换为机械能，广泛应用于火力发电厂、核电厂、舰船、化工、冶金和交通运输等重要领域[6]，具有运行平稳、单机功率大、效率高、使用寿命长等优点。

4.2.1　基本结构与分类

4.2.1.1　基本结构

完整的汽轮机设备及系统包括汽轮机本体、控制保安系统、辅助设备等。汽轮机本体包括转动部分(转子)和静止部分(静子)；控制保安系统包括主汽阀、调节气阀、控制执行机构、信号变送器、安全保护装置等；辅助设备则有凝汽器、真空泵、高低压加热器、给水泵、凝结水泵等。

1）汽轮机本体

在汽轮机本体结构中，静止部分主要包括气缸、蒸汽室、隔板、汽封、喷嘴室、轴承等，而转动部分则包括动叶栅、叶轮、主轴、轮盘、联轴器等，如图 4－5 所示。

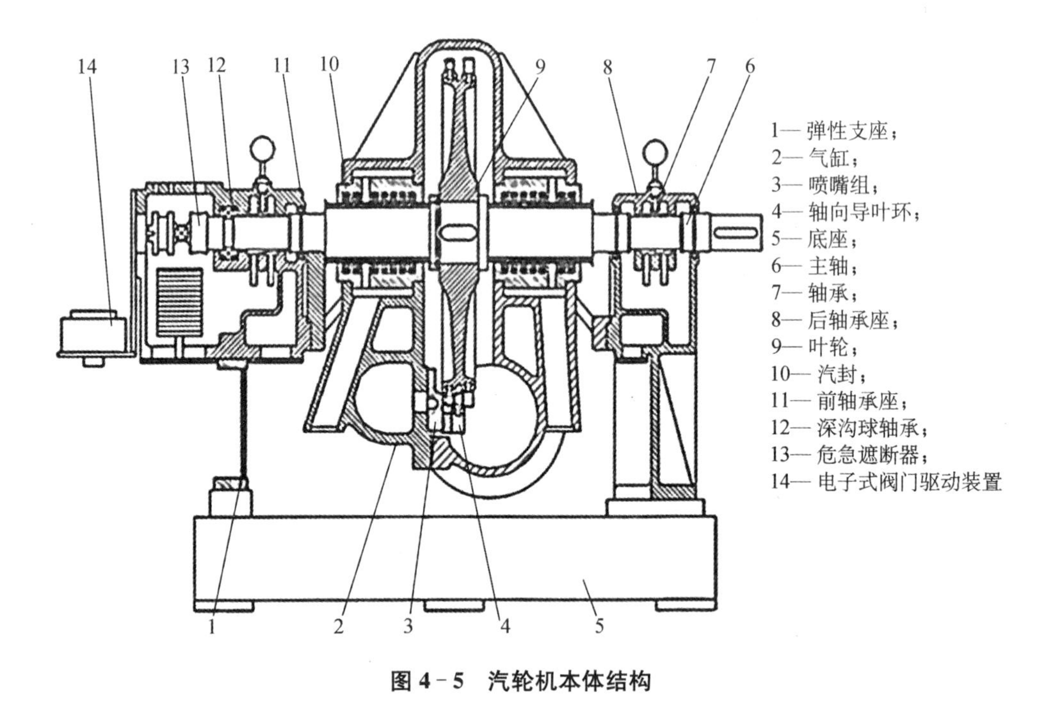

图 4－5　汽轮机本体结构

（1）汽缸：汽缸的作用是将汽轮机的通流部分（蒸汽的流动通道，提供蒸汽流动和进行能量转换的区域）和外界隔绝开，形成一个封闭空间，保证蒸汽在汽轮机内部做功。

（2）喷嘴组：蒸汽经过调节阀节流后进入喷嘴室，喷嘴室上安装着汽轮机的第一级喷嘴，称为喷嘴组。

（3）隔板：隔板是汽轮机级的间壁，用来固定喷嘴；反动式汽轮机的隔板又叫持环。

（4）汽封：汽缸内外以及反动级动叶两侧均存在压差，因此必须设置汽封装置以降低漏汽损失。转子穿出汽缸两端的汽封叫做轴端汽封；隔板内圆部分的汽封叫做隔板汽封；动叶栅顶部和根部处的汽封叫做通流部分汽封。

（5）轴承：汽轮机轴承包括支持轴承和推力轴承。支持轴承又叫径向轴承，用来支承转子并确定径向位置；推力轴承用来承受轴向推力并保持转子的轴向位置。

(6) 转子：转子的作用是将汽轮机产生的机械能传递给其他机械。

(7) 叶轮：用来装置叶片并传递蒸汽在叶栅上产生的扭矩。

(8) 联轴器：汽轮机各转子及与发电机转子之间的连接设备，负责传递扭矩。

(9) 盘车装置：汽轮机在冲转前和停机后，拖动转子转动保证其均匀受热和冷却的装置。

2) 控制保安系统

(1) 主汽阀：安装在调节阀之前，汽轮机正常运行时全开，不参与蒸汽流量调节；但当任意一个遮断保护装置有动作时，主汽阀迅速关闭，隔绝蒸汽，紧急停机。

(2) 超速保护装置：为确保机组安全，汽轮机必须配备超速保护装置，一旦汽轮机转速过高时，超速保护装置起作用，使机组紧急停机。

(3) 轴向位移保护装置：当汽轮机主轴的轴向位移到达危险值时会发生信号，使汽机紧急停机。

3) 辅助设备

(1) 凝汽系统：在汽轮机排汽口建立真空条件，将汽轮机乏汽凝结成水。

(2) 抽气设备：在汽机机组正常运行时抽出凝汽器内不凝结气体，维持凝汽器正常工作，提高机组热经济性；在机组启动阶段，在凝汽器内建立真空环境，加快机组启动速度。

4.2.1.2　汽轮机的分类

汽轮机的分类方法有多种，常规的可按工作原理、热力过程和新蒸汽参数分类。

1) 按工作原理

冲动式汽轮机：由冲动级构成的汽轮机称为冲动式汽轮机。

反动式汽轮机：由反动级组成的汽轮机称为反动式汽轮机。反动式汽轮机的调节级多采用单列冲动级或双列复速级。

2) 按热力过程

凝汽式汽轮机：排汽全部进入凝汽器冷凝成液态水。

背压式汽轮机：排汽直接供热使用，而不进入凝汽器。

调节抽汽式汽轮机：从汽轮机的某级后抽出具有一定压力的蒸汽对外供热，其余蒸汽继续做功，最终排入凝汽器。

再热式汽轮机：进入汽轮机的蒸汽做过一定功之后，引入锅炉再热器受热，升温后送回汽轮机，继续膨胀做功，最后排入凝汽器。

3) 按新蒸汽压力参数

如按国标 GB/T754—2007《发电用汽轮机参数系列》提供的新蒸汽压力(绝对压力)数值，发电用汽轮机可分为：

低压汽轮机：1.28 MPa；

次中压、中压汽轮机：2.35 MPa、3.43 MPa；

次高压、高压汽轮机：4.90 MPa、5.88 MPa、8.8 MPa；

超高压汽轮机：12.7 MPa、13.2 MPa；

亚临界汽轮机：16.7 MPa、17.8 MPa；

超临界汽轮机：24.2 MPa；

超超临界汽轮机：＞24.2 MPa。

此外，按汽流方向，可将汽轮机分为轴流式和径流式汽轮机；按用途，又可将汽轮机分为电站汽轮机、工业汽轮机和船用汽轮机等。

4.2.2 汽轮机的级

4.2.2.1 级的概念

汽轮机级的结构如图 4－6 所示，由静叶栅和与它相配合的动叶栅组成，是汽轮机最基本的热功转换单元。静叶栅又叫喷嘴叶栅，由一系列安装在隔板体上的静叶片构成。动叶栅是由一系列安装在叶轮或转鼓外缘上的动叶片构成。因为汽轮机的热功转换是在各个级内进行的，所以研究级的工作原理是掌握整个汽轮机工作原理的基础[7]。

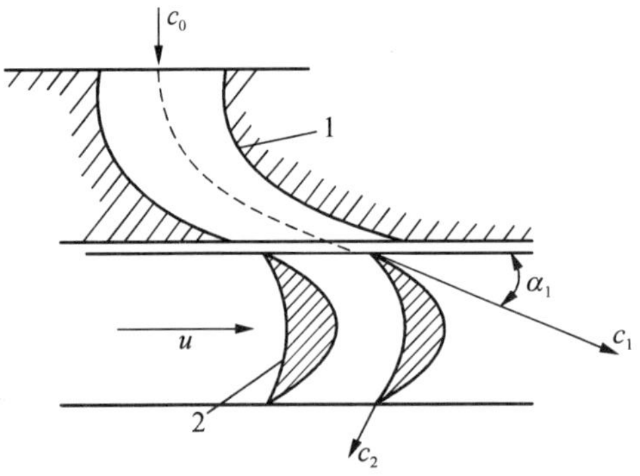

图 4－6 汽轮机级的结构示意图

1—喷嘴；2—动叶片

当蒸汽流过汽轮机级时，首先在喷嘴叶栅内完成部分热能转化为动能，也就是蒸汽膨胀降压增加蒸汽流速，然后蒸汽快速进入动叶栅做功，这一热功转换过程可以通过两种不同的工作原理来实现，即冲动原理和反动原理，如图 4－7 所示。蒸汽从汽轮机喷嘴高速流出，进入动叶栅时，给动叶以冲动力。若蒸汽在动叶流道中不膨胀，仅随流道形状改变流动方向，令其动量发生改变，则说明蒸汽仅对动叶栅产生了冲动力，蒸汽所做的机械功等于它在动叶栅中动能的变化量，这就是冲动原理。而当动叶通道为渐缩结构时，蒸汽在动叶流道中不仅要改变方向，而且还膨胀加速，蒸汽的热能将进一步转化为蒸汽流动的动能；同时随着蒸汽的加速流动，又对动叶栅产生一个反动力，推动转子转动，完成动能到机械能的转换，这就是反动原理。

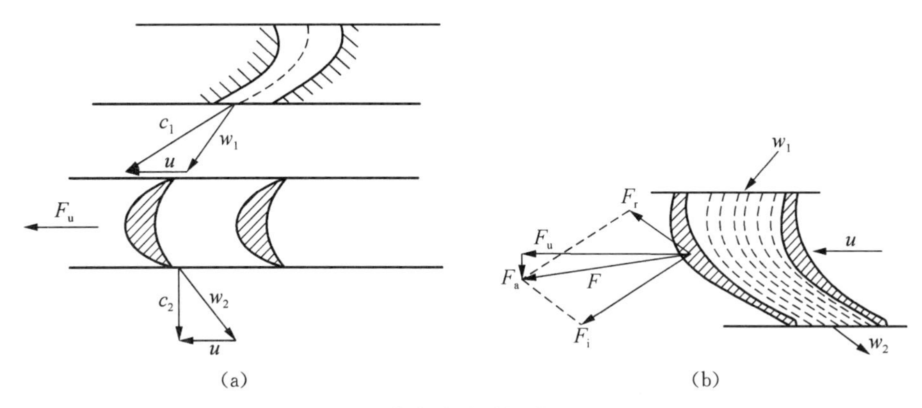

图4-7 蒸汽在动叶栅内工作原理

(a) 冲动原理；(b) 反动原理

4.2.2.2 反动度和级的类型

蒸汽在级中膨胀的热力过程如图 4-8 所示。蒸汽流过汽轮机时，会对动叶栅产生冲动力和反动力。当产生冲动力时蒸汽不发生膨胀，而产生反动力时蒸汽会发生膨胀和改变流动方向。因此，用反动度 Ω 表示蒸汽在动叶流道内膨胀程度的大小，定义为蒸汽在动叶栅的理想比焓降 Δh_b 与整级的滞止理想比焓降 Δh_t^* 之比，即

$$\Omega = \frac{\Delta h_b}{\Delta h_t^*} \approx \frac{\Delta h_b}{\Delta h_n^* + \Delta h_b} \qquad (4-3)$$

式中，整级的理想滞止焓降等于喷嘴理想滞止焓降 Δh_n^* 与动叶理想焓降 Δh_b 之和。

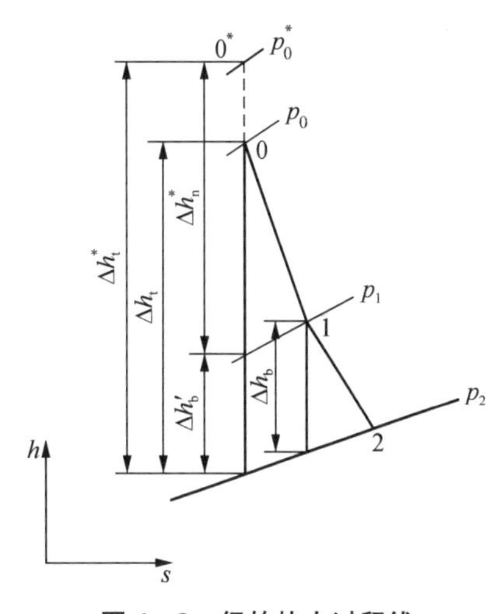

图4-8 级的热力过程线

按照蒸汽在级中流动方向的不同，汽轮机可以分为轴流式和径流式。而根据蒸汽在动、静叶栅中能量转换情况的不同，即反动度的不同，轴流式汽轮机又可以分为冲动级和反动级两类，而在冲动级中，又有纯冲动级、具有反动度的冲动级以及复速级几种类型，如图 4-9 所示。

1) 纯冲动级

反动度 $\Omega = 0$ 的级称为纯冲动级。蒸汽在喷嘴叶栅中进行膨胀时热能全部转换为动能，而在动叶栅中因动叶栅通道为等截面而不再膨胀，纯冲动级仅利用冲动力推动动叶旋转。

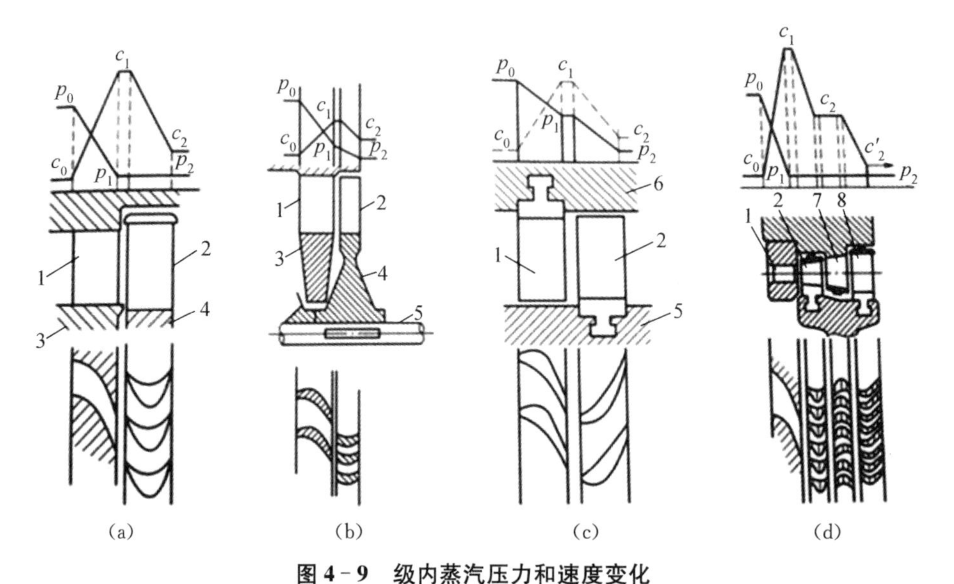

图 4-9　级内蒸汽压力和速度变化

(a) 纯冲动级；(b) 冲动级；(c) 反动级；(d) 复速级
1—喷嘴；2—动叶；3—隔板；4—叶轮；5—轴(转鼓)；6—静叶持环；7—导向叶片；8—第二列动叶

2）带反动度的冲动级

具有反动度的冲动级一般简称为冲动级，$\Omega = 0.05 \sim 0.20$。其工作特点是：动叶流道沿气流方向有一定收缩，蒸汽的膨胀大部分在喷嘴叶栅中进行，一小部分在动叶栅中进行，因此反动力比较小，主要利用冲动力来做功。这种级做功能力高于反动级，效率又高于纯冲动级。

3）反动级

反动度 $\Omega \approx 0.5$ 的级称为反动级。这类级的动叶与喷嘴叶型完全一样，蒸汽在喷嘴和动叶中的膨胀各占一半，因此冲动力和反动力做功也就各占一半。反动级的效率高于冲动级，但做功能力较小，整级的理想焓降也略小。

4）复速级

复速级由喷嘴叶栅、第一列动叶栅、导向叶栅、第二列动叶栅构成，为冲动式。复速级的做功能力大于单列级，然而牺牲了一定的能量转换效率。

4.2.2.3　级内损失

在汽轮机的级内，与流动、能量转换有直接联系的损失称为级内损失。级内各项损失的计算公式是根据试验研究所得的，不同的试验条件，得到的经验公式和计算结果不同[8]。

1）型面损失 $\Delta h_n + \Delta h_b$

型面损失指蒸汽流经叶型表面时由于附面层的摩擦以及分离时的涡流和尾迹

造成的能量损失，如图 4－10 所示，可分为喷嘴损失 Δh_n 和动叶损失 Δh_b。在冲动级中加入一定的反动度，可增大蒸汽流过动叶栅时的相对速度，减少附面层的摩擦损失。

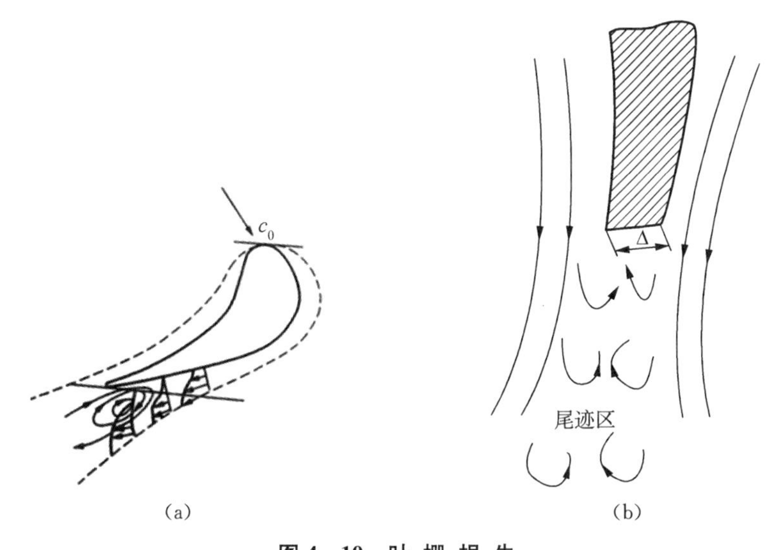

图 4－10　叶栅损失

(a) 附面层损失；(b) 尾迹损失

2）叶端损失 Δh_l

当蒸汽流动时，会在叶栅的上、下两个端面产生摩擦损失，使流速降低。另外，在流道端面附近的旋涡区和附面层堆积也会引起较大的“二次流损失”。

型面损失、叶端损失以及工质径向泄漏、结构因素等造成的其他附加能量损失共同组成了汽轮机级通流部分的主要能量损失。

3）余速损失 Δh_c

蒸汽流出动叶栅仍然具有一定的速度，这部分动能未被利用，造成的损失称为余速损失。

4）扇形损失 Δh_θ

汽轮机叶片的排列为如图 4－11 所示的环形布置，汽流参数和几何参数沿着叶高是变化的，只有在平均直径处的参数才接近最佳值，从而导致额外流动损失。此外，由于叶栅出口汽流在叶片级的轴向间隙中存在压力差，会产生径向流动损失。以上两项统称为扇形损失。为避免扇形损失，提高级效率，可采用扭叶片结构。扭叶片一般为变截面叶

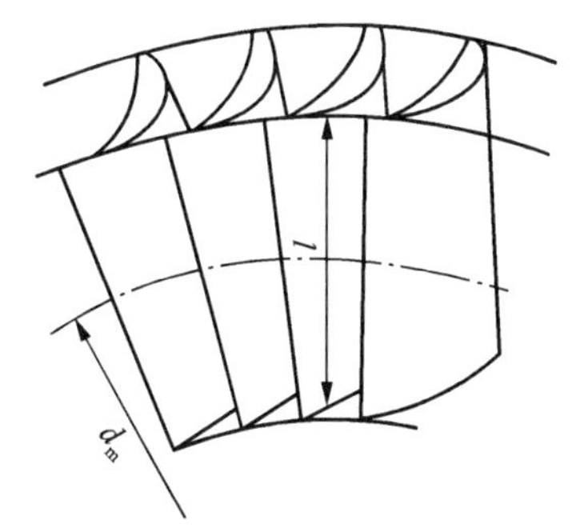

图 4－11　环形叶栅

片，沿叶片高度方向各截面的几何形状不同，并扭转一个角度，以适应蒸汽参数沿叶高的变化规律，达到消除扇形损失的目的。但存在的问题是扭叶片加工难度较大，成本高。

5）叶轮摩擦损失 Δh_f

汽轮机运行过程中，叶轮周围充满了黏性蒸汽，如图 4－12 所示。当叶轮转动时，叶轮表面层蒸汽以相同的速度旋转，而靠近隔板和汽缸壁等静止处的蒸汽速度为零。因此，在从气缸壁和隔板表面到叶轮表面的一段距离中，产生了速度差，摩擦消耗叶轮的部分有用功。同时，蒸汽微团随叶轮一起绕动时受到离心力作用，靠近叶轮处的蒸汽微团离心大，产生向外的径向流动；靠近隔板处的蒸汽微团离心力较小，自然地向中心流动以填补叶轮附近蒸汽外流后出现的空隙，于是叶轮四周产生涡流，也会消耗叶轮的一部分轮周功。上述两项损失构成了叶轮摩擦损失。

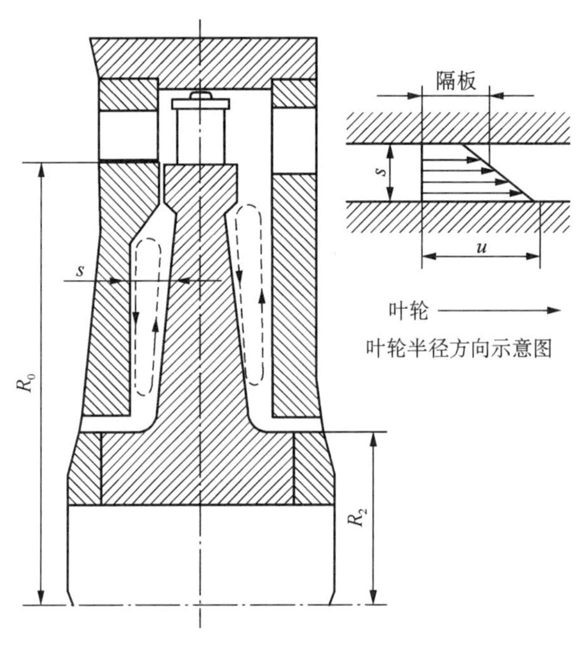

图 4－12　叶轮摩擦损失

6）部分进汽损失 Δh_e

部分进汽损失由鼓风损失 Δh_w 和斥汽损失 Δh_s 两部分组成。鼓风损失发生在没有布置喷嘴叶栅的弧段处，蒸汽对动叶栅不产生推动力，动叶栅转动产生鼓风作用，从而损耗一部分能量；另外，动叶两侧与弧段内停滞的蒸汽发生摩擦，也构成鼓风损失。斥汽损失发生在带喷嘴的弧段内。当动叶栅进入工作弧段时，喷嘴中射出的高速汽流必须先把汽道内停滞的蒸汽排走并加速，从而消耗了工质的一部分动能。此外，如图 4－13 所示，由于存在压力差，以及叶轮高速旋转，在喷嘴组出口端 A 处的轴向间隙会产生漏汽，而在喷嘴组进口端 B 处会出现吸汽，使间隙中的低速蒸汽进入动叶流道，扰乱主流，形成损失，这些损失统称为斥汽损失。

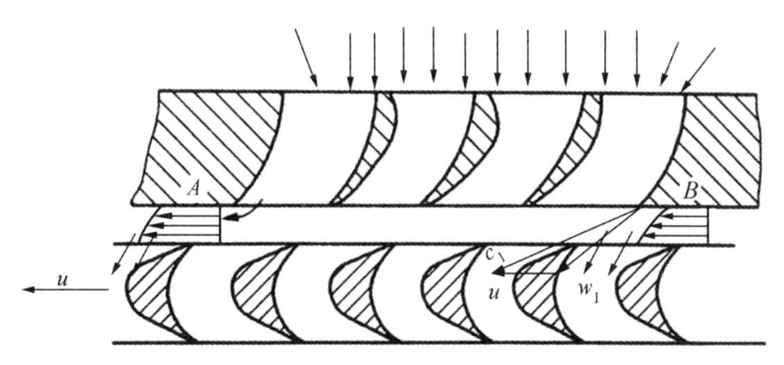

图 4－13　部分进汽时产生斥汽损失

7）漏汽损失 Δh_δ

汽轮机内部动静部件之间存在间隙，且间隙前后压差又较大，由此会产生漏汽，使参加做功的蒸汽量减少，造成损失，这部分能量损失称为漏汽损失。不同的级漏汽情况不同，如图 4－14 所示，冲动级常采用轮盘式转子，喷嘴固定在隔板上，因此存在隔板漏汽和叶顶漏汽；反动级采用转鼓式转子，无叶轮，喷嘴直接安装在汽缸内壁上，存在静叶根部漏汽和动叶顶部漏汽，并且随着级反动度的增大，动叶

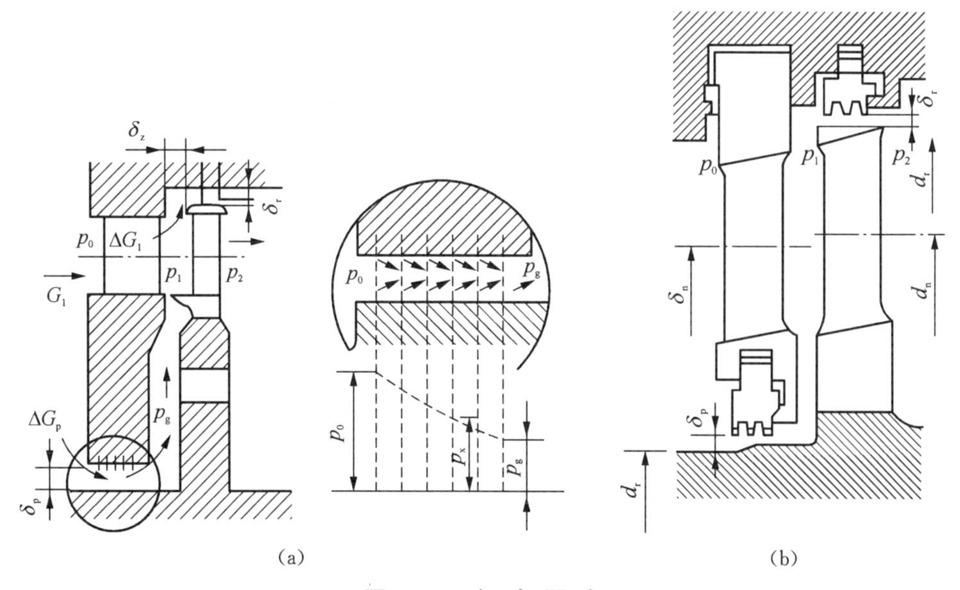

图 4－14　级 内 漏 汽

(a) 冲动级的漏汽与汽封；(b) 反动级的漏汽

顶部的漏气量也要增大。为减少各项漏汽损失，通常在隔板和转子之间、喷嘴和动叶根部安装轴向汽封，在叶轮上开设平衡孔则可避免漏汽对主蒸汽流的干扰。

8）湿汽损失 Δh_x

汽轮机的末几级一般都处在湿蒸汽区域工作，此时会出现蒸汽凝结成水的现象。当级在湿蒸汽区内工作时，将产生湿汽损失。为了减小蒸汽湿度和防止叶片因水滴侵蚀而损害，可采用去湿装置和提高叶片的抗侵蚀能力措施[9]。一般为了保证安全，现代大型凝汽式汽轮机末级最大可见排汽湿度不应高于12%～14%。

需要强调的是，上述各项损失并不一定同时发生在每一个级上，各项损失的影响程度也因所处部位不同而不同，例如，处于过热状态的高压段叶片，就不会有湿汽损失，其扇形损失也很小，需要具体情况具体分析。

4.2.2.4　级的效率

1）级的有效比焓降

由于级内存在各项损失，所以不能使蒸汽在级内的理想焓降全部转换为功，定义1kg蒸汽所具有的理想能量中最后转变为有效功的那部分能量为级的有效比焓降：

$$\Delta h_i = \Delta h_t^* - \sum \Delta h = \Delta h_t^* - \Delta h_n - \Delta h_b - \Delta h_l - \Delta h_f - \Delta h_e - \Delta h_\theta - \Delta h_\delta - \Delta h_x - \Delta h_{c2} \tag{4-4}$$

式中，Δh_t^* 为整级的滞止理想比焓降，单位为kJ/kg；$\sum \Delta h$ 是上述各项损失之和，对于没有发生的或者可以省略不计的项目，需要扣除。由于级内过程是绝热的，所有的能量损失将会重新转变为热能，加热蒸汽本身，使级的排汽比焓值升高。

2）级的相对内效率

级的有效比焓降与级的理想能量 E_0 的比值称为级的相对内效率，反映了汽轮机通流部分的完善程度，表示为

$$\eta_{ri} = \frac{\Delta h_i}{E_0} = \frac{\Delta h_t^* - \sum \Delta h}{\Delta h_t^* - \mu_1 \Delta h_{c2}} \tag{4-5}$$

式中，μ_1 为余速损失有效利用系数。

3）级的内功率

级的内功率可由级的有效比焓降和蒸汽流量 D_i(kg/h)计算求得，即

$$P_i = \frac{D_i \Delta h_i}{3600}\,\text{kW} \tag{4-6}$$

4.2.3　多级汽轮机

为提高汽轮机的功率和循环热效率，常用的汽轮机由多个级按工质压力高低

顺序排列而成，蒸汽能量逐级降低，实现蒸汽的热能转化为旋转动能。

常用的多级汽轮机有两种形式，一种是冲动式汽轮机，另外一种是反动式汽轮机。冲动式多级汽轮机由冲动级排列而成，如图4-15所示，由调节级和若干压力级（蒸汽流通面积固定）组成，每两个叶轮之间由隔板隔开。蒸汽依次流过各级进行做功，最后从末级叶片排出。反动式多级汽轮机由反动级组成，其转子一般为转鼓式，可以减小轴向推力。

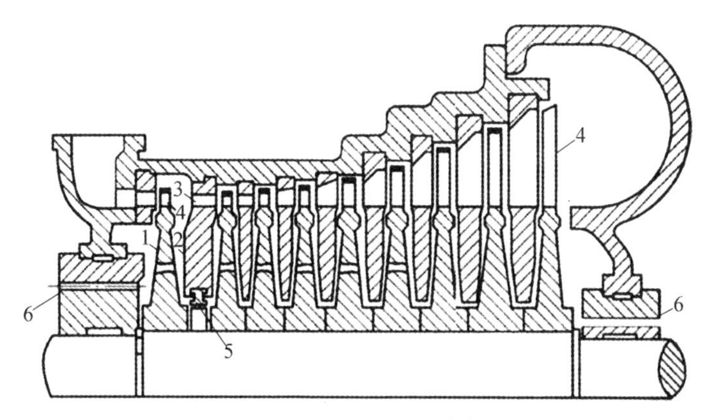

图4-15 冲动式多级汽轮机

1—叶轮；2—隔板；3—喷嘴；4—动叶；5—轴封片；6—端部轴封

与单级汽轮机相比，多级汽轮机在工作原理方面存在三个特殊问题：重热问题、余速利用问题和级间漏汽问题[10]。

1）余速利用

一定条件下，多级汽轮机上一级排汽的余速动能可以全部或部分被下一级利用，使得多级汽轮机的相对内效率高于单级汽轮机。

2）重热现象

由于多级汽轮机各级的级内损失实际上在下一级中可以得到部分的利用，造成多级汽轮机各级的理想焓降之和大于整机的理想焓降，称之为多级汽轮机的重热现象，从而使得汽轮机的内效率大于各级的平均内效率。

3）级间漏汽

多级汽轮机是由多个级按一定顺序排列而成，在级与级之间也会产生漏汽损失。因为多级汽轮机的做功能力强，进入多级汽轮机的蒸汽压力远远高于进入单级汽轮机的压力，所以多级汽轮机漏气损失远高于单级汽轮机。

另外，对于轴流式汽轮机来说，高压蒸汽膨胀做功，会对转子上凸出的部件产生一个从高压端指向低压端的轴向力，称为转子的轴向推力。对于多级汽轮机，各级轴向推力叠加，其数值很大，因此平衡多级汽轮机的轴向推力是汽轮机组安全运行必须解决的问题。常用的平衡轴向推力的方法有平衡活塞法、汽缸对称布置法、叶轮上开平衡孔以及设置推力轴承等。

4.2.4 汽轮机发展问题

现代汽轮机技术以大容量、高参数作为主要发展方向。经过几十年的发展，超临界技术日臻成熟，在经济发达国家中广泛应用并取得了显著效果。我国通过引进、消化国外技术，目前几大汽轮机厂也已具备超临界和超超临界汽轮机设计与制造能力，超临界以上机组已成为我国火力发电行业的主力机组。然而，汽轮机的容量和参数并不是可以无限制的提高，在大型化过程中依旧面临着一些重要技术问题。

1）部件材料

随着现代汽轮机的发展，对工作部件材料的力学性能、结构性能和热力学性能等要求越来越高。根据热力学原理，在材料性能允许的前提下，应尽可能提高汽轮机的进汽参数，特别是提高蒸汽温度。但是，随着蒸汽温度的提高，所用材料的热力性能和许用应力下降，汽轮机的承压部件和转动部件的强度降低。汽轮机组的厚截面部件，如汽缸、转子、喷嘴室及阀壳等，在启停过程、参与电网调峰运行或负荷快速变化过程中都存在很大的温度梯度，产生过大的热应力而引起低周疲劳等问题，特别是末级叶片等转动部件还需承受离心应力，严重影响着这些部件的使用寿命。因此，为满足更高进汽参数汽轮机的需要，必须不断研发在高温下具有更高机械强度的新材料。

2）蒸汽激振

超临界汽轮机由于主蒸汽参数的增加，会导致主蒸汽密度大幅提高，高压转子因蒸汽的作用易发生汽流激振，使得轴系稳定性变差，甚至诱发转子失稳。研究结果表明[11]，汽流激振力来自动叶片叶顶间隙激振力、汽封蒸汽激振力和作用在转子上的静态蒸汽力三个方面。这三类蒸汽激振力是目前国内外公认的超临界机组轴系动力学研究中的重点问题。根据蒸汽激振的形成机理，要消除和减少超临界参数汽轮机蒸汽激振故障，原则上应从增加高压转子的临界转数和刚度、增大系统阻尼和减小蒸汽激振力等方面着手。

3）轴系稳定性

轴系稳定性直接关系到汽轮机组运行的安全性和设备的可靠性。随着超临界机组容量的增加，汽轮机的汽缸数增加，单跨转子的直径、长度和质量也相应增加，使机组轴系的总长度增加，对轴系运行稳定性的要求也日益提高，需要引起重视。

4.3 燃气轮机

燃气轮机(gas turbine)作为一种先进而复杂的成套动力机械设备，在能源电力、航空航天、舰船、汽车等与国计民生密切相关的领域得到了广泛应用。本节将从燃气轮机的基本结构、工作原理、技术指标、分类与应用等方面进行详细介绍。

4.3.1 基本结构和基本原理

图 4-16 描述了一个简单的燃气轮机系统结构，由压气机、燃烧室和涡轮三大关键部件组成，并配置了燃料系统、润滑系统、启动系统等附属系统及辅助设备，实现燃料的化学能向机械能/电能的转化：首先压气机吸入周围的空气并加压，增压的空气进入燃烧室与燃料混合燃烧，产生的高温高压燃气进入涡轮中膨胀做功，驱动涡轮转轴旋转，进而带动同轴的压气机和发电机等其他外部设备一起转动。

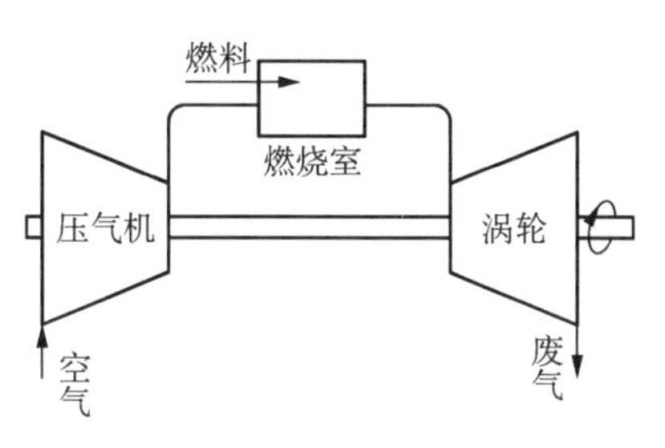

图 4-16 燃气轮机结构

4.3.1.1 压气机

压气机是燃气轮机的重要组成部件之一。它的工作是连续不断地向燃烧室提供燃料燃烧所需要的高压空气。燃气轮机的压气机一般采取动力式，分为轴流式、离心式和混合式三种。

1) 轴流式压气机

轴流式压气机内空气沿压气机旋转轴向进入、压缩和排出。为了产生高压空气，通常在压气机主轴轴向上装有多级叶轮，构成压气机的转子。转子上的叶片随着主轴一同旋转，称为动叶。但仅仅有动叶还不能有效地压缩空气，因为空气经过动叶后运动方向不单是轴向，还将沿着动叶旋转的方向运动。如果这样进入下一级动叶，压气机内的空气变成跟着转子旋转的气团，使下级动叶的压缩效率大大降低。所以在每级动叶后插入一级静止的叶片，即静叶，通过静叶的整流，空气运动方向重新转回轴向，之后再进入二级动叶压缩，这样压缩效果可以得到很大改善。压气机产生的高压空气中仅有 25%～30%作为一次风送入燃烧室燃烧，其余空气作为二次风首先流过燃气轮机的高温部件，然后再喷入燃烧室，与高温燃气混合，起到冷却、助燃和燃气温度调节的作用。

轴流式压气机虽然结构复杂，但具有空气流量大、效率高、大增压比(压气机出口压力与进口压力之比)等优势，在燃气轮机中应用得最为广泛。

2）离心式压气机

离心式压气机由作为工作叶片的叶轮和作为导流叶片的扩压器构成，空气轴向进入，通过叶轮后，速度和压力同时增加，经过扩压器降速、升压后径向流出压气机。扩压器降低空气的流速，并提高压力，在此过程中会产生一些损失。如果压力急速发生变化，因逆压梯度过大，会出现空气流动剥离现象；相反，如果压力梯度过缓，通道长度过长，则会增加摩擦损失。因此，扩压器的结构对离心式压缩机的性能影响很大[12]。另外，叶轮和壳体之间的间隙要保持最小值，以防止空气泄漏，才能获得高效率。

离心式压气机具有结构简单、性能可靠、单级压比高等优点，但是效率比轴流式压气机要低。受到材料强度的限制，其工作叶轮的外径尺寸不能做得太大，进口尺寸因而也就受到限制，空气流量不能很大，所以离心式压气机适用于流量小的场合。

3）混合式压气机

混合式压气机是指同一台压气机内同时具有轴流式与离心式工作叶片，一般情况下前段为轴流式、后段为离心式。该结构可以改善后段容积流量小的气动性能，同时提高效率，避免轴流式后几级由于叶片绝对高度过短造成损失剧增，还缩短了轴向尺寸。混合式压气机比较适用于中、小功率燃气轮机。

4.3.1.2 燃烧室

燃气轮机燃烧室位于压气机与涡轮之间，将燃料的化学能转变为热能，为涡轮提供高温高压燃气，所用燃料为液体燃料（柴油、汽油等）或气体燃料（天然气等）。常用的燃烧室结构有圆筒型、分管型、环管型和环型四种[10]。

以燃油环管型燃烧室为例，如图 4-17 所示，燃烧室的内、外壳体构成环形空气腔，若干个管式火焰筒沿圆周均匀安装在环形气流通道里，相邻火焰筒燃烧区之间用联焰管联接。火焰筒前段是燃烧区，保证火焰正常燃烧；中段是掺混区，在火焰筒壁上有许多进气孔，让二次风空气进入补燃，保证燃料完全燃烧；后段是通向涡轮叶片的燃气导管，也称为过渡段。燃烧室前端的扩压器呈喇叭口状，与压气机出口相连，将压气机产生的高压空气引入燃烧室的环形空气腔。火焰筒体采用耐高温材料制成，头部装有旋流器，旋流器的中心装有喷油嘴。部分空气通过旋流器进入火焰筒，形成高速旋转的空气流，对燃料油有强烈的雾化作用，增强了燃料与空气的混合，并在中心区形成高温气体回流，保证燃料不断燃烧、火焰稳定。火焰筒体上开有许多大孔、小孔或者缝隙，空气室内剩余空气由此进入火焰筒，采用气膜、对流和冲击等冷却方式对火焰筒体进行冷却，然后掺冷高温燃气以降低到涡轮能够承受的温度。为了在燃气轮机启动时将燃料与空气形成的可燃混合物点燃，通常在两个火焰筒上安装点火器，其余火焰筒依靠联焰管传来的火焰点燃。

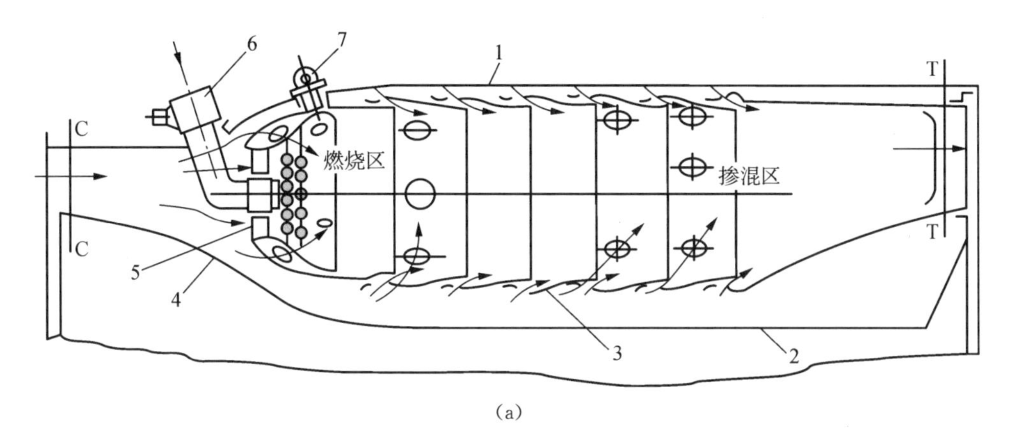

(a)

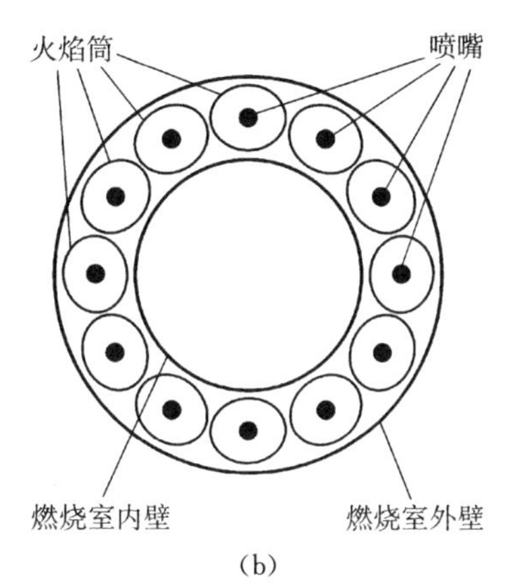

(b)

图 4－17　环管型燃烧室结构

(a) 火焰筒内部结构；(b) 火焰筒排列

1—外壳；2—内壳；3—火焰筒；4—扩压器；5—旋流器；6—喷油嘴；7—点火器

4.3.1.3　涡轮

燃气轮机涡轮的组成和工作原理与蒸汽轮机相近，实现热能向机械能的转化，但做功介质为来自燃烧室的高温高压燃气。根据燃气在涡轮内部的流动方向，燃气涡轮分为径流式和轴流式。目前大量应用的是轴流式涡轮，工质沿涡轮轴向流动，对涡轮上的叶片作用使其高速旋转，由于具有流量大、效率高、结构上便于做成多级形式等特点，因此能够满足用户对于高膨胀比和大流量的要求。径流式涡轮按工质流向又可分为离心式和向心式两种，主要用在小功率燃气轮机中。与燃气轮机其他两大部件相比，涡轮的工作条件十分恶劣，是燃气轮机中热负荷和动力负荷最大的部件。

轴流式涡轮本体如图 4－18 所示，包括静子和转子两大部分。静子由静叶、气缸、轴承和气封等组成，转子主要包括动叶、涡轮盘和涡轮轴。与蒸汽轮机相同，涡

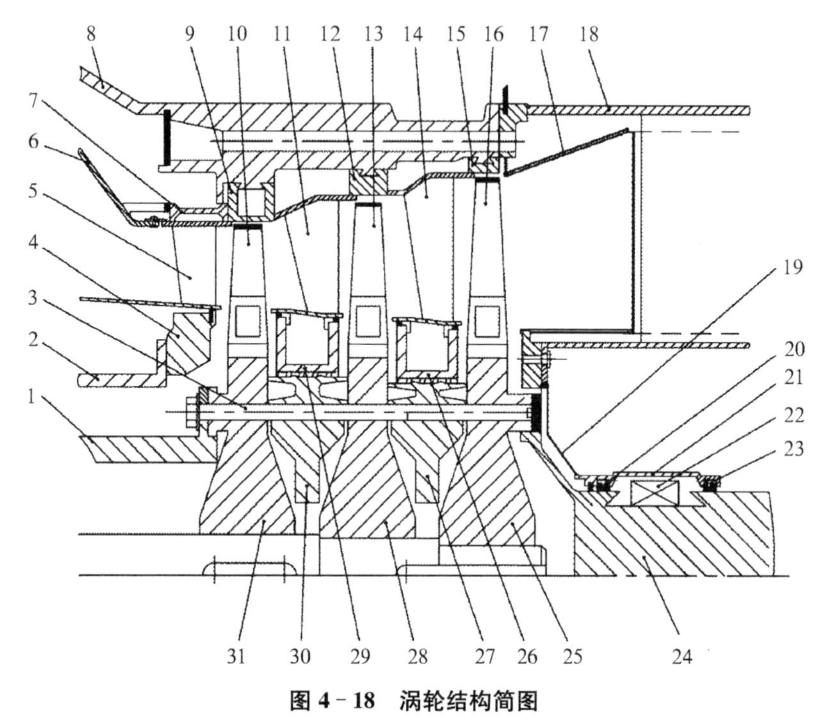

图 4-18　涡轮结构简图

1—过渡轴；2—压气机后气缸；3—拉杆螺栓；4——级静叶内支撑环；5——级静叶；6—燃气导管；7——级静叶持环；8—涡轮气缸；9——级护环；10——级动叶；11—二级静叶；12—二级护环；13—二级动叶；14—三级静叶；15—三级护环；16—三级动叶；17—排气扩压器；18—排气扩压机匣；19—盖板；20—后轴承前密封；21—后轴承座上盖；22—后轴承；23—后轴承后密封；24—涡轮后半轴；25—三级轮盘；26—三级静叶内环；27—二、三级间轮盘；28—二级轮盘；29—二级静叶内环；30——、二级间轮盘；31——级轮盘

轮中一列静叶栅和相应的动叶栅构成涡轮的基本做功单元“级”。静叶是燃气的导向器，起着喷嘴的作用，气流在不断加速的同时压力和温度逐渐下降，最终以最佳方向喷入动叶。高速气流在动叶片上产生周向分力，推动转子连续旋转，而燃气流速逐渐降低。这一过程实现了燃气热能向机械能的转换。为了充分利用燃气的热能膨胀做功，获得最大的机械能，大型燃气轮机涡轮一般为 3 级或 4 级，同轴布置，排气温度降至 600℃以下。气缸是整台机组的承力骨架，承受机组的重量、燃气的内压力及其他作用力。气缸结构包括气缸本体和排气缸。气缸本体通常为双层缸(一般与压气机共用一个外缸)，夹层通入冷却空气，目的是将承力件和承热件分开：外缸工作环境温度低，主要承力，可选用一般的金属材料；而内缸受力小，但内壁所处环境温度高，所以设计得较薄以减小内外壁间热应力。排气缸主要包括框架和排气扩压器两部分，由内外两层气缸组成，内缸为圆筒形，外缸为扩散形的圆筒面，两层之间为燃气通道，由径向支柱连接，支撑轴承设置在排气缸内层气缸中。

排气扩压器位于涡轮的最后端，通过螺栓与排气缸连接。

4.3.2　技术指标

4.3.2.1　性能指标

评价燃气轮机性能优劣的技术指标有很多，例如效率、尺寸、寿命、动态特性和热力特性等。从热力循环的角度，衡量燃气轮机性能的指标包括燃气轮机热效率、出力、比功率、有用功系数、压比和温比等，其中较为重要的参数为比功和热效率。

(1) 燃气轮机比功，为单位质量工质所做的功，也就是指燃气轮机净输出功率与压气机空气质量流量之比，定义为

$$W_{\mathrm{n}} = \frac{P}{q_{\mathrm{ma}}}(\mathrm{kJ/kg}) \tag{4-7}$$

式中，q_{ma}为空气质量流量，单位为 kg/s；P 为当空气质量流量为 q_{ma}时燃气轮机输出的功率，单位为 kW。

当燃气轮机压气机与涡轮流量的差别以及机械损失可以忽略不计时，燃气轮机比功近似等于涡轮比功与压气机比功之差。

$$W_{\mathrm{n}} \approx W_{\mathrm{T}} - W_{\mathrm{C}}(\mathrm{kJ/kg}) \tag{4-8}$$

比功是从热力性能方面衡量燃气轮机尺寸大小的一个重要指标。比功越大，发出相同功率所需工质流量越少，燃气轮机尺寸就越小。为进一步比较燃气轮机的相对大小和变工况时装置性能对各部件性能变化的敏感性，引入有用功系数 λ，定义为燃气轮机比功与涡轮比功的比值：

$$\lambda = \frac{W_{\mathrm{n}}}{W_{\mathrm{T}}} \approx 1 - \frac{W_{\mathrm{C}}}{W_{\mathrm{T}}} \tag{4-9}$$

有用功系数 λ 越大，同功率的装置尺寸越小，因 W_{C} 占 W_{T} 的比例减小，所以压气机性能对装置性能的影响变小，装置性能就越好。

(2) 热效率 η_{s}，为燃气轮机的输出功率与单位时间输入燃料所含热值之比，表示为

$$\eta_{\mathrm{s}} = \frac{P}{q_{\mathrm{mf}} \cdot H_{\mathrm{u}}} \tag{4-10}$$

式中，H_{u} 为燃料的低位发热量，单位为 kJ/kg；q_{mf}为燃料消耗量，单位为 kg/s。

燃气轮机的热效率越高，相同的输出功率所消耗的燃料就越少，因此热效率反

映了燃气轮机热经济性的好坏，也反映了燃气轮机能源利用率的高低。

4.3.2.2 性能指标的影响因素

1）燃料特性

燃气轮机所用燃料的组分和热值对其性能影响较大。当燃料 H/C 摩尔比高时，燃烧产物中水蒸气的含量将会提高，导致燃烧产物有较高的比热容，燃气轮机功率增大。另外，当燃料的热值较低时，为保证燃烧室燃烧的稳定，需要增加燃料流量，从而导致下游涡轮流量的增大，因此燃气轮机输出功率将会升高，但会带来涡轮出口烟气温度升高、压气机与涡轮之间流量不匹配等问题。

2）空气参数

燃气轮机属于定容工作的动力设备，无论环境条件如何变化，进入燃气轮机的空气容积是一定的，因此空气温度和压力等热力学参数将会影响燃气轮机的性能。环境温度降低或大气压力增加，空气的比容将减小，因此在压气机吸入相同容积流量空气的前提下，空气质量流量将增加，这就使得燃气轮机的功率会有一定程度的提高；反之，环境温度升高或大气压力降低，空气将变得稀薄，比容因此而增大，机组的功率将会降低。由于燃料量随着空气质量流量的变化而调整，只要燃烧室内的温度保持不变，则燃气轮机的效率就会基本不变。

3）热力循环工艺与参数

由压气机、燃烧室和涡轮三大部件构成的燃气轮机循环为一个简单的热力循环：工质在压气机内绝热压缩，在燃烧室内等压加热，在涡轮内绝热膨胀，排入大气后进行等压放热。根据热力学原理，提高燃气温度、压力等热力循环参数可大幅提高燃气轮机的性能。一般来说，涡轮前燃气温度每增加 40℃，燃气轮机输出功率可增加 10%，热效率可提高 1.5%[13]。简单燃气轮机循环的主要能量损失来自乏气的余热。为了能充分利用这部分能量，提高燃气轮机的总体性能，先进的燃气轮机组常采用较复杂的热力循环工艺，如回热循环、再热循环和中冷循环以及前文提到的燃气-蒸汽联合循环等。

4.3.3 分类与应用

4.3.3.1 燃气轮机的分类

燃气轮机有不同的分类方法，如按使用对象分为航空用、舰船用和工业用，按热力循环方式则分为简单循环、复杂循环和联合循环，详见图 4－19 所示分类方法。

4.3.3.2 燃气轮机的应用

燃气轮机因具有重量轻、体积小、启动快、高效率、建设周期短、污染物排放量少等优点，近些年在发电、航空航天、舰船、汽车等领域得到了快速发展和广泛应

用。本节从应用领域归纳了燃气轮机的主要应用状况。

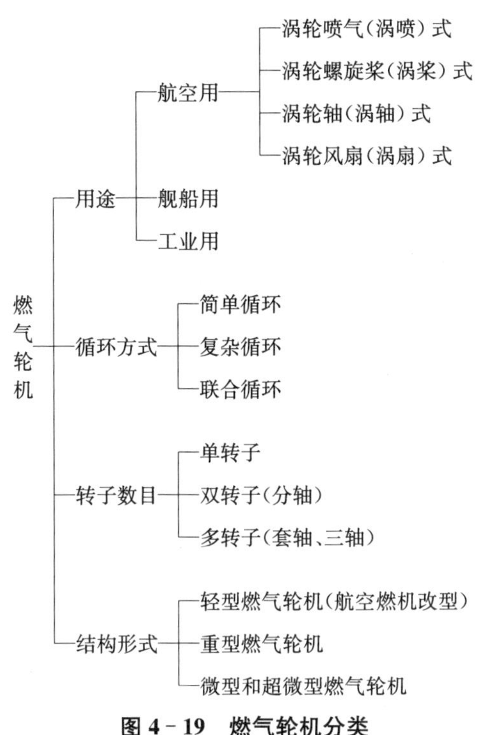

图 4-19　燃气轮机分类

1) 发电、供热

燃气轮机在工业领域中一个主要利用途径是用于发电、供热。简单的燃气轮机循环发电系统由燃气轮机和发电机构成,具有装机快、起停灵活的特点,多用于电网调峰和交通、工业动力系统。为了回收燃气轮机排出的高温乏气的余热,在简单循环发电系统基础上,在涡轮排气扩压器出口安装了余热锅炉,回收乏气的余热用于产生蒸汽或热水:热水主要用于供暖,实现热电联产;若产品为蒸汽,一方面可注入蒸汽轮机,实现前文所述的燃气-蒸汽联合循环发电系统,也可以将部分蒸汽回注入燃气轮机以提高燃气轮机出力和效率。国际四大燃气轮机公司(日本三菱、德国 Siemens、美国 GE 和法国 Alstom)不断开发出更加先进的 H/J 型燃气轮机产品,简单循环发电效率已超过 40%,采取热电联产等复杂循环系统,循环发电效率则已超过了 60%。

随着燃气轮机向高参数、大型化发展的同时,也在向着小型化、微型化以及超微型方向发展,进一步拓宽应用领域。功率为数百千瓦及以下的燃气轮机早在 20 世纪 40—60 年代就已存在,但由于其发电效率低,长期以来一直由内燃发电机组占领着小型发电机组市场。随着科学技术的不断发展,微型燃气轮机技术有了质的飞跃发展：利用高效回热器替代常规回热器；实现高速交流发电机与燃气轮机同轴工作；结构设计和加工制造工艺日益先进。受益于这些先进技术的应用，微型燃气轮机的发电效率已提高至与小型柴油发电机相当，尺寸和重量却为柴油机的1/3，并且还具有移动性能好、维护费用低、寿命长等优点，在分布式能源系统、军事装备、燃料电池联合发电系统等得到了应用。

2）船舰动力

由于燃气轮机具有结构紧凑、重量轻、振动小、操作灵活等优点，非常符合船舰对动力的需求，因此已在多种舰艇和商船上得到重用，如瑞士斯坦纳航运公司三艘HSS1500大型高速渡船、美国皇家加勒比航运公司六艘“卓越”级和“黄金时代”级旅游船、英国45型驱逐舰和“伊丽莎白女皇”航母等。在将来，船用燃气轮机的发展重点是大功率船用燃气轮机，其次是小功率船用燃气轮机，功率29.4～36.75 MW、效率39%～42%的船用燃气轮机是未来10～15年各国海军采用的主要机型，新型机型与综合电力推进系统相结合的特点将会更加突出[14]。

3）航空动力

航空用动力装置分为空气喷气式发动机和逐步被取代的活塞式发动机两种。工业和船舰所用燃气轮机的发展历史，都是以空气喷气式发动机技术为基础发展而来的。船舰和工业发电所用轻型燃气轮机是由成熟的航空发动机改型研制而成，功率在50 MW以内；而发电厂、航母等所用到的重型燃气轮机也以航空发动机为基础，但改动较大。在航空领域，发动机所提供的动力主要为飞行器提供向前的推进力和向上的提升力，但由于飞行器类型不同，因此对发动机性能的要求是不一样的。例如，战斗机所用发动机以性能先进为首要目标，要求质量轻、推力大、工作状态变化快且范围宽，能够为飞机提供各种速度和姿态下所需的动力；民航客机则往往不追求发动机性能的绝对先进，更加注重发动机的安全性和经济性，要求耗油低、寿命长、维护成本低等。由此，航空发动机可分为喷气式发动机、风扇式发动机、螺旋桨式发动机和涡轮轴发动机等多种类型。

4.3.4 发展与问题

燃气轮机作为一种先进而复杂的动力机械装备，集成了多学科、多领域的先进成果，是国家科学技术水平的重要标志之一，具有重要的战略地位。随着社会的发展和科学技术的不断进步，燃气轮机技术将会得到更大的发展和更广泛的应用，而高效率、低能耗、低污染、高可靠性等性能参数依然是燃气轮机未来发展追求的性能目标。

1）初温提高与耐热技术

涡轮叶片能够承受温度的不断提高将会大幅提高燃气轮机的效率。为此，一方面研发与应用高温合金材料、耐高温涂层以增强热端部件的耐热能力，另外一方面是开发先进的热端冷却技术以对部件进行热防护[15]。

2）结构设计与制造技术

燃气轮机的制造是一项技术含量非常高的加工技术。由于涡轮中叶片的工作环境温度高、受力复杂，是燃气轮机制造的核心与关键，其型面的优化设计与精细加工将直接关系到燃气轮机的性能和安全性。

3）燃烧污染物控制技术

NO_x 在燃料燃烧过程中的形成机理有热力型、燃料型和快速型三种。燃气轮机中 NO_x 的形成主要来自于热力型，为空气中氮气和氧气在高温环境下反应生成，并且当燃烧温度超过1500℃后，热力型 NO_x 呈现快速增加趋势。因此，燃烧温度是导致 NO_x 形成的重要因素。提高初温虽然可以提高燃气轮机的效率，但会导致热力型 NO_x 大量产生，从而不得不采取先进的技术控制 NO_x 的排放，如贫燃预混燃烧技术、分级燃烧技术、湿化燃烧技术和催化燃烧技术等。

4）重型与微型燃气轮机发电技术

我国的能源结构以煤为主。煤燃烧产生的污染物（SO_2、NO_x、颗粒物等）成为我国大气污染物的主要来源，该状况在未来很长的一段时期很难改变。在改进煤燃烧技术的同时，调整我国能源结构，选用清洁的天然气资源，应用于燃气轮机及其联合循环发电机组，可以很好地解决煤燃烧带来的环境污染问题。重型燃气轮机和小型、微型燃气轮机是燃气轮机技术未来应用于发电领域的重要发展方向。重型燃气轮机应用于发电厂，实现集中供电、供热，而作为补充的分布式能源将会更多地采用小型、微型燃气轮机技术，使得发电与用户离得更近。

4.4　内燃机

内燃机作为一种应用广泛的热力机，在其内部燃烧燃料，并将燃烧释放出的热能转化为机械能输出。广义上，内燃机不仅包括如汽车发动机的活塞式内燃机，也包括如燃气轮机的旋转叶轮式内燃机等，但通常所说的内燃机是指往复活塞式内燃机，最常见的例子为汽油机与柴油机。本节将对此类内燃机的基本结构、工作原理、技术指标、分类与应用等进行详细介绍。

4.4.1　基本结构与工作原理

4.4.1.1　基本结构

内燃机是一种由许多机构和系统组成的复杂动力机械，如图4-20所示，其分类方法有多种：按所用燃料的不同，内燃机可以分为汽油机、柴油机、天然气发动机等;按完成工作循环的行程数,可以分为四行程和二行程发动机;按气缸数目则可以分为单缸发动机和多缸发动机。但不管哪一类内燃机,要完成整个工作循环,实现能量的转换,保证设备长时间连续正常工作,都必须具备一些基本的机构和系统:曲柄连杆机构、配气机构、燃料供给系统、润滑系统、冷却系统、点火系统和启动系统等。

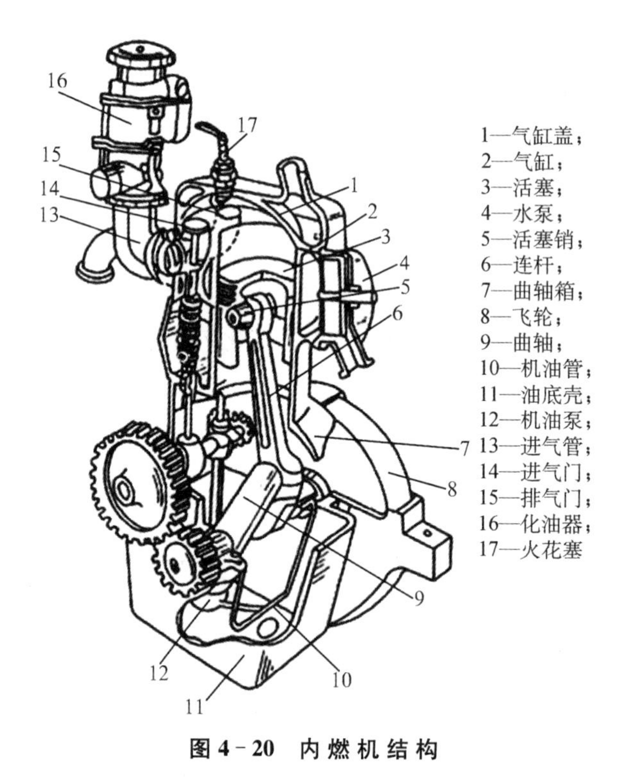

图 4-20 内燃机结构

1) 曲柄连杆机构

曲柄连杆机构是内燃机的主要运动机构,由机体、活塞、连杆、曲轴和飞轮等组成,将活塞往复运动的机械能转变为曲轴旋转运动的机械能。

2) 配气机构

配气机构是依据内燃机工作循环和点火顺序的要求,定时开启与关闭气缸的进、排气门,使新鲜充量(进气过程中进入气缸的空气量或可燃混合气量)及时进入气缸,膨胀后的废气及时从气缸排出;在压缩与做功行程中,完全关闭气门保证气缸的密封。配气机构主要由进气门、排气门、凸轮轴、气门挺柱、推杆、摇臂等构成。

3) 燃料供给系统

燃料特性的不同,使得汽油机燃料供给系统不同于柴油机燃料供给系统。根据燃料的喷射位置,汽油机燃料供给系统又分为进气端口喷射系统和缸内直喷式系统两种方式，所形成的可燃混合气在气缸内被压缩至临近终了时由点火系统点火燃烧，进而膨胀做功。柴油机燃料供给系统是根据柴油机不同工况的要求，在气缸内空气被压缩至临近终了时，将一定量的柴油以一定压力和雾化质量喷入气缸，与高温高压空气混合的同时自行燃烧，膨胀做功。

4）润滑系统

润滑系统是向曲柄连杆机构、配气机构等做相对运动的零件接触面处输送定量的清洁润滑油，以实现液体摩擦，减小摩擦阻力，减轻机件的磨损，提高机械效率，并对零件表面进行清洗和冷却。润滑系统通常由润滑油道、机油泵、机油滤清器和一些阀门组成。

5）冷却系统

内燃机工作时，燃烧室内最高温度瞬间值会达到 2 200℃以上，如果不对那些与高温燃气相接触的零件进行冷却，会导致受热部件强度降低、燃烧异常、机油变质、摩擦损失增加等问题[12]。冷却系统所承担的任务就是在任何条件下保证内燃机能在最适宜的温度状态下工作。为了维持这样的温度状态，冷却系统的散热能力必须与内燃机的使用工况和气候条件相适应。按冷却介质的不同，内燃机冷却系统分为水冷和风冷两种方式。

6）点火系统

点火系统是汽油机的重要组成部分。汽油的着火温度高于柴油，而且黏度小、容易蒸发，所以需要依靠外界能量的输入引燃。点火系统的工作原理是按气缸点火次序定时地向火花塞提供高压电，使火花塞电极间产生火花，从而点燃气缸内的可燃混合气。按高压电产生的方法不同，点火系统分为断电器点火、晶体管点火、电容放电点火、磁电机点火和电控点火几种。

7）启动系统

因内燃机不能自行由静止转入工作状态，所以必须用外力转动曲轴，直到曲轴达到内燃机能够燃烧所必需的转速，保证混合气的形成、压缩和点火顺利进行。完成内燃机由静止转入工作状态的一系列装置称为内燃机启动系统。目前，内燃机的启动系统主要是电动机启动，由直流电动机、操纵机构和离合机构三大部分组成。

4.4.1.2　工作原理

内燃机完成一次热功转换需要经历进气、压缩、燃烧、膨胀以及排气五个过程。根据完成这些过程的行程数不同，内燃机分为四冲程内燃机和二冲程内燃机两种，如图 4－21 所示。四冲程内燃机是曲轴转两圈、活塞在气缸内上下往复运动四个行程完成一个工作循环的内燃机；而曲轴转一圈、活塞在气缸内上下往复运动两个行程的内燃机称为二冲程内燃机。与四冲程内燃机相比，二冲程内燃机在换气过程中存在新鲜空气损失多、废气排出不彻底问题，在燃料燃烧过程中存在燃料燃烧

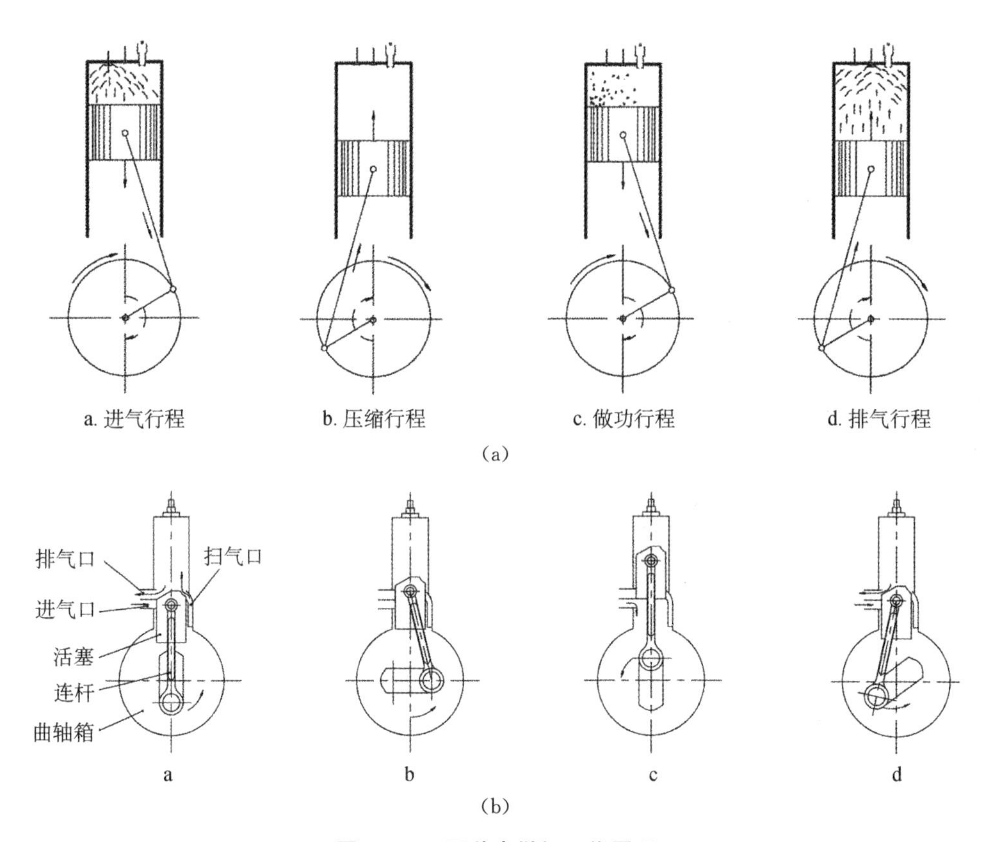

图 4-21　两种内燃机工作原理

(a) 四冲程内燃机；(b) 二冲程内燃机

不充分、能量损失大等问题，因此一般汽车上更多地采用四冲程内燃机。

1) 相关基本术语

为了介绍内燃机的工作原理，需要介绍内燃机的一些基本术语，如图 4-22 所示。

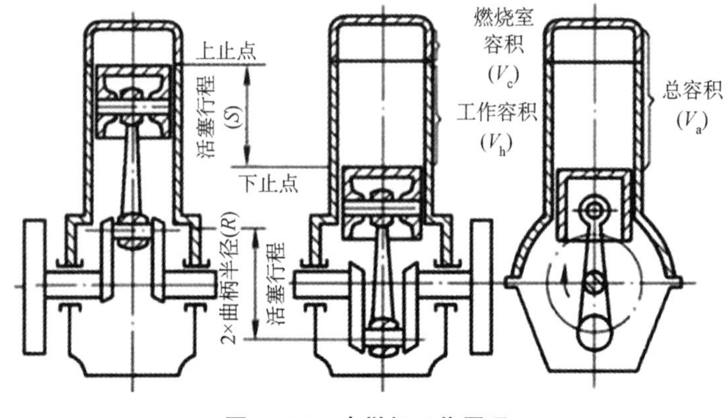

图 4-22　内燃机工作原理

(1) 上、下止点：活塞顶离曲轴回转中心最远处为上止点，最近处为下止点。活塞从一个止点运动至另一个止点的过程为一个行程。

(2) 活塞行程：上、下止点间的距离 S 称为活塞行程。曲轴的回转半径 R 称为曲柄半径。因此，曲轴每回转1周，活塞移动2个活塞行程。对于气缸中心线通过曲轴回转中心的内燃机，有 $S=2R$。

(3) 气缸工作容积(V_h)：上、下止点间所包容的气缸容积称为气缸的工作容积。

(4) 发动机排量：发动机所有气缸工作容积的总和称为发动机排量。

(5) 燃烧室容积(V_c)：活塞位于上止点时，活塞顶面与气缸盖底面之间形成的空间称为燃烧室，其容积称为燃烧室容积。

(6) 气缸总容积(V_a)：气缸工作容积与燃烧室容积之和称为气缸总容积。

(7) 压缩比：气缸总容积与燃烧室容积之比称为压缩比。压缩比的大小表示活塞由下止点运动到上止点时，气缸内的气体被压缩的程度。压缩比越大，压缩终了时气缸内的气体压力和温度就越高。汽油机的压缩比一般为9～12，而柴油机的点火方式为压燃式点火，所以压缩比高，一般为12～22。

(8) 负荷率：内燃机在某一转速下输出的有效功率与相同转速下最大有效功率的比值，以百分数表示。

2) 四冲程内燃机工作原理

四冲程内燃机的工作周期包括吸气行程、压缩行程、做功行程和排气行程四个步骤。由于柴油机与汽油机点火方式不同，使得两者工作过程略有差异。首先以汽油机为例介绍四冲程内燃机的工作原理。在吸气行程，进气门打开、排气门关闭，活塞由上止点向下运动至下止点，活塞上方的气缸容积逐渐增大、压力降低，形成一定的真空度，油气混合气由进气道和进气门进入气缸(或者空气进入气缸后再与喷入的汽油于气缸内形成混合气)，进气过程一直延续到活塞到达下止点，同时进气门关闭。活塞由下止点开始转为上行，压缩缸内油气混合气，混合气温度升高，压力上升。活塞临近上止点前，混合气压力上升到0.8～2 MPa左右，温度可达330～480℃，这时装在气缸盖上方的火花塞发出电火花，点燃所压缩的混合气。混合气燃烧后放出大量的热量，缸内燃气压力和温度迅速上升，最高燃烧压力可达3～8 MPa，最高燃烧温度可达2000～2500℃。高温高压燃气推动活塞快速从上止点向下止点移动，带动曲柄连杆机构对外做功。做功行程接近终了时，排气门开启，由于这时缸内压力高于大气压力，高温废气迅速排出气缸，这一阶段属于自由排气阶段，高温废气以当地声速通过排气门排出。随后排气过程进入强制排气阶段，活塞越过下止点向上止点移动，强制将缸内废气排出，活塞到达上止点附近时，排气过程结束。排气终了时，气缸内气体压力稍高于大气压力，为0.105～

0.115 MPa,废气温度为600～900℃。由于燃烧室占有一定容积,因此在排气终了时,不可能将废气彻底排除干净,剩余部分废气称残余废气。

四冲程柴油机的工作原理与四冲程汽油机不同之处是柴油机进气行程进的是纯空气,在压缩行程接近上止点时,由喷油器将柴油喷入燃烧室,由于这时气缸内被压缩的空气温度已经远远超过柴油的自燃温度,喷入的柴油经过短暂的着火延迟后,自行着火燃烧,对外做功。

3) 二冲程内燃机工作原理

二冲程是在两个行程内完成一个工作循环,此期间曲轴旋转一圈。首先为换气过程,当活塞移动接近下止点时,进、排气口都开启,新鲜充量由进气口充入气缸,并排挤气缸内的废气,使之从排气口排出。接着是压缩过程,进、排气口完全关闭,活塞上行压缩气缸内的充量,直至活塞接近上止点时点火或喷油,使气缸内可燃混合气燃烧。最后为做功过程,气缸内高温高压燃气膨胀,推动活塞下行做功,完成一个工作循环。

4.4.1.3 汽油机和柴油机的比较

燃料特性的不同导致两种内燃机在点燃方式、动力性能、经济性能和用途等方面存在较大的差异[10]。

(1) 首先最大的不同就是燃料的点燃方式。柴油燃烧特性好于汽油,着火温度低,因此柴油机的点火方式为压燃式,依靠气缸内空气压缩产生的热量引燃燃料,燃料的扩散与燃烧过程同时进行;而汽油机为点燃式,燃料与空气在点火前已形成均匀的混合气,依靠火花塞放电点燃混合气。

(2) 柴油机可燃混合气在气缸内形成,因此要求油泵压力较高,且喷油器的雾化效果要好。汽油机可燃混合气在气缸外形成,或在吸气过程中形成,因此油泵压力相对较低。

(3) 汽油机压缩比较低,燃油经济性较差,有效热效率一般为20%～30%;而柴油机压缩比高,燃油经济性好,热效率高,船用低速增压柴油机的热效率已超过50%。

(4) 汽油机转速高(最高转速可达5 000 r/min以上)、质量轻、振动噪声小、启动容易、制造和维修费用低等;柴油机转速低(最高转速一般只有2 500～3 000 r/min)、质量大、振动噪声大、制造和维修成本高。

(5) 汽油机升功率较高,一般自然吸气汽油机升功率在50 kW/L,涡轮增压汽油机升功率最高可达80 kW/L,柴油机升功率较低,一般在30 kW/L。

(6) 在废气所含污染物组分方面,汽油机废气污染物以CO、碳氢化合物(HC)和氮氧化物为主,柴油机排放物一般是氮氧化物和颗粒物(PM)。

(7) 在负荷调节方式上,汽油机负荷调节是通过改变节气门的位置来改变进入气缸的混合气量，而柴油机负荷调节是通过改变喷入气缸的燃油量。

(8) 在内燃机用途上，汽油机通常用在飞机、小汽车、摩托车及一些小型农用机械上，而柴油机一般用在轮船、载重汽车、拖拉机、发电机等大型设备上。由于柴油机经济性明显优于汽油机，目前轿车发动机日趋柴油机化。

4.4.2 主要性能指标与特性

内燃机的工作指标很多，主要有动力性能指标（功率，平均有效压力等）、经济性能指标（燃油消耗量、热效率）、排放指标（NO_x、HC、CO、PM）、运转性能指标（启动性、振动性）和耐久可靠性指标（大修或更换零件之间的最长运行时间与无故障长期工作能力）。本节重点对内燃机的动力性能指标和经济性指标进行介绍，废气所含污染物的形成与控制将在后文介绍。

4.4.2.1 示功图

要研究内燃机的动力性能和经济性能，应首先对内燃机的一个工作循环中热工转换的质和量两方面加以分析[16]。通常是利用不同类型的示功器或内燃机数据采集系统来观察、记录相对于不同活塞位置或曲轴转角时气缸内工质压力的变化，所得的结果即为 $p-V$ 示功图或 $p-\varphi$ 示功图，如图 4-23 所示。在示功图可以观察到内燃机工作循环的不同阶段以及进气、排气行程中的压力变化，通过数据处理，运用热力学知识，将它们与所积累的实验数据进行分析比较，进而对整个工作过程或工作过程的不同阶段进展的完善程度做出正确的判断。因此，示功图是研究内燃机工作过程的重要数据。

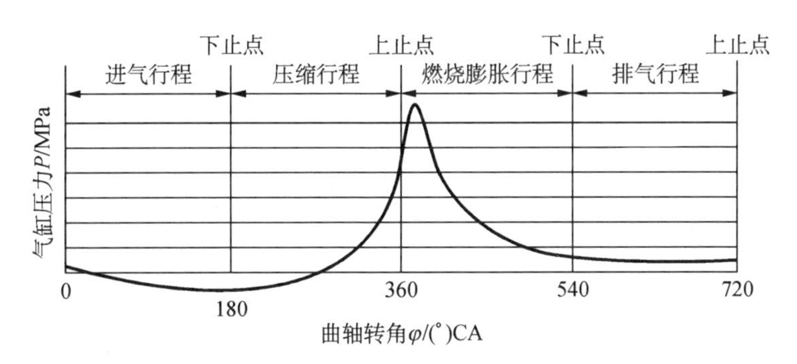

图 4-23 四冲程内燃机示功图

4.4.2.2 主要性能指标

1) 机械效率和有效功率

气缸内完成一个工作循环所得到的有用功称为指示功 W_i，单位时间内所做的指示功称为指示功率 P_i。发动机产生的指示功率需扣除运动件的摩擦功率以及驱动风扇、机油泵、燃油泵、发电机等附件所消耗的功率后才能变为曲轴的有效输

出，所有这些消耗功率的总和称为机械损失功率 P_m，从而有效功率 P_e 为

$$P_e = P_i - P_m (\mathrm{kW}) \tag{4-11}$$

有效功率与指示功率之比称为机械效率：

$$\eta_m = \frac{P_e}{P_i} = \frac{W_e}{W_i} (\%) \tag{4-12}$$

式中，W_e 为曲轴实际输出的有效功，单位为 kJ。

机械效率高低反映了内燃机结构设计、加工工艺、装配质量的水平，是影响内燃机动力性和经济性的主要因素之一。

2）平均有效压力和升功率

平均有效压力 p_{me}（MPa）为内燃机单位气缸工作容积每一循环实际输出的有效功，是衡量发动机动力性能的一个重要参数，表示为

$$p_{me} = \frac{W_e}{V_h} = \frac{30\tau P_e}{V_h n i} \tag{4-13}$$

由此可以得到有效功率与平均有效压力之间的关系式：

$$P_e = \frac{p_{me} V_h n i}{30\tau} \tag{4-14}$$

式中，n 为内燃机转数，单位为 r/min；i 为气缸数；τ 为冲程数。

对四冲程发动机：

$$P_e = \frac{p_{me} V_h n i}{120}$$

对二冲程发动机：

$$P_e = \frac{p_{me} V_h n i}{60}$$

升功率 P_L 是在额定工况下内燃机每升气缸工作容积所产生的有效功率，定义为

$$P_L = \frac{P_e}{i V_h} (\mathrm{kW/L}) \tag{4-15}$$

升功率的值越大，内燃机的强化程度越高，发出一定有效功率的内燃机尺寸就越小。

3）有效热效率和燃油消耗率

有效热效率 η_{et} 和燃油消耗率 b_e 是评定内燃机工作经济性能的重要指标。有

效热效率是实际循环的有效功 W_e 与为得到这些有效功所消耗的热量 Q_1 的比值，即

$$\eta_{et} = \frac{W_e}{Q_1} = \frac{W_i \eta_m}{Q_1} = \eta_{it} \eta_m \tag{4-16}$$

式中，η_{it} 为指示热效率。

设 B 为内燃机每小时燃油消耗量，则有效热效率可以表示为

$$\eta_{et} = \frac{3\,600 P_e}{B H_u} \tag{4-17}$$

式中，B 为每小时耗油量，单位为 kg/h；H_u 为燃料低位发热量，单位为 kJ/kg。

根据上面公式可以得到单位有效功率的耗油量，定义为燃油消耗率 b_e，表示为

$$b_e = \frac{B}{P_e} \times 10^3 = \frac{3.6 \times 10^6}{\eta_{et} H_u} = \frac{3.6 \times 10^6}{\eta_{it} \eta_m H_u} (\text{g}/(\text{kW} \cdot \text{h})) \tag{4-18}$$

一般内燃机在标定工况下的 η_{et} 和 b_e 值大致的范围如表 4-3 所示。

表 4-3　内燃机 η_{et} 和 b_e 数值范围

	η_{et}	b_e
低速柴油机	0.38～0.45	190～225
中速柴油机	0.36～0.43	195～240
高速柴油机	0.30～0.40	215～285
四冲程汽油机	0.25～0.30	280～340
二冲程汽油机	0.15～0.20	400～550

4.4.2.3　内燃机性能的改善

根据内燃机的工作原理和性能指标计算公式，针对影响性能的关键因素采取措施，不断提高内燃机的性能。

1）增压技术

增压技术是采用空气压缩机来压缩空气，增加进入气缸的空气量，空气的压力和密度增大可以燃烧更多的燃料，从而增加了发动机的转速和输出功率。通常采用的增压技术为安装排气涡轮增压装置：由涡轮室和空压机组成，涡轮室进气口与排气歧管相连，排气口接在排气管上；空压机进气口与空气滤清器管道相连，排气口接在进气歧管上。该技术利用发动机排出的废气惯性冲力来驱动涡轮室内的涡轮，涡轮带动同轴的空压机压缩送往气缸的新鲜空气。

2）米勒循环发动机

米勒循环发动机是通过调整进排气门打开、关闭的时机获得高膨胀比，以把传统发动机的减压排气损失尽可能地转换为有效功，达到提高发动机热效率、降低燃油消耗的目的。为此，米勒循环发动机采取的进排气门调节措施是：延迟排气门的打开时间以保持高膨胀比；把进气门的打开时间从传统的上止点前延迟到上止点后，而把关闭时间以全负荷状态下为下止点后 60°CA 左右作为标准，稍微延迟关闭，从而造成压缩比没有膨胀比那么高[12]。但米勒循环发动机存在的问题是运行范围窄，输出最大功率的转速低，低速转矩不足，需要无级变速器提供补偿。因此，米勒循环发动机多用于使用大功率电动机的混合动力车辆。

3）分层稀薄燃烧技术

为提高汽油机压缩比、避免混合气在较高温度下的爆燃，可采用分层给气稀薄燃烧技术。这种燃烧技术的特点是降低混合气中汽油含量，通过喷雾和气流的配合，在气缸内形成空燃比梯度分布的混合气：在火花塞附近混合气浓度高，而在燃烧室其他区域混合气浓度呈梯度分布[17]。由此，保证火花塞可靠点燃，并向缸内平均空燃比小但梯度分部的混合气传播火焰。根据燃料的喷射方式，分层稀薄燃烧技术分为进气端口喷射式和缸内直喷式两种。

4）降低泵气损失

泵气损失为内燃机换气过程中克服进排气管道阻力所消耗的功的总和。现代汽车发动机的转速越来越高，传统两气门很难在极短时间内完成换气工作，而且造成了极大的阻力损失。为此需增加气门数量，加大气流流通面积，增强换气性能，从而降低泵气损失，提高发动机的输出功率。为了实现发动机运转工况与配气的协调，现代汽车发动机采用了可变气门正时技术，改变气门开启时间或开启大小，在不同转速下匹配更合理的气门开启或关闭时刻，增强扭矩输出的均衡性，提高发动机功率并降低油耗。

5）均质压燃与高压喷射技术

为提高柴油机的燃烧效率，降低颗粒物排放和 NO_x 的生成量，柴油机采用的技术有均质压燃（HCCI）技术和高压喷射技术等。均质压燃技术是通过早期喷射形成预混合气，当活塞压缩至上止点附近时均质混合气整体自燃着火，且为低温燃烧技术，有助于减少炭颗粒物排放和抑制 NO_x 的生成。现代柴油机高压喷射技术的主流以高压共轨喷射技术为主，其重要特点是喷油压力、时间不再取决于发动机转速，自由度高，即使发动机在低转速时也能够得到高的喷油压力。

4.4.3 污染物的形成与控制

内燃机所用燃料为碳氢化合物，理论上与氧气发生燃烧反应仅产生 CO_2 和

H_2O。然而，受内燃机运行工况大幅变化、气缸内燃烧的最高温度较高(2000℃以上)、所用氧化剂为空气而非氧气等因素的影响，导致内燃机排放的废气中含有CO、HC、NO_x和PM等对人类健康有害的物质，构成城市大气污染物的一个主要来源。内燃机污染物的有效防治已成为内燃机技术发展的一个重要方向。

4.4.3.1 主要污染物的来源

1) CO

CO是燃料在气缸内燃烧不完全的产物，主要是因为氧气量不足、反应温度偏低或者燃料与空气混合不均匀所致。特别是在发动机起动阶段，油气混合质量较差，导致CO排放量较高。因此，提高混合气的氧气浓度和燃烧温度、延长燃烧反应时间，能够促使更多的CO氧化成CO_2，降低CO的排放。

2) HC

HC的成分极其复杂，包括烷烃、烯烃、芳香烃以及醛类等多种有机化合物，大量排入大气会对环境造成严重污染。汽油机产生HC排放的因素较多，如缸壁激冷效应、燃烧室各种缝隙泄漏、不完全燃烧、曲轴箱的窜气以及运转工况的变化等。柴油机HC排放少于汽油机，主要是由于燃油喷射特性与气流运动特性不匹配，使得部分油滴贴附到燃烧室壁面所致。

3) 氮氧化物(NO_x)

燃烧过程中NO_x的形成机理有热力型、燃料型和快速型三种。汽油和柴油本身含氮很少，而快速型NO_x形成量通常很少，因此内燃机排放的NO_x主要来源为热力型NO_x。这种类型NO_x的形成与温度关系最为密切，在1500℃后随温度的升高呈指数函数急剧增加。此外，氧浓度和燃烧反应时间延长也会导致NO_x生成量的增加。

4) 颗粒物(PM)

汽油机为预混燃烧方式，因此颗粒物排放量很少，一般不会造成严重污染问题。但柴油机采用扩散燃烧方式，燃料喷入高温空气中后，所含的重质油部分因局部缺氧而易发生碳化反应，生成炭颗粒。除此之外，柴油机燃烧过程中还会产生一些可溶性有机物质(SOF)和硫酸盐颗粒物。

4.4.3.2 污染物的控制

汽油机污染物以CO、HC和NO_x为主，产生的途径主要是缸壁激冷效应、燃烧室缝隙泄漏、不完全燃烧和曲轴箱窜气等原因，因此采取的主要措施是：

(1) 智能化的电子控制燃油喷射系统；

(2) 稀薄燃烧与缸内直接喷射；

(3) 三效催化转化器；

(4) 废气再循环(EGR)；

(5) 闭式曲轴箱强制通风。

相比较，柴油机 CO 和 HC 燃烧得更加充分，但由于不均匀燃烧，排放的 NO_x 与汽油机在同一数量级，而微粒物 PM 的排放要远高于汽油机。因此，柴油机的污染物排放控制，重点是 NO_x 和颗粒物，采取的主要控制措施有：

(1) 高性能可变几何增压(中冷)技术；

(2) 均质压燃技术和高压喷燃技术的应用；

(3) 废气再循环(EGR)；

(4) NO_x 催化还原和颗粒物的捕集；

(5) 燃烧室结构的优化设计，以提高缸内空气利用率。

参考文献

[1] 周强泰. 锅炉原理(第三版)[M]. 北京：中国电力出版社，2013.
[2] 樊桂泉. 锅炉原理[M]. 北京：中国电力出版社，2008.
[3] 王中铮. 热能与动力机械基础(第二版)[M]. 北京：机械工业出版社，2008.
[4] 车得福. 庄正宁，李军，等. 锅炉(第二版)[M]. 西安：西安交通大学出版社，2008.
[5] 许传凯，周虹光. 我国锅炉技术发展的历史回顾、现状与发展[C]. 中国国际发电技术会，2007.
[6] 王新军，李亮，宋立明，等. 汽轮机原理[M]. 西安：西安交通大学出版社，2013.
[7] 黄树红. 汽轮机原理[M]. 北京：中国电力出版社，2008.
[8] 谢延梅. 汽轮机原理[M]. 北京：中国电力出版社，2012.
[9] 康松，杨建明，胥建群. 汽轮机原理[M]. 北京：中国电力出版社，2012.
[10] 翁史烈. 热能与动力工程基础[M]. 北京：高等教育出版社，2004.
[11] 郭瑞. 汽轮发电机组汽流激振基础问题及特性研究[D]. 南京：东南大学博士学位论文，2009.
[12] 全兴信. 内燃机学[M]. 李钟福，姜哲云，高松春，等，译. 北京：机械工业出版社，2016.
[13] 李孝堂，侯凌云，杨敏，等. 现代燃气轮机技术[M]. 北京：航空工业出版社，2006.
[14] 闻雪友，肖东明. 现代舰船燃气轮机发展趋势分析[J]. 舰船科学技术，2010，32(8)：3-6，19.
[15] 蒋洪德，任静，李雪英，等. 重型燃气轮机现状与发展趋势[J]. 中国电机工程学报，2014，34(29)：5096-5102.
[16] 周龙保. 内燃机学[M]. 北京：机械工业出版社，2005.
[17] 林学东. 发动机原理[M]. 北京：机械工业出版社，2015.

第 5 章　换 热 设 备

5.1　工业加热炉

工业加热是工业生产流程中一个必不可少的环节，是提高原料和中间产品温度的主要手段。工业加热方式以工业加热炉为主，广泛应用于国民经济的各行各业。我国共有各类工业炉约 12 万台，年总耗能达 2.5 亿吨标煤，约占全国总能耗的 25%，占工业总能耗的 60%[1]。鉴于工业加热炉在工业生产中的重要作用，本节对此类加热装置的基本结构、工作原理和性能参数等进行了介绍。

5.1.1　分类与结构

5.1.1.1　分类

在工业生产中，利用燃料燃烧或者电能转化产生的热量对工件及物料进行加热的设备，称为工业加热炉[2]。锅炉也是一种工业炉，但习惯上锅炉、煤气炉、焦炉等其他能源转换设备不包括在工业炉内。

工业加热炉广泛应用于石油、化工、机械、热处理、冶金、材料、电子、轻工、日化、制药等领域，种类繁多。例如在机械工业，就有大量用途各异的加热炉：在铸造工序，有熔炼金属的冲天炉、感应炉、电阻炉、电弧炉、真空炉、平炉、坩埚炉等，有烘烤砂型、砂芯及各种合金的干燥炉，另外还有铸件退火炉、时效炉等；在锻压工序，则需要用到对钢锭或钢坯进行锻前加热的各种加热炉和锻后消除内应力的热处理炉；在热处理工序，有改善工件机械性能的各种退火、正火、淬火、回火和渗碳用的热处理炉；在焊接工序，有焊件的焊前预热炉和焊后热处理炉，有冲压件的冲压前钢板加热炉等；此外还有其他工序使用的木材干燥室和油漆干燥室等。再如在石油化工领域，用于加热油、气、水等介质的加热炉一般分为火筒式加热炉和管式加热炉两大类，火筒式加热炉包括直接加热炉和间接加热炉，而管式加热炉按工质类型又可分为加热液体、加热气体、加热汽液混合物等类型。在造纸、纺织、印染等行业应用比较广泛的一种加热炉为导热油炉。这些加热炉因用途、热源、结构等的不同而差异较大，本节重点介绍了机械行业所用的常规加热炉[2]。

从工业加热设备所用能源来看，工业加热炉可分为燃料炉（也称火焰炉）和电炉。燃料炉利用燃料内部的化学能通过燃烧反应产生的热能对工件、物料等进行加热；电炉则利用电流的热效应，将电能转化成热能对炉内的工件、物料等进行加热。按能量转换方式，电炉又可分为电阻炉、感应炉、电弧炉、真空炉和盐浴炉等。与电炉相比，燃料炉所用的燃料来源广泛，价格低廉，在因地制宜建造不同结构和用途的炉子时有着极大的便利性，并有利于在正常操作及科学管理的前提下降低生产成本，但不足之处是结构复杂、投资成本高、热效率低、不易实现自动化精确控制，最为关键的是燃料炉还易造成环境污染问题[3]。随着环保水平的不断提高，在电能不紧缺的场所，应优先考虑采用电炉加热方式。

按照热工制度，工业炉可分为间歇式炉（也称周期式炉）和连续式炉。间歇式炉，如室式炉、台车式炉、井式炉、罩式炉等，其炉膛内不划分温度区段并按一班或两班生产，且每一个加热周期内，炉温都是变化的；连续式炉，如二段或三段连续式加热炉、推杆式加热炉、步进式炉、冲天炉、振底式炉、石灰窑、环形炉、热处理炉等，其炉膛内划分温度区段，一般来说为预热、加热（高温）和均热（保温）三个区段组成，在加热过程中，每个区段的温度可以认为是没有变化的，在使用时，炉子分为三班连续生产。

5.1.1.2　基本结构

一般地，工业炉由炉衬、炉架、燃烧装置（或电热元件）、预热器、炉前管道、排烟系统、炉用机械等几个部分组成，如图 5－1 所示。

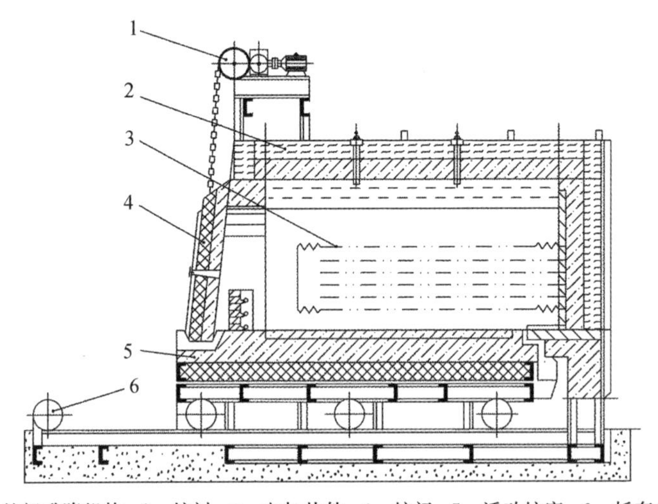

1—炉门升降机构；2—炉衬；3—电加热件；4—炉门；5—活动炉底；6—托车机构

(a)

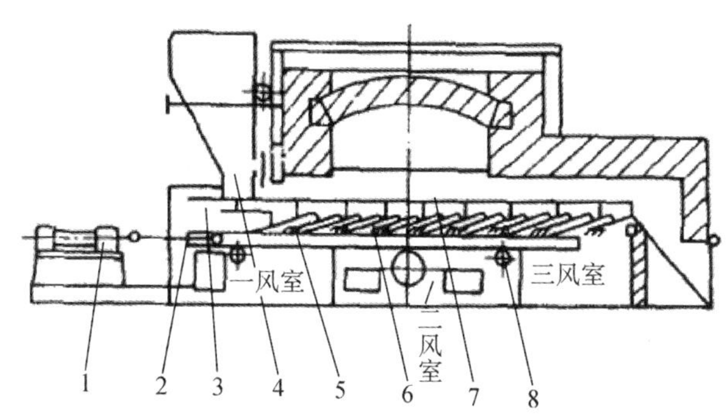

1—电动机构或液压缸；2—活动支架；3—输煤炉排；4—煤斗；
5—固定炉排片；6—活动炉排片；7—护板；8—托轮

(b)

图5-1 工业炉结构

(a) 台车式电阻炉；(b) 水平往复炉排燃煤炉

(1) 炉衬，或称砌体。这一部分是用耐火材料、隔热材料和某些建筑材料砌筑或敷设而成的炉膛、燃烧室、排烟道等炉体部位。炉衬的作用是使工业炉在加热和熔炼的过程中能承受高温热负荷、抵抗化学侵蚀、减少热损失并具有一定的结构强度，以保证炉内热交换的正常进行。

(2) 炉架。炉架由支柱、拉杆、炉墙钢板、拱脚梁、炉顶框架及固定构件的各种型钢组成，是炉体的钢结构部分。其作用是固定炉衬并承受其部分重力，侧支柱与拱脚梁承受砖砌拱顶的水平推力，前后支柱则用于承受炉衬的热胀力和某些构件的重力。

(3) 加热装置。加热装置是工业炉的核心部件。燃料炉的加热装置为燃烧装置，燃烧燃料以向炉内提供热量。针对燃烧装置，除保证在规定的热负荷条件下实现完全燃烧，或者根据特殊的加热要求实现不完全燃烧以取得规定的燃烧气体成分以外，还应该保证燃烧过程的稳定以及火焰的方向，另外强度和刚度以及铺展性应符合炉型及加热工艺的要求。电炉的加热装置为电热元件或加热介质，将电能转化为热能以对工件或物料进行加热，适用于加热制度要求较严的工件加热。

(4) 预热器。预热器用以回收炉子烟气的余热来预热助燃空气和气体燃料，以达到节约燃料、提高炉温、加快升温速度的目的。一般来说，空气的预热温度每提高 100℃，可提高理论燃烧温度 50℃，节约燃料 5%，产量相应增加 2%[4]。因此，正确使用预热器，对余热回收、环境保护都具有十分重要的意义。

(5) 炉前管道。炉前管道指的是与相应车间管道相连接的附属于单台炉子的管道部分，其用途是对炉用燃料、助燃空气以及构件所需的冷却水进行输送和均量分配。

(6) 排烟系统。排烟系统由烟囱、引风机、排送烟气的管道等组成,产生抽力将炉内的烟气排放到炉外。这一过程是保证排烟畅通、炉内火焰稳定的重要条件。

(7) 炉用机械。炉用机械是炉子组成部分中的机械运行部件,例如台车式炉的台车,以及台车的牵引机构、步进式炉的步进机构、输送式炉的输送带或输送链以及传动机构、推钢(杆)式炉的推钢机和出钢机、各种炉门升降及压紧机构等。这些炉用机械具体体现了工业炉的机械化程度,不但要保证装料出料的方便和运行的可靠,还要为实现炉子的自动化操作创造有利的条件。

5.1.2 常规炉型

5.1.2.1 燃料炉

燃料炉所用燃料包括煤粉、燃料油、天然气、炉煤气等,通过燃烧这些燃料产生高温烟气,随后通过传导、对流、辐射等传热方式将热量传递给被加热的工件。在常见的工业炉炉型中,室式炉、台车炉、井式炉、环形炉等均可以作为燃料炉。

室式炉是燃料炉中的一个基本炉型,具有间歇加热、结构简单的特点,适用于单件小批生产。其炉膛结构可以分为侧燃式结构、底燃式结构、循环式结构和蓄热式结构。侧燃式结构以油或煤气为燃料,烧嘴安装在单侧或双侧的炉墙上,安装标高要超过炉底装料的高度,燃烧产生的火焰直接喷入炉膛内,并能够促使炉内有一定程度的气流循环,且由于具有了一定的炉膛高度,辐射传热作用也得到了加强。底燃式结构的燃烧室设置在炉的底部,适用于炉温低于1000℃的热处理炉。其借助烧嘴的喷射作用将温度较低的炉气吸入底燃烧室,一方面可以降低燃烧室的温度,延长其使用寿命,另一方面使得进入炉内气体温度降低,有利于炉膛内温度分布的均匀。循环式结构依靠烧嘴喷出的高温、高速烟气,借助循环烟道将炉气吸入掺和,然后由燃烧道喷入炉内。蓄热室结构炉墙的大部及炉顶全部采用耐火材料纤维轻体结构,在炉膛的两侧各装一个带有蓄热室的烧嘴,因此具有很大的节能潜力。

台车式炉属于间断式变温炉,炉膛不分区段,炉温按规定的加热程序随时间变化,用于钢锭锻前加热或工件热处理加热,燃烧燃料或电加热均可,如图5-1所示。台车炉炉底为一可移动台车,加热前台车在炉外装料,加热件需放在专用垫铁上,垫铁高度一般为200～400mm。加热时,由牵引机构将台车拉入炉内;加热后,由牵引机构将台车拉出炉外卸料,因此这种炉型热效率较低。

井式炉具有垂直圆形炉膛,直径0.5～4.5m,炉膛最深达30m,用于加工长杆形工件,如汽轮机主轴、发电机转子等工件的正火、淬火、回火等热处理加热。井式炉的炉口设在炉顶上,工件由专用吊具垂直装入炉内加热,可避免发生弯曲变形。

另外，井式炉一般专门配置有快速起重桥式起重机，能快速将工件装入炉内或加速吊出炉外，特别是后者，当工件淬火时能尽量减少加热后工件的温度降落。井式炉所使用的燃料通常为煤气或燃料油。

环形炉属于连续式炉，由环形炉膛和回转炉底构成，多用于钢材锻造和轧制前的钢坯加热，也可用作热处理加热，具有如下主要特点：①炉膛结构一般分加热和预热两个区段，离炉烟气温度比间断式炉低，因而炉子的热量利用率较高；②由于间隔布料和回转热炉底的作用，钢坯在炉内的加热速度快，因而可减少金属的氧化和脱碳，使料坯加热温度均匀，但生产率低于其他连续式炉；③由于炉底回转，可避免拱料现象，设备发生故障或停炉时炉内料坯取出方便。环形炉适于燃用各种煤气或燃料油，当燃用低热值煤气时必须对空气、煤气进行预热。

5.1.2.2 电炉

与燃料炉不同，电炉将电能转化为工业炉所需的热能，在炉中不存在燃烧的过程。相对而言，电加热炉更加高效、节能。从加热角度，电炉可以分为电阻炉、电弧炉、真空炉、感应炉和盐浴炉等。

电阻炉利用电流使炉内电热元件或加热介质发热，以电阻丝或电阻带为加热元件，多用于金属的热处理加热。类似燃料炉，电阻炉也存在室式、井式、台车式、推杆式、步进式等炉型。另外，按照电热产生方式，电阻炉可以分为直接加热电阻炉和间接加热电阻炉两种。前者是电流直接通过物料，后者具有专门的实现电-热转换的电热体。目前，大部分的电阻炉是间接加热电阻炉。

电弧炉通过金属或非金属（如石墨）电极产生电弧进行加热，可分为三相电弧炉、单相电弧炉、自耗电弧炉等类型。由于电弧炉在熔炼时具有工艺灵活性大、能有效去除杂质（如磷、硫等）、炉温易于控制的优势，所以多用于金属和非金属的熔炼和精炼。

感应炉利用物料的感应电热效应而使物料加热或熔化，其采用的交流电源频率大致有三种，即工频（50 或 60 Hz）、中频（150～10000 Hz）和高频（>10000 Hz）三种。在交变电磁场作用下，感应炉中物料内部产生涡流，从而达到加热或熔化的效果。感应炉多用于金属的加热和熔炼。

盐浴炉是用氯化钠、氯化钾、硝酸钠、氰化钠等熔融盐液作为加热介质，将工件浸入盐液内加热的工业炉，加热速度快，温度均匀。由于工件始终处于盐液内加热，工件出炉时表面又附有一层盐膜，所以能防止工件表面氧化和脱碳。盐浴炉可用于碳钢、合金钢、工具钢、模具钢和铝合金等的淬火、退火、回火、氰化、时效等热处理加热，也可用于钢材精密锻造时少氧化加热。盐浴炉加热介质的蒸气对人体有害，使用时必须通风。

5.1.3 性能参数

工业炉的性能主要由装载量、生产能力、生产率、单位热耗、炉底热强度和热效率等参数进行衡量。

1）装载量

在每一个加热周期内，一次可装入炉内的工件或物料的重量，称为炉子的装载量，单位为吨。对于不同类型的工业炉，其装载量的定义是不同的。对于干燥炉，炉子的装载量是指一次装入炉内的物料(包括砂箱、砂型和砂芯等)体积占炉室容积的百分数，称为炉子的填充率。炉子装载量和填充率代表了炉子负荷的大小，也是计算炉体结构和基础承载能力的因素之一。

2）生产能力

对于加热炉和热处理炉，炉子的生产能力是指单位时间内的加热能力，单位为千克/时(kg/h)，对于冲天炉则习惯称为炉子的熔化率，单位为吨/时(t/h)。炉子升温速度越快，表明生产能力越高。

3）生产率

对加热炉和热处理炉而言，按单位时间、单位炉底面积计算的炉子加热能力称为炉子的生产率，单位为千克/(米^2 · 时)(kg/(m^2 · h))，对于冲天炉则习惯称为炉子的熔化强度，单位是吨/(米^2 · 时)(t/(m^2 · h))。炉子的装载量越大，升温速度越快，则炉子的生产率越高。一般而言，炉子生产率越高，加热每千克工件的单位热量消耗也就越低。因此，降低能源消耗首先要做到满负荷生产，以尽可能提高炉子的生产率。

4）单位热耗与炉底热强度

在一个加热周期内，加热每千克工件所消耗的热量称为工件的单位热耗，其单位为千焦/千克(kJ/kg)。单位热耗与炉子生产率的乘积为炉底热强度，单位为千焦/(米^2 · 时)(kJ/(m^2 · h))。利用单位热耗与炉底热强度指标可以相对精确地计算炉子消耗燃料的量。降低炉子的燃料消耗量，除满负荷生产、尽可能提高炉子生产率外，还应该减少炉子砌体的蓄热和散热损失、水冷构件的热损失、各种开口辐射的热损失、逸出炉外的烟气和吸入炉内的冷空气造成的热损失及离炉烟气带走的热损失等。

5）热效率

工业加热炉的热效率为工件或物料加热时吸收的有效热量与供入炉内的热量之比。可以表示为

$$\eta = \frac{100Q_y}{Q_g} = 100\left(1 - \frac{Q_s}{Q_g}\right) \tag{5-1}$$

式中，η 为炉子的热效率，单位为%，Q_y 为工件或物料吸收的有效热量，单位为 kJ/h，Q_g 为供入炉内的热量，单位为 kJ/h，Q_s 为各项热损失之和，单位为 kJ/h。

5.1.4　炉型选择与发展趋势

5.1.4.1　炉型选择

工业加热炉的炉型选择是一个涉及多方面因素的综合性问题，需考虑燃料种类、燃烧装置类别、预热器类型、排烟方式等因素。

1）燃料选择

燃料根据其状态可以分为固、液、气三种类型燃料。固体燃料主要为煤、煤粉和焦炭。使用煤作燃料时，应从燃料煤的煤质特性，包括发热量、挥发分、黏结性、灰熔点等，并按照炉子燃烧系统的性能要求选择合适的煤种。液体燃料主要为燃料油，在使用时需要对其进行加热和过滤，以使油具有较低的黏度和较好的洁净度。气体燃料主要为炉煤气、焦炉煤气和城市天然气，少数工厂也会使用混合煤气、水煤气和液化石油气等。对于气体燃料，在选用时需考虑的是煤气压力和煤气发热量。

2）预热器选择

预热器分为换热式和蓄热式两种。换热式预热器以金属预热器为主，利用离炉的烟气余热，通过辐射和对流两种换热形式来加热预热器壁，再通过对流换热方式加热流经预热器壁另一侧的空气或煤气。金属预热器优点是占地少、气密性好、热效率高，但受金属材料所能承受的耐热温度限制，气体预热温度通常低于蓄热式预热器。蓄热式预热器以耐温材料为热载体，将高温烟气的热量传递给被加热的空气或煤气，因此加热温度高，可在 900℃以上，但存在的问题是结构笨重、造价高、密封性不好。

3）燃烧装置选择

选择不同类型的燃烧装置决定了炉型结构。煤气烧嘴或油嘴在相互转变类型时，对炉型结构的影响不会很大，但是煤炉选型时随燃煤装置的不同却有着根本的变化。以下是几个主要的影响因素。

（1）加煤方式的影响：采用人工加煤的普通煤炉，因为燃烧室的煤层较薄，燃烧的过程很不稳定，难以保证加热的质量，而且会污染环境及恶化操作条件。而解决这一问题的方法是采用阶梯式或者往复炉排加煤机，这些方法均有利于改善燃烧过程同时提高加热质量。采用带有简易煤气化燃烧室的炉子，也称煤气化炉，或者建立小煤气发生炉发生热煤气供几台炉子使用等措施也改变了直接烧煤的落后状态。

（2）烧嘴类型的影响：近年来，广泛应用的新型高效喷嘴主要有高速喷嘴、平焰烧嘴、换热式烧嘴、长火焰烧嘴等，可应用于燃烧各种煤气和油燃料。

高速烧嘴的气体出口速度高，可以达到200～300 m/s，但是从降低燃烧噪声以及降低供入气体的压强考虑，一般而言高速烧嘴出口的速度会限制在80～150 m/s的范围内。高速烧嘴中气体的动能主要利用方向有：直接作用在加热件的表面以强化其对流传热；利用高速气体的喷射作用配合炉内设计的再循环装置增强炉内气体的再循环，达到均匀炉温的目的；另外，高速喷嘴配置在旋风式圆形炉膛结构上使得对流传热加强，炉温的均匀化速度加快。

平焰烧嘴可以获得圆盘形平火焰，这种火焰的直径在1～1.5 m，厚度在0.1～0.15 m，在相当大的平面内造成了均匀的温度场。在用于台车式加热炉时，由于火焰的扁平特性，避免了火焰对工件的直接冲击，且炉子升温速度会明显加快；而用于室式炉时，将烧嘴布置在炉顶可以大大降低炉膛的高度，有利于缩小炉膛尺寸、提高加热的速度。

高速长火焰烧嘴有利于消除大型钢(铁)液包烘烤时包内的上下部温差，同时还能将包内的温度烘烤到1000℃以上的高温。

换热式烧嘴则把烧嘴和预热器等有机地组合在了一起，形成了一个包括燃烧、排烟、余热回收的完整体系，适用于间断加热炉或热处理炉。其最大的优点是空气预热器温度高达500℃左右，被预热的高温空气在嘴体内部直接与燃料进行燃烧前的混合，易于取得最高的炉温和最快的加热速度，但其与单体烧嘴相比，嘴体结构复杂，造价较高，其燃烧系统难以按照最佳结构实现不同的燃烧要求，如火焰形状的调节，空气、燃料的按比例自动调节等。

4）炉衬材料选择

适当选择耐火和隔热材料，合理设计炉衬结构并进行高质量的施工是改善炉子热工性能和延长炉衬使用寿命的关键因素。一般而言，工业炉常用的黏土质耐火砖的主要成分是 SiO_2 和 Al_2O_3 的混合物，所含的杂质在高温下可以使砖软化，因此，炉衬的最高使用温度通常限制在1350℃以下。如使用 Al_2O_3 含量在60%以上的高铝砖，则炉衬的最高使用温度可以达到1450℃；另外，镁砖和镁铝砖的使用温度可以达到1500℃，这两种砖作为抗碱的优良材料，通常用来砌筑加热炉炉底；锆刚玉砖一样具有耐磨和耐氧化铁皮侵蚀的能力，因此可以作为连续式加热炉的滑轨砖；碳化硅砖在高温下强度高、热导率大，因此适用于少氧或无氧化加热炉的马弗罩或辐射板；在基本成分 SiO_2 和 Al_2O_3 中添加质量分数小于1%的抗渗碳砖，能够很好地抵抗还原性的气氛，因此可以很好地用作可控气氛炉的材料。

而随着轻质和超轻质耐火材料的出现，将炉衬内层改用耐火纤维或者轻质耐火铺砌砖，由于这类材料兼有耐火和隔热的性能，特别是具有低导热系数、比热容小、热稳定性好的特点，能够显著加快炉子的升温速度和提高炉温的均匀度，并且节能效果也非常显著。选用耐火可塑料和具有不同使用性能的各种耐火注料预制成不同形状的预制块,或者在现场直接捣制炉衬,能够显著缩短生产周期并且可以增强炉子的整体性和密封性。

5)排烟方式选择

排烟方式直接关系炉子的结构和形式。确定排烟方式时,需要考虑的因素是工厂所在地区的气象条件,例如气温、风速、地下水位等情况。炉子分为上、下排烟两种方式,一般采用下排烟的炉子较多。

对于下排烟的炉子而言,其炉体结构比较庞大,需要占据较大的地下深度,在布置烟道时常常会受到设备基础及厂房柱基的限制。下排烟方式的优点在于烟气排到地下,不会影响车间卫生条件和操作环境,不会妨碍车间地上管线的布置和桥式起重机的正常运行。另外,下排烟方式的工业炉的烟道坚固耐用,使用寿命也较长。而其缺点是,由于下排烟的工业炉是多台炉子组成一个排烟系统,其烟道系统不易严密,烟囱的正常抽气力难以保证,地下水位较高时还需要设计烟道的地下排水层。

相对而言,上排烟的炉子炉体结构较为简单,所以其造价低、施工方便。另外,上排烟的炉子能够充分利用温度较高的烟气预热空气和煤气,在提供相同负压条件下烟囱的高度可以降低。上排烟主要有两种方式,一是炉内烟气直接排入车间,二是由炉顶排出的烟气通过烟囱排出厂房以外,或者借助排烟罩、排烟管及引风机组成的排烟管将烟排出厂房以外。一般而言,当炉子所在地区气温较低,炉子规格较小,车间内炉子数量不多,对车间桥式起重机的运行不妨碍;或地下水位较高,设计烟道建筑防水结构不适当或者有困难的时候,会考虑上排烟的方案。而对于煤炉,原则上都应该使用下排烟的方式。

此外,根据无氧化加热、快速加热或炉内要求恒温或者变温等工艺上的要求,以及炉用机械的形式,也与炉型的选择有着密切的关系。采用特种耐火材料也会对炉型有根本性的变革。

5.1.4.2 发展趋势

目前,工业炉存在的主要问题是产量和效率与能源资源消耗、污染排放控制的矛盾。工业炉的发展也是围绕着解决这些问题,向着高炉温、高烟温、高余热回收、低炉子惰性的“三高一低”方向发展[5]。

高炉温是指提高炉子的温度水平,主要可以用增加供热负荷来实现。在增加供热负荷没有效果的时候,则可以从提高燃料的发热值、提高助燃剂的含氧量、提高助燃剂和燃料的预热温度的角度考虑,来提高燃烧温度和炉温。炉温的提高意味着传给被加热物的热量增加,并由此可以提高炉子的产量。

高烟温是指提高烟气的出炉温度,这也可以用增加供热负荷来实现。特别是对连续式加热炉,可以在预热段内多布置供热点来加强供热,甚至在预热段内都供热,取消整个预热段,实施低温快加热的原则。由此提高整个炉子的温度水平,并提高炉子的产量。

高余热回收是指充分利用烟气的余热来预热助燃用空气和煤气,提高燃烧用空气和煤气的预热温度,进一步降低烟气的排放温度,将烟气余热的热量返回至炉内,从而提高余热回收率,又提高炉子的热效率,节约燃料消耗。

低炉子惰性是指降低炉衬的蓄热量,使炉子升温和降温的过程都能够加快,保证炉子在高炉温情况下的加热质量以及适应工况变化的能力,有利于实现生产过程的自动化和计算机控制,进一步提高加热质量。另外,这种措施还可以降低炉衬的蓄热和散热热损失,提高了炉子的热效率和降低燃料消耗,使炉子具有更高的效率。

5.2 工业干燥

工业干燥通常是指通过加热潮湿固体物料,排除其水分而获得较低含水量固体产品的过程。工业干燥的主要目的在于长期保存和储藏物料、降低后续工艺能耗、减少运输费用、便于装卸以及获得希望的产品形态及质量等。干燥技术应用范围十分广泛,种类繁多,涉及食品加工、化工产品加工、城市污泥处理、锅炉原煤干燥、造纸、染料、矿石加工等诸多方面。

5.2.1 干燥工作原理

从本质上来说,干燥是干燥介质和干燥物料完成热量和质量传递的过程,因而需要保证物料表面湿分蒸汽分压高于外部空间湿分蒸汽分压、保证热源温度高于物料温度。如图 5-2 所示,对湿物料进行热力干燥时,将相继经历恒速干燥和降速干燥两个过程[6]。恒速干燥是热量从高温热源以各种方式传递给湿物料,使物料表面湿分汽化并逸散到外部空间,并在物料表面和内部之间出现湿含量的差别。这一干燥过程的速率主要取决于空气温度、湿度、流速、暴露的表面积和压力等外部条件,因此称为外部条件控制。随着表面水分的蒸发和物料温度的升高,内部湿分向物料表面扩散并汽化,使物料整体湿含量进一步降低,逐步完成物料的干燥。这一过程为降速干燥,物料内部

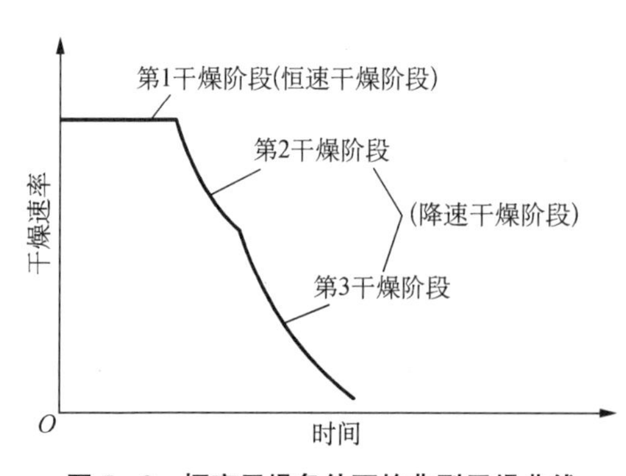

图 5-2 恒定干燥条件下的典型干燥曲线

湿分的迁移将受物料孔隙结构、温度和湿含量等内部条件控制。

外部干燥条件在初始阶段,即在排除物料非结合水时特别重要,因为物料表面的水分以蒸汽形式通过物料表面的气膜向周围扩散,这种传质过程伴随传热进行,故强化传热便可加速干燥。但是过快的表面蒸发将使某些材料表面过度收缩,在物料内部产生很高的应力,导致皲裂或弯曲,这种情况下应采用相对湿度较高的空气,既保持干燥速率又防止出现质量问题。

当干燥过程处于内部条件控制时,强化手段是有限的,但绝大多数物料干燥都是在降速阶段进行的,而且这一阶段需要很长的时间。在允许的情况下,可以通过对物料进行搅拌、振动来加快干燥速率,也可以通过湿粉料颗粒化、降低切片厚度以降低湿分的扩散阻力来减少干燥的时间。而由微波提供的能量则可有效地使内部水分汽化,此时如辅以对流或者真空则更加有利于水蒸气的排除。

当然干燥过程并不是一味追求速度,需要考虑的因素有很多,如特殊产品的物理化学性质,以及能源效率,成本和环境影响等。需要权衡多种因素,选择最佳干燥方式。

5.2.2 干燥设备分类

干燥设备又称为干燥器或干燥机,常用设备有转筒干燥、转鼓干燥、卧式桨叶干燥、气流干燥、喷雾干燥、流化床干燥、旋转闪蒸干燥、红外干燥、微波干燥等。这些干燥设备可按传热方式、操作压力、工质流动方向、干燥时间、介质类型等进行归类。

1) 按传热方式

按传热方式的不同,干燥设备可分为对流式、传导式、辐射式以及微波式几种。对流式干燥又称直接干燥,是利用热的干燥介质与湿物料直接接触,以对流方式传递热量,并将生成的蒸汽带走。这种做法的特点是热量利用的效率高,但是如果被干燥的物料具有污染物,也将带来环保排放问题,因高温烟气的进入是持续的,因此也造成同等流量的、与物料有过直接接触的废气必须经特殊处理后排放。传导式干燥又称间接式干燥,是将高温烟气的热量通过热交换器,传给某种介质,这些介质可能是导热油、蒸汽或者空气。介质在一个封闭的回路中循环,与被干燥的物料没有接触。它利用传导方式由热源通过金属间壁向湿物料传递热量,生成的湿分蒸汽可用减压抽吸、通入少量吹扫气或在单独设置的低温冷凝器表面冷凝等方法移去。热量被部分利用后的烟气正常排放。间接利用存在一定的热损失,但不存在污染问题。辐射式干燥器是利用各种辐射器发射出一定波长范围的电磁波,被湿物料表面有选择地吸收后转变为热量进行干燥。微波干燥法则是通过微波加热原理使湿物料内部发生热效应进行干燥,具有由内向外的干燥特点。微波干燥过程中,温度梯度、传热和蒸汽压迁移方向均一致,从而大大改善了干燥过程中水分迁移的条件,优于常规干燥。

2）按操作方法

按操作压力，干燥工艺分为常压干燥和真空干燥两类。在真空下操作可降低空间的湿分蒸汽分压而加速干燥过程，且可降低湿分沸点和物料干燥温度，蒸汽不易外泄，但是真空干燥对设备要求较高，干燥成本也较高。真空干燥适用于干燥热敏性、易氧化、易爆和有毒物料以及湿分蒸汽需要回收的场合。

3）按工质流动方向

按工质流动方向分为顺流、逆流、错流（通常在气流干燥和喷雾干燥），不同运动方式对传热系数的影响较大，同时也会使干燥设备的进出口温度的设定不同。

干燥设备种类繁多，在选择干燥设备时，需综合考虑物料性质、干燥产品要求、干燥能量消耗、介质与物料的兼容性等因素，再根据实际情况选择适合的干燥设备。另外，在实际工程中必须考虑干燥系统而不是仅限于干燥设备。例如，当处理市政污泥时，原料的机械脱水预处理工艺、干燥设备排放物的净化工艺与干燥过程一样都是非常重要的，因此需综合考虑系统的能耗、安全性和环境因素。

5.2.3 常规干燥设备

工业常规干燥设备以直接式和间接式为主。直接式干燥如喷雾干燥、流化床干燥、带式干燥和气流干燥，干燥介质是热空气、烟气等，取决于物料对干燥环境的要求，一般来说喷雾干燥、流化床干燥和带式干燥都是利用热空气，而对于干燥煤常用的气流干燥多直接使用低温烟气[7]。传导式干燥有卧式桨叶干燥、转鼓干燥等，这类干燥器不使用干燥介质，热效率较高，产品不受污染，但干燥能力受金属壁传热面积的限制，结构也较复杂，常在真空下操作。下文对几种常规干燥设备的结构和特点进行介绍。

5.2.3.1 桨叶干燥机

桨叶式干燥机是一种在设备内部设置搅拌桨叶，使湿物料在桨叶的搅动下，与设备夹套及桨叶的表面充分接触，从而达到干燥目的的低速搅拌干燥器，结构形式一般为双轴或四轴，卧式布置，如图 5-3 所示[8]。加热介质（蒸汽、热水或导热油）由轴端进入干燥装置，分为两路分别进入干燥机壳体夹套和桨叶轴内腔，空心轴上密集排列着楔型中空桨叶，热介质经空心轴充满桨叶；加热介质将壳体和桨叶轴及桨叶同时加热，再以传导加热的方式对物料进行加热干燥。干燥所需热量主要是由排列于空心轴上的空心桨叶壁面提供，而夹套壁面的传热量只占少部分。所以单位有效容积传热面积很大，可节省设备占地面积，减少基建投资。此外，存在的热损失仅为壳体保温层向环境的散热，因此热量利用率较高，可达 90%以上。被干燥的物料由进料口连续地进入干燥机，充满楔型叶片的间隙，通过桨叶的转动，使物料翻转、搅拌，不易粘壁、结块，一方面因与壳体和桨叶接触而被加热，使物料

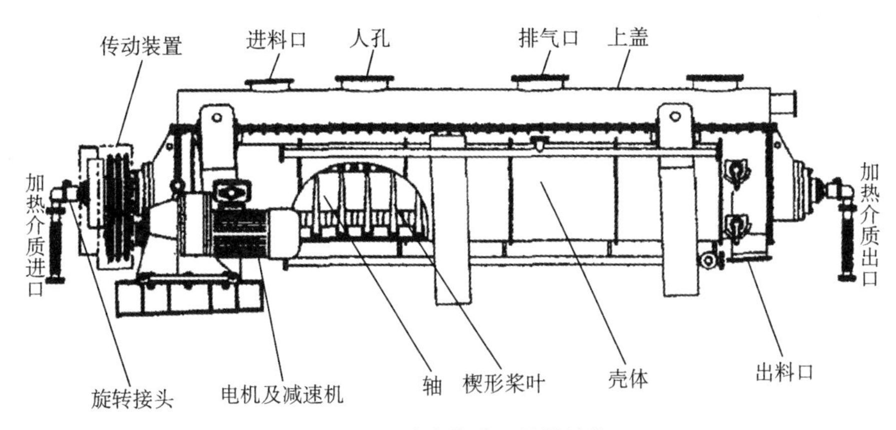

图 5-3 卧式桨叶干燥器结构

所含的表面水分蒸发，另一方面随桨叶轴的旋转成螺旋轨迹向出料口方向输送；最后，干燥均匀的合格物料由出料口排出，蒸发出的湿分气体则由排气口离开。由于桨叶结构特殊，物料在干燥过程中交替受到挤压和松弛，强化了干燥。另外，双轴叶片反向交错旋转时，具有自清洁作用，因此对黏性和膏状物料也能应用。

5.2.3.2 转筒干燥器

转筒干燥器是最古老的干燥设备之一，目前仍广泛使用于食品、冶金、建材、化工等领域。转筒干燥器的主体是略带倾斜并能回转的圆筒体，如图 5-4 所示。在干燥过程中，湿物料从左端上部落入，借助于圆筒的缓慢转动，在重力的作用下向右侧移动，与通过筒内的热风或烟气等热介质相接触，主要以对流传热的方式进行有效换热而逐渐被干燥。筒体内壁上装有顺向抄板，不断将物料抄起又洒下，使得物料的热接触表面增大，并使其向前移动，干燥后的产品从右端下部收集。按照热风与物料之间的流动方向，转筒干燥器分为顺流式和逆流式两种。对于耐高温材料，常采用逆流干燥方式以提高热能利用率。与其他干燥设备相比，转筒干燥器结构简单、生产能力大、故障少、流动阻力小，存在的主要问题是设备庞大、一次性投资多、热损失较大。

5.2.3.3 带式干燥机

带式干燥机结构如图 5-5 所示，输送带置于隧道内，将需要干燥的固体物料通过布料装置均匀地铺设在输送带上，应保证堆置的物料具有足够的透气性。输送带的移动速度可根据实际情况自由调节，铺设在输送带上的物料随输送带缓慢地送入隧道内，与从底部垂直穿流过输送带和物料的热空气或烟气进行传热、传质交换，使物料所含的水分被蒸发带走。已部分烘干的物料通过隧道尾部的过渡段，落入下层输送带，返回隧道继续加热烘干，达到充分干燥的目的，最后由排料口排出。这种干燥设备广泛运用于食品、化纤、皮革、林业、制药和轻工业中。按输送带

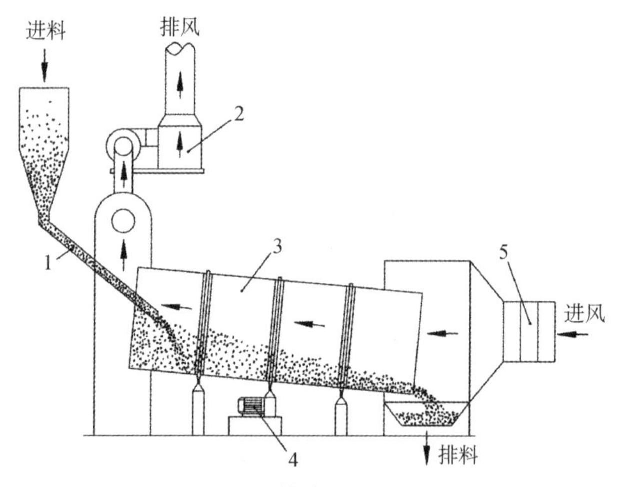

图 5-4 转筒干燥器构造

1—给料管；2—排气管；3—转筒；4—电机；5—进风室

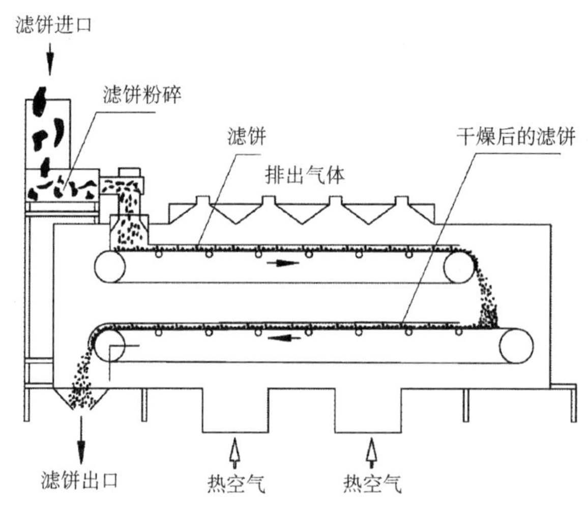

图 5-5 带式干燥器结构

层数分为单层、多层和多级；按通风方式分为上通风、下通风和混合通风。

带式干燥机由若干个独立的单元段组成。每个单元段包括循环风机、加热装置、单独或公用的新鲜空气抽入系统和尾气排出系统。操作较为灵活，湿物料的干燥过程在完全密封的箱体内进行，工作条件较好，避免了粉尘外泄。与其他干燥设备相比，物料不受冲击，颗粒间的相对位置比较固定，颗粒不易破碎。带式干燥机结构简单，安装方便，可长期运行，但是占地面积大，运行噪声也较大。

5.2.3.4 流化床干燥器

流化干燥，又称沸腾干燥，是一种运用流态化技术对颗粒状固体物料进行干燥的方法。如图 5-6 所示，在流化床干燥器中，热空气或烟气经底部布风板进入流化床，流化密相区的物料颗粒成翻滚的沸腾状态，颗粒均匀地分散在热气流中上下翻动，互相混合和碰撞，气流和颗粒间又具有大的接触面积，因此流化干燥器具有较高的体积传热系数。新的湿物料由上部投入流化床密相区，与床内的物料充分混合，干燥产品则从溢流口排出。离开流化床密相区的气体，经旋风分离器、袋式或静电除尘器回收所夹带的粉尘后排入大气。由于具有颗粒混合充分、床层温度和浓度均匀、换热能力强等诸多优点，流化床干燥器的应用领域也比较广泛。

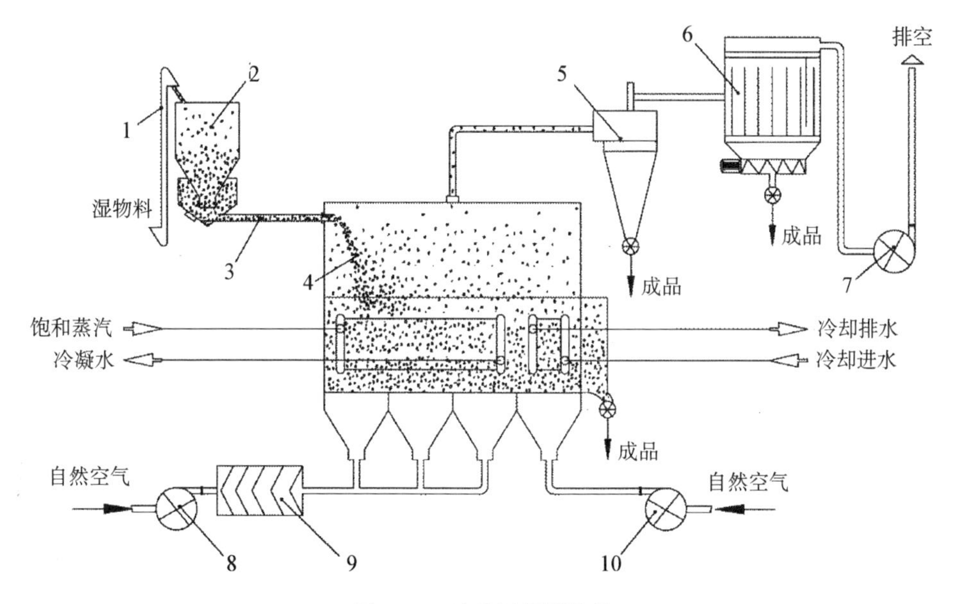

图 5-6 流化干燥器结构

1—上料机；2—料仓；3—进料机；4—流化床干燥机；5—旋风分离器；6—袋式除尘器；7—引风机；8—送风机；9—加热器；10—冷却风机

5.2.3.5 喷雾干燥器

喷雾干燥是采用雾化器将原料分散为雾滴，并用热气体干燥雾滴而获得产品的一种干燥方法，系统工艺如图 5-7 所示。雾化器是喷雾干燥的关键部件，常用方式分为气流式、压力式和旋转式三种[9]。

(1) 气流式：采用压缩空气或蒸汽以很高的速度从喷嘴喷出，依靠与原料之间的速度差所产生的摩擦力，使原料分裂为雾滴。该雾化方式的优点是结构简单、磨损小、黏度适用范围广、雾滴较细，但动力消耗较大，为压力式和旋转式雾化器的 5～8 倍。

(2) 压力式：压力式雾化器适用于低黏度、流动性好的浆状原料，利用高压柱塞泵使原料获得高压，高压物料通过喷嘴时，压力转变成动能而分散为液滴。

这种方式结构简单,节省动力,但物料喷嘴很小,易堵塞,对于高黏度物料雾化效果差。

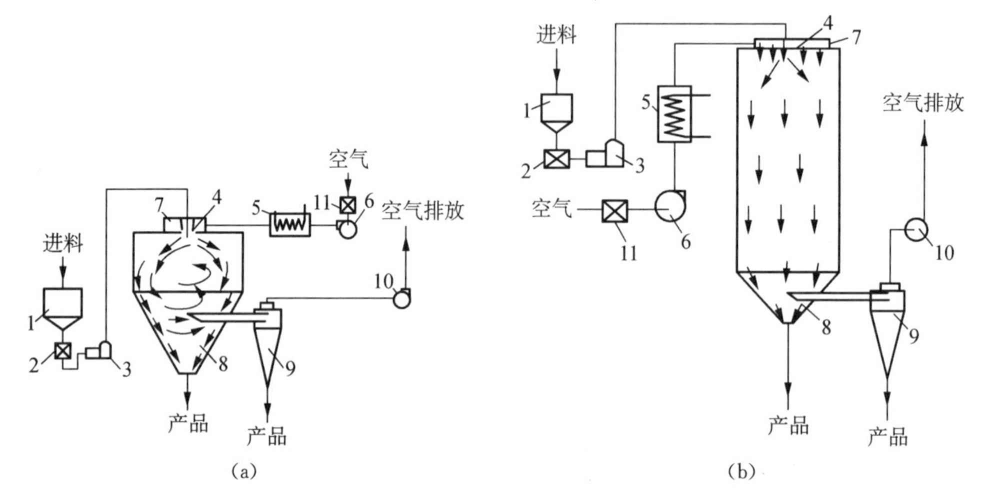

图 5-7 压力式喷雾干燥系统

(a) 旋转式雾化器;(b) 喷嘴式雾化器

1—料罐;2—物料过滤器;3—柱塞泵;4—雾化器;5—空气加热器;6—送风机;7—空气分布器;8—干燥室;9—旋风分离器;10—引风机;11—空气过滤器

(3) 旋转式:物料在高速转盘中受离心力作用从盘边缘甩出而雾化,特别适用于大型的喷雾干燥装置。

5.2.3.6 气流干燥

气流干燥也称"瞬间干燥",如图 5-8 所示,由干燥管、旋风分离器和风机等部分组成,湿物料经加料器连续加至干燥管下部,被高速热气流分散而均匀地悬浮于

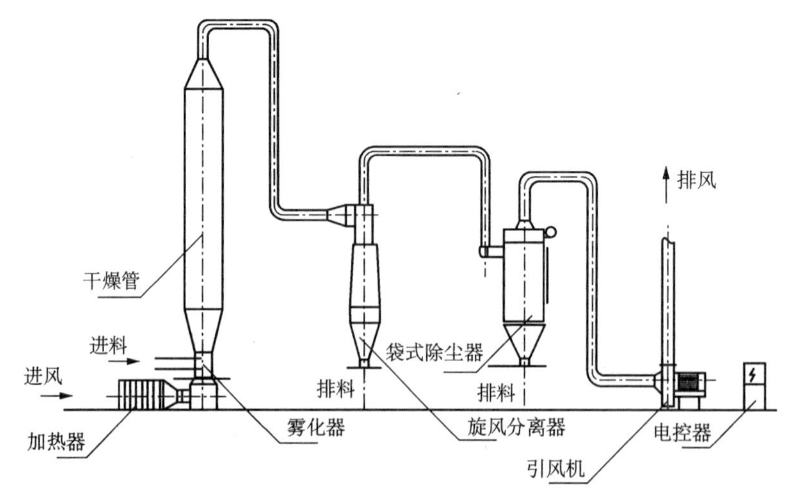

图 5-8 气流干燥结构

上升气流中，因而两相接触面积大，强化了传热与传质过程，干燥了的固体物料随气流进入旋风分离器，分离后收集起来，废气经风机排出。该技术的显著优点是气体与物料之间的传热系数高达 230～1 200 W/(m^2·℃)，干燥时间只需要数秒钟[10]，因此热效率高、干燥时间短、处理量大。所干燥的物料以粉末和颗粒状物料为主，由于高速气流容易使物料破碎，因此不适用于需要保持完整结晶形状及光泽的物料。

5.2.4 新型干燥设备

随着现代科技的进步，为满足特殊干燥的要求，近些年陆续出现了一些新型干燥技术，如冲击干燥、真空冷冻干燥、生物干燥、过热蒸汽干燥、脉动燃烧干燥、热泵干燥等，与常规干燥技术的对比如表 5-1 所示，使得干燥系统热利用率更高、用途更加广泛[11, 12]。

表 5-1 传统干燥器与新型干燥器对比

传统干燥器	新型干燥器
稳定的热流输入	能量间歇输入
恒定的气流	变化的气流
热单一输入模式	热组合式输入模式
单级(单一类型的干燥器)	多级(每级可以是不同的干燥器类型)
空气或燃气作为干燥介质	过热蒸汽作为干燥介质
常压操作	低压或高压操作

1) 真空冷冻干燥

真空冷冻干燥是将物料冻结到共晶点温度以下，使水分变成固态的冰，然后在适当低压状态下，通过升华除去物料中水分，从而得到干燥制品的一种干燥方法。在升华过程中，冻结物料内的冰或其他溶剂要吸收热量，引起物料本身温度的下降而减慢了升华速度。因此为了增加升华速度，缩短干燥时间，必须对物料进行适当加热，但整个干燥过程是在较低的温度下进行的。冷冻干燥的优点比较显著：冷冻干燥在低温下进行，因此对于许多热敏性的物质特别适用，如蛋白质、微生物之类不会发生变性或失去生物活力；在低温下干燥时，物质中的一些挥发性成分损失很小，适合一些化学产品、药品和食品干燥；干燥能排除 95%～99%以上的水分，使干燥后产品能长期保存而不致变质。

2）置换干燥

置换干燥是一种非热力干燥方法，应用比水的密度大且不溶于水的某种干燥溶剂（置换剂）来置换湿物料中的水分。当湿物料浸泡于干燥溶剂中时，在浮升力和表面张力的共同作用下，该溶剂使物料中的水分从固体表面脱离，通过重力、离心力或蒸发的方式将水和置换剂分离。然后，置换剂再循环进入干燥系统重新利用。与传统干燥技术相比，置换干燥具有能量消耗低、干燥效率高、时间短、在被干燥物料表面不留水分斑迹等优点。因此，置换干燥在很多领域中得到了广泛的应用，尤其在木材干燥中具有很强的吸引力和广阔的应用前景。

3）过热蒸汽干燥

过热蒸汽干燥是指利用过热蒸汽直接与物料接触而去除水分的一种干燥方式。过热蒸汽干燥系统闭路循环，全部为惰性无氧气氛环境。物料内水分蒸发所形成的过热蒸汽排出系统后，可以回收全部干燥所供给的热量，蒸汽耗量小，热效率大大提高。作为一种新型的干燥技术，过热蒸汽干燥主要具有热效率高、节能效果显著、干燥速率快、消毒灭菌等优点。按过热蒸汽压力，可将过热蒸汽干燥分为高压、常压和低压三种。高压过热蒸汽干燥一般只适合于泥炭、糟渣、纸浆及煤泥等的干燥，常压过热蒸汽干燥适合于煤炭、纺织品及纸张等的干燥，而对于热敏性物料如食品、果蔬及木材等物料应采用低压过热蒸汽干燥[13]。

4）生物干燥

生物干燥是利用堆积的生物材料中微生物氧化分解自身有机物所产生的能量来去除水分的干燥过程。生物干燥不需要消耗常规能源，干燥速率与生物材料的含水率、温度及通气量有关[14]，具有干燥成本低、使用安全等优点。

5）超临界干燥

超临界流体是一种温度和压力处于临界点以上，无气液相界面区别而兼有液体性质和气体性质的物质相态。超临界干燥过程实际上就是利用超临界流体超强的溶解能力，使被干燥液体达到超临界状态并溶解在超临界流体中。这种技术迄今已有多项成功的应用实例，如凝胶状物料的干燥、抗生物质等医药品的干燥、食品和医药品原料中菌体的处理等[6]。

5.3 余热回收

余热资源属于二次能源，是一次能源或可燃物料转换后的产物，或是燃料燃烧过程中所发出的热量在完成某一工艺过程后剩下的热量[15]。由于受历史、技术、理念等因素的局限，在已投运的工业企业耗能装置中热能往往未得到合理利用，因而余热资源普遍存在，特别在冶金、化工、建材、机械、电力及轻工等行业的生产过程中，都存在丰富的余热资源，利用潜力巨大。为此，本节对余热资源的来源、利用方式和设备进行详细介绍。

5.3.1 余热的来源与利用现状

工业余热按照温度品位一般分为600℃以上的高温余热、300～600℃的中温余热和300℃以下的低温余热三种；根据余热的来源，工业余热又可被分为烟气余热、冷却介质余热、废气废水余热、化学反应热、高温产品和炉渣余热以及可燃废气废料余热等[16]。这其中，烟气余热的量最大，主要来自发电厂、建材、冶炼等工业行业，可占余热总量的一半以上，且产出集中，是余热利用的主要对象；冷却介质余热是在工业生产中为了保护高温生产设备或满足工艺流程冷却要求，空气、水和油等冷却介质带走的余热，多属于中低温余热，约占余热总量的20%；废水废气余热是一种低品位的蒸气或凝结水余热，占余热资源总量的10%～16%；化学反应余热占余热资源总量的10%以下，主要存在于化工行业；高温产品和炉渣余热主要指坯料、焦炭、熔渣等的显热和石化行业油气产品的显热等；可燃废气、废料余热是指生产过程的排气、排液和排渣中含有可燃成分，如冶金行业的高炉煤气、转炉煤气等。不同行业的余热来源与利用途径如表5-2所示[17]。

表5-2 各行业余热主要来源

行业	余热资源	余热用途	余热可回收率
钢铁冶金	烟气、高炉废气、循环冷却水、冲渣水	发电、工艺生产用热、生活用热（供暖、卫生热水）	30%以上
煤矿	巷道排水、矿井排风、瓦斯发电机循环冷却水	井筒防冻、生活热水、建筑供暖、制冷	30%～40%
印染	印染废水	生产用热、生活热水、建筑供暖、制冷	40%以上
有色金属	循环冷却水、生产污水	生产用热、生活热水、建筑供暖、制冷	40%以上
化工	工艺循环冷却水、工业废水、工业废气、烟气、乏汽	生产用热、生活热水、建筑供暖、制冷	30%以上
石油	采油污水	生产用热、生活热水、建筑供暖、制冷	30%～40%
火力发电	烟气、乏汽冷凝余热	城市供热	50%以上

我国工业领域能源消耗量约占全国能源消耗量的70%，其中各种工业炉所消耗的能源占据很大的比例。因此，对于我国来说，实现节能减排、提高能源利用率

主要靠工业领域。我国主要产品单位能耗平均比国际先进水平大约要高三分之一，除了生产工艺相对落后、产业结构不合理等因素，工业余热回收率低，能源没有得到充分综合利用也是一个重要原因。具体表现有：能源综合利用水平低，未实现按余热品级来分级利用；中低温余热利用不足；回收系统与设备不完善等。

从另一方面来看，我国工业余热资源丰富，广泛存在于各行业中，回收潜力大。近年来，工业余热已被看作一种新能源，越来越受到国家的重视。《中华人民共和国节约能源法》明确指出节约资源是我国的基本国策；鼓励工业企业采用余热余压技术，利用余热余压发电的机组以及其他符合资源综合利用规定的发电机组与电网并网运行；在国家《节能中长期专项规划》中，余热余压利用工程被列为十大节能重点工程之一："十一五"期间在钢铁联合企业实施干法熄焦、高炉炉顶压差发电、全高炉煤气发电改造以及转炉煤气回收利用，形成年节能 266 万吨标准煤；在日产 2000 吨以上水泥生产线建设中低温余热发电装置每年 30 套，形成年节能 300 万吨标准煤；通过地面煤层气开发及地面采空区、废弃矿井和井下瓦斯抽放，瓦斯气年利用量达到 10 亿立方米，相当于年节约 135 万吨标准煤。国家通过财政补贴、税收优惠、技术支持等来推动余热回收的发展。

5.3.2 余热回收方式

根据上文，余热资源来源广泛、温度范围广且存在形式多样化，这给回收利用技术的选择带来了诸多限制和困难，需要综合考虑以下一些因素：

(1) 一些余热热源具有分散性、不稳定性、间歇性等特点；

(2) 余热的能量载体形态各异（固、液、气），载体还可能具有腐蚀性、爆炸性、有毒性、含尘性、黏结性等性质；

(3) 余热本身的品质也有好坏之分；

(4) 余热回收很大程度上受时间、空间与生产条件的限制。

因此，需要根据余热的具体情况确定切实可行的利用方案。目前，从原理上看，工业余热回收的技术大致可分为热交换、热功转换及余热制冷制热这三个方向。

5.3.2.1 热交换

一般来说，余热回收应优先用于本系统设备或本工艺流程，以降低一次能源的消耗，减少能量转换次数。热交换技术即是以此为目的。应用实例包括：电厂中通过空气预热器、回热器、加热器等各种换热器回收余热加热助燃空气、燃料、工质水等，提高锅炉性能和电厂热效率，降低燃料消耗，减少烟气排放；或将高温烟气通过余热锅炉或汽化冷却器生成蒸汽热水，用于工艺流程等。这些技术不改变余热能量的形式，只是通过换热设备将余热能量直接传递给自身工艺的耗能流程，具有热效率高的优势，应被优先考虑。

5.3.2.2　热功转换

受热用户需求量的限制，大量存在的余热资源可能无法全部用于热利用，这时就需要考虑将余热转化为更加有价值的能量产品。热功转换就可以提高余热的品位，不仅可回收高温余热，也可以回收大量的中低温热源，通过蒸汽动力循环或者有机朗肯循环来实现余热发电。例如，对于炉窑、水泥、玻璃、陶瓷等行业的高温余热，可采用“余热锅炉-低温汽轮机”发电技术；而对于生产中的中低温余热以及地热能、太阳能、海洋温差能等低品位能源，主要采用前文所述的有机朗肯循环余热发电系统[18]。

5.3.2.3　余热制冷制热

余热制冷中最具代表性的技术是吸收式或吸附式制冷系统。该技术利用廉价能源与低品位热能，避免了电耗。两者的循环过程一样，即“发生—冷凝—蒸发—吸收(吸附)”，但吸收式采用的吸收物质是流动性良好的液体，而吸附式的吸附剂一般为固体。吸收式制冷效率高，适用于大规模余热回收，制冷量选择范围广；而吸附式相对效率较低，但因其结构简单而更适于小热量余热回收。余热制热是用热泵回收温度较低但是热量较大的余热，如工业冲渣水、冷却废水、火电厂循环水、油田废水、低温的烟气、水汽等。热泵会消耗一部分高品位能量，通过制冷热力循环，将这些低温热源的热量送到高温热媒。

5.3.3　余热回收技术与设备

余热温度范围广、能量载体多样，以及生产环境与流程不同，现已发展了许多余热回收技术，出现了各式各样的余热回收设备。余热回收技术与设备的选择对余热回收质量与效率起着至关重要的作用。因此，本节对几种余热回收技术与设备进行了介绍。

5.3.3.1　换热器

热交换技术是回收余热的重要方式，而实现这种方式要依靠换热器。按照传递能量的方式来分，换热器主要可分为间壁式、蓄热式和混合式三大类，其中前两者是工业余热回收中的常用设备，而混合式换热器是要将冷热流体直接进行混合来换热，在余热回收中并不常见。所以下面将只对间壁式与蓄热式换热器进行分别介绍。另外，还将介绍热管这种新型的高效换热元件。

1) 间壁式换热器

间壁式换热器的冷热流体之间有一固体壁面，热量通过此壁面进行传递。按照壁面的形状来分，有管式、板式、夹套式以及各种异形传热面组成的特殊形式换热器等，如图5-9所示。管式换热器虽然热效率比较低，最高不超过30%，而且不够紧凑，但是由于其构造简单、结构坚固、使用弹性大，因此在工业余热回收仍是使用较多的换热设备。如冶金企业 40%的换热器为管式换热器。管式换热器又可以细分为沉浸式、喷淋式与套管式等。

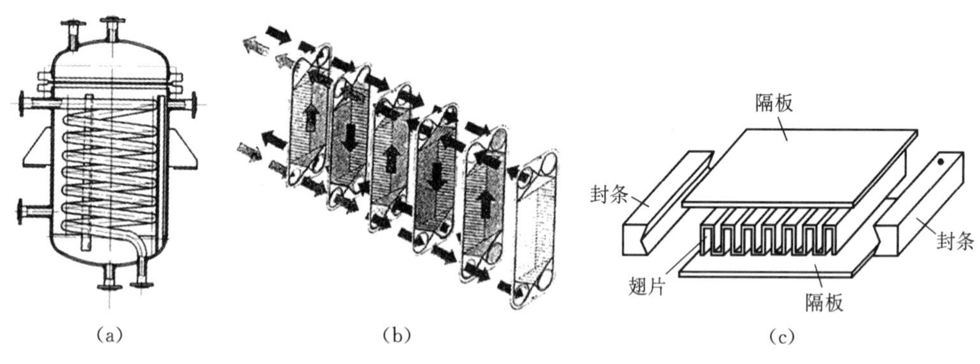

图 5-9　几种间壁式换热器

(a) 管式；(b) 板式；(c) 板翅式

由于管式换热器传热效果差，体积较大，某些场合需要使用传热性能、体积等方面有优势的换热器。近几十年一些高效间壁式换热器应用广泛，如板式、板翅式、翅片管式等。板式换热器室由一系列互相平行、具有波纹表面的薄金属板相叠而成，冷热流体就是在这些传热板片相叠形成的通道中流动的。板式换热器的一个应用是作预热器助燃空气。板翅式换热器最早用于发动机散热，后来也用于深冷与空分设备。隔板、翅片与封条组成其换热基本单元，冷热流体在相邻的基本单元中流动，通过翅片与隔板换热。结构紧凑、轻巧、传热强度高使之被认为是最有发展前途的新型换热器之一。翅片管式换热器实质就是一种带翅的管式换热器，翅片管是其主要换热元件，管内、外流体通过管壁与翅片换热。翅片管式的壳体可有可无，较为灵活。它在动力、化工、制冷等工业领域广为使用。强化传热的发展使得低肋螺纹管在蒸发、冷凝方面的相变换热得到广泛应用。

2) 蓄热式换热器

在蓄热式换热器中，冷热流体交替流过蓄热元件，依靠传热面物体的热容作用进行吸热或放热，实现热量交换。蓄热式换热器属于间歇操作的换热设备，适宜回收间歇排放的余热资源，多用于高温气体介质间的换热，如加热空气或物料等。如图 5-10 所示的回转式空气预热器，用于回收电站锅炉尾部烟气的显热来加热空气：烟气与空气交替流过受热面，当烟气流过时，热量从烟气传给受热面，受热面温度升高，并积蓄热量；当空气再流过时，受热面将积蓄的热量放给空气。

根据蓄热介质和热能储存形式的不同，蓄热式换热系统可分为显热储能和相变潜热储能。显热储能的系统在工业中应用时间已久，简单换热设备有常见的回

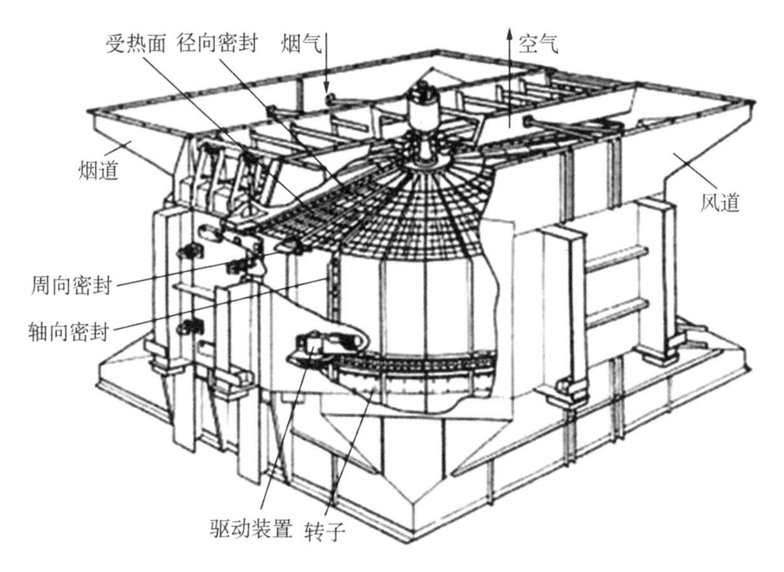

图5-10 蓄热式空气预热器

转式换热器,复杂设备如炼铁高炉的蓄热式热风炉、玻璃熔炉的蓄热室等。显热储能换热设备的主要缺点有储能密度低、体积庞大、蓄热不能恒温等,因此在工业余热回收中具有局限性。相变潜热储能换热设备利用蓄热材料各相温度变化显热和相变潜热来储存能量,以固—液,液—气之间相变过程中的潜热为主。在相同体积、温差下,潜热蓄热系统的能力远比显热系统大得多,储能密度可以高出显热储能至少一个数量级。因此在储存相同热量的情况下,相变蓄能极大地减小了换热设备的重量和体积,比传统蓄热设备体积减少30%～50%。此外,热量输出稳定,换热介质温度基本恒定,使换热系统运行状态稳定是此类相变潜热储能换热设备的另一优点。相变储能材料根据其相变温度大致分为高温相变材料和中低温相变材料,前者相变温度高、相变潜热大,主要是由一些无机盐及其混合物、碱、金属及合金、氧化物等和陶瓷基体或金属基体复合制成,适合于450～1100℃及以上的高温余热回收,应用范围较广;后者主要是结晶水合盐或有机物,适合用于低温余热回收。

目前相变换热烟气余热利用的途径主要还是集中在冷凝式锅炉的相变换热器,通过冷凝锅炉烟气中的水蒸气,使其释放汽化潜热,降低排烟温度,减小排烟热损失,从而提高锅炉热效率。相变换热器利用介质相变过程中温度不变的特性,具有在整个换热器沿程壁面温度恒定的优良特性。相变换热器分为蒸发换热面、冷凝换热面、上升管、下降管、汽水分离装置几部分。蒸发换热面内部的液体介质吸收烟气热量而变成汽水混合物上升,经过汽水分离装置后,蒸汽上升进入冷凝换热面,在其中放热,加热外部的冷空气后凝结汇集到汽水分离装置。介质在相变换热器内部依靠密度差形成自然循环。除了提高热能利用率外，烟气冷凝过程中，烟气中的气体组分被冷凝水吸收或者反应，使得排烟中有害气体含量减少。

3）热管

热管这种新型的高效换热元件，最早是20世纪60年代美国为航天应用而开发的。但现在其应用领域已经大大拓展，比如电子工业、余热回收、新能源等，并且取得了良好的效果。

热管的工作原理比较简单。典型结构由管壳、毛细多孔材料（管芯）和蒸气通道组成。一般可以由钢、铜、铝管内灌充导热介质，并抽成一定的真空后密封而成。以传热状况看，热管沿轴向可分为蒸发段、隔热段与冷凝段三部分，如图5－11所示。工作时，蒸发段受热，毛细材料中的工作液体蒸发，蒸气流向冷凝段，并在这里受到冷却使蒸气凝结成液体，液体再依靠毛细力或重力的作用流回蒸发段。这样的循环使热量由热管一端传到另一端。

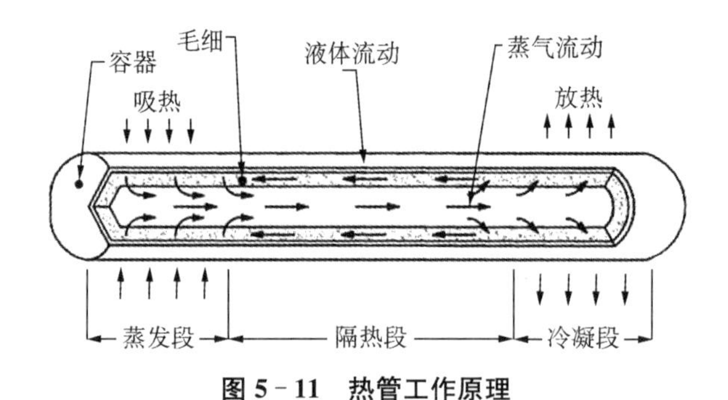

图5－11　热管工作原理

由于气化潜热大，所以在极小的温差下就可以传递大量热量，通常其传热系数可比传统金属换热器高一个数量级。热管的管壳是受压部件，要求由高导热率、耐压、耐热应力的材料制造。热管的主要优点有：传热效率高、压力损失小、结构紧凑、易于维护等。目前，在工业余热回收中实际使用的热管温度在50～400℃之间，用于干燥炉、固化炉和烘炉等的余热回收或是废蒸气的余热回收，以及锅炉或者炉窑的空气预热器。

5.3.3.2　余热锅炉

余热锅炉是利用工业生产过程中的余热来产生蒸汽或热水的设备，是余热回收的重要设备之一，比如冶金行业绝大部分的烟气余热是通过余热锅炉回收，节能效果很好。

余热锅炉的一个重要应用就是余热锅炉的燃气-蒸汽联合循环，详细结构如图3－14所示，提高了燃料热能的利用效率，实现了余热机械功的有效转换。按照余热锅炉是否有补燃，联合循环所用余热锅炉分为有补燃的余热锅炉与不补燃的余热锅炉。补燃是指在余热锅炉中补充燃料，以此增高燃气轮机排气的温度，进一步增加余热锅炉产生的蒸汽量，提高了主蒸汽的热力参数，也就增大了联合循环的单机功率。这也就是补燃型方案的主要优点。另外，这种方式的尺寸小，运行机动性高，蒸汽轮机主蒸汽参数不受燃气轮机排气温度影响，系统可以选用亚临界甚至更高参数的蒸汽轮机与燃气轮机匹配。其主要缺点是：在燃气轮机参数一定时，该联合循环的供电效率反而不如不补燃方式的。与之相对，不补燃的余热锅炉内部没有燃烧过程，或者说就是一个换热器。加热侧流过的是燃气轮机的排气，吸热侧是锅炉的给水。因此，蒸汽初温必然受到燃气轮机排气温度限制，蒸汽量有限，机组总功率较低。但是该方式完全利用燃气废热，热功转换效率高，结构也简单。它还具有可靠性高、启动快等特点。但正如前面所说，蒸汽轮机的主蒸汽参数受到燃气轮机排气温度的限制，所以当燃气轮机压缩比较高时，主蒸汽参数就很难提高了。

5.3.3.3 中低温余热利用技术

随着余热利用程度的提高，余热利用的难度愈益加大。由于目前利用的余热大多为大型炉窑排放的高温烟气和可燃气体，而今后占余热资源一半以上的中低温烟气余热，将成为余热利用的重点。回收这些余热的技术都较复杂，这就增加了今后余热回收的难度。下面简要介绍一些中低温余热回收技术。

1）有机朗肯循环

基于有机朗肯循环的中低温工业余热发电技术属于热功转换技术。如前文所述，该技术以低沸点有机物为工作介质，采用朗肯循环工作原理，回收中低温余热用于发电，近些年在欧美已得到大范围应用。相比较，我国有机朗肯循环发电技术应用案例很少，主要是由于 ORC 发电机组所采用的能源品质较低，发电机组效率相对低、投资回报率不高。但随着我国节能减排任务日趋紧迫，工业低品位余热的回收以及太阳能、地热资源等低温能源的利用越来越受到国家的重视，ORC 技术以其所具有的诸多优势将会得到一定的快速发展。

2）热泵技术

热泵技术在前文也进行了介绍，是以消耗一定量的高品位能为代价，将低温热源的热量传递给高温热源的节能装置，属于低温余热的热转换技术。这一技术已比较成熟，水源热泵、土壤源热泵、空气源热泵等技术成熟应用于建筑供暖，有效利用了低温热源，并在逐步向油田、化工、木材等工业领域扩展，清洁高效热泵工质、高温热泵技术以及太阳能辅助热泵等将是热泵技术发展的重要方向。

3）吸附制冷

吸附制冷技术作为一种低品位热能驱动的绿色制冷技术，已经成为国际上普遍关注的一个低温余热资源利用方向[19]。吸附式制冷原理为利用吸附剂对制冷剂的吸附作用造成制冷剂液体的蒸发，相应产生制冷效应，通常包含两个阶段：

①冷却吸附→蒸发制冷：通过水、空气等热沉带走吸附剂显热与吸附热，完成吸附剂对制冷剂的吸附，制冷剂的蒸发过程实现制冷；②加热解吸→冷凝排热：吸附制冷完成后，再利用热能（如太阳能、废热等）提供吸附剂的解吸热，完成吸附剂的再生，解吸出的制冷剂蒸气在冷凝器中释放热量，重新回到液体状态。吸附式制冷的驱动热源为50℃以上的工业废热和太阳能等低品位热能，同时吸附制冷所采用的制冷剂都是天然制冷剂，如水、氨、甲醇以及氢等，其臭氧层破坏系数和温室效应系数均为零。

5.4 蒸汽蓄热器

蓄能技术是提高能源利用效率和保护环境的重要技术[20]。该技术通过一定方式将剩余的冷量或热量存储起来，在需要的时候释放出来加以利用，有助于解决热能供给与需求失配的矛盾，在太阳能利用、电力的“移峰填谷”、废热和余热的回收利用以及工业与民用建筑和空调的节能等诸多领域具有广泛的应用前景。蒸汽蓄热器是比较成熟的一项蓄能技术，是以饱和水为载体间接存储蒸汽热能的压力容器，有助于提高锅炉热效率、节省锅炉燃料消耗、平稳锅炉负荷和蒸发量等[21]。

5.4.1 工作原理

蒸汽蓄热器安装于锅炉与用汽设备之间，用以平衡用汽设备负荷的波动，以变压式蒸汽蓄热器最多，借助工作压力的变化进行蓄热、放热和热平衡过程，起到缓冲调节的作用。其工作原理因蒸汽蓄热器在蒸汽管路中连接方式的不同而有所不同，如图5-12所示。

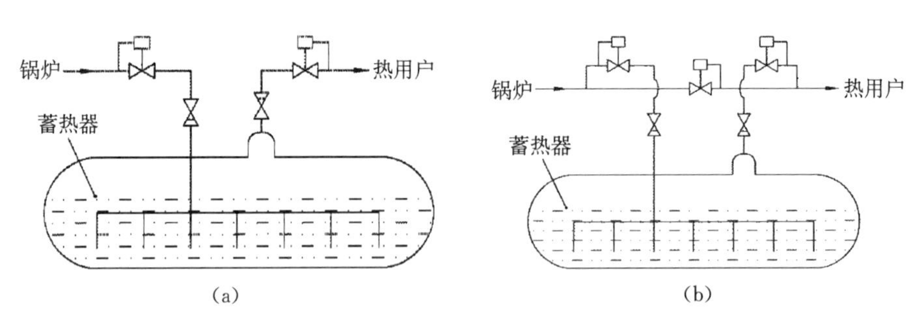

图5-12 蒸汽蓄热器

(a) 串联式蒸汽蓄热器；(b) 并联式蒸汽蓄热器

1) 串联式蓄热器

串联蓄热器工作时（见图5-12(a)），从热源来的蒸汽全部通过蓄热器。蓄热器始终处于工作过程，蓄热、放热和热平衡过程都是动态进行的。当用户用汽时，蓄热器闪蒸产生蒸汽供给用户。当热源供汽量大于用户用汽量时，蓄热器进汽速率大于排汽速率，蓄热量增加，蓄热器处于蓄热过程；当热源供汽量小于用户用汽量时，蓄热器进汽速率小于排汽速率，蓄热量减少，蓄热器处于放热过程；当热源供汽量恰好等于用户用汽量时，蓄热器进汽速率等于排汽速率，蓄热器处于动平衡状态。串联系统可以稳定锅炉的运行压力，当锅炉生产的负荷变化较大时，减小对下游用户用汽的影响；当下游部分用户负荷变化时，减小对其他用户用汽的影响。此外，由于经过蒸汽蓄热器后释放的蒸汽均为饱和蒸汽，因此串联蓄热器适合用于用户需要饱和蒸汽的场合。

2）并联式蓄热器

并联蓄热器工作时（见图 5－12(b)），其工作过程也分为蓄热过程、放热过程以及热平衡过程。当用户用汽量小于产汽量时，就将多余的蒸汽通过充热装置通入蓄热器热水中，高温蒸汽与蓄热器内水发生混合式换热，容器中的水吸热，温度、压力与水位升高，蒸汽则凝结成水，成为具有一定压力和温度的饱和水，这是蓄热器的蓄热过程；当用汽量增加或产汽量不足时，蓄热器内压力就会下降，水对应的饱和温度也相应降低，饱和水变成过热水，立即沸腾蒸发产生蒸汽向外供汽，这就是蓄热器的放热过程；上游供汽量与用户用汽量平衡时，蓄热器既不进汽也不供汽，液面上的闪蒸与凝结处于动平衡过程。并联蓄热器可用于用户要求过热蒸汽或饱和蒸汽的场合。

5.4.2 分类与结构

按结构形式蒸汽蓄热器可分为立式和卧式两种，与大多数工业设备相似，按外形主要分为圆筒形和球形。卧式蓄热器的蒸发面积较大，安装检修方便，对强度和稳定性的要求也比较低，所以目前卧式蓄热器应用较多，但缺点是占地面积大。立式蓄热器的优缺点与之相反。采用立式蓄热器显然可以节约资源，但是同样尺寸的卧式和立式蒸汽蓄热器，为保证效率和蒸汽质量，其中的设计会有很大的改变。

以卧式结构为例，蒸汽蓄热器结构如图 5－13 所示，是由蓄热器筒体、充热装置（由蒸汽分配管和若干喷嘴组成，每组喷嘴有一只循环筒和一组喷嘴）、固定支座和活动支座、水位计、压力表、安全阀、温度计等安全附件、外部保温层以及自动调节装置几部分组成。此外，容器设有蒸汽进出口、进水、放水、排污、放气等连接管路。

1）蓄热器筒体

筒体是贮存热水和蒸汽进行蓄热和放热的压力容器，其形状一般为圆筒形，有时也可以用球形的筒体。筒体两端采用半球形、椭圆形或碟型的封头，并焊有人孔门和不同规格的外接管，底部配有支座。工作时容器上部为蒸汽空间，下部为水

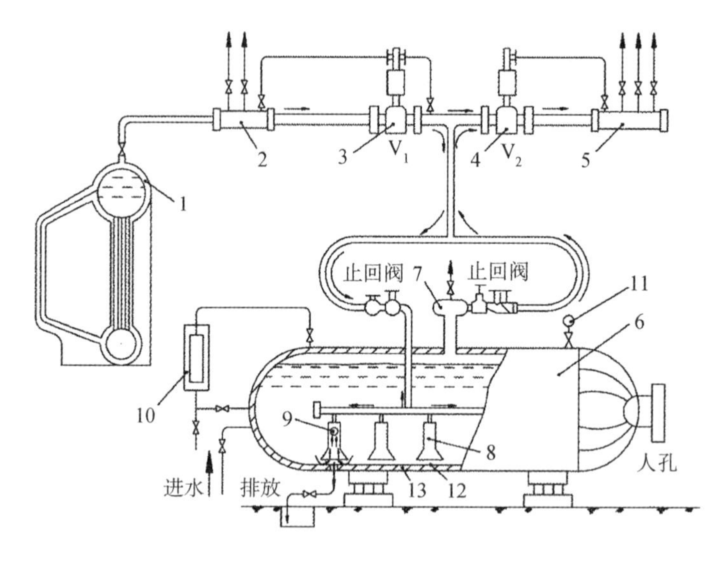

图 5-13 蒸汽蓄热器结构

1—锅炉；2—高压分汽缸；3—高压侧自动控制阀 V1；4—低压侧控制阀 V2；5—低压分汽缸；6—蓄热器筒体；7—汽水分离器；8—炉水循环套管；9—蒸汽喷嘴；10—水位计；11—压力计；12—保温层罩壳；13—保温层

容积。

2）充热与排汽装置

蒸汽进入蓄热器加热水时，蒸汽冷凝为水，蓄热器内水温、压力和水位均升高，这就是充热。充热时应该保证水温迅速达到均匀，压力损失小，这就需要有良好的对流循环的充热装置，常用蒸汽喷头和循环筒，如图 5-14 所示。

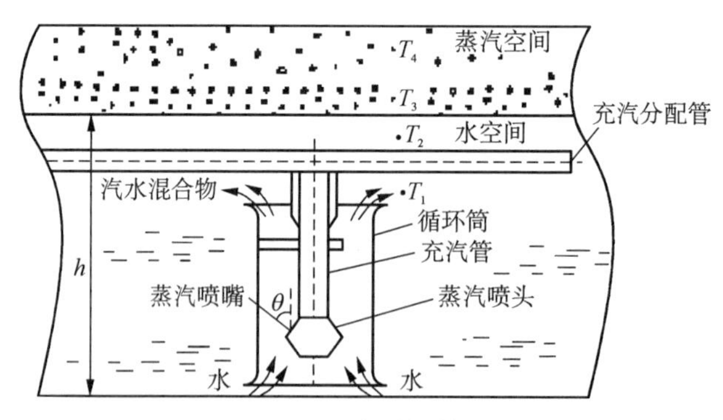

图 5-14 充 热 装 置

充热装置的布置有双排和单排。双排通常由一根主蒸汽管接入筒体内后沿水平方向分成左右两根配汽总管，在总管上接出若干垂直的蒸汽支管，支管末端装有蒸汽喷头。在支管外套装有水流循环筒，组成加热换热装置。循环筒形状有圆柱形和渐缩渐扩的喇叭形。充热时，蒸汽从喷嘴喷入水中，循环筒内的水受热温度先升高，其密度减小，部分水为汽水混合物，扩散上升，筒内和筒外形成一定的压力差，循环筒下口的水向上流入循环筒内，如此不断循环。

排汽装置包括集汽装置、限流装置和汽水分离装置。为获得质量更好的蒸汽，在蓄热器筒体顶部排汽口上设置集汽室。集汽室一般为钟罩形，用法兰连接在排汽口。汽水分离装置有的装在集汽室中，有的装在筒体顶部。通常在集汽室装有拉法尔喷管，以对蒸汽起到限流作用。

3) 附属装置

(1) 止回阀：并联连接的蓄热器必须在进汽口和排汽口各装一只，串联则必须在进汽口装设一只止回阀。进汽口的止回阀可以防止热水倒流引起蒸汽带水和水击，排汽口的止回阀防止蒸汽从排汽口倒入汽空间，引起压力突升，使得水不能正常加热。

(2) 压力计：监视蓄热器运行过程中内部压力的变化，一般安装在蒸汽空间。

(3) 液位计：安装于筒体上，监视蓄热器运行过程中内部水位的变化。

(4) 安全阀：一般装在集汽室或筒体顶部，起卸压的作用。

(5) 排水阀和给水阀：调整蓄热器内水量，以保持一定的蒸汽空间和水量。

(6) 空气阀：在蓄热器投运时用于排出筒体内空气，在蓄热器维修时引入空气，避免筒体内部真空。

4) 保温装置

蓄热器内部水和蒸汽温度高于环境温度，为减少通过筒体的散热损失，需要在筒体外壁敷设保温层。当蓄热器布置在室外时，在保温层外表面还需敷设防水层。

5) 自动调节装置

自动调节装置包括压力和流量的调节。压力自动调节是以主汽管内的压力脉冲信号即压力变化为输入信号，通过自动调节阀控制充热和放热。进汽端的调节阀的任务是维持锅炉压力稳定，把锅炉压力设置为阈值时，当高压汽缸压力达到设定值，自动开启，低于给定值关闭，使得高压汽缸压力在设定值附近波动。同理在出汽端，自动调节阀也能维持供汽压力一定。流量自动调节是保持蒸汽流量为定值，它以流量孔板前后压力差作为脉冲信号与给定值比较调节阀的开度，开度大小影响孔板前后的压力差，使它保持定值。

5.4.3 实际应用

5.4.3.1 应用场合

采取蒸汽蓄热器技术的目的是将剩余的热量存储起来，在需要的时候释放出来加以利用，以解决蒸汽供需失配的矛盾。因此，主要在以下几种场合应用蒸汽蓄热器技术[22]：

1）热源间断供热或供热量波动较大的供热系统

在汽源供汽不连续或流量波动大的供热系统，装用蒸汽蓄热器后可以实现连续供汽。诸如转炉炼钢系统中的汽化冷却装置的供汽。因为转炉中的余热会随着炼钢工艺环节的不同而间歇地产生，所以利用余热产生的蒸汽也是间歇的，如果将这里产生的蒸汽用锅炉利用起来，余热锅炉就是一个不稳定的汽源，其压力不稳定，如果将蒸汽先通入蒸汽蓄热器再利用，就使得不连续的汽源变为连续。又如在太阳能发电站中，白天可能下雨或者是阴天，光源就会中断或者出现较大波动，这时可能就无法进行发电，利用蒸汽蓄热器储存一定量的蒸汽，就使得机组能连续发电。在核电站中，保持额定功率运行，才能充分发挥其经济性，核反应堆在运行过程中发生变动会使得经济性大打折扣，所以为平衡负荷波动，也会装蒸汽蓄热器。

2）热负荷波动大而频繁的供热系统

主要目的是稳定供汽锅炉的供汽压力，从而提高供汽品质和锅炉热效率，节约能源。工业锅炉遇到用汽负荷波动时会产生一系列不良后果，如：汽压波动大，严重时汽中带水；锅炉效率降低；司炉劳动强度增大；辅机电耗增大；短时间高峰用汽时可能要多运行一台锅炉，高峰过后又要压火或停运。这在部分工业和企业中比较常见，如造纸厂、酿酒厂、食品厂、化学品厂等。在这些企业生产过程中，用汽负荷有较大的波动，而且会有一定的反复性，多为昼夜连续生产。应用蒸汽蓄热器就可储存热负荷低谷时锅炉多余的蒸发量，补给以后高峰负荷出现的蒸汽量不足，使得锅炉能稳定运行，供汽压力稳定，保证干度，使生产工艺顺利进行，既保证质量也保证产量。

3）瞬时热耗极大的供热系统

对于瞬时耗汽量极大的供热系统，可采用容量小的锅炉配以足够容量的蒸汽蓄热器，就可节省初次投资，保证供汽。如炼钢车间，钢液中如果有气体存在，生产的钢材就会出现气孔而不合格，必须进行真空脱气，而这种工艺一般采用蒸汽喷射泵抽气以获得真空，这个过程虽然很短，但在极短时间内会耗用大量的蒸汽，蒸汽质量的好坏也关系到钢材的好坏。实验室用的真空舱，也是需要上述的蒸汽泵抽气，同样在短时间内耗用大量蒸汽。航空母舰上的蒸汽弹射器，在飞机弹射时，也在短时间内耗用大量蒸汽。如果没有蒸汽蓄热器把蒸汽储存起来，那样要短时间产生大量的蒸汽也会很困难。

4）需要储存热能供随时应用的场合

蒸汽蓄热器可以在其容量限度内在任何时候储存或供应任意数量的蒸汽。在用户遇到一些特殊情况，比如供汽突然中断，紧急需要用汽，蓄热器可以发挥其作用。医院宾馆等深夜用汽少，如果把白天多余的蒸汽蓄存供晚上使用，锅炉就不用一直工作了。

5.4.3.2 应用实例

蒸汽蓄热器可广泛应用于石油、化工、金属冶炼、制浆造纸、酿酒、制药、食品加工等行业及公共建筑。本节引用几个实例介绍一下蒸汽蓄热器在生产中的具体应用[23-25]。

1）在轮胎生产中的应用

蒸汽是轮胎生产的主要加热介质和热载体，用于轮胎硫化、原材料加热等。由于使用蒸汽的设备，如硫化罐、硫化机、除氧加热器等设备需要频繁地开关蒸汽阀，易造成生产线蒸汽系统压力频繁波动，影响正常生产，增大废品率；另外，会造成蒸汽使用负荷波动频繁，峰谷值较大，造成锅炉的热效率低，使用寿命短，司炉工劳动强度大等。

贵州某轮胎股份有限公司采用的蒸汽蓄热器系统如图 5-15 所示，卧式蓄热器与输汽管道为并联方式，高压供汽量与低压供汽量平衡时，蓄热器不工作。输汽管上有两个电动调节阀 V1 和 V2。调节阀 V1 用来保持阀前高压蒸汽管和锅炉压力，不论供汽量如何变化，阀前高压蒸汽管和锅炉压力始终保持为 2.2 MPa；调节阀 V2 则保持低压蒸汽管网压力为 0.9 MPa。两个调节阀之间是蓄热器母管。当生产用汽量增大，调节阀 V2 开大，蓄热器母管内汽压下降，当压力低于蓄热器压力时，蓄热器就对外放汽；当生产用汽量小于锅炉供汽量时，调节阀 V2 关小，蓄热器蒸汽母管压力升高，当大于蓄热器内压力时，多余的蒸汽充入蓄热器，这样负荷的波动就可以由蓄热器来消除或减小。蒸汽蓄热器投入运行后有效解决了频繁开关蒸汽阀所带来的各种问题，效果显著。

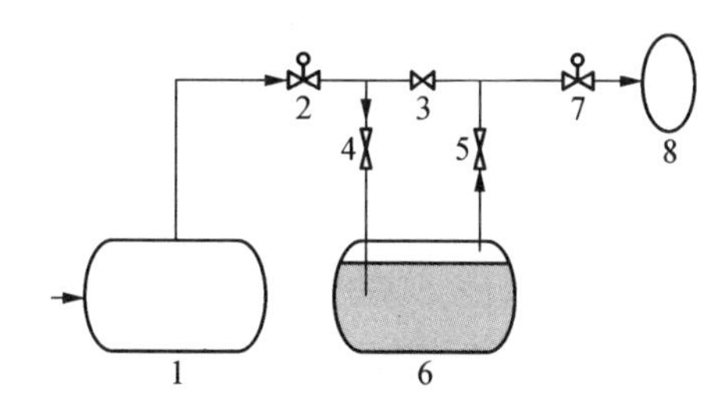

图 5-15 蒸汽蓄热器系统

1—分汽缸；2，7—V1，V2 自动调节阀；3—联动阀；4，5—单向止回阀；6—蒸汽蓄热器；8—低压用户

蒸汽蓄热器投用后效果显著，既提高了轮胎产品质量和产量，又减少了锅炉故障率和降低了运行人员的劳动强度，锅炉热效率平均提高 5%，年节煤 0.8 万吨。

2）在卷烟生产中的应用

卷烟生产企业的生产工序大多需要一定量的且压力不等的饱和蒸汽，如烟叶发酵、烟包回潮、润叶、烘丝、梗丝膨化、糖料间、制浆房及冷冻站与热交换站等，其中有些工序的生产设备不仅用汽量大，而且还是间断式运行。如某卷烟厂制丝线的真空回潮机，设备在正常生产情况下，每台瞬时耗气量在 5 t/h，运行周期为 0.5 h，这样会造成蒸汽供应的峰谷现象，如果其他工作设备也同时同样做不规则启停，则蒸汽供应的波动会更大，从而带来许多不良影响。一方面，锅炉供汽滞后，当生产工序用汽设备工作时，锅炉供汽不足，停机时锅炉蒸汽有余，无法有效保证生产正常运行；另外一方面，锅炉运行工况不稳定，蒸汽压力瞬时骤然下降和上升，不仅影响蒸汽品质，也直接影响了卷烟产品的质量。如卷烟厂使用的 YG1901A 真空回潮机，该设备工作的压力需达 0.8 MPa，如果不能满足这一要求，烟包就难以蒸透，烟叶回潮也达不到标准，卷烟质量会受到影响，烟叶会灰损，造成原料浪费。运行工况不稳定，使得燃气系统空气与燃料平衡无法迅速调节至最佳经济运行效果。而且锅炉热效率会下降，增大了司炉工的劳动强度和设备维修量，有时还会危及锅炉的安全运行。

显然，要均衡锅炉负荷又保证高峰用汽，避免“大马拉小车”的现象，就要在锅炉以外的供汽系统配置储备蒸汽的装置，采用以耗汽低谷补给耗汽高峰，解决用汽高峰时供汽不足和汽压下降。

采用蒸汽蓄热器不仅能解决企业高峰用汽，均衡负荷，还提高蒸汽供应的质量，保证了工艺设备正常运行，而且对设备运行管理和生产过程管理的提高有直接作用。

(1) 保证了锅炉始终在稳定负荷下运行，提高了热效率，从而达到经济运行的目的。某烟厂在采用蒸汽蓄热器后能减少 8%～12%的煤炭消耗，节能效益很可观。

(2) 改善了锅炉的燃烧工况，减少了锅炉的维护保养工作量，相对延长了设备的使用寿命，同时还可降低烟气中的黑烟和 NO_x 气体，减少对大气的污染。

(3) 保证了供汽压力的稳定，改善蒸汽品质，保证设备正常运行的外部工艺条件，因此有利于卷烟产品质量和产量提高，减少了烟叶的灰损。

(4) 当遇到锅炉和电气设备发生故障而突然停炉时，能保证在一定时期的生产用汽，避免或减轻生产损失，在节假日或用汽不多时，可代替锅炉供汽。

(5) 为企业实现热电联产提供了条件，多余的蒸汽和乏汽可以用于发电。

由此可见，采用蒸汽蓄热器，不仅能解决卷烟生产企业的供需矛盾，其直接和间接经济效益都是很客观的。

3) 在蒸汽供热系统中的应用

廊坊开发区热力中心以生产蒸汽为主，为 70 多个生产或采暖用户提供蒸汽。冬季供汽包括采暖用户用汽和生产用户用汽，采暖用户占总用户数的 80%。有些生产用户由于生产工艺的要求，对所提供蒸汽的压力和流量有非常严格的限制，否则将会严重影响生产及产品质量，给用户和供热企业造成重大的经济损失。所以如何保证该类单位用汽成为热力中心的一个重要问题。

冬季蒸汽管道中蒸汽流量大，当个别用户用汽量突然增加时，分配到采暖用户的汽量减少，对生产用户不会造成太大的影响。夏季只有生产用户用汽，管道中的蒸汽流量远小于冬季，供汽管线上某些用户用汽量如果突然增加，而锅炉又不能瞬时调整蒸发量来弥补蒸汽负荷的变化，就会使整个供汽管线中蒸汽压力突然下降，发生事故。

基于上述问题，2000 年廊坊开发区热力中心在锅炉房主蒸汽管道出口安装了一台容积为 300 m^3 的集中蓄热器。该蓄热器的安装减少了锅炉的频繁调度，使锅炉始终在最佳工况条件下稳定运行，改善了蒸汽供热系统的运行效果，获得了一定的经济效益。但是由于该蓄热器只能调节热源负荷，不能满足用户对蒸汽的特殊要求，问题并没有从根本上得到解决。2004 年，用汽单位扩大生产规模，进一步提高了对蒸汽用量和压力的要求。针对这个问题，借鉴以往众多蓄热器的控制方案，结合用汽单位的实际情况，热力中心在该用汽单位蒸汽引入口安装了一台容积为 60 m^3 局部蓄热器，有效地保证了用户用汽，取得了预期的效果。

参考文献

[1] 杨军，赵喜军，王志强，等. 工业炉节能现状和发展趋势[J]. 冶金能源，2011，30(6)：42－44.

[2] 王秉铨. 工业炉设计手册(第三版)[M]. 北京：机械工业出版社，2010.

[3] 张晓宇，张广利. 电阻炉和燃料炉的比较分析[J]. 工业加热，2011，40(4)：25－27.

[4] 陈建宏. 加热炉管式预热器的优化设计及使用[J]. 钢管，2005，34(2)：54－56.

[5] 邢占业. 对机械行业工业炉现状与趋势分析[J]. 机械化工，2014，11：89.

[6] 潘永康，王喜忠，刘相东. 现代干燥技术(第 2 版)[M]. 北京：化学工业出版社. 2007.

[7] 张俊，齐友华，毛庆国. 几种褐煤干燥技术在锡林郭勒盟地区的应用[J]. 煤炭加工与综合利用，2013(3)：22－24.

[8] 陈毅军. 桨叶干燥器适应生产的改造[J]. 化工机械，2003，30(3)：178－180.

[9] 于才渊，王宝和，王喜忠. 喷雾干燥技术[M]. 北京：化学工业出版社. 2013.

[10] 徐帮学. 最新干燥技术工艺与干燥设备选型及标准规范实施手册[M]. 合肥：安徽文化音像出版社. 2003.

[11] 崔春芳，童忠良. 干燥新技术及应用[M]. 北京：化学工业出版社. 2009.

[12] Kudra T, Mujumdar A S. Advanced Drying Technologies [M]. New York: Marcel Dekker Inc., 2002.

[13] 王学成. 污泥过热蒸汽薄层干燥及蒸发速度曲线混沌特性研究[D]. 南昌：南昌航空大学，2014.

[14] 阳金龙. 市政污泥生物物理干燥及其影响因素研究[D]. 北京：清华大学，2011.

[15] 连红奎,李艳,束光阳子,等. 我国工业余热回收利用技术综述[J]. 节能技术,2011,29(2):123-128,133.

[16] 赵宗燠. 余热利用与锅炉节能[M]. 银川:宁夏人民出版社,1984.

[17] 张军. 地热能、余热能与热泵技术[M]. 北京:化学工业出版社,2014.

[18] 于立军,朱亚东,吴元旦. 中低温余热发电技术[M]. 上海:上海交通大学出版社,2015.

[19] 王如竹,王丽伟. 低品位热能驱动的绿色制冷技术:吸附式制冷[J]. 科学通报,2005,50(2):101-111.

[20] 崔海亭,杨锋. 蓄热技术及其应用[M]. 北京:化学化工出版社,2004.

[21] 程祖虞. 蒸汽蓄热器的应用与设计[M]. 北京:机械工业出版社,1986.

[22] 张渝,段琼,彭岚. 蒸汽蓄热器的原理及应用[J]. 电力技术经济,2006,25(5):38-39,55.

[23] 陈波. 蒸汽蓄热器在轮胎生产中的应用[J]. 橡胶科技市场,2008(11):25-27.

[24] 欧阳云峰. 蒸汽蓄热器在卷烟生产企业中的运用[J]. 节能,1994(6):23-26.

[25] 雷翠红,邹平华,任志远,等. 蓄热器在蒸汽供热系统中的应用[J]. 区域供热,2005(6):17-24.

第6章　辅助动力设备

6.1　泵

泵是一类将原动机所做的功转换成被输送液体的压力势能和动能的流体机械，在各行各业中得到了广泛应用，如火力发电、城市供水和排水、农业排涝和灌溉、采矿业坑道排水、冶金工业的液体输送、石油工业的输油和注水等，所消耗的电能约占全国电能总消耗的20%[1]。随着科技进步及经济发展，在节能、环保与可持续发展的方针指导下，泵类产品也在向着大容量、高速化、高效率、低能耗和自动化的方向不断发展[2]。

6.1.1　泵的分类

泵的种类繁多，分类方法有多种。按照所生产的全压高低可分为低压泵(<2 MPa)、中压泵(2～6 MPa)和高压泵(>6 MPa)；按原动机可分为电动泵、汽轮机泵、柴油机泵等；按轴的布置方向分为横轴泵、立轴泵等；更多地，是以泵的工作原理进行分类，包括叶片泵、容积式泵和其他类型泵三大类，如图6-1所示。叶片泵是借助旋转工作叶轮上的叶片将能量连续地传给流体，使流体产生高压或输送流体到高处、远处。按离开叶轮的液体流动方向，叶片泵又可分为离心式、轴流式和混流式等多种。容积式泵是通过工作室容积周期性变化而实现输送流体的泵，按机械运动方式的不同分为往复式和回转式。除叶片泵和容积泵外，还有射流泵和气泡泵等其他类型泵，主要特点是利用具有较高能量工作流体来输送能量较低流体。

工作原理不同使得各类泵的工作范围也是存在差异的，如图6-2所示。叶片泵具有很高的转速，易于发挥低黏度液体的流动性优势，因此，各类水泵广泛使用叶片泵。离心泵的转速、扬程适应范围较大，体积质量小，应用最为广泛，除作为水泵外，还常在石油化工中输运燃油和润滑油等；轴流泵流量大、扬程低、效率高，特别适合大流量工况，一般仅做水泵(包括污水泵)，广泛应用于农田灌溉、水利工程、

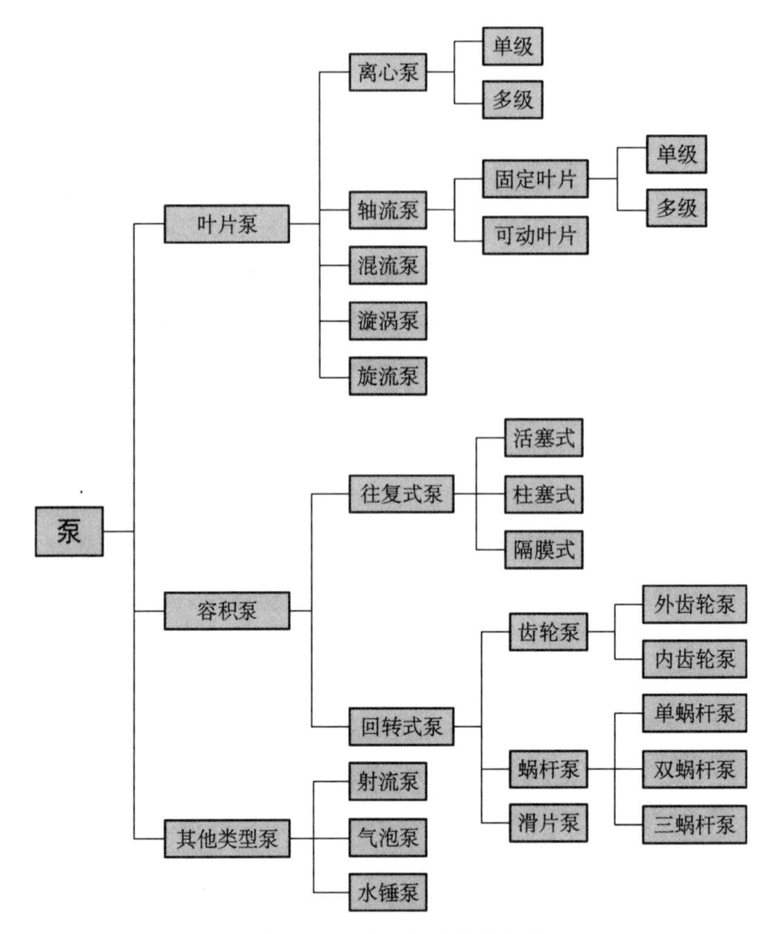

图 6-1　泵按工作原理的分类

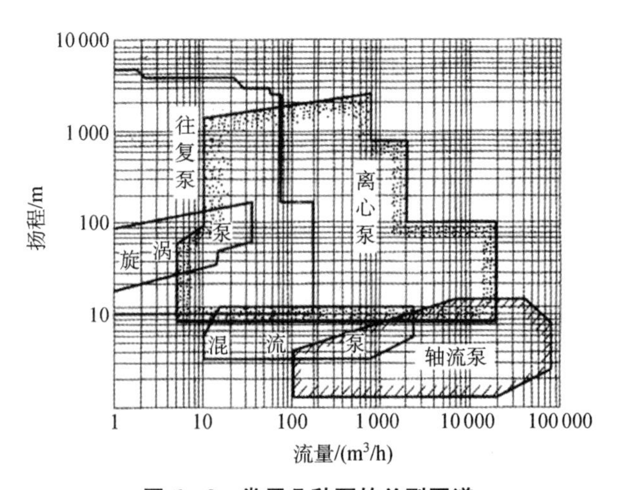

图 6-2　常用几种泵的总型图谱

电站冷凝等方面；混流泵性能介于轴流泵和离心泵之间，具有离心泵和轴流泵两者的优点，补偿了两者的缺点，流量与扬程变化范围大，应用范围与轴流泵相似。容积式泵工作时压力和容积范围变化较大，流量较小，适合在小流量、高扬程的情况下输送黏度较大的液体，如燃料油、润滑油、化工液体原料等。

叶片泵是所有泵中用途最广泛的泵[3,4]，具有高转速、易调节、性能可靠、结构简单、成本低等优点。所以本节主要对此类泵的结构和工作原理进行介绍。

6.1.2 叶片泵

叶片泵的能量转换发生在叶片和连续绕流叶片的液体介质之间，使流体获得能量。根据离开叶轮的液体流动方向，可将叶片泵分为离心泵、轴流泵和混流泵三种，其中离心泵的应用范围最为广泛。

6.1.2.1 离心泵

图6-3为仅装一个叶轮的单级单吸式离心泵系统简图，工作原理是原动机通过泵轴带动叶轮高速旋转，泵内的液体在叶轮的推动下一起转动，因受到离心力的作用而甩离叶轮，经泵壳的流道流入水泵的压水管道；与此同时，叶轮入口处压力因液体的流出而下降，形成真空，与吸液池液面构成压力差，驱使液体经吸水管补充进入叶轮。这样就形成了离心泵的连续输水。

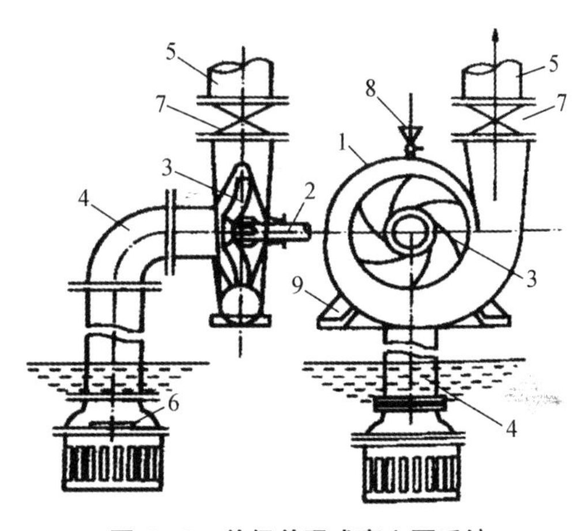

图6-3 单级单吸式离心泵系统

1—泵壳；2—泵轴；3—叶轮；4—吸水管；5—压水管；6—底阀；7—闸阀；8—灌水漏斗；9—泵座

离心泵的基本结构包括过流部件和结构部件两大部分。

1) 过流部件

过流部件是对离心泵的性能产生关键作用的零部件，主要由吸水室、叶轮和压水室组成。

(1) 吸水室。吸水室位于叶轮之前，目的是将液体介质从吸水管路引入叶轮进口处。为了提高泵的性能，要求液体介质流过吸水室时水力损失尽可能小且速度分布均匀。吸水室按照结构形状分为直锥形吸水室、弯管型吸水室、环形吸水室和半螺旋形吸水室等。

(2) 叶轮。叶轮是离心泵最重要的部件，也是过流部件的核心。叶轮一般分为单吸式叶轮和双吸式叶轮。单吸式叶轮为单边吸水，且叶轮的前盖板与后盖板呈不对称形状。双吸式叶轮则为两边吸水，叶轮盖板对称，一般大流量离心泵多采用双吸式叶轮。

(3) 压水室。压水室位于叶轮出口之后，目的是收集经由叶轮流出的高速液体，使其速度降低，转变动能为压能，并将液体按要求送入下一级叶轮入口或排出管路。压水室主要分为螺旋形、导叶式和环形几种。

2) 结构部件

离心泵的结构部件主要由泵壳、密封环、轴和轴承、轴封等部件组成。

(1) 泵壳。泵壳又称泵体，在工作时泵壳固定不动，组成泵壳的各零部件的内腔形成了叶轮工作室、吸水室和压水室。泵壳内腔为过流通道，因此泵壳的结构必然与泵的级数以及叶轮、吸水室和压水室的类型及布置有关。同时为使叶轮装入泵壳，通常采取两种方式将泵壳剖分成几部分：一种为径向式，沿着与泵轴心线相垂直的径向面进行剖分；另一种是中开式泵壳，沿通过泵轴心线的平面(中开面)进行剖分。

(2) 密封环。离心泵叶轮的吸入口外缘与泵壳间通常存有一定缝隙，缝隙过小会引起机械磨损，缝隙过大会导致高压液体回流而减少泵的流量，降低工作效率。故一般在叶轮吸入口外缘与泵壳间安装密封环，既可以减小漏损，又方便磨损后的拆换。

(3) 轴和轴承。轴是原动机向叶轮传动的主要部件。根据轴布置方向的不同，泵可以分为横轴泵、立轴泵和斜轴泵。横轴泵常采用悬臂式支承，故又称悬臂泵，分为悬架式、托架式和连体式等。此外，双吸横轴泵和部分单吸横轴泵常采用双支承，即在轴叶轮两端分别用轴承和支架来支承，因此双支承泵比悬臂泵复杂，但刚性更好。对于立轴泵，其支承的主要区别在于共座与分座。共座式立轴泵将泵的传动装置直接安装在泵本体上面，整台泵共用一个基础支承；分座式立轴泵则将传动装置和泵本体分别安装在上、下两个不同的基础上。

(4) 轴封机构。在泵轴穿出泵壳处，泵轴与泵壳之间存在具有密封作用的轴封机构，目的是减少高压液体泄漏，防止空气进入泵内。一般叶片泵最常用的轴封方式是填料密封和机械密封。

6.1.2.2 轴流泵

轴流泵如图 6-4 所示，基本部件由吸水管、叶轮、导叶、轴和轴承等几部分构成，利用旋转叶轮的叶片对流体作用的轴向升力使流体获得能量，使流体轴向进入叶轮并沿轴向流出。

轴流泵的叶轮按其可调性分为固定式、半调式、全调式三种。固定式轴流泵是叶片与轮毂连为一体，不可调节叶片的安装角度。半调式轴流泵是叶片用螺母拴

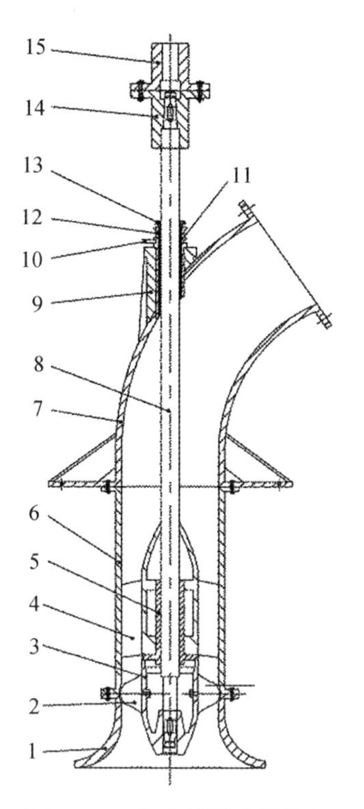

图 6 - 4　立式半调式轴流泵

1—吸水管；2—叶片；3—轮毂；4—导叶；5—下导轴承；6—导叶管；7—出水弯管；8—泵轴；9—上导轴承；10—引水管；11—填料；12—填料盒；13—压盖；14—泵联轴器；15—电动机联轴器

在轮毂上，在叶片底部刻有基准线，相应的在轮毂上刻有安装角度的位置线，叶片不同的安装角度决定不同的性能曲线。全调式轴流泵可以根据不同工况需要，在停机或不停机情况下，通过油压调节机构改变叶片安装角度以改变性能。全调式轴流泵调节机构比较复杂，一般应用于大型轴流泵站。

在轴流泵中，液体除沿轴向前进外，还伴随旋转运动。为此，在泵壳上安装导叶，液体流经导叶时消除了旋转运动，能够将旋转的动能转变为压能。一般轴流泵中有 6～12 片导叶。

6.1.2.3　混流泵

混流泵的工作原理是介于离心泵和轴流泵之间，既受到离心力的作用，也受到轴向升力作用，在两种力的共同作用下输送流体。根据其压水室不同，分为蜗壳式和导叶式。如图 6 - 5 所示，蜗壳式与单吸式离心泵相类似，导叶式则与立式轴流泵类似，部件无太大差别，故在此不详细介绍。

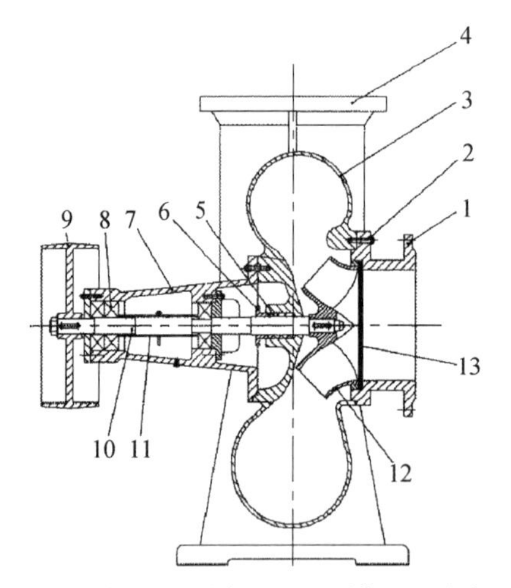

1—泵盖；2—双头螺丝；3—泵壳；4—出水口；5—填料；6—填料压盖；7—轴承盒；8—滚动轴承；9—皮带轮；10—泵轴；11—轴套；12—叶轮；13—减漏环

(a)

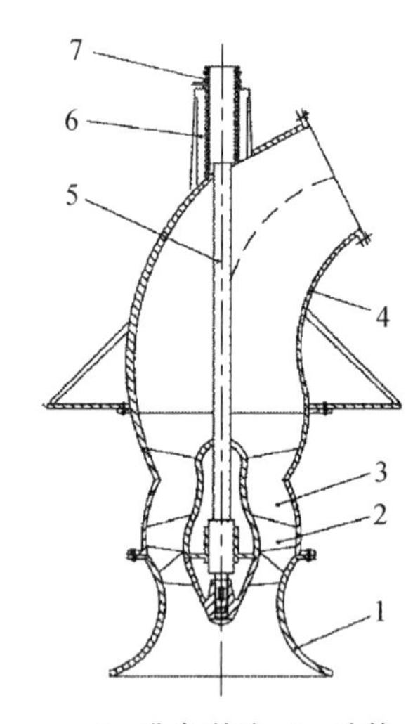

1—进水喇叭；2—叶轮；3—导叶；4—出水弯管；5—泵轴；6—橡胶轴承；7—填料盒

(b)

图 6-5　混流泵结构

(a) 蜗壳式混流泵；(b) 导叶式混流泵

6.1.3　叶片泵的基本性能参数

6.1.3.1　流量(Q)

流量是指单位时间内通过泵出口断面的液体的体积或质量，分别称为体积流量和质量流量。体积流量通常用符号 Q_v 表示，单位为升每秒(L/s)、立方米每秒(m^3/s)或立方米每小时(m^3/h)；质量流量用 Q_m 表示，常用的单位为千克每秒(kg/s)或吨每小时(t/h)。根据定义，体积流量与质量流量有如下的关系：

$$Q_m = \rho Q_v \tag{6-1}$$

式中，ρ 为被输送液体的密度，单位为 kg/m^3。

在叶轮理论的研究中通常还会遇到理论流量 Q_T 和泄漏流量 q 的概念。理论流量就是通过叶轮的流量。泄漏流量是指流出叶轮的理论流量中，在流经叶轮后压力变大，有一部分经泵转动部件与静止部件之间存在的间隙流回叶轮进口和流出泵外的流量。由此可得到泵流量、理论流量和泄漏流量之间的关系为

$$Q_T = Q + q \tag{6-2}$$

6.1.3.2　扬程(H)

扬程是泵对单位质量液体所做的功，也就是单位重量液体流过泵后能量的增值，用符号 H 表示，单位为 m。由扬程的定义可知，扬程也可表示为液体在泵进、出口断面的单位能量差，由伯努利方程可得

$$H=\frac{p_2-p_1}{\rho g}+\frac{c_2^2-c_1^2}{2g}+z_2-z_1 \tag{6-3}$$

式中，p、c 和 z 分别代表压强、速度和高度；下标 1、2 代表泵的进、出口，g 为重力加速度，单位为 m^2/s。

6.1.3.3　转速(n)

转速是指泵轴或叶轮每分钟旋转的次数。通常用符号 n 表示，单位为转每分(r/min)。泵的转速与其他的性能参数有着密切的关系，一定的转速，产生一定的流量、扬程，并对应一定的轴功率。当转速改变时，将引起其他性能参数发生相应的变化。泵是按一定转速设计的，因此配套的原动机除功率应满足泵运行的工况要求外，在转速上也应与泵转速相一致。

目前，便于水泵与原动机配合，中小型叶片泵的设计转速采用异步电动机的转速(2900、1450、970、730、485 r/min)，大型叶片泵设计转速采用同步电动机转速(3000、1500、1000、750、500 r/min)。

6.1.3.4　功率(P)

功率是指泵在单位时间内对液流所做功的大小，单位是瓦(W)或千瓦(kW)。水泵的功率包含轴功率、有效功率、原动机功率、原动机配套功率、水功率和泵内损失功率等6种。

1) 轴功率 P

轴功率是指原动机经过传动设备传递给泵主轴上的功率，亦即泵的输入功率。

2) 有效功率 P_e

有效功率是指单位时间内流出泵的液体实际获得的功率，其表达式为

$$P_e=\frac{\rho g Q_v H}{1000} \tag{6-4}$$

3) 原动机功率 P_g

原动机通过原动机轴将能量传递给泵轴的过程中会产生一定的机械损失，因此原动机功率一般要比轴功率大，计算式为

$$P_g=\frac{P}{\eta_{tm}} \tag{6-5}$$

式中，η_{tm}是传动装置的传动效率。

4) 原动机配套功率 P_{gr}

考虑到泵运行时可能出现超负荷情况，所以原动机的配套功率通常选择得比原动机功率大，计算式为

$$P_{gr} = K \cdot P_g \tag{6-6}$$

式中，K 为电动机容量安全系数。

5) 水功率 P_w

水功率是指泵的轴功率在克服机械阻力后传给液体的功率。

6.1.3.5 泵内功率损失和效率

泵的功率损失可以分为三类，即机械损失、容积损失和水力损失。

(1) 机械损失功率和机械效率 η_m。机械损失的主要来源包括泵密封装置和轴承的机械摩擦以及叶轮前后盖板外表面与液体之间的摩擦损失。泵密封装置和轴承的摩擦损失与泵的尺寸无关，与密封件的结构形式和加工质量有关，占轴功率的1%～3%；叶轮前后盖板外表面与液体之间的摩擦损失是机械损失的主要部分，为轴功率的2%～10%[5]。机械效率的计算公式为

$$\eta_m = \frac{P_w}{P} \times 100\% \tag{6-7}$$

(2) 容积损失功率和容积效率 η_v。容积损失，又称泄漏损失，是由泄漏流量 q 引起的功率损失，发生于转动部件与静止部件之间的间隙处[6]，其大小用容积效率来衡量，即

$$\eta_v = \frac{Q_v}{Q_v + q} \times 100\% \tag{6-8}$$

(3) 水力损失功率和流动效率 η_h。当液体由泵进口经过叶轮至泵出口流出的过程中，会产生各种水力损失，用 h 表示。主要包括两大类：一类是经过泵内各过流段的表面由于摩擦而引起的沿程损失；第二类是由于液流的过流面积突然变大、液流方向突然发生改变或者液流和叶片因撞击而产生的脱流和漩涡等引起局部水力损失。这些流动损失消耗的功率统称为水力损失功率。水力损失的大小与液体的种类、在泵内的流动形态、泵壳内流道的结构形式和通道的表面粗糙程度等因素有关。流动效率表达为

$$\eta_h = \frac{H}{H + h} \times 100\% \tag{6-9}$$

由于上述机械损失、水力损失和容积损失，使得泵的输入功率不能全部传递给

液体。液体经过泵只能获得有效功率 P_e，表达式为

$$\eta = \frac{P_e}{P} \times 100\% = \eta_m \eta_v \eta_h \tag{6-10}$$

6.1.3.6　允许吸上真空高度(H_s)及汽蚀余量(H_{sv})

允许吸上真空高度是指泵在标准状况下运转时，泵所允许的最大吸上真空高度，单位为 mH_2O。汽蚀余量是指水泵进口处的单位重量液体具有的超过该温度下饱和蒸汽压力的富裕能量，单位为 mH_2O。允许吸上真空高度和汽蚀余量是表征泵在标准状态下的汽蚀性能(吸入性能)的参数。水泵工作时，常因装置设计或运行不当，会出现进口处压力过低，导致汽蚀发生，造成泵性能下降甚至流动间断、振动加剧的现象。泵内出现汽蚀现象后便不能正常工作，汽蚀严重时甚至停止工作。为了避免汽蚀的发生，就必须通过泵的汽蚀性能参数来正确确定泵的几何安装高度和设计水泵装置系统。

6.1.4　泵的运行

6.1.4.1　泵的工作点

任何一台泵，都要在一个泵系统中工作。泵系统包含了泵、泵的附件(流量计、压力表、管道阀门等)、吸水管路和压水管路以及吸液池和压液池。在整个系统中，泵为系统内流体的流动提供动力，而除了泵以外的其他部件则对流体的流动产生了阻力，当两者达到能量平衡、工作稳定的平衡态时，即为泵在该系统内的工作点[7]。通常将泵的特性曲线(q_v-H)与管路特性曲线(q_v-H_c)绘制在同一图上，如图 6-6 所示，泵的工作点即为两条曲线的交点 M。当泵工作点不在 M 点、而在 A 点时，则泵的扬程小于管路扬程，使流体减速、流量减少，泵的工作点回归至 M 点；而当泵在 B 点工作时，泵的扬程大于管路扬程，使流体加速、流量增少，泵的工作点也将逐渐移至 M 点，达到稳定状态。

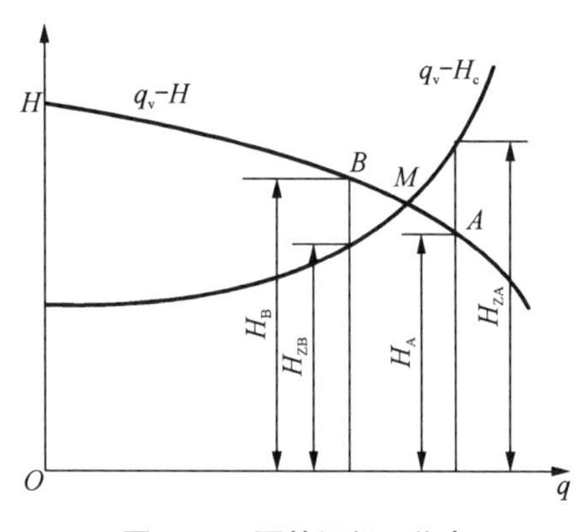

图 6-6　泵的运行工作点

6.1.4.2　泵的联合运行

为了获得足够高的扬程或者流量，泵通常采取串联或并联组合方式进行联合工作。泵串联工作的目的是在一定流量下获得一台泵所不能达到的扬程，适用于出口管路背压高或出口扬程需要变动较大的情况。泵并联是两台及以上泵向同一

压水管路输送流体，以达到在较低扬程条件下获得高流量的目的。

1）泵的串联

两台或多台泵采取顺次连接，前一台泵的出水管路与后一台泵的进水管路相连接，由最后一台泵将液体送入输水管路，这种泵的联合运行方式称为串联运行。通常在需要高压的系统中采取泵的串联。

图 6－7 为两台相同泵串联的性能曲线，通过在坐标系中标出每个流量值的两倍扬程，即可得到总性能曲线。这时的曲线具有两倍的最大扬程及单台泵相同的最大流量。

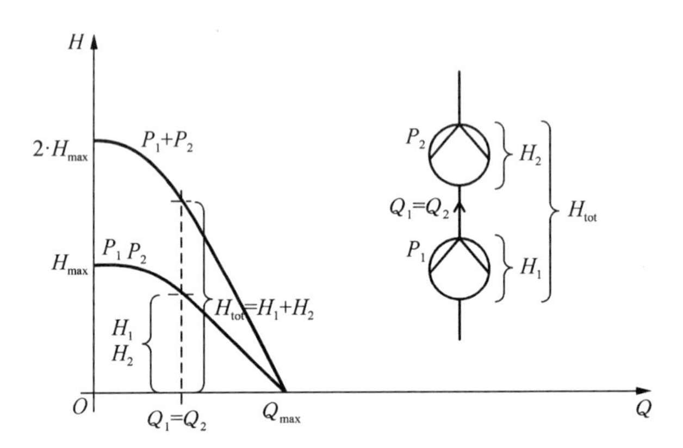

图 6－7　两台大小相等的泵串联

图 6－8 所示为两台不同大小的泵串联。通过将给定流量 $Q_2=Q_1$ 处的 H_1 和 H_2 相加，即可得到总性能曲线。在图中的阴影区域，泵 P_1 变为泵 P_2 吸入侧阻力，使泵 P_2 吸入条件变坏，有可能发生汽蚀。

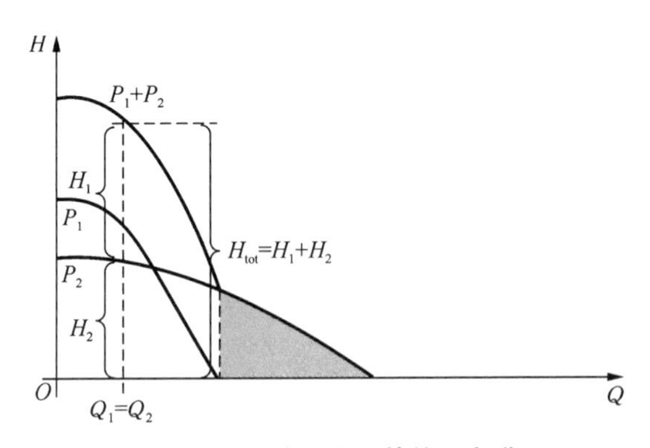

图 6－8　两台大小不等的泵串联

2）泵的并联

采用两台或两台以上泵共用一条出水管路的运行方式称为泵的并联运行。采用泵并联的情况通常是所需流量大于单台泵所能提供的流量或系统的流量要求可变，并且通过开关并联泵可满足这些要求。并联的泵可以具有相同的类型和大小，也可以大小不同，或者一台或多台泵采用速度控制，并因此具有不同的性能曲线。多台泵并联组成的系统的总性能曲线是通过将泵在给定扬程下的流量相加确定的，如图 6-9 所示。但需要注意的是，当性能不同的泵进行并联时，会存在单台泵工作的情况，如图中阴影区域所示，因为在该区域 P_1 的扬程高于 P_2。

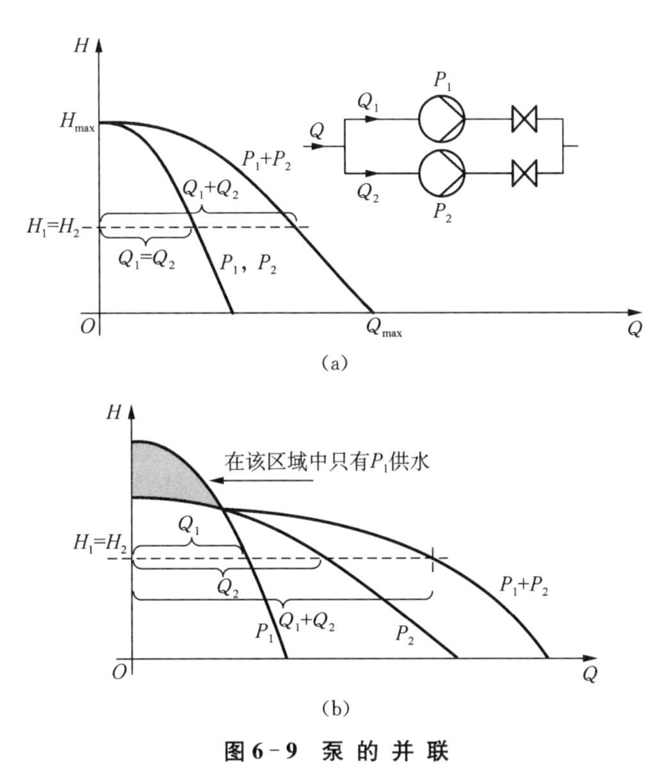

图 6-9　泵的并联

(a) 相同性能两台泵的并联；(b) 不同性能两台泵的并联

6.1.5　其他类型的泵

6.1.5.1　射流泵

射流泵是利用射流时产生的压力变化来传输质量和能量的流体机械，如图 6-10 所示。工作流体通过喷嘴高速喷出，静压能部分转化为动能，管内形成低压区，低压流体被吸入管内，两股流体在喉管中进行混合和能量交换，工作流体速度降低，被吸流体速度提高，在喉管出口处两者速度压力趋于一致。在扩散管中，混合后的流体进行能量转换，把大部分动能转化为压力能而最终排出。

通常以液体为动力介质(工作流体)的称为射流泵，以气体为动力介质的称为

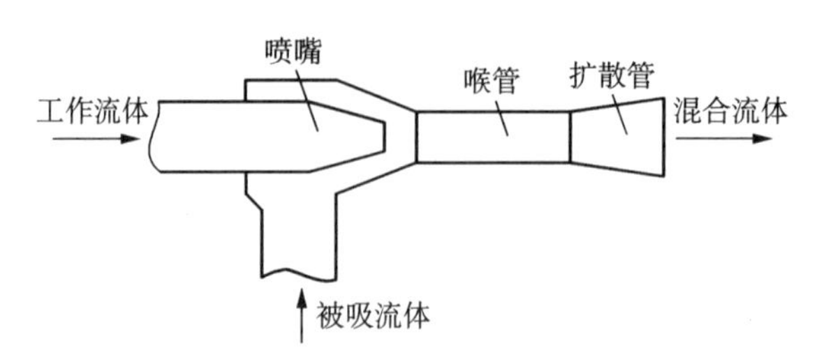

图 6-10 射流泵原理

喷射器。此外,工作流体和被吸流体的状态还可以不同,甚至不是流体,如液气射流泵、泥浆射流泵(被吸流体为泥浆)、蒸汽热水喷射器、气力输送喷射器(被吸流体为散状固体)等。

射流泵没有运动部件,结构简单,工作可靠,密封性好,适宜在高温、高压、真空、放射性和水下等特殊条件下工作。射流泵通过高速射流提升低速被吸液体的能量,从而增加整体压能,与其他工作泵组合使用,可提高整个装置的吸程,改善汽蚀性能。

6.1.5.2 往复泵

往复泵是依靠活塞、柱塞或隔膜在泵缸内往复运动使缸内工作容积交替增大和缩小来输送液体或使之增压的容积式泵。以图 6-11 所示活塞泵为例,当活塞向右移动时,泵缸的容积增大而形成低压,排出阀受排出管内液体压力作用而关闭,吸入阀受储槽液面与泵缸内的压差作用而打开,使液体吸入泵缸;当活塞向左

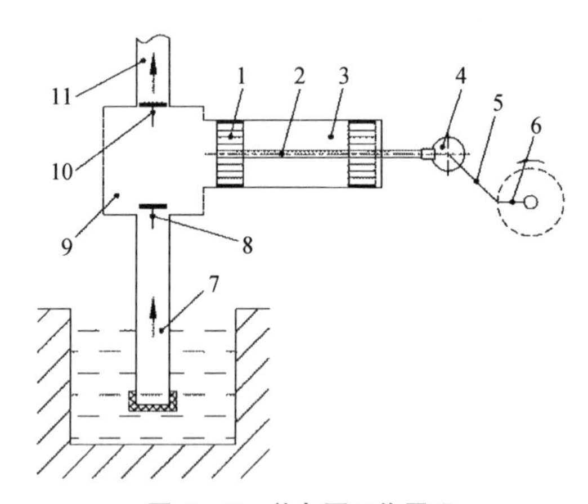

图 6-11 往复泵工作原理

1—活塞;2—活塞杆;3—泵缸;4—十字接头;5—曲柄连杆机构;6—带轮;7—吸入管;8—吸入阀;9—工作室;10—排出阀;11—排出管

移动时，由于活塞的推压，缸内液体压力增大，吸入阀关闭，排出阀开启，使液体排出泵缸，完成一个工作循环。往复泵具有自吸能力，且在压力剧烈变化下仍能维持几乎不变的流量，特别适用于小流量、高扬程情况下输送黏性较大的液体。但往复泵结构复杂，易损件多，流量有脉动，大流量时机器笨重，故有时会被离心泵所代替。

6.1.5.3　回转泵

回转泵是转子在泵体内旋转的泵，如图6-12所示为齿轮泵、螺杆泵和滑片泵等。当转子旋转时，它与泵体间形成的空间容积发生周期变化：容积增大的过程形成低压，液体被吸入泵内；容积减小的过程形成高压，液体被排出泵外。因此，流量仅与转子的转速有关，几乎不随压强而变化。其特点是压头大，流量小但均匀，宜于输送黏度大的油类流体等。

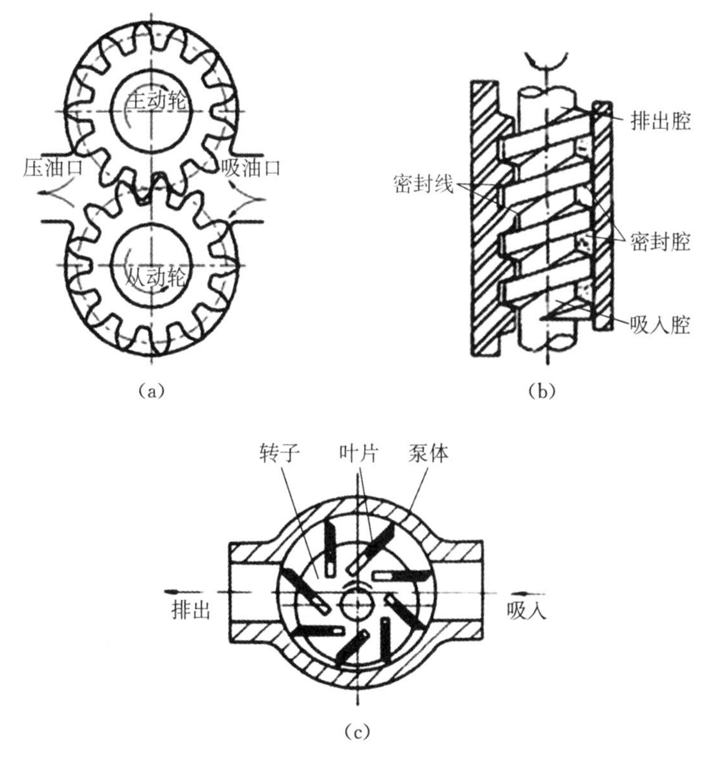

图6-12　几种典型回转泵

(a) 齿轮泵；(b) 螺杆泵；(c) 滑片泵

6.1.5.4　真空泵

真空泵主要有以下三大类：容积真空泵，俗称“机械泵”，利用机械方法改变泵腔容积以达到抽气并建立真空之目的，其中以旋转式真空泵应用最广，可用以建立较低或中等的真空度；射流真空泵，亦称“扩散泵”，利用喷管高速喷出的油或汞蒸气射流来抽走气体以获得真空，其中以油扩散泵最为常用，可用以获得高真空度；离子泵，使气体分子电离后被洁净的固体表面所吸附从而降低绝对压力，可用以获得超高真空度。

6.2 风机

风机主要通过消耗电能实现气体的压缩与输送，是电力、采矿、冶金、化工、城建等领域中最主要的耗能机械设备之一。根据国家统计局的资料，风机的电力消耗约占全国发电总量的10%[1]。因此，本节对风机这类重要的耗能流体机械进行了介绍，内容包括风机分类、结构、工作原理与性能指标等。

6.2.1 风机的分类

风机与泵的工作性质相近，均为将原动机的机械功转化成流体的压力和动能，仅是泵输送液体，而风机输送气体。因此两者的分类方法具有一定的相似点，可按工作原理和输出气体压力进行分类。

1）按工作原理

风机按工作原理可分为叶片式和容积式两大类，如图6-13所示。叶片式风机安装有叶轮，工作时，叶轮高速旋转，通过叶片将能量连续传递给与之接触的气体。按出口气流的运动方向，叶片式风机又可进一步细分为离心式、轴流式和混流式。容积式风机是通过工作室容积大小的周期性变化来实现气体的吸入、压缩和

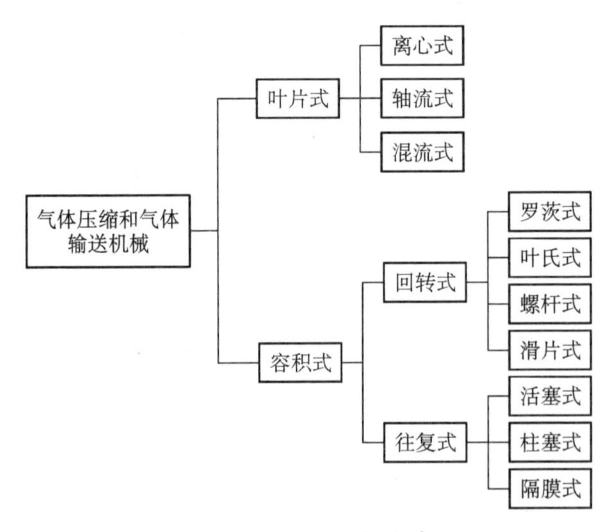

图6-13 风机的分类

排出，进而实现气体的运送。典型的容积式风机包括螺杆压缩机、往复式压缩机、滑片压缩机、罗茨鼓风机等。

2）按输出气体压力

按照输出气体的压力大小，风机可分为通风机（<15 kPa）、鼓风机（15～340 kPa）和压缩机（>340 kPa）三大类[2]。通风机和鼓风机主要用于电厂、矿井、隧道、冷却塔、车辆、船舶和建筑物等的通风、引风和排尘。通风机气体流速较低，压力变化不大，因此一般不需要考虑气体比容的变化，即把气体作为不可压缩流体处理。相比前两种风机，压缩机的出口压力更高，主要用于制冷系统和空气压缩机等。

6.2.2　风机的结构与工作原理

6.2.2.1　叶片式风机

叶片式风机分为离心式、轴流式、混流式三种结构形式，如图6-14所示。离心式风机的气体由轴向进入叶轮，流经叶轮内部后转90°，在离心力的作用下沿着径向流出叶轮。轴流式风机的气流由轴向进入叶轮，并在叶轮和导叶的作用下升压后依旧沿轴向流出，多在大风量的条件下采用。混流式风机是介于离心式与轴流式之间的一类风机，轴向进入叶轮的气体将受到离心力和升力两种力的作用，最终沿着与轴线倾斜的方向从叶轮流出。在这几种结构形式的风机中，离心式风机在工程上应用得最为广泛。

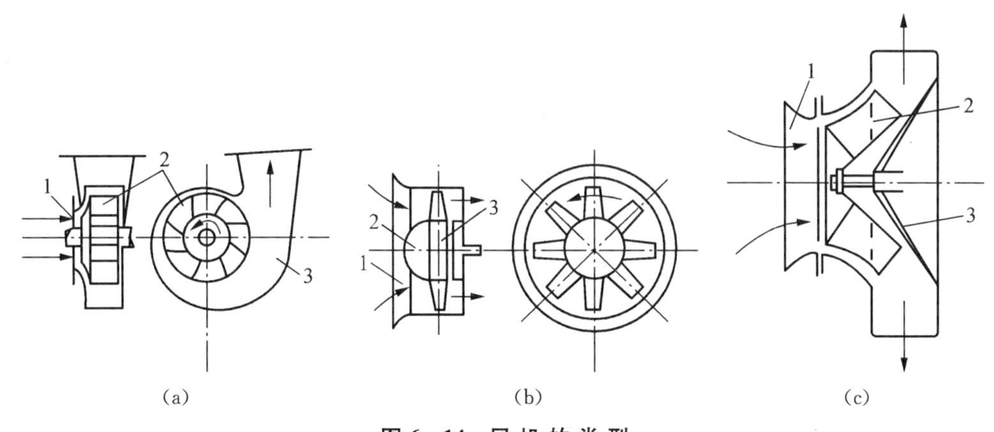

图6-14　风机的类型

(a) 离心式；(b) 轴流式；(c) 混流式
1—进风口；2—叶轮；3—蜗壳

离心式风机结构如图6-15所示，主要由叶轮、蜗壳、集流器（进风口）、进气箱、导流器和扩压器等部件构成，完成气体吸入、升压与输送过程：叶轮轴旋转带动叶轮高速旋转，叶片间的气流获得能量，在离心力作用下，以较高的速度被甩向叶轮轮缘，汇集于螺旋形的蜗壳中，气流速度逐步降低，压力逐步提高，最后经扩压器排出风机；同时，叶轮进口处因气流快速流出产生了负压，外部气体在压力差的作用下进入进气箱，经导流器调节后由集流器轴向进入叶轮。

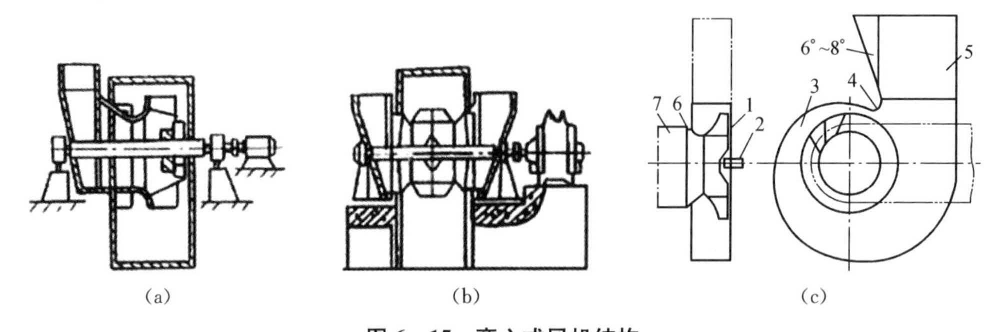

图 6－15 离心式风机结构

(a) 单级单吸；(b) 单级双吸；(c) 内部结构
1—叶轮；2—轴；3—蜗壳；4—蜗舌；5—扩压器；6—集流器；7—进气箱

1) 叶轮

叶轮是离心式风机的核心与关键部件，由前盘、后(中)盘、叶片和轮毂等组成，对风机内气体的流动特性影响较大。

叶轮的前盘形式主要有直前盘、锥形前盘和弧形前盘三种，如图 6－16 所示。直前盘制造简单，但会对气流的流动产生不良影响；锥形前盘和弧形前盘制造较复杂，但相对于直前盘，其具有更好的气动效率和更高的叶轮强度。

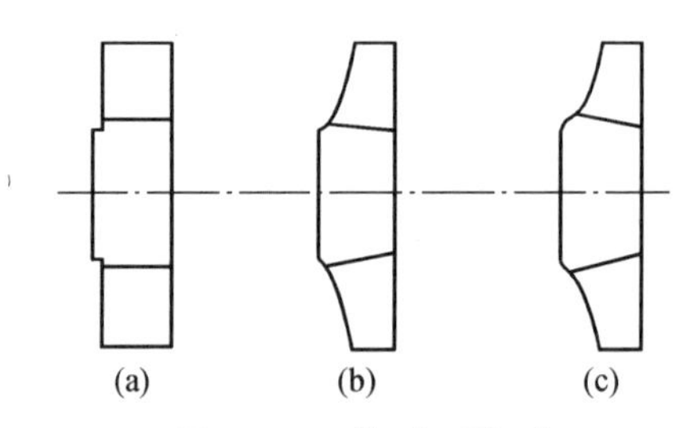

图 6－16 前 盘 形 式

(a) 直前盘；(b) 锥形前盘；(c) 弧形前盘

叶轮上另一个主要零件是叶片，其形状和出口角会对叶轮性质产生重要影响。按形状，叶片可分为平板型、圆弧型和机翼型叶片三种，如图 6－17 所示。平板型叶片制造简单，但流动性差，效率低；机翼型叶片制造工艺复杂，但具有优良的空气动力学特性和强度，气动效率也较高；圆弧型叶片的流动特性和效率介于平板型叶片和机翼型叶片之间。根据叶片出口角的不同，又可将叶片分为前弯式、径向式和后弯式三种。前弯式叶片的弯曲方向与叶轮旋转方向相同，出口安装角大于 90°，一般采用圆弧形叶片；径向叶片出口方向为径向，安装角为90°；后弯式叶片的弯曲方向与叶轮旋转方向相反，出口安装角小于90°，对于大型风机多采用机翼型叶片，对于中、小型风机则最好采用圆弧形和平板型叶片[8]。不同出口角的叶片相比较，前弯式叶片较径向叶片和后弯式叶片产生的总压头要大些，但其动压头在总压头中所占份额较大，流道能量损失大，效率较低；后弯式叶片产生的总压头较小，但静压头在总压头中所占份额较大，流道能量损失小，效率较高。

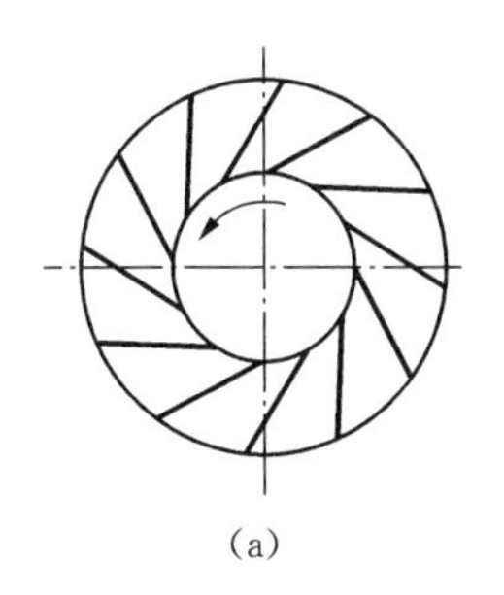
(a)

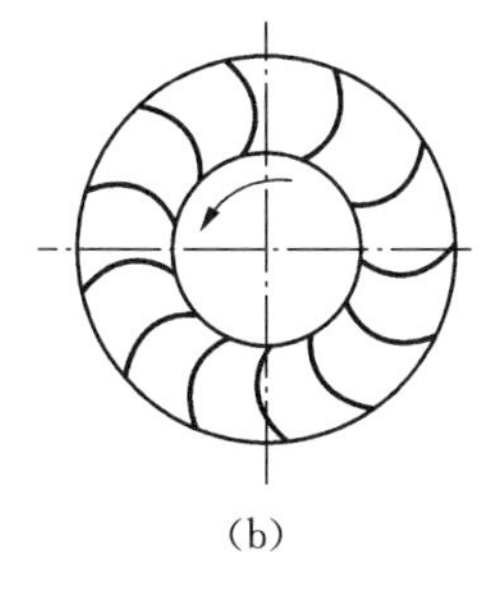
(b)

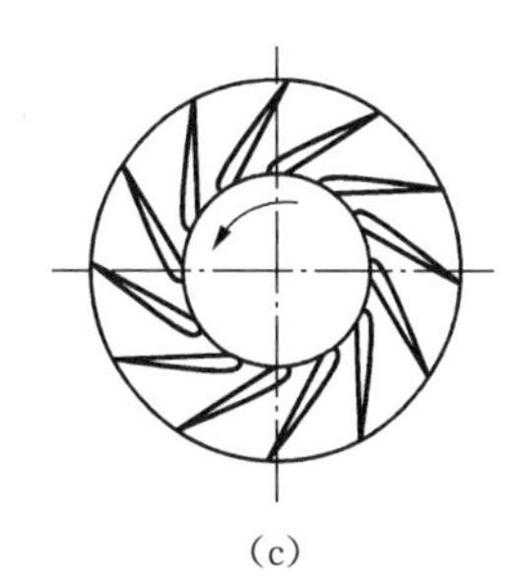
(c)

图6-17　叶片形状

(a) 平板叶片；(b) 圆弧叶片；(c) 机翼叶片

2) 蜗壳

蜗壳是由蜗板与左右两块侧板焊接或咬口而成。自叶轮出来的气体由蜗壳收集，并引导气体到蜗壳的出口，经过扩压器升压后，输送到管道中或排到大气中去。蜗壳的蜗板是一阿基米德螺旋线或对数螺旋线，具有较高的效率。为了设计方便，其轴面一般为等宽截面。

3) 进气箱

将气体引入叶轮的方式有两种，一种是从大气直接吸气，为自由进气；另外一种是通过进气管和进气箱进气，主要用于大型或双吸离心风机上。进气箱的断面一般是逐渐收敛的，有利于改善进气口流动状况，减少气流不均匀进入叶轮而产生的流动损失。另外，安装进气箱可使轴承装在风机的蜗壳外边，便于安装与检修。

4) 集流器

无论风机采用自由进气，还是风箱进气，都需要在叶轮前安装集流器，使气流顺利而均匀地进入叶轮，提高风机的效率。因此，集流器的形状需要精心设计和制造，以减小气体流动损失。离心式风机的集流器有筒形、锥形、筒锥形、圆弧形、锥弧形等多种形式，如图6-18所示。大型风机常采用圆弧形或锥弧形集流器。

5) 导流器

一般在离心式风机的集流器之前装有导流器，用来调节风机的流量。导流器通过改变导流器叶片角度来调节风机的负荷，扩大风机性能、使用范围和提高调节

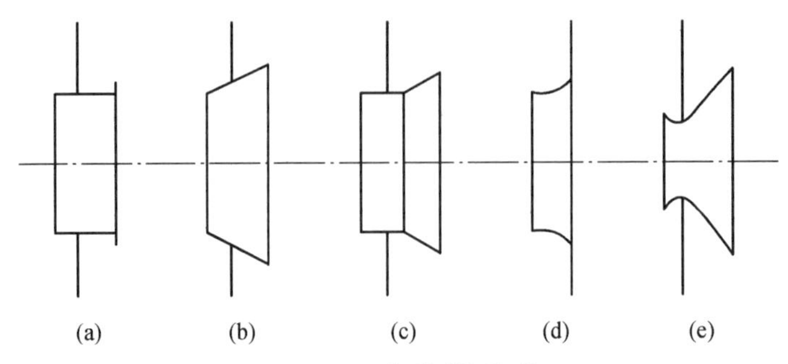

图 6-18 集流器形式

(a) 筒形；(b) 锥形；(c) 筒锥形；(d) 圆弧形；(e) 锥弧形

经济性。导流器可分为轴向式、径向式和斜叶式几种。

6）扩压器

扩压器装置于风机涡壳出口处，其主要作用是降低蜗壳出口气流速度，使部分动压转变为静压。根据出口管路的需要，扩压器有圆形和方形截面两种。扩压器一般做成向叶轮一边扩大，其扩散角通常为 6°～8°。

6.2.2.2 容积式风机

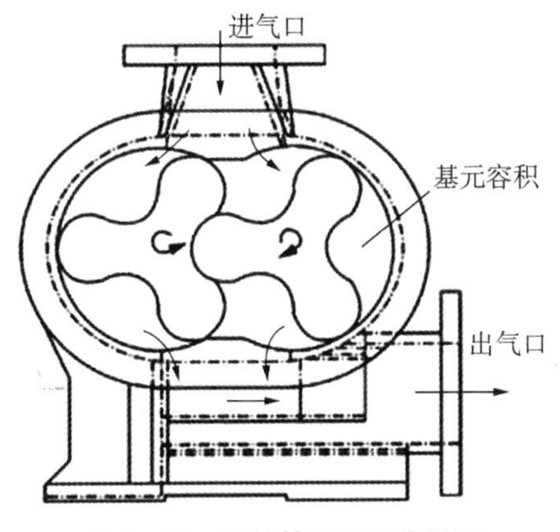

图 6-19 罗茨鼓风机工作原理

罗茨鼓风机为一种典型的回转容积式风机，其两个叶形转子在气缸内做相对运动来压缩和运送气体，如图 6-19 所示。这种压缩机靠转子轴端的同步齿轮使两转子保持啮合状态。转子上每一凹入的曲面部分与气缸内壁组成基元容积，在转子回转过程中从吸气口中带走气体，当移到排气口附近与排气口相连通的瞬时，因有较高压力的气体回流，这时基元容积中的压力突然升高，然后将气体运送到排气通道[9]。

螺杆压缩机是另一种应用比较广泛的回转式压缩机，核心部件为一对平行且互相啮合的阴、阳螺杆。其工作循环包括进气、压缩和排气三个过程。首先为进气过程，阴、阳螺杆的齿沟空间随着螺杆旋转而逐步扩大至最大，并和压缩机外壁上的进气孔口连通，外界气体因齿沟空间为真空而通过进气孔口进入齿沟空间，直到齿沟空间与进气孔口断开，进气过程结束。随着螺杆的转动，齿间空间由于阳螺杆的凸齿侵入阴螺杆的凹齿而开始缩小，内部气体因被压缩而压力升高，这一过程一直持续到齿间空间与排气孔口相连通瞬间为止。当齿间空间和排气孔口相连通后，排气过程开始，直到两个齿完全啮合，同时开始了下一个工作循环。

6.2.3　风机的性能指标

风机的主要性能参数包括流量(可分为排气量与送风量)、压力、转速、功率等。

6.2.3.1　流量

风机的流量一般是指单位时间内通过风机入口截面的气体体积，单位通常为 m^3/s、m^3/min 和 m^3/h。如果没有特殊说明，体积流量通常是标准状况下的体积，即 20℃、0.1MPa、相对湿度 50%时的体积，此时空气密度为 $1.2kg/m^3$。如果介质不是空气或者是非标准状态下的空气，则需通过计算，才能得出其密度。在通风机中，可以认为空气是不可压缩的，所以通风机进出口的流量被认为是一致的；而在鼓风机和压缩机中，空气的可压缩性就不能忽略。

将出气流量 q_{Vd} 换算成进气流量 q_{Vs}，可按下式计算：

$$q_{Vs} = q_{Vd}\frac{\rho_d}{\rho_s} \tag{6-11}$$

式中，ρ_d 为出气气体的密度，单位为 kg/m^3；ρ_s 为进气气体的密度，单位为 kg/m^3。

6.2.3.2　压力

1) 静压、动压与全压

静压 p_s 为气体对平行于气流的物体表面作用的压力，它的数值可通过垂直于物体表面的孔测量得到。

动压 p_d 利用下式表示：

$$p_d = \frac{\rho v^2}{2} \tag{6-12}$$

式中，ρ 为气体的密度，单位为 kg/m^3；v 为气体的速度，单位为 m/s。

全压 p_t 为动压和静压的代数和，即

$$p_t = p_s + p_d. \tag{6-13}$$

2) 风机的压力

为进行正常送风，风机必须产生出能够克服管道阻力的压力。风机的压力分为静压、动压和全压三种，其中静压为克服送风阻力的压力，动压为气体因流动具有的动能转换为压力的形式。

风机的全压为单位体积气体从风机获得的全压增加值，等于风机的出进口之间的全压之差。若下标 2 表示出口，1 表示进口，则有

$$p_{tF}=p_{t2}-p_{t1}=(p_{s2}+p_{d2})-(p_{s1}+p_{d1})=(p_{s2}-p_{s1})+(p_{d2}-p_{d1})\tag{6-14}$$

由上式可计算得到风机的静压为

$$p_{sF}=(p_{t2}-p_{t1})-p_{d2}=(p_{s2}+p_{d2})-(p_{s1}+p_{d1})-p_{d2}=(p_{s2}-p_{s1})-p_{d1}\tag{6-15}$$

式中：p_{tF}为风机全压，单位为 Pa；p_{sF}为风机静压，单位为 Pa；

p_{t1}为风机进口全压，单位为 Pa；p_{t2}为风机出口全压，单位为 Pa；p_{d1}为风机进口处动压，单位为 Pa；p_{d2}为风机出口处动压，单位为 Pa；p_{s1}为风机进口处静压，单位为 Pa；p_{s2}为风机出口处静压，单位为 Pa。

如果风机的进口和出口的面积相等，则进出口动压大致相等（$p_{d2}\approx p_{d1}$）。

6.2.3.3　转速

风机转速是指风机轴每分钟的转速，用 n 表示，单位为 r/min。

6.2.3.4　功率

与泵相似，风机的功率通常是指输入功率，即轴功率 P_{sh}。除此之外，还有风机的内功率 P_i、全压有效功率 P_e、静压有效功率 P_{est}，其计算式分别为

$$P_i=P_e+\sum\Delta P(\text{kW})\tag{6-16}$$

$$P_e=\frac{q_V p}{1000}(\text{kW})\tag{6-17}$$

$$P_{est}=\frac{q_V p_{st}}{1000}(\text{kW})\tag{6-18}$$

式中，ΔP 为除去轴承摩擦损失以外风机内损失掉的各种功率，如容积损失、流动损失等，详见 6.1 节泵内功率损失。

对应各种功率有相应的效率，具体如表 6－1 所示。

表 6－1　风机的相关功率

名称和代号	含义	数学表达式
η：全压效率	全压有效功率和轴功率之比	$\eta=P_e/P_{sh}$
η_i：全压内效率	全压有效功率和内功率之比	$\eta_i=P_e/P_i$
η_{st}：静压效率	静压有效功率和轴功率之比	$\eta_{st}=P_{est}/P_{sh}$
η_{sti}：静压内效率	静压有效功率和内功率之比	$\eta_{sti}=P_{est}/P_i$

6.2.4　风机的运行与节能

风机与泵的运行特性相近，在管路中工作时，不仅取决于自身特性，而且依赖于管路系统特性，两种特性曲线的交叉点即为风机的工作点。同样，为了获得足够高的压力或者流量，风机通常采取串联或并联组合方式进行联合工作，详见 6.1 节泵的相关内容介绍。

中商产业研究院数据显示，2014 年我国全年生产风机 1783.67 万台。以此看来，每年的风机产量以千万计，这些风机绝大多数采用电机驱动，有“电老虎”之称。因此，风机的节能具有十分重大的意义，可从产品设计与运行管理两方面着手[1]。从产品设计角度，应提高风机在设计点和变工况区的效率，尽可能使风机本身就是节能产品，其中最关键的设计是叶轮。随着计算机技术的发展，采用三元流动理论设计风机叶轮，在同等流量、压力条件下的风机效率提高 5%～10%。在运行管理方面，风机的选型与管网合理匹配，在实际运行时应规范操作，尽可能提高其实际运行效率。

6.3　凝汽器

凝汽器，又称冷凝器、复水器，在凝汽式汽轮机组热力循环中起着冷源的作用，将汽轮机乏汽冷凝成液态水，并在汽轮机排汽口建立与维持足够的真空度。因此，凝汽器的结构设计与运行性能直接影响到整个汽轮机组的经济性和安全性[10]。本节将对凝汽器的工作原理、基本结构与关键性能参数等内容进行详细介绍。

6.3.1　工作原理

凝汽器作为汽轮机排汽的冷凝装置，与抽气设备、循环水泵、凝结水泵以及连接管件等一起构成了凝汽式汽轮机的凝汽系统，如图 6-20 所示。从汽轮机排出的乏汽进入凝汽器，被冷凝成液态水，所放出的汽化潜热被冷却介质带走；冷凝水与各种疏水汇集于热井，由凝结水泵不断地抽出，经回热加热器、给水泵以及除氧器等升温、升压、净化后，作为给水返回锅炉，保证整个热力循环运行的连续性；乏汽被冷却时，其比容急剧减小，会在凝汽器内部创造较高的真空环境，再加上抽气设备将没有来得及冷凝的蒸汽和不凝结气体抽出，便能形成更高的真空度，压力低至约 0.005 MPa，有助于提高整个机组的循环热效率。

根据上述工作原理，凝汽器作为凝汽系统的核心部件，具有以下重要作用：

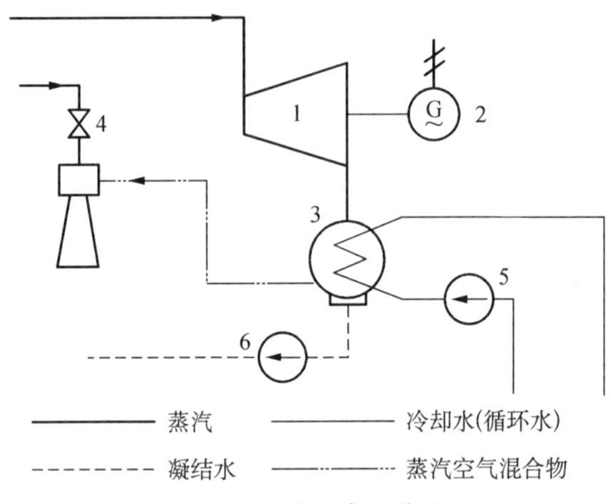

图6-20 凝汽设备工作原理

1—汽轮机；2—发电机；3—凝汽器；4—抽气设备；5—循环水泵；6—凝结水泵

(1) 在汽轮机排汽口造成良好的真空环境，降低背压和排汽温度，使蒸汽在汽轮机中尽可能充分膨胀做功，增大蒸汽在汽轮机中的有效焓降，提高机组循环热效率和热经济性。

(2) 将汽轮机低压缸排出的蒸汽凝结成水，与各种疏水一并送回锅炉进行循环，减少工质损失。

(3) 热力系统泄漏和排污造成一定的汽水损失，所需补充的除盐水可由凝汽器给入。

6.3.2 分类与结构

凝汽器分类方式有多种，可以按照冷却水的流程、水侧有无垂直隔板、进入凝汽器的汽流方向以及蒸汽凝结方式等进行分类。按照冷却水流程，可分为单道制、双道制、三道制；按水侧有无垂直隔板，分为单一制和对分制；按进入凝汽器的汽流方向，分为汽流向下式、汽流向上式、汽流向心式和汽流向侧式；按蒸汽凝结方式，又可分为表面式和混合式两类。通常来说，凝汽器以蒸汽凝结方式进行分类，然后再按其他方式进行细分以更加清晰地反映出凝汽器的结构特征。

6.3.2.1 表面式凝汽器

按冷却介质不同，表面式凝汽器又可分为水冷和空气冷却两类。

1) 水冷表面式凝汽器

水冷表面式凝汽器是最常见的一种凝汽器，结构如图6-21所示，主要由外壳、管束、热井、水室等几大部分组成。汽轮机的排汽通过喉部均匀地进入凝汽器，与金属管束表面接触时，因受到管内循环水流的冷却，放出汽化潜热而凝结成水，汇集于热井，再由凝结水泵抽出返回锅炉。凝汽器外壳通常采用10～15 mm厚的钢板焊接成方形或矩形，并在喉部内侧装有纵向和横向支撑，以承受凝汽器在工作时外部大气压力与内部高度真空之间的压力差和大量冷却水的重量。另外，在同样冷却面积情况下，方形或矩形凝汽器的高度和宽度都小于圆形凝汽器。循环冷却水室位于凝汽器的两端，内侧为管板，外侧为可拆卸的盖板。管板用来固定管束，并将凝汽器的汽侧与水侧分开。在管板之间设置有隔板以支撑管子，防止管子不正常弯曲和运行中的振动。在外壳、水室及热井等处壁面上安装人孔装置，以便检修使用。凝汽器设置空气冷却区不仅可以减少抽出去的蒸汽量，而且可以冷却空气降低其比容，减轻抽气设备的负荷，保证抽气效果。此外，现代大容量汽轮机的凝汽器内还安装有真空除氧装置，以减轻氧气对凝结水管路和阀门的腐蚀，同时减轻除氧器的负担。

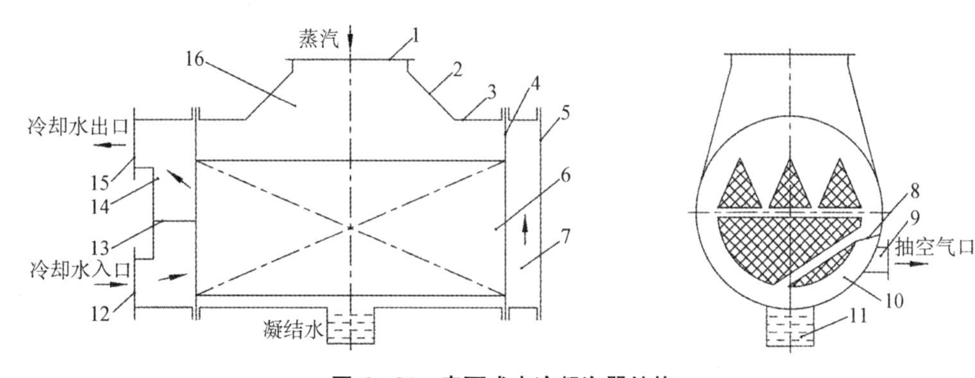

图6-21　表面式水冷凝汽器结构

1—蒸汽入口；2—喉部；3—外壳；4—管板；5—回流水室端盖；6—管束；7—水室；8—空气冷却区挡板；9—空气抽气口；10—空气冷却区；11—热井；12—冷却水进水管；13—水室隔板；14—水室端盖；15—冷却水出水管；16—凝汽器汽侧空间

水冷表面式凝汽器所用冷却水的来源有两条途径。一个来源是距离电厂距离较近的江、河、湖、海等自然水源，直接从这些水源中抽取冷却水送入凝汽器冷却蒸汽，排水则返回水源中去，这种冷凝系统称为开式循环水系统；另外一个来源是由冷却塔供给冷却水，用于自然水源相对比较缺乏的地区，冷却塔与凝汽器构成闭式循环水系统，冷却水吸收凝汽器中排汽的热量后，送入冷却塔中进行冷却，冷却后的冷却水重新进入凝汽器中工作，如此往复循环利用。关于冷却塔的结构与工作原理将在下节介绍。

2）空冷表面式凝汽器

在水资源比较缺乏的地区，还可采用空冷表面式凝汽器冷凝收集汽轮机的排汽。汽轮机的排汽在空冷凝汽器的管束内流动，冷空气在管外绕流以对管内蒸汽进行冷却。为强化换热，一般在换热管束下面装有风扇机组进行强制通风或将管束建在自然通风塔内，而换热管则采用换热能力较强的翅片管。与水冷表面式凝汽器相比较，空冷表面式凝汽器具有占地面积小、耗水量小、投资成本低等优点。然而，由于空气的热容、导热系数远比水的要小，因此要达到与水冷表面式凝汽器同样的冷却效果，所需的换热面积要相应增大。同时，抗大风突袭能力差、空冷岛凝汽器传热翅片脏污、翅片管束内空气流量分配不均、热风回流及夏季满发度夏、真空度低等因素在实际应用中进一步影响着空冷凝汽器的换热效果[11]。

6.3.2.2 混合式凝汽器

混合式凝汽器是汽轮机排汽与冷却水直接混合接触而使蒸汽凝结的冷凝装置，如图 6－22 所示。形成的凝结水一并由凝结水泵抽出。混合式凝汽器分为喷雾式和平面射流式两种。在喷雾式凝汽器中，冷却水雾化成滴状；而在平面射流式中，冷却水以膜状与汽轮机排汽接触。这种混合式凝汽器的优点是结构简单、制造成本低廉、冷却效果好，但其最大的缺点是凝结水与不清洁的冷却水混合后，不能作为锅炉给水。因此现代汽轮机组中一般很少直接采用混合式凝汽器。

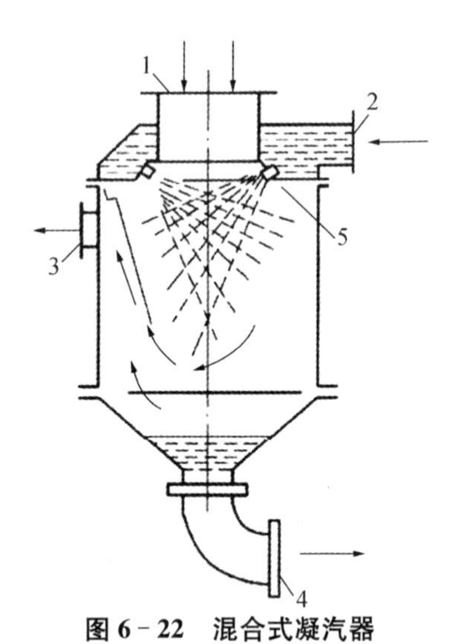

图 6－22 混合式凝汽器

1—排汽进口；2—冷却水进口；3—空气抽气口；4—混合水出口；5—喷嘴

鉴于不同类型的凝汽器各有各的优缺点，也各有各的适用条件。在电站汽轮机和船用汽轮机上，由于锅炉对给水纯洁度要求较高，需要保证回收的凝结水不能受到污染，多采用表面式凝汽器；在地热汽轮机上，工作蒸汽不回收，使用混合式凝汽器会使传热效率更好；在化工生产流程中，既有采用混合式凝汽器的，如真空蒸发系统中的大气式凝汽器或者射水式凝汽器，也有采用表面式凝汽器的，如精馏塔中的凝汽段。

6.3.3 性能指标

凝汽器的性能指标包括真空度、过冷度、含氧量和水阻。其中凝汽器的运行真空度，对汽轮机装置的效率、功率影响最大，不仅会影响机组的经济性，而且还会影响汽轮机组运行的可靠性，因此在设计与运行过程中需要给予重点关注[12]。

6.3.3.1 真空度

(1) 凝汽器真空度对机组运行经济性的影响很大。汽轮机的排汽在凝汽器内凝结为水的过程中，体积骤然缩小，因而原来充满蒸汽的密闭空间形成真空，降低了汽轮机的排汽压力，使蒸汽的理想焓降增大，从而提高了汽轮机组的热效率[13]。由于汽轮机排汽中含有少量的不凝结气体，凝汽器本身及其连接系统也存在漏气处，有部分空气漏入凝汽器内，所以需用抽气设备将气体连续不断地从凝汽器抽气口抽出，以保证凝汽器在真空下连续运行。为降低抽气设备能耗，与空气一起被抽出的未凝结蒸汽量应尽可能地小，通常要求被抽出的蒸汽在混合物中的含量不超过 2/3。此外，凝结水泵必须不断地把凝结水抽走，避免水位升高，影响蒸汽的凝结。

(2) 凝汽器的真空度对机组的安全运行也有很大影响。在运行中，凝汽器真空条件下降将导致汽轮机排汽缸的温度升高，使汽轮机轴承中心发生偏移，严重时甚至会引起汽轮机组振动。为保证机组出力不变，真空降低时必须增加蒸汽流量，这样就导致轴向推力增大，使推力轴承过负荷，影响机组安全运行。所以为确保机组运行的经济性和可靠性，维持凝汽器理想的真空度尤为重要。

值得一提的是，真空度不是越高越好，一方面是汽轮机做功能力有限，另外创造高度真空会带来能耗的增加。因此，实际运行过程中维持某一凝汽器真空存在一个最佳值，定义为增加循环水量使汽轮机电功率的增加值与循环水泵的耗电量增加值之间的差值达到最大时所对应的真空。最佳真空对应的循环冷却水入口温度为最佳水温，此温度下的发电机组综合热效率最高。

6.3.3.2　换热系数

凝汽器真空是影响机组经济性的重要因素，而凝汽器的传热特性和冷凝温度等因素直接影响其真空度。因此，通过对凝汽器换热情况进行计算分析，可以确定凝汽器的运行状态以及各因素对凝汽器换热与真空的影响程度。

在凝汽器换热面的不同区段，由于蒸汽参数、空气相对含量、冷却水参数和局部冷却管的排列形式等不相同，凝汽器各区段内换热状态也不相同，而且由于凝汽器汽侧换热的复杂性，至今理论上没有一种精确计算凝汽器传热系数的方法，实际工程中都是利用经验公式计算，应用较广的是美国传热学会(HEI)推荐的公式和别尔曼公式。

1) 美国传热学会(HEI)计算公式

美国传热学会颁布的《表面式凝汽器标准》中规定的凝汽器总体传热系数 k 的计算公式为

$$k = k_0\beta_3\beta_t\beta_m \tag{6-19}$$

式中，k_0 为管壁厚 1.24 mm、锡黄铜新管子、冷却水进水温度 $t_{w1} = 21℃$ 条件下的基本传热系数，单位为 kJ/(m^2·h·K)；β_3、β_t、β_m 分别为管子内壁洁净系数、管材与管厚修正系数、冷却水进水温度修正系数。

2）别尔曼公式

别尔曼公式是苏联以及包括中国等一些国家广泛采用的电站凝汽器总传热系数 k 计算公式，较全面地考虑了影响传热系数的各种因素：

$$k = 14\,650\phi \cdot \phi_w \phi_t \phi_z \phi_d \tag{6-20}$$

式中，ϕ、ϕ_w、ϕ_t、ϕ_z 和 ϕ_d 分别为冷却表面清洁程度修正系数、冷却水流速和管径修正系数、冷却水进水温度修正系数、冷却水流程修正系数和蒸汽负荷率修正系数。

6.3.3.3 含氧量

凝结水中含氧量过大将会引起管道腐蚀并使传热恶化。一般要求高压机组凝结水含氧量小于 0.03 mg/L。现代大型凝汽器，除了合理布置管束和流道以尽量减少汽阻，从而减少凝结水含氧量外，还设有专门的除氧装置，以保证凝结水含氧量在规定值以内。

6.3.3.4 汽阻与水阻

因抽气设备的抽吸作用使得抽气口的压力低于凝汽器蒸汽入口处的压力，所产生的压力差为蒸汽与空气混合物在凝汽器内的流动阻力，称为凝汽器的汽阻。汽阻越大，凝汽器入口处压力越大，机组经济性越低。现代凝汽器的汽阻可以小到 260～400 Pa。

冷却水进出凝汽器的各项阻力之和称为凝汽器的水阻。水阻的大小与管道布置有关，决定了循环水泵功率的大小。通常，双流程凝汽器的水阻较大，49～78 kPa；单流程凝汽器水阻较小，一般不超过 40 kPa[7]。

6.3.3.5 过冷度

具有过冷度的凝结水将使汽轮机消耗更多的回热抽汽，以使它加热到预定的锅炉给水温度，增大了热耗率（热损失）。同时过冷度大也会使凝结水的含氧量增大，从而加剧对管道的腐蚀。因此，现代汽轮机要求凝结水过冷度不超过 2℃。

6.3.4 结垢与清洗

结垢是造成凝汽器换热性能下降的主要原因之一，它会影响凝汽器的传热特性，使冷凝效果大大降低，真空度降低，机组热耗上升，经济性变差。除此之外，凝汽器水侧污垢聚集，还会引起金属管道腐蚀、泄漏，严重威胁金属管件的使用寿命。如果凝汽器金属管道发生泄漏，抽回锅炉的水质马上变差，会造成锅炉水冷壁、过热器等结垢，将引起锅炉机组各类水质故障，极有可能造成生产事故。因此及时有效地清除凝汽器中产生的结垢是维持凝汽器、锅炉机组乃至整个发电站安全运行的关键。

凝汽器结垢清洗技术分为离线清洗和在线清洗。离线清洗是需要机组停机进行清洗，包括人工捅洗清洗、高压水射流清洗、部分化学清洗等；而在线清洗是在机组正常运行的同时进行的，有部分化学清洗、凝汽胶球自动清洗、凝汽器弹射清洗和超声波除垢技术等。一般来说，为了减少非计划性的清洗，使电厂多发电，如果在清洗除垢的效果一样的情况下，在线清洗要比离线清洗好。

1）人工捅洗

机组停机后清洗人员用捅条对凝汽器进行反复的捅刷。虽然成本相对较低，但是由于人工捅洗强度不够，只能除去较软的污垢和极少量的坚硬的污垢，清除十分不彻底，无法达到令人满意的效果。并且人工捅洗可能会造成较为严重的机械损伤，而且没有清洗干净的污垢，会成为晶核，加快以后的结垢速度，多次人工捅洗后，清洗效果越来越差。

2）高压水射流清洗

该清洗方法是常见的离线清洗方式。由高压水泵将水加压到 20～50 MPa，通过一个 1～2 mm 的喷嘴，让水以极高的速度冲击凝汽器金属管内管壁，会产生巨大的瞬时碰撞动量，从而对被清洗表面施加挤压力、剪切力，污垢会很快地剥落并冲走。高压水射流清洗技术除垢率能到达 80%以上，清洗效果较好[14]。但是对于凝汽器金属管道厚度较薄或者有破损的地方，由于巨大的冲击力，会使破损加剧，甚至会造成金属管道断裂。其次，喷射的高压射流的压力沿着管道长度方向衰减，如果压力选择不当会让中段和末端的清洗效果变差。实际应用过程中必须要根据金属管道结垢程度和设备材料的耐压性以及强度来选择适合的冲洗压力，在保证不损伤金属管道的前提下，提高清洗效果。

3）化学清洗

该技术既可以离线清洗，也可以在线清洗。离线清洗时在凝汽器金属管道中注入化学药剂（根据结垢的成分不同选择合适的化学药剂），一般化学药剂有盐酸、氨基磺酸、碱液、除油剂等。加入的化学药剂与金属管道内壁污垢发生化学反应，从而达到除垢的目的，清洗过程中还需要加入缓蚀剂防止对金属管道造成腐蚀，清洗完后还需要对金属管道进行成膜保护，当垢质主要成分为碳酸盐时，经酸洗后会产生大量泡沫，此时还需要加注适量的消泡剂。在线化学清洗和离线化学清洗原理相同，不同之处在于在线清洗是在机组运行时通过向机组循环水管加注化学药剂来实现除垢目的，清洗工艺过程的复杂程度和难度都高于离线清洗。化学清洗的除垢效果很强并且除垢彻底，很少有残余污垢，能保持表面光滑，换热效率得到提高。但是由于工艺过程比较复杂，化学药剂的用量难以准确控制好，用量少污垢无法彻底清除，用量过多则会腐蚀金属管道，损害设备。并且化学清洗会产生一定废液需要特殊处理，否则会污染环境。此外，化学清洗费用较高，这在一定程度上也限制了化学清洗技术的应用。

4）胶球自动清洗

凝汽器胶球自动清洗是目前清洗铜管普遍采用的在线清洗技术[15]。它利用的是海绵胶球，密度和水差不多，胶球的直径比金属管道内径大 1～2 mm，柔软而富有弹性。用胶球泵将海绵胶球压入金属管道中，随着管道内水流运动擦洗管道内壁，消除污垢，由收球网把球收回，进入收球网的网底，通过引出管把球吸收到胶球泵，以此循环利用。胶球能有效清除淤泥、黏泥、泥沙等软垢，但是对于金属管道内存在的硬垢，胶球清洗效果不佳。虽然近些年出现了一些可以除去管内硬质结垢的金刚砂胶球和半金刚砂胶球，但会对金属管道造成一定的损伤。

5）射弹清洗技术

射弹清洗技术是通过清洗枪利用气水混流将螺旋清洗子弹射入金属管道中，清洗子弹在管道内高速行进，可以快速、有效地除去金属管道表面污垢。弹射清洗与胶球清洗的不同之处在于，清洗子弹一般采用聚乙烯材料制作，其具有更好的磨损性能，且在清洗过程中不会对金属管道造成损伤。然而，射弹清洗需人工持清洗枪进行工作，由人工完成清洗子弹装填工作，自动化程度低，人力耗费比较大。但与高压水射流清洗技术相比，仍具有明显的优势。

6）超声波除垢技术

超声波除垢技术是一种在线的物理除垢方法。其工作原理是，超声波强声场的作用会使管道液体中出现大量微气泡（空化核），当声压达到一定值时，这些气泡将迅速膨胀，然后突然闭合，在气泡闭合时产生冲击波，最终崩溃，这种微小气泡振动、膨胀、闭合、崩溃等一系列动力学过程称为超声空化。空化气泡突然湮灭的瞬间发出的冲击波可在其附近产生超过 1000 倍大气压力的压力，并在管道内形成速度约 110 m/s 的微射流，可对垢质进行直接冲击，成垢物质会立即粉碎并悬浮于液体介质中，同时，铜管内壁表面已结垢垢层也会受此冲击力的作用逐渐松散、破碎并脱离[14]。超声处理过程中无需向铜管内加注化学药剂，除垢速度快，可以清除管内不同成分的污垢，除垢效率高，对设备无腐蚀，对环境无辐射影响，整个处理过程自动化程度高，运行维护量小。

6.4 冷却塔

为了散去生产、生活中产生的大量废热，冷却塔技术应运而生。对于前文所述的蒸汽动力循环，必须配备冷端设施以将乏汽冷凝释放的热量带走。目前，除沿海、沿江等自然水资源丰富的电厂采用开式循环水系统完成上述任务外，应用最多的就是建立冷却塔，如图6-23所示，与凝汽器构成闭式循环水系统。作为电站重要散热设备（构筑物）的冷却塔，与电厂运行的安全性和经济性关系密切，越来越受到工程技术人员及企业管理人员的重视。

图6-23　电站冷却塔实物照片

6.4.1　工作原理、分类与基本结构

6.4.1.1　工作原理

冷却塔是一种节水型装置，通过水和空气之间的热交换，将热水携带的热量排放到周围环境中，从而使热水降温以获得工业可用的冷水。其工作原理描述为：冷却塔外干燥（低焓值）的空气经过风机的抽动或密度差产生的抽力，自塔底部进风口进入冷却塔内，向上流动；工业热水经由喷水系统均匀地洒入塔内，形成的水滴或水膜和空气接触时，一方面由于空气与水的直接接触而换热，另一方面由于部分水分蒸发，带走汽化潜热至空气中，从而达到降温之目的；降温后的循环水返回凝汽器重复使用，从而节约大量的水资源以及降低运行成本；空气在冷却塔内向上流动过程中经历升温、增湿、焓值增大的过程，形成的湿空气到达冷却塔出口处已达饱和或接近饱和状态，最终排入大气。

6.4.1.2　分类

分别按通风方式、换热形式以及工质流动方向，冷却塔可分类如下。

1）按通风方式

按通风方式，冷却塔可以分为自然通风冷却塔、机械通风冷却塔和混合通风冷却塔几种。自然通风冷却塔利用塔内外空气的密度差异而在进风口内外产生压差，塔外冷空气不断由进风口流入塔内与循环水进行充分的热交换而使循环水得到冷却。为保证空气流量充足，自然通风冷却塔通常高度较高。这种冷却塔因无需通风设备提供动力，所以称为自然通风式冷却塔。机械通风冷却塔依靠电力驱动风机，吸引或强行充入空气。混合通风冷却塔则用风扇辅助自然风以增加浮力的影响。相比较，自然通风冷却塔占地面积大，投资成本高，但电能消耗少；机械通风冷却塔占地面积较少，施工安装周期短，冷却效率高，投资成本较低，但风机运行增加了运行成本。

2）按水和空气的换热方式

按水和空气接触方式的不同，冷却塔可以分为湿式冷却塔、干式冷却塔和干湿式冷却塔。湿式冷却塔（简称湿塔）中水和空气的热交换方式是流过水表面的空气与水直接接触,通过接触传热和蒸发散热的方式把水中的热量传输给空气。湿塔的热交换效率高,水被冷却的极限温度为空气的湿球温度。但是,水蒸发和风吹会造成水的损失,还会导致冷却后的水含盐度增加,为了稳定水质,必须排掉一部分含盐度较高的水。这些水的亏损必须有足够的新水持续补充,所以湿塔需要有补给水的水源。在缺水地区,当补充水有困难的情况下,只能采用干式冷却塔(简称干塔或空冷塔)。干塔中空气与水(也有空气与乏汽)的热交换是通过由金属管组成的散热器表面传热,将管内的水或乏汽的热量传输给散热器外流动的空气。因此干塔的换热效率低于湿塔。

3) 按热水和空气的流动方向

按热水和空气的流动方向,冷却塔可以分为逆流式冷却塔、横流(直交流)式冷却塔以及混流式冷却塔。逆流式冷却塔为水气逆向流动,冷却效果好,逆水塔高度较高,体积庞大,但存在的问题是喷水喷嘴易堵塞、电耗高、噪声大等。横流式冷却塔水流从塔上部垂直落下,而空气则水平流动通过淋水填料,因此气流与水流正交换热。与逆流式冷却塔相比较,横流式冷却塔冷却效果差,需要更多的填料,但压头小、耗电少、噪声低、使用场合更宽、水损失较小,因此相对更经济。

6.4.1.3 基本结构

自然通风逆流式冷却塔在火力发电厂应用最为广泛,如图 6-24 所示。本节仅以此类冷却塔为例,介绍其基本结构与功能。该类型冷却塔结构主要包括塔体、淋水填料、喷淋水系统、收水器、空气分配装置、雨区及集水池等几部分。机械式和干式冷却塔还会安装有通风设备、散热器等其他一些设备。

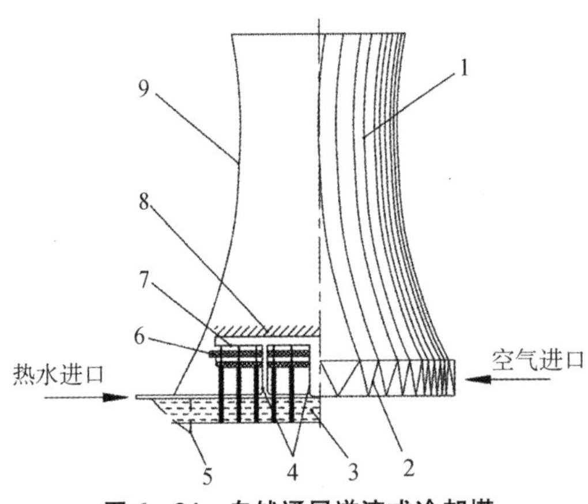

图 6-24 自然通风逆流式冷却塔

1—加强筋;2—支柱;3—水池;4—热水上升管;5—基础;6—填料;7—热水分配系统;8—收水器;9—塔筒

1) 塔体

塔体是冷却塔的外部围护结构。大中型冷却塔,特别是风筒式冷却塔,其塔筒几乎都被做成双曲线形,作用是创造良好的空气动力条件,减少通风阻力和湿热空气回流,将湿热空气排至大气层,冷却效果较为稳定。为满足热水冷却需要的空气流量,塔内、外要有足够的压差,但塔内、外空气密度差是有限的,因此自然通风风筒式冷却塔必须建造一个高大的塔筒。塔筒材料一般用钢筋混凝土制成,下部边缘支承在等距离的 V 形或 X 形斜柱上,以构成冷却塔的进风口。目前,我国投产的冷却塔塔体高度已在

190 m以上。而中小型机械通风冷却塔，一般用型钢作构架，用石棉水泥波纹板、玻璃钢或塑料板作围护。

2）喷淋水系统

喷淋水系统的作用是利用配水系统和喷溅设备将热水均匀溅散到整个淋水填料上，使进入塔内的高温水尽可能地扩大与空气的接触表面积，将热量尽可能地传递给空气，降低水的温度，达到水资源重复利用的目的。配水系统在平面上呈网状布置，有旋转式配水系统、槽式配水系统、管式配水系统和池式配水系统等几种形式，其中槽式配水是国内冷却塔主要的配水方式。

3）雨区及集水池

在逆流塔中，填料以下、集水池水面以上的部分称为雨区，即冷却水在塔中像下雨的区域。气流进入冷却塔后，先经过此区域，然后再经过填料。集水池的作用是收集冷却以后的水，然后流到水泵房，也为储存调节水量而用，达到循环节约用水的目的。

4）淋水填料

填料是冷却塔的重要组成部分，水的冷却过程，主要在淋水填料中进行，其所产生的温降达整个塔温降的60%～70%，因此宜采用温降大、气流阻力小、价格便宜的填料[16]。淋水填料由不同材料、不同断面形式、尺寸和排列方式的构件所组成，当热水淋至填料上时溅散成水滴或形成水膜，在增加水和空气的接触面积和接触时间的同时使水均匀分布在填料上，利于热水的冷却。填料的形式有薄膜式、点滴式、薄膜点滴式等，可根据不同情况加以选取。

5）空气分配装置

空气分配装置的作用是利用进风口、百叶窗和导风板装置，引导空气均匀分布于冷却塔的整个断面上。在逆流式冷却塔中，空气分配装置包括进风口和导风装置两部分；在横流式冷却塔中，仅有进风口，但具有导流作用。

6）除雾器（收水器）

该设备的作用是降低冷却塔出口空气中的含水量，减少冷却塔的飘滴对周围环境的影响，同时也为了减少冷却塔的循环水损失。它通常是采用惯性撞击分离法的技术原理设计的，一般由倾斜布置的板条或波形、弧形叶板组成，大多是用玻璃钢或塑料制成。上升气流所挟带的水滴撞击在它的表面后能够附着在上面，既可把水滴截留下来，又让空气顺畅通过。

6.4.2　设计与关键参数

6.4.2.1　设计原则

冷却塔的设计原则，应以在保证冷却塔的使用年限内安全和正常使用的前提条件下，尽可能地追求更高的运行热效率。其工艺设计主要包括以下三部分[17]：

（1）冷却塔类型的选择，应根据循环水的水量、水温、水质和循环系统的运行方式等使用条件，并结合当地水文气象、场地布置等工程具体条件，进行全面技术经济条件比较确定。

（2）热力计算、空气动力和水力计算等相关工艺计算。

（3）冷却塔的结构设计与载荷、内力计算等。

6.4.2.2　技术指标

冷却塔的设计和运行需要很多的技术指标，关键的指标有热负荷、水负荷、循环水温降、冷幅以及冷却塔效率几项[18]。

（1）热负荷，H：冷却塔每平方米有效面积上单位时间内所能散发的热量，$kJ/m^2 \cdot h$。

（2）水负荷，Q：冷却塔每平方米有效面积上单位时间内所能冷却的水量，即淋水密度，单位为 $m^3/m^2 \cdot h$。水负荷与热负荷的关系为

$$H = 1\,000QC_w\Delta t(kJ/m^2 \cdot h) \tag{6-21}$$

式中，C_w 为水的比热容，取值为 4.187 kJ/kg·℃；Δt 为循环水温降，见下文。

（3）循环水温降：进出冷却塔的循环水的温差 $\Delta t = t_1 - t_2$℃，该值越大，说明散热越多，但并不能说明冷却后水温就很低，需结合下列指标一并考虑。

（4）冷幅（$\Delta t'$）：冷却后水温 t_2 与当地湿球温度 τ 之差，$\Delta t' = t_2 - \tau$。$\Delta t'$越小，t_2 越接近 τ 值，冷却效果越佳。

（5）冷却塔效率：冷却塔的完善程度，通常用效率系数（η）来衡量：

$$\eta = \frac{t_1 - t_2}{t_1 - \tau} \tag{6-22}$$

6.4.2.3　冷却风量（工质流速）

1）机械通风冷却塔

（1）风速：拟定风速，应先知风量。当确定风机型号后，可在风机特性曲线高效区查得风量 G；未确定风机型号时，可从工作点求得气水比 λ，从而求得风量 G。

根据已知风量 G(kg/h)，按下式计算风速：

$$v_i = \frac{G}{3\,600F_i\rho_m} \tag{6-23}$$

式中，v_i 为空气通过冷却塔各部位时的流速，单位为 m/s；F_i 为空气通过冷却塔各部位时的横截面积，单位为 m^2；ρ_m 为计算空气密度，单位为 kg/m^3，当计算全塔总阻力时，ρ_m 为进、出冷却塔的湿空气平均密度，当计算冷却塔的局部阻力时，ρ_m 为

该处的湿空气平均密度。

(2) 空气阻力：空气阻力包括塔体阻力和淋水填料阻力两部分。塔体阻力包括由冷空气进口至热空气出口所经过的各个部位的局部阻力，其相应的阻力系数常采用实验数值或利用经验公式计算。不同形式淋水填料的阻力$\frac{\Delta P}{\rho g}$，可由$\frac{\Delta P}{\rho g}$与v关系曲线查得。

塔体阻力为

$$H = \sum H_{\mathrm{i}} = \sum \xi_{\mathrm{i}} \frac{\rho_{\mathrm{m}} v_{\mathrm{i}}^2}{2} (\mathrm{Pa}) \tag{6-24}$$

式中，H_{i} 为各部位的气流阻力损失，单位为 Pa；ξ_{i} 为冷却塔的总阻力或各部位的局部阻力系数。

(3) 通风机选择：根据空气体积流量和总阻力值，选择风机型号，并从风机特性曲线上选定风机叶片的安装角度。风机配备的电机功率按下式计算：

$$N = B \frac{G_{\mathrm{p}} H}{\eta_1 \eta_2} \times 10^{-3} (\mathrm{kW}) \tag{6-25}$$

式中，G_{p} 为将空气重量流量换算成的风量，单位为 $\mathrm{m^3/s}$；H 为实际工作气压，单位为 Pa；η_1 为风机机械效率；η_2 为风机效率，由风机特性曲线上查出；B 为电机安全系数，$B = 1.15 \sim 1.20$。

2) 风筒式自然通风冷却塔

风筒式冷却塔进塔空气量是由空气的密度差而产生的抽力决定。进塔的空气密度比较大，而在塔内由于吸收了热量而密度变小，空气变轻，产生向上运动的力，使空气不断进入塔内。任何情况下，进入塔内的空气流动中所产生的阻力，在工作点由于密度差产生的抽力必须相等，才能使进塔流量保持不变。从而决定工作点的实际空气流速和塔筒的高度(见图 6 - 25)。抽力 Z 与阻力 H 的计算式分别如下：

$$Z = H_{\mathrm{e}} g (\rho_1 - \rho_2) (\mathrm{Pa}) \tag{6-26}$$

$$H = \zeta \rho_{\mathrm{m}} \frac{v_{\mathrm{m}}^2}{2} (\mathrm{Pa}) \tag{6-27}$$

式中，ρ_1、ρ_2 为塔外和填料上部的空气密度，单位为 $\mathrm{kg/m^3}$；v_{m} 为淋水填料中的平均风速，单位为 m/s；H_{e} 为冷却塔通风筒的有效高度，单位为 m，本文按空气进入填料区才开始吸热，取该高度等于从淋水填料中部到塔顶的高度，如图 6 - 25 所示。

如果塔形已定，可根据 $H = Z$ 获得塔内风速：

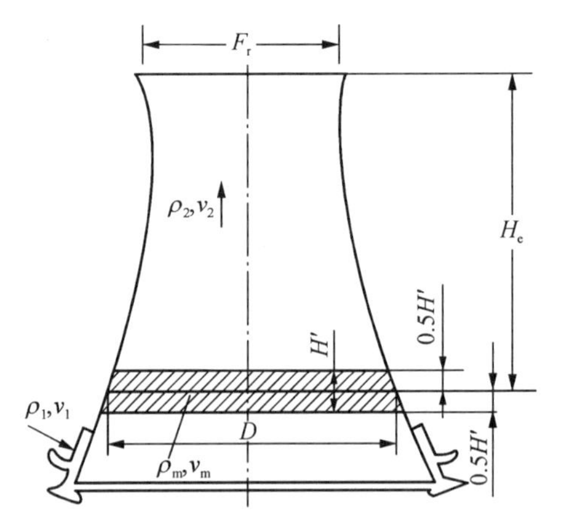

图 6-25　自然通风冷却塔的结构参数

$$H_e g(\rho_1 - \rho_2) = \xi \rho_m \frac{v_m^2}{2} \tag{6-28}$$

$$v_m = \sqrt{\frac{2H_e g(\rho_1 - \rho_2)}{\xi \rho_m}} \tag{6-29}$$

进塔风量为

$$G = 3.48D^2 \sqrt{\frac{H_e(\rho_1 - \rho_2)}{\xi \rho_m}} (\mathrm{m^3/s}) \tag{6-30}$$

式中，D 为填料 1/2 高度处直径，单位为 m；ξ 为风筒式冷却塔的总阻力系数，我国在设计自然通风逆流式冷却塔时，常用下式计算：

$$\xi = 0.156\left(\frac{D_0}{H_0}\right)^2 + 0.32D_0 + \left(\frac{F_m}{F_r}\right) + \xi_p \tag{6-31}$$

式中，H_0 为塔进风口高度，单位为 m；D_0 为进风口高度范围内塔的平均直径，单位为 m；F_m 为淋水填料处面积，单位为 m^2；F_r 为塔出口面积，单位为 m^2；ζ_p 为淋水填料的阻力系数，由实验确定。

对已经设计、安装、投运的自然通风逆流式冷却塔，影响其换热的因素主要有：

(1) 循环水量。循环水量增加，循环水出口温度升高。

(2) 配水方式。改变配水方式，在同样循环水量情况下，由于与空气交换热量方式变化，循环水出口温度也发生变化。

(3) 进塔空气量。进塔空气量增加，循环水出口温度减低。

6.4.3　实际运行管理

冷却塔出水温度与环境大气温度有着直接联系。开始水温高于气温，由于接触传热与蒸发传热，水温开始下降，经过一段时间后，水温等于气温，此时接触传热停止，但蒸发传热并不停止，因为空气并未饱和，水温继续下降低于气温，空气的热量向水传递，水向空气吸热，当水温下降到等于空气湿球温度，水向空气吸收的热量等于蒸发所需的热量，水的表面温度即停止下降，此时的水温就是冷却极限，也就是空气的湿球温度。这种状态为一个动态平衡，无论是空气向水传热还是水向空气传热，都不会停止。冷却塔的极限冷却水温除与空气的状态有关外，还与水量、气量及水温有关。但在实际运行中，空气量不可能为无限，塔体也不可能无限大，所以最终出塔水温不可能达到空气的湿球温度，一般称出塔水温与空气湿球温度之差为塔的逼近度。从经济的角度出发，冷却塔设计逼近度一般取 3～5℃[16]。

在凝汽器一节谈到，凝汽器真空存在一个最佳值，与之相对应地存在最佳冷却塔出水温度。但在寒冷的冬季，冷却塔实际出水温度可能降低至最佳温度以下，对应的凝汽器真空高于最佳真空，反而增加了汽轮机汽耗率，使机组经济性下降。同时冷却塔内温度过低导致部分区域结冰现象严重，也影响到了水塔本体的安全。因此，应从以下方向设法提高循环水温度，减少工厂用电，提高机组经济性和运行安全性：

(1) 减少进入冷却塔的空气量。如在冷却塔下部进风口处悬挂挡风帘，减少空气进塔量，降低与循环水的换热量。这一措施还有很好的防冻效果。

(2) 适当增大入塔循环水流量，使外围的淋水密度增大，以提升塔内温度。

(3) 多台单元制循环供水冷却水塔之间设置联络管，冬季由于机组检修等原因使某台冷却塔停运时要及时开启联络管，使运行机组的热水通过联络管、旁路管注入停运的冷却塔集水池，通过循环流动，提高池内循环水的温度。

(4) 调整冷却塔塔内的配水。冷却塔内常用配水方式为，中央竖井将冷却水分配到相互垂直的四个封闭式主水槽，主水槽把压力水分配到各配水管至喷溅装置，配水采用内、外围分区配水。夏季运行时，可采用全塔配水运行的方式；冬季运行时，采用部分配水的运行方式，即内侧区域不配水、外围区域配水的方式以防止冰害。

在大气温度高于一定温度时，冷却塔出水温度会高于最佳温度，也会对汽轮机组的热经济性产生影响，因此应设法降低冷却塔出水温度以提高机组经济性。

(1) 增加循环水的补水量。大气温度升高会造成冷却塔循环水损失增加，为维持循环水系统正常运行，避免因水损失造成循环水温度升高，在高温季节可通过加大补水量来降低循环水的温度，但会带来运行成本的增加。

(2) 优化冷却塔内部结构和气水分布，增加进塔空气量，强化气水换热。

参 考 文 献

[1] 穆为明,张文钢,黄刘琦.泵与风机的节能技术[M].上海:上海交通大学出版社,2013.
[2] 何川,郭立君.泵与风机[M].北京:中国电力出版社,2008.
[3] 姜乃昌,许世容,张朝升.泵与泵站[M].北京:中国建筑工业出版社,2007.
[4] 闫国军.叶片式泵风机原理及设计[M].哈尔滨:哈尔滨工业大学出版社,2009.
[5] 郝和平.水泵及水泵站[M].北京:中国水利水电出版社,2008.
[6] 沙溢,闻建龙.泵与风机[M].合肥.中国科技大学出版社,2005.
[7] 翁史烈.热能与动力工程基础[M].北京:高等教育出版社,2004.
[8] 刘红敏.流体机械泵与风机[M].上海:上海交通大学出版社,2014.
[9] 刘景元.罗茨鼓风机基本原理[M].北京:北京科技出版社,2014.
[10] 黄树红.汽轮机原理[M].北京:中国电力出版社,2008.
[11] 冯丽丽.火电机组直接空冷凝汽器空气侧强化传热研究[D].北京:华北电力大学,2012.
[12] 吴春燕.大型电站凝汽器管束排列优化计算及分析[D].上海:上海交通大学,2010.
[13] 张卓澄.大型电站凝汽器[M].北京:机械工业出版社,1993.
[14] 李前峰,郑家衡,李奎,等.电厂铜管凝汽器清洗技术及其选择[J].能源与节能,2012,3:32-34.
[15] 广东电网公司电力科学研究院.汽轮机设备及系统[M].北京:中国电力出版社,2013.
[16] 赵振国.冷却塔[M].北京:中国水利水电出版社,2001.
[17] 中华人民共和国电力行业标准.火力发电厂水工设计规范[S].DL/T5339-2006.
[18] 徐静.上海地区既有建筑利用冷却塔供冷的节能量预估[D].上海:同济大学,2009.

第7章 能源管理

7.1 企业能源管理

7.1.1 企业能源管理的目的

能源的合理开发和高效利用，是关系到我国经济和社会发展的重大问题，也是产业经济需要研究和解决的重要问题之一。因此，加强企业能源管理研究，提高企业能源管理水平，促进企业能源管理方法不断进步，对提高企业经济效益、缓解能源供需矛盾、保护和改善环境，具有十分重要的现实意义。

能源管理是对能源的生产、分配、供应、转换、储运和消费的全过程进行科学计划、组织、监督和调节，以达到经济合理地利用能源的目的。国内企业在能源管理方面取得了一些成果，但是在实际应用中仍然存在大量的问题。本节将通过对企业能源管理特点、要素、体系等方面的讲解和实际案例的分析，为我国企业开展能源管理工作提供参考。

7.1.2 企业能源管理的要素

企业能源管理的要素主要涉及以下几个方面：

1）企业能源管理的对象

能源管理的对象既包括原煤、原油、天然气等一次能源，也包括电力、蒸汽、各种石油产品等二次能源，还包括氧气、压缩空气、自来水等耗能工质。

2）企业能源管理的职能

企业能源管理的职能涉及能源计划、技术、设备、供应、资金、人员、计量、定额、统计、核算、监测、奖惩等多个方面。应该指出的是，能源管理的各项职能之间存在着有机的联系，只有全面加强各项管理工作，才能取得良好的综合效果。因此，必须建立协调统一的能源管理体系，从组织上、制度上、方法上保证能源管理工作的有效进行。

3）企业能源管理的领域

企业能源管理不仅存在于能源的使用领域，而且存在于能源生产领域。从能源的购入贮存到最终使用的各个阶段，都存在着能源管理问题。只有对能源生产到使用的各个阶段、各个环节进行全面、协调的科学管理，并采取技术上可行、经济上合理的科学管理措施，才能更好地实现能源的高效合理利用。

4）企业能源管理的参与者

企业所有一切活动和环节都离不开能源，全体员工既是用能者，还是管能者，因此，要形成专业管理与全员管理相结合的管理网络，实行“全员管理”。特别是能源管理部门，要加强能源方面的宣传和教育，普及能源科学知识，增强全体职工的能源管理意识，推进能源管理工作。

5）企业能源管理的主要环节

企业能源管理主要环节包括能源供应、贮存、加工转换、分配输送和终端使用等[1]：

能源供应管理。针对企业生产计划，提出能源供应措施，落实能源采购，签订供应合同，并对能源数量、质量进行验收、检测，保证能源供应满足生产需要。

能源贮存管理。保证有适量的能源储备，以备气候、运输等因素造成影响生产时有足够的能源供给。保存的方法要科学，如干煤棚以及防水围墙，以防止煤炭遇雨流失，并配备相应的安全措施。

能源加工转换。企业所用能源需转换时，应重点关注转换设备的运行调度、能源消费和运行效率等，不断提高转换效率。

能源分配传输。对内部输配电线路和供气、供汽、供热管道实施管理，在保障安全连续供给的同时尽量降低损耗。

能源终端使用。对能源利用状况进行分析，挖掘节能潜力，通过优化工艺、改造耗能设备和实施定额管理等，提高能源利用水平；除对以上各个环节进行针对性管理之外，企业还应加强节能技术措施管理，积极推进节能技术进步和工艺的升级改造，实现能源的高效、合理利用。

7.1.3 企业能源管理的特点

在促进企业能源管理科学化的过程中，需体现出定量化、系统化、标准化、制度化以及法制化等特点。

1）能源管理定量化

能源管理定量化是能源科学管理的基础。只有在定量基础上，实行全面计量，统计可靠、完整的数据，并对问题进行定量分析，找出最优解决方案，才能实现能源的定额管理，做出准确的供需预测，并制订确切的能源规划和能源计划，例如单位产品能耗限额就是定量化能源管理的体现。需要特别强调的是，具备可靠、完整的数据，是能源定量化管理的基础，这也对用能分析、能源测试、用能监测、能源统计等技术性工作提出了更高的要求。

2）能源管理系统化

能源问题涉及企业各个领域，因此，能源管理必须和企业的发展速度、职工业务水平、能源价格政策、环境保护、生态平衡等多个因素有机联系、系统考量。能源管理应运用系统工程的观点和方法，将用能系统和用能设备进行系统性的监测和评估，经济、合理、有效地利用能源，以保证安全稳定供应生产所需能源，及时发现并纠正能耗异常情况，并不断挖掘节能潜力，做到能源利用的最优化，如图 7－1 所示。

图 7－1　能源系统整体节能方案

3）能源管理标准化

能源管理标准化工作是能源管理工作的重要组成部分，是对能量转换设备、用能设备及生产工艺进行改造升级的科学依据，也是合理开发能源资源、提高能源利用效率的重要手段。目前，我国已建成了能源标准化体系，在能源基础标准、能源管理标准、能源产品标准等领域开展了能源标准化工作，并配备了合理用能、用电、用热等方面的使用规范。这些标准和制度的确定经过了严格的技术、经济分析论证，使能源管理标准真正起到推进技术进步、提高能源利用效率的作用。

4）能源管理制度化

科学的能源管理必须建立健全各项规章制度，将能源管理业务的工作程序、工作方法、工作要求、岗位职责等以制度的形式明确规定下来，作为员工行动的准则和规范。例如，能源计量管理制度，能源利用状况分析制度，能源消耗统计制度，测试档案、技术资料使用保管制度,工作人员培训和奖惩制度等。同时,还需着力建设能源管理机构和岗位,通过机构专职管理,使能源管理制度化。

5) 能源管理法制化

在能源管理工作中,运用法律法规来规范和调整企业能源利用过程、能源管理工作的各种权利和义务关系,对用能单位的能源管理有着积极的现实意义。《中华人民共和国节约能源法》(以下简称《节约能源法》)以法律形式确定了节约能源的基本原则、制度和行为规范,该法与配套法规、相应规章和标准共同构成了全社会节约能源的促进机制,对于规范能源工作、推进全社会节约能源、提高能源利用效率和经济效益,具有十分重要的意义。

7.1.4 企业能源管理的职责

为推进能源管理科学化,企业必须在组织层面明确节能管理的职责界限与权力范围,以便于各部门的分工协作和密切配合。在操作层面,企业能源管理应对能源的供应、储存、分配、运输、利用等各个环节的技术和经济活动进行有效地计划、组织、实施和监督,使有限的能源发挥更大的作用。企业能源管理的主要职责包括以下五个方面:

(1) 贯彻执行国家的能源法律、方针、政策和技术标准。国务院于 1986 年发布了"节约能源管理暂行条例";1996 年颁发了《中国节能技术政策大纲》;1997 年 11 月 1 日公布实施了《节约能源法》,并于 2007 年 10 月 28 日修订通过。此外,国家和地方先后颁布了一系列节能管理政策、指令、规定和技术标准,构成了节能管理的政策法规体系。企业应根据自身经营方针和目标,严格执行国家能源政策和有关法律、法规,在充分考虑经济、社会和环境效益的基础上确定能源管理方针,并据此制定能源管理目标。

(2) 负责本单位能源管理制度的制定、执行与监督。各种管理制度是实现能源科学管理目标的一个重要手段。因此,企业节能管理部门要依据国家的能源法律、方针、政策、指令、规定和标准,结合本企业生产工艺、设备特点,制定一系列相适应的规章制度,以便相应岗位遵守、执行。在能源管理制度制定过程中,企业应遵循如下思路:首先,企业要有全局观点,从全局出发,统筹考虑,能源分配要使企业的整体效益最高,节能技术改造要选择投资少、见效快、节能多、收益大的项目。其次,要有发展眼光,在制定一系列制度、计划、措施、定额等过程中,要有长远的战略眼光和改革精神,要使制定的制度、计划、措施等技术上先进、经济上合理,真正促进能源利用、经济发展和环境保护等协调发展。在规章制度之外,企业还应配套一系列奖惩措施,全面统筹。

(3) 统筹能源管理计量统计等基础性工作。能源管理是件长期性、综合性的工作，要置于科学的基础之上，才能收到实效。为了搞好能源管理，必须加强能源的计量统计等基础工作，保证管理数据的科学性和有效性：①能源计量和测试的管理。能源计量器具要按国家有关规定选择，仪表精度要符合要求，计量器具要定期检定、维修保养，保证其准确性。一般企业应配有三级仪表，并完善计量和测试手段。②能源数据的统计分析。加强能源数据的统计工作，是进行能源利用分析、计划和决策的基础之一。以能耗指标分析为例，最常用的是能量平衡分析法，进行热平衡、电平衡分析，收集大量数据进行分析，找出节能方向，其次是能源审计分析法，通过对企业能源的审计找出能耗症结进行能量分析，必要时采用因果分析，利用节能矩阵图法，找出关键节点，便于问题的解决，还可用系统图法进行分析。③能源利用效率的改进提升。它的主要目的在于掌握能源消费现状，弄清影响能源消耗的因素，查找出能源浪费的主要环节，通过一系列的能源消费基本资料和主要指标，为企业主管部门提供能源利用情况的科学分析，提出整改措施，从而减少能源浪费、降低产品能耗、提高能源利用率，积极指导能源消费。

（4）开展节能宣传教育和能源管理培训。能源管理工作事关全员，因而，要经常地开展节能宣传教育和组织能源管理方面的培训，引导职工有意识地参加各项节能活动。节能宣传教育工作要有广泛性和吸引力，要抓住实际，抓住时间，要大力宣传能源管理工作在生产活动中的地位，提高全体职工对节能工作的重要性和紧迫性的认识。

（5）负责本单位新增用能项目的合理用能评价。根据《节约能源法》，企业固定资产投资工程项目的可行性研究报告中，应包括合理用能的专题论证；固定资产投资工程项目的设计和建设，应当遵守合理用能标准和节能设计规范；项目建成以后，达不到合理用能标准和节能设计规范要求的，不予验收。

7.1.5 企业能源管理机构及岗位

能源管理是目前企业各运营环节中的一个薄弱环节。要不断加强能源的科学管理，把能源管理工作长期坚持下去，必须要特别重视企业的能源管理机构建设及能源管理岗位设置。

1）能源管理机构

要健全企业能源管理机构，需建立企业能源管理网络，形成自上而下的多级能源管理体系，这样做，既容易动员全体职工在各自工作岗位上发挥能源管理工作的积极性，真正落实到岗到人，而且也便于能源消费的考核监督和节能奖励制度的贯彻执行。

按管理层次分类，能源管理一般来说可分为总厂、分厂（车间）、班组三级管理机构：①总厂设能源主管部门，作为总厂能源管理的职能机构，负责全厂节能管理统筹安排;②分厂或车间可有一名分厂副厂长或车间副主任主管能源管理工作,并设专职能源管理员,负责处理能源管理的日常工作;③具体能源管理工作应由计划、技术、动力等部门归口管理,工段、班组设兼职能源管理员,负责将厂部制订的能源指标落实到班组或个人,并纳入岗位责任制。

企业设立能源管理机构应遵循合理分工、职责明确、权责一致的原则:①合理分工。从职能管理角度看,包括计划、组织、指挥、协调、控制等若干相互关联的管理要素,这些管理要素都要借助于一定的职能部门,并通过合理的分工,才能得到有效实施。②职责明确。按节能管理要素的要求,确定了节能管理部门、相关部门及岗位后,就要分别赋予它们不同的管理职责,进一步明确定位,将岗位职责落实到人,使其尽职尽责。③权责一致。责任到人就要权力到人,不能有权无责,也不能有责无权。因此,除了合理分工、确定岗位职责外,还需针对不同部门、不同岗位的分工,赋予相应的权限,便于履行职责、监督检查,激发全体员工的敬业精神。

为了使节能工作有效开展,按照《节约能源法》要求,企业还必须设立专门的能源管理岗位,配备专职能源管理人员。配备人数应根据企业生产规模、工艺复杂程度、能源消耗情况等确定:①以现有管理框架为基础。在规范节能管理的过程中,企业要在原有管理机构的基础上,优化调整各部门的管理职能,使其相互协调,切实建立起一套工作高效、部门精简、职责明确的能源管理机构。②明确各岗位人员职责。为进行有效的能源管理,企业应明确各个岗位,尤其是对能源管理和重大能源使用具有重要影响的岗位人员的作用、职责和权限等。③形成制度文件。企业要把节能工作涉及的原则、规范以及各项工作的程序、方法、要求、职责等内容形成文件,便于各部门、岗位人员迅速查询、掌握,在日常工作中严格执行制度文件规定,当内外部情况发生变化时,应及时检查和修订制度文件。

2) 能源管理岗位

《节约能源法》第五十五条明确规定:重点用能单位应当设立能源管理岗位,在具有节能专业知识、实际经验以及中级以上技术职称的人员中聘任能源管理负责人,并报管理节能工作的部门和有关部门备案。能源管理负责人应具备以下条件:①具有专业知识。从企业节能管理来看,能源管理负责人应当熟悉企业节能管理专业知识,熟悉相关节能标准和节能技术等;②具备一定的节能工作经验。能源管理负责人应当具有一定的节能工作经历,较多的节能工作经验和较高的组织协调能力,否则难以履行岗位职责,处理复杂的节能管理工作;③具有中级以上技术职称。具有中级以上技术职称的人,表明已经具备相当高的专业技术知识和能力。

能源管理负责人的职责包括以下三个方面:①组织对本单位用能状况进行分

析、评价,如组织开展能源审计、节能检测等工作;②在此基础上组织编写本单位能源利用状况报告,提出本单位节能工作改进措施并组织实施;③协助本单位负责人组织贯彻执行国家有关法律、法规、政策和标准,组织制订和实施能源管理制度、节能规划和节能奖惩等,开展节能宣传、培训和信息交流等。

建立能源管理负责人备案制度,主要为了督促重点用能单位依法设立能源管理岗位,聘任能源管理负责人,建立稳定的能源管理队伍。《节约能源法》还规定,能源管理负责人应接受培训。这种培训可以是节能主管部门或者其他有关部门组织的,也可以是行业协会或本单位组织的。

7.1.6 企业能源管理体系

能源管理体系建设就是从全过程出发,遵循系统管理原理,通过实施一套完整的标准、规范,在组织内建立起一个完整有效的能源管理体系,注重建立和实施过程的控制,使组织的活动、过程及其要素不断优化,通过例行节能监测、能源审计、能效对标、内部审核、组织能耗计量与测试、组织能量平衡统计、管理评审、自我评价、节能技改、节能考核等措施,不断提高能源管理体系持续改进的有效性,实现能源管理方针和承诺并达到预期的能源消耗或使用目标[2,3]。

1) 能源管理体系核心思想

能源管理体系的核心思想为:①采用过程方法。过程是指利用资源并通过管理控制将输入转化为输出的活动,包括输入环节、过程转化控制环节和输出环节。要分析每个能源利用过程的输入、输出及其过程的转换,研究过程之间的接口关系,寻求各种不同过程控制点的控制方法和手段,确保得到预期的输出。②采用系统方法。将相互关联相互作用的过程有机地形成系统,整体分析,策划控制手段和方法,并进行管理,最终实现系统目标,这就是管理的系统方法。管理的系统方法和过程方法两者共同点均以过程为基础,都要求对各个过程及其作用进行识别、策划和管理。但系统方法着眼于整个系统和现实总目标,过程方法则着眼于每个具体过程,对其输入、输出进行有效控制。③采用 PDCA 管理模式。能源管理体系采用其他管理体系标准普遍采用的、先进成熟的 PDCA 循环管理模式,即把企业的能源管理活动分为策划、实施、检查和改进四个阶段。

2) 能源管理体系的特点

能源管理体系的特点为:①强调对能源利用实施全过程控制。对能源利用的全过程进行策划、控制和测量,即对每一个过程都要加以策划、控制和测量,才能最大限度地利用能源。但需要指出的是,对于各过程单元的控制强度是不同的,对能源消耗量小或者节能潜力小的过程单元进行一般控制,而对能源消耗量大或有重大节能潜力的过程单元要实施重点控制。②强调对设施设备的运行控制。能量是无形的，能够体现能量利用和转换过程就是设施设备(包括管线)，因此能源管理体系强调对设施设备的控制，包括对设备参数的控制，相关计量器具的配备等。③强调建立目标指标体系。建立能源目标指标体系是能源管理体系标准区别于质量、环境等管理体系的显著特点。能源目标指标体系是指要制定涵盖企业能源利用的各个方面和涉及能源利用的各个层次和环节的三级目标指标体系。

3) 能源管理体系的建设步骤

能源管理体系的建设步骤为：①统一思想、领导决策，首先要统一思想形成合力，让全体员工都意识到能源管理体系建立实施的重要性和必要性，最终由最高管理者做出决策；②组建领导小组和工作小组，当企业的最高管理者决定建立能源管理体系后，就要从组织上予以落实和保证，需要成立领导小组和工作小组；③开展宣传培训，在开展工作之前，应进行能源管理体系标准及相关知识培训；④制定工作计划，明确策划阶段、实施、评价和改进阶段的具体系工作任务，具体规定每个过程的任务及完成期限；⑤能源评审，对照标准查找自身节能管理的不足，掌握能源管理、利用现状和遵守法律法规、标准和政策要求的情况；⑥识别评价能源使用，在能源评审的基础上，进一步分析影响能源利用环节或过程的原因和条件；⑦建立能源方针、目标指标体系，包括：对法律法规的遵守、为能源目标指标体系的建立提供框架、优化能源结构和提高能源利用效率的承诺以及与企业其他经营方针的协调；⑧职责分配与资源管理，需要任命管理者代表、设置能源管理主管部门、明确能源管理体系中各部门职责及之间的关系和沟通方式；⑨策划能源管理和利用活动，明确企业应该如何控制，以保证能源目标的实现；⑩编制能源管理体系文件。编制体系文件是企业建立和有效运行能源管理体系的重要基础工作，也是企业达到能源目标、指标，实现能源方针，评价与改进体系，实现加强能源管理和提高能源利用效率的依据。

能源管理体系作为全面、系统、规范的能源管理模式，能够在巩固、发扬用能单位自身能源管理优势的前提下，全面、系统地整合用能单位的全部能源管理工作。用能单位可以通过策划、实施、检查和改进能源管理体系，实现能源管理工作的持续改进、能源管理水平的持续优化和能效水平的持续提高。

7.1.7 企业能效对标管理

能效对标是指企业为提高能效水平，与国际国内同行业先进企业能效指标进行对比分析，确定标杆，通过管理和技术措施，在生产、技术、管理等方面不断缩小差距，达到标杆或更高能效水平的实践活动[4,5]。工业企业能效对标活动是一个系统工程，企业要建立起系统、全面的对标活动方案，制订出符合自身实际情况的不同层级的对标活动，细化实施方案，并能达到实践、改进、评估及持续提高的要求。

1）能效对标的分类

依据标杆对象和标杆体系，能效对标主要可分为以下几大类：①产品单耗对标。以能源单耗水平处于国内外先进水平的企业作为标杆对象，以产品生产过程中与产品能源单耗相关的指标组成标杆指标体系。②工序单耗对标。对能分解到不同工序、生产流程较长的产品，以产品工序工程中与工序相关的指标组成标杆指标体系。③主要装置对标。将能效水平处于国内外先进水平的生产装置作为标杆对象，以装置的能效指标组成标杆指标体系。④通用设备对标。以通用耗能设备为标杆对象，采用国家有关设备节能监测指标和高效通用设备能效水平作为对标指标体系。⑤节能管理对标。将同行业或其他行业的先进企业节能管理流程作为对标对象，实施包括目标责任、能源方针、管理方法、制度建设、手段措施等内容，涉及能源计量、统计、分析等各项能源基础管理措施的对标活动。

2）能效对标的步骤

工业企业能效对标活动主要有现状分析、选定标杆、制定方案、对标实践、对标评估、持续改进等[6]。

(1) 现状分析。企业首先要对自身能源利用状况进行深入分析，充分掌握本企业各类能效指标客观、详实的基本情况。在此基础上，结合企业能源审计报告、企业中长期发展计划，确定需要通过能效对标活动提高的产品单耗或工序能耗。

(2) 选定标杆。企业根据确定的能效水平对标活动内容，初步选取若干个潜在标杆企业；开展对潜在标杆企业的研究分析，并结合企业自身实际，选定标杆企业，制订对标指标目标值。

(3) 制订方案。通过与标杆企业展开交流或收集有关资料，总结标杆企业在指标管理上先进的管理方法、措施手段及最佳实践。结合自身实际全面比较分析，真正认清标杆企业产生优秀绩效的过程，制订切实可行的对标指标改进方案和实施进度计划。

(4) 对标实践。企业根据改进方案和实施进度计划，将改进指标的措施和对标指标目标值分解落实到相关车间、班组和个人，把提高能效的压力和动力传递到企业中每一层级的管理人员和员工身上，体现对标活动的全过程性和全面性。

(5) 对标评估。企业就某一阶段能效对标活动成效进行评估，对指标改进措施和方案的科学性和有效性进行分析。

(6) 持续改进。企业将对标实践过程中形成的行之有效的措施、手段和制定标准等进行总结。在制订下一阶段能效对标活动计划时，可调整对标标杆，进行更高层面的对标，将能效对标活动深入持续地开展下去。某企业对标实施过程如图

7-2 所示。

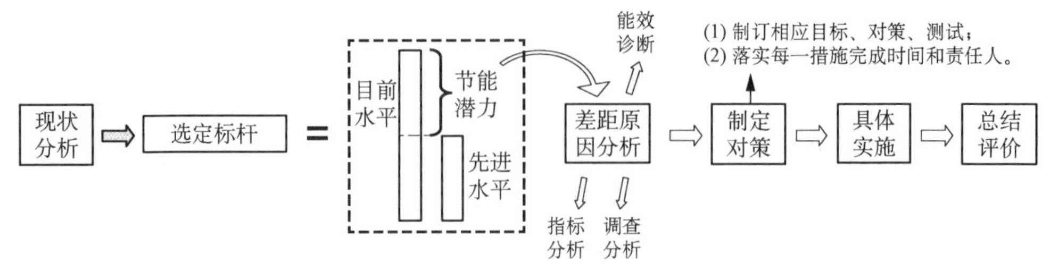

图 7-2　某企业对标实施过程

7.1.8　企业能源管理的实际案例

某电器有限公司是世界 500 强企业，业务内容涵盖空调器、微波炉、吸尘器、空调器压缩机、电机以及磁控管在内的六大类上千种产品的开发、生产及销售。该企业单位产品综合能耗达到国内先进水平。本案例主要讲述该企业在能源管理方面的经验和成果。

1) 节电

采用高性能涡轮式空压机取代原有的螺杆式和活塞式空压机，提高了设备性能，单台产品电能消耗下降达 27%。此外，通过调整变压器负载，采用母联连接方式，减少变压器自身负载损耗。

2) 节煤

通过对锅炉房上煤设备的改造，达到分层给煤的效果，使煤得到充分燃烧，同时，通过燃煤中添加煤炭助燃剂，提升燃烧温度，扩展了火焰长度，提高燃烧效率，年可节约用煤 15%。

3) 节水

通过对空调器事业部和微波炉事业部喷涂室废水的再利用，即将下一道用于清洗的较为清洁的废水经过处理后抽送到上一道清洗工序进行再次使用，而不是直接排放到污水处理池，从而达到节约用水的目的。

4) 综合节能

对各车间加装能源流量计，将能源由原来的工厂统一管理改为由各车间分别管理，将能源费用计入各车间的生产成本中，并进行各车间的能源费用成本评价。此举措提高了各事业部的节能意识，各车间配备有专职的能源检查人员，对“跑、冒、滴、漏”现象进行检查，发现问题及时改善。

某企业能源管理树形图示例如图 7-3 所示。

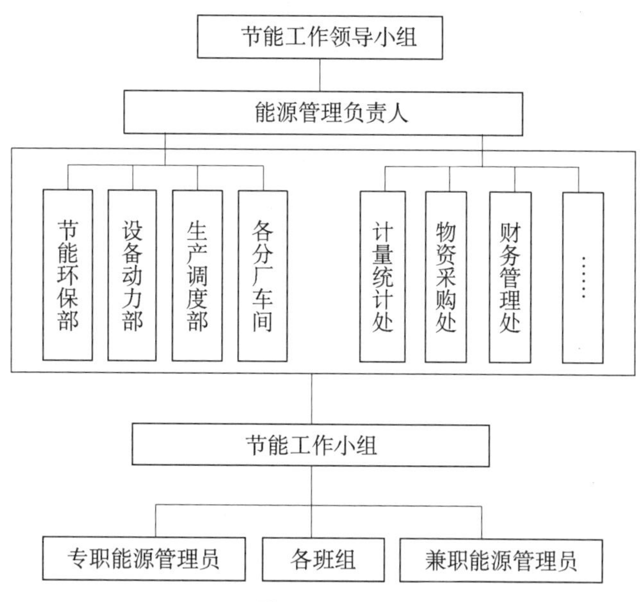

图7－3 某企业能源管理树形图

表7－1是某企业能源管理职责分工实例：

表7－1 某企业能源管理职责分工

序号	部门	节能管理职责
1	节能领导小组	(1) 统筹、协调、管理组织各项节能工作； (2) 贯彻执行节能法律法规、方针、政策、标准等要求，组织审定年度各类节能目标； (3) 组织制定并实施规划、节能改进方案和技术攻关计划及年度节能计划； (4) 组织召开工作例会，进行节能管理工作布置、检查、总结
2	节能办公室	(1) 负责贯彻落实有关节能法律法规、方针、政策； (2) 贯彻节能领导小组的决定，并对其执行情况进行检查； (3) 开展能源利用状况报告、能源审计，组织编制节能规划、节能改进方案和年度节能计划； (4) 按月、季、年汇总各单位能源消耗记录并做好能耗分析，编写节能简报、节能工作总结； (5) 根据节能奖惩制度，审核厂内各单位节能奖惩的依据，提出节能奖惩方案； (6) 总结交流节能技术和管理经验，开展节能合理化建议活动，组织节能宣传活动

（续表）

序号	部门	节能管理职责
3	生产管理部	(1) 编制节能发展规划和年度计划； (2) 负责会同节能办公室编制、检查、总结节能管理制度； (3) 调度、汇总、分析各部门能源消耗情况； (4) 负责生产系统各统计岗位人员的专业培训和管理，参加组织能源管理岗位备案培训等； (5) 负责向上级部门、节能主管部门及有关部门报送真实能耗数据； (6) 按照能源使用合理化要求，合理组织生产调度，按照作业指导书及时调整供热、供电、供冷、供风和余能回收系统的运行； (7) 提高全厂用能均衡性，努力降低燃料、动力消耗和损失，提高能源回收率和利用率； (8) 检查装置和节能措施试运行过程中的能耗情况，做好调度衔接和协调工作； (9) 及时总结生产、辅助等系统合理用能的经验，提出节能技术、管理改进建议
4	设备动力处	(1) 编制机动设备、专用设备、保温、保冷、水、电、汽等系统节能改进方案，并组织实施； (2) 推动能源使用合理化，贯彻能源使用合理化标准，并形成各类作业指导书； (3) 采取有效措施，提高设备效率，提高余热、余压、余冷的回收率，提高能源利用率； (4) 负责采用节能设备和材料，及时淘汰落后设备； (5) 加强各种耗能、能源转换设备和水、电、汽、制冷系统的管理； (6) 加强工业锅炉、窑炉、风机、水泵等能源利用检测，及时采取提高能效措施； (7) 定期组织检查设备、各类输送能源的管网，及时发现并消除浪费能源的现象； (8) 加强供能用能的综合管理，使设备之间能级匹配合理，能量逐级有效利用
5	车间节能小组	(1) 负责车间节能管理工作原始记录管理和各项能源消耗的统计，定期报送能源统计报表； (2) 监督检查车间能源使用情况； (3) 密切结合车间生产工艺和管理业务，制定符合节能要求的操作规程； (4) 对车间的耗能设备加强管理，以保证设备经常在合理用能技术法规规定的经济状况下运行，杜绝“跑、冒、滴、漏”现象
6	班组节能员	(1) 组织各岗位正确使用能源，维护好耗能设备、器具、保温隔热设施和能源计量仪表； (2) 组织各岗位及时准确地填写有关能源的原始记录和规定图表； (3) 对违反节能管理制度和合理用能标准等现象，要及时制止、登记或向上级反映； (4) 协助车间(分厂)进行节能教育，开展节能合理化建议活动，总结交流、推广经验

（续表）

序号	部门	节能管理职责
7	仪表计量处	(1) 负责能源计量管理，贯彻执行国家有关计量的法律法规； (2) 负责配备、管理能源计量器具； (3) 负责能源计量的监督检查和能量平衡测试； (4) 积极推广应用计量新技术、新器具，努力提高能源计量的技术水平和管理水平
8	物资供应部	(1) 统一管理燃料、成品油及其他载能工质的供应、输送和仓储； (2) 协同计量部门健全各类能源进厂、出库计量器具，做到按计量表计数核算； (3) 对运输机具进行全面管理，制定加强油耗定额管理和节油改造的措施

从上述案例可以发现，企业能源管理是一项庞杂的系统性工作，涉及企业的方方面面。做好企业能源管理工作，一要强化用能科学管理，二要大力开展节能技术改造，三要夯实能源计量等基础工作。通过强化用能科学管理，完善用能指标考核体系，加大用能监督监测和资源综合利用工作力度，才能使企业能源管理工作沿着系统化、标准化、制度化、科学化、法制化的道路不断前进。

7.2 能源管理系统

能源管理系统是以节约能源、保护环境和节省成本为目标的信息化管理系统，它能够帮助企业合理计划和控制供能和用能设备，降低单位产品能源消耗，提高经济效益。除了在生产型企业中的应用外，在如今节能减排的大环境下，能源管理系统也正逐渐应用到其他类型的企业、办公楼甚至家庭中。

7.2.1 能源管理系统的演变过程

传统的节能减排重点通常是对单一用能设备进行更新改造，但单个设备的节能量并不能代替系统的节能量，即所有单体设备节能量之和并不等于系统的节能量，因为设备之间会受到能量的产生、消耗、转换、使用等方面的影响和制约。为了进一步对生产工序的各个环节进行节能，一些国家提出了“能源中心”的观念，从系统的角度对企业的能源进行管理，是为当今“能源管理系统”的雏形。

从20世纪60年代中期开始，国外发达国家的一些钢铁企业开始根据二次能源的不同种类设置了一些能源管理信息系统，对各种能源介质进行监视和控制。日本是最早开发能源中心的国家之一，八幡制铁所设计了第一个能源中心，实现了对使用能源的集中控制和统一管理，其他的企业包括歌山、鹿岛钢铁厂以及德国的蒂森和布得鲁斯钢铁厂等。在这一阶段过程中，能源中心的规模并不大，主要是对能源信息进行在线的采集和监视。自 20 世纪 70 年代，分布式控制系统开始在能源中心得到应用。

1974 年，有人提出研究钢铁联合企业的能源问题应采用系统分析的方法把各个设备、各生产工序及各个厂矿的能源生产和能源使用联系起来，考察能源系统的能源消耗量，将系统理论中大系统理论的原理应用到钢铁企业的能源系统中去。自此以后，钢铁企业开始建立能源系统模型，研究能源的投入和产出、优化生产、预测需求[7]。

如今，能源管理系统除了广泛应用在以炼钢厂为代表的工业生产企业外，随着智能电网和智能家居的发展，能源管理系统还逐步应用在楼宇、家庭、城市公共设施、办公楼、学校、汽车等领域。

能源管理系统可分为三个层面：可知、可控、可预测。可知是对各个供能和用能设备的信息进行在线采集和监视；可控是采用分布式控制系统对供能和用能设备进行控制；可预测是将系统的理论应用到能源领域，建立能源系统模型，预测能源需求。目前的能源管理系统主要停留在第一和第二个层面，即对用能设备进行监测和控制。在未来，能源管理系统将会变得更加智能，可以基于能源模型对未来能耗情况进行预测，进一步从系统的层面进行节能减排的优化和安排。能源管理系统如图 7-4 所示。

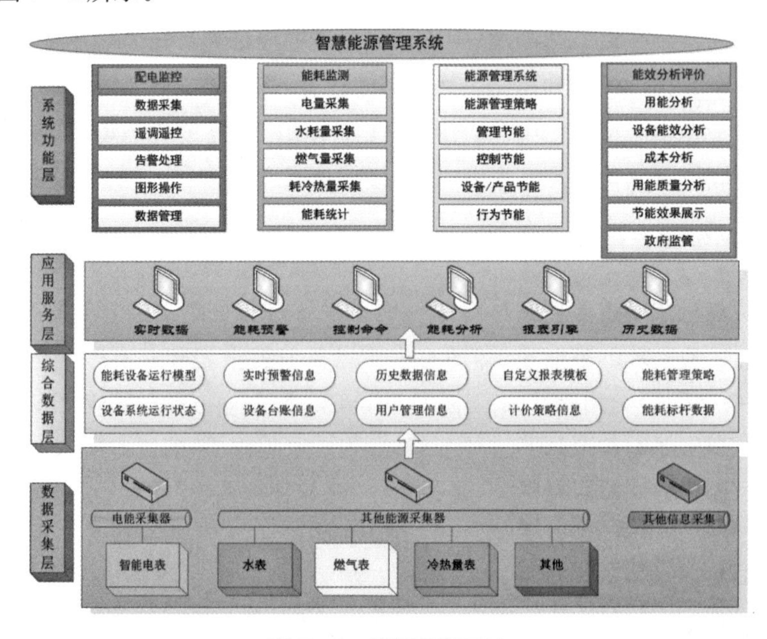

图 7-4　能源管理系统

7.2.2 能源管理系统的主要功能

目前来说,一般的能源管理系统可以实现如下主要功能。

1) 用能情况实时监测

此功能为能源管理系统的基础。通过采集各个计量表和传感器的数据,汇总在位于网络服务器的数据库上,并通过互联网对外发布。通过几个关键点的监测数据计算,可以直观获悉监测区域内设备的运行情况。管理者可以通过包括手机、个人电脑、网页等多种方式访问数据库,实时获取运行信息并进行相应的设备运行管理。

2) 故障报警

在用能情况实时监测的基础上,对特定测量变量设定阈值,即可实现故障报警功能。通过对关键设备的实时能耗量或是传感器的检测值(如流量、温度、压力、氧含量浓度等)来判断设备是否工作异常是非常简单、有效的办法。

3) 能源结构分析

通过对能耗情况的统计,管理者可以很方便地获知管辖区域内的能源结构情况,包括消耗各类能源的总量及占比,以及能源主要消耗在管辖区域的哪些方面。熟悉能源结构将方便管理者制定有效的能耗管理策略,如对主要能耗设备或系统进行节能改造、更多地使用新能源替代传统能源等,更快地实现“节能减排、可持续发展”的目标。

4) 能耗趋势预测

通过对大量的历史数据进行分析,管理者可以更好地了解未来能耗的使用量及发展趋势。该预测可以有两个方法:一是采用统计学的方法,以历史能耗数据为样本进行拟合,从而预测未来的能耗值。另一个是数学物理方法,以设备的运行原理为基础建立设备的能源预测模型,对未来的能耗情况进行预测。针对特定的设备,数学物理方法更为复杂,但可以更精确地预测出未来的能耗情况。

5) 能耗数据历史对比

除了能耗情况实时监测之外,能源管理系统还可以调取存储在数据库中的历史能源数据。通过与历史数据进行对比,管理者可以很容易地获知厂区过去一段时间内的发展情况和能源消耗情况相较于历史的评价,由此可以直观了解一些节能设备或是节能措施的执行情况和有效程度,为之后的管理提供指导。

6) 设定能耗与排放目标

对能耗或排放敏感的企业,可以在能源管理系统中设定能耗与排放目标。结合能耗趋势预测功能,能源管理系统能为管理者指明当前的用能与排放情况是否可以完成当年的能耗与排放目标。如若不能,将会提前报警,提示管理者尽快采取措施，避免能耗或排放超标带来的惩罚性后果。

7）数据归类存档

依托于完善的数据库系统，智能的能源管理系统可以自动将采集的数据进行归类，无需或者很少需要管理人员的人工操作。每一个数据都会有多种属性，如采集时间、所属的设备、所在的区域等。完善的数据库系统可以让数据的存入与调用过程变得轻松、简单。

8）能耗报表生成

根据一定时间段内采集的能耗情况数据，能源管理系统可以自动生成符合标准的能耗报表，无需审计部门额外编排。能耗报表亦可以方便同一企业内的不同部门之间进行能耗情况的汇报与交流。

9）成本分摊

通过对采集到的数据进行归类存档，结合能耗报表生成功能，管理者可以很方便地实现企业内能耗的成本分摊功能，分部门单独核算能耗开销。

10）网络发布

通过搭建网页发布服务器，上位机可以实现对外网络发布的功能，使得多位管理者可以同时、方便地通过网页、手机 APP 等方式获悉当前能耗情况，并根据用户权限实现一定的控制功能。

11）对外接口

能源管理系统可以和其他管理系统（如生产管理系统、订单管理系统等）进行交互，也可以支持用户手动导出和导入相关的数据。一些能源管理系统还提供新能源接入的接口，通过对应的模块，针对新能源的情况进行专门的分析和计算。

12）远程咨询与服务

在能源管理系统的基础上，可以很方便地实现远程咨询与服务的功能。企业只需要将能耗情况的数据发送给咨询机构，咨询机构就可以通过这些数据对企业的问题进行初步分析，决定是否需要现场勘测，并提供一些初步的处理方案。

7.2.3 能源管理系统的构建

能源管理系统是在数据的基础上，进行后续诸如控制、模型建立、分析、预测等功能，这样做的基础是能对各个设备的能耗情况进行实时的监控，做到用能情况的可知。借助在能源流的关键节点布置计量表，可以实时记录能流数据，显示给用户的同时将数据存储在数据库中用以之后进行分析处理，这是能源管理系统的硬件基础。如图 7－5 所示为一种简单的能源管理系统。

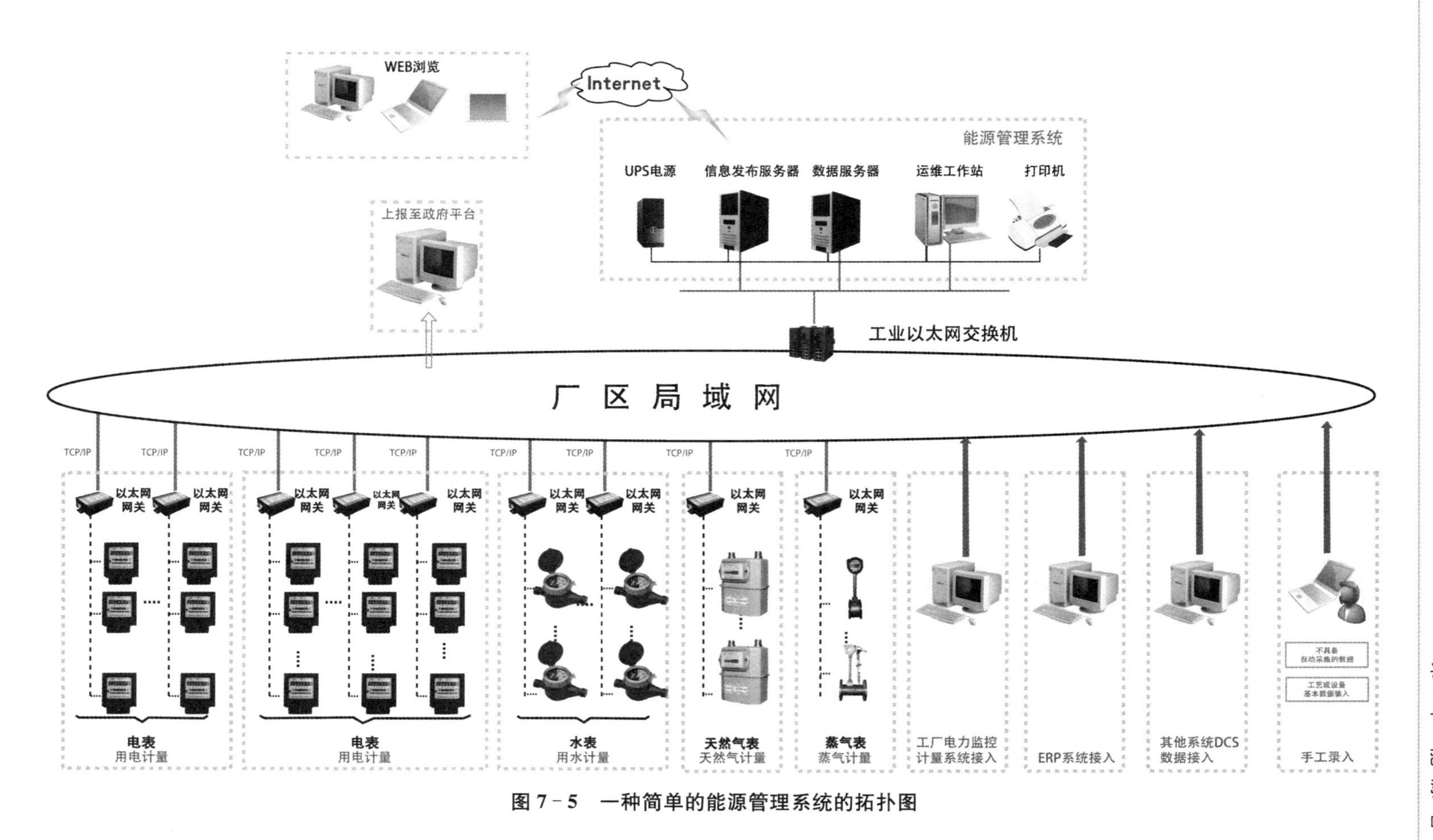

图7-5 一种简单的能源管理系统的拓扑图

7.2.3.1 硬件设备

通常来讲,一套能源管理系统所需要的硬件有如下几种:计量表、传感器、数据采集器、控制器、通信设备、上位机。

1)计量表

计量表是用来监测用能量累计值的器具,以差值表示一段时间内的用能量,一般不用来显示瞬时用量。根据监测能源种类不同,计量表的类型也不同。常见的计量表有电表、气表(用以检测气体体积流量)、水表(用以监测液体体积流量)等。对于特定的工业耗能设备,亦有相应的专业测量设备。只要该测量设备可以对外通信,就可以包括在能源管理硬件系统中。

2)传感器

计量表只能测量某种能量的使用量,但若要进一步评价能耗水平的优劣,需要更多的信息,通常需要借助传感器去测量其他参数。比如汽轮机的耗能情况,除了蒸汽流量和耗电量外,更关键的是入口蒸汽的压力和温度和出口蒸汽的压力和温度。有了这些数据,才能去评价这台汽轮机的工况和耗能情况。

传感器是将物理量按一定规律转换为电信号的器件,常用的传感器有压力传感器、温度传感器、湿度传感器、氧含量传感器等。

3)数据采集器

由于需要对多台设备、多种能源进行实时的监测,采集到的数据需要在数据采集器上进行汇总后再发给上位机。计量表的采样频率虽然较低(2~10次/分钟),但考虑到计量表数量庞大,网络间通信较为拥堵。为了减少网络通信间的压力,数据采集器需要对一段时间的数据进行汇总、打包之后再发送到上位机,其发送的频率可以在5~10次/小时,视不同的监测要求而定。

对于更为庞大的系统,如大型写字楼、小区、楼宇、机场等场合,用能设备数量庞大,需要监测的重要节点数量多,能源流结构复杂,需要更多的计量表进行监测。此时的数据量较为庞大,则需要布置多级数据采集器,低一级的数据采集器采集能耗数据后上传至高一级的数据采集器,汇总后再输送到数据库服务器中。

4)控制器

控制器作为下位机,用来直接控制产能和用能设备。在工业场合,常用的控制器是可编程逻辑控制器(PLC)。控制器凭借内部写入的控制程序,直接控制用能设备的启停及维持运转。即使设备与能源管理系统的通讯出现故障,控制器仍能保证该设备根据策略处于可控状态,因此控制器在能源管理系统中是必不可少的器件。在能源管理系统的控制下,控制器还可以根据上位机的指令,调整对用能设备的控制策略,以达到降低能耗、降低排放的目的。例如,用于供热水的能源管理系统,日常由PLC进行常规的锅炉开启、调温动作。当上位机通过数据计算发现最近用水量出现缩减现象，可以对PLC进行通信，由PLC对热水锅炉进行部分关停或者减少开机时间等新的控制动作，以避免生产过多的热水，导致资源的浪费。

5）通信设备

对于较为复杂的情况，在网络间的数据交换就必须借助一些通信设备。常用的通信设备有调制解调器、发射器、接收器等。对于一般的工厂，可以借助工厂内部的工业通信网络进行通信，也可以重新搭建专门的能源设备通信网络。若某公司管理部门在甲地，希望实时监测在乙地的工厂各个设备的能耗情况，则需要租借服务器，通过互联网层面的通信来接收来自乙地工厂的能源数据。

6）上位机

上位机是整个能源管理系统的大脑，不仅要收集来自数据采集器的数据，将其进行记录并储存，还需要进行简单的实时分析，给下位机（控制器）发送控制指令，并且需要根据程序的设定，进行历史数据的分析和梳理，得到所需的数据和图表、报表。因此，上位机通常由工业计算机、服务器、工作站等较为稳定、功能完善的计算机来担任。

上位机的另一个非常重要的功能就是提供人机交互的界面，在界面上显示必要的信息，如关键耗能设备的实时耗能情况、节能设备的运行状态、关键阀门的开关情况、能源流动情况等，实现能源可视化，方便管理者进行管理。

7.2.3.2 设备间的通信及协议

目前，不同能源的计量表具有自己专门的通信协议，例如常见的智能电表的通信方式有电力载波和RS-485接口等，其通信协议遵循中华人民共和国国家发展和改革委员会在2007年发布的《多功能电表通讯协议DL/T 645—2007》，燃气表、水表、热量表等计量表通信，通常依照中华人民共和国建设部在2004年发布的《用户计量仪表数据传输技术条件CJ/T 188—2004》进行通信。还有一些计量表则按照工业通信的一般协议进行通信，如RS-485、Modbus等。

由于计量表的种类繁多，不同计量表的通信方式和协议各不相同，为了使它们可以在同一个平台内无阻碍地通信，需要对多种通信协议进行统一。可以参考的一种通信协议是IEEE 1888。

IEEE 1888协议是全球首个能源互联网国际标准，该通信协议提供了与市面上的大多数通信协议的转换接口，如ZigBee、RS-485、RS-422、Modbus、BACNet、Lonworks等。通过一些转换模块，可以将基于上述通信协议的数据采集起来，在IEEE 1888的平台上进行交互。

IEEE 1888的通信协议可以通过IEEE 802.3、WIFI、3G等协议方式接入TCP/IP互联网络，将数据传输到互联网层面进行传递，方便多方远距离数据交互。管理部门可以在办公室内，通过互联网实时监控来自这些工厂的能源使用情况。图 7－6 所示为能源管理系统数据流。

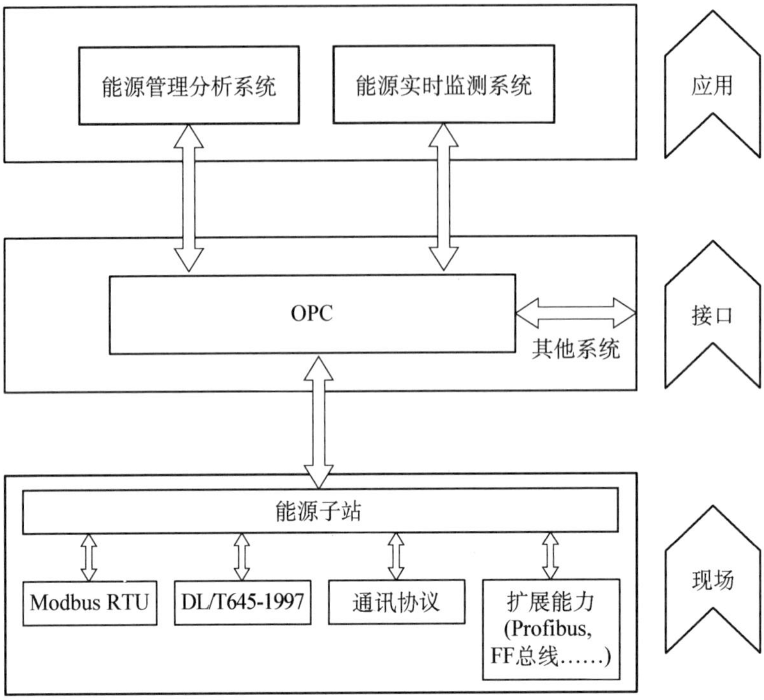

图 7－6　能源管理系统数据流

7.2.3.3　服务器与数据库

数据库存储在服务器上，是整个能源管理系统的中心，也是核心。底层硬件设备采集到的所有数据都会存储在数据库中。上位机从数据库中调取数据进行运算，运算的结果也要存储在数据库中。客户端对能源系统的监视和管理，也要从数据库中获取相应的数据。服务器和数据库构成能源管理系统所有数据和信息交互的重要场所。

7.2.3.4　能源模型建立

针对一个工厂或者一座楼宇建筑的用能问题，受到社会、经济发展、能源供应与需求形势、科技水平、人民环保节能意识等多方面因素影响，形成一套复杂的系统。为了在更高的层面上分析这样一套复杂系统，可以采用系统动力学分析法。

系统动力学（system dynamics）是由麻省理工学院 Jay W Forrester 教授于 1956 年提出的，是一种定性与定量结合，系统、分析、综合与推理的方法。按照系统动力学的理论、原理与方法分析实际系统，建立起定量模型与概念模型一体化的系统动力学模型，并借助计算机模拟技术进行仿真，用来处理行为随时间变化的系统问题，研究复杂系统的动态行为。因此，系统动力学方法适合于社会、经济等一类非线性复杂大系统的问题。

系统动力学分析的方法可大体分为五步：系统分析、结构分析、建立模型、修改模型、检验评估模型[8]。

基于某特定区域的具体情况，结合历史数据进行分析，可以得到的该地区的能源模型。在能源模型的基础上，可以更好地预测未来预期能耗，以及一些节能减排措施对系统能耗的影响，进而进一步优化，提高能源使用效率、降低排放。

7.2.3.5 客户端

客户端是进行人机交互的平台，是能源管理系统与管理者交互的重要界面，它会将复杂烦琐的数据，转换成人们易于理解的图表，以图形、颜色、文字等形式直观告诉管理者当前及未来能源系统的运行情况。能源管理系统的大多数功能，如故障报警、能源结构分析、历史数据对比、报表分析等，都需要通过人机交互平台向管理者进行直观表达。

针对不同的企业、单位或者工厂，提供给管理者的信息不同。如针对楼宇的能源管理系统，在人机交互界面主要以显示不同部门的耗电量、用水量、CO_2排放量为主，达到督促部门加强节能减排管理，规范员工用电用水的目的。针对浴室等以热水系统为主体的能源管理系统，则需要显示进水量、出水量、进水温度、出水温度、当前水温、加热消耗煤气、电等相关能源的信息，同时还需要显示加热器、循环水泵等设备的启停状态。

7.2.4 能源互联网

能源互联网有两个层面。从狭义层面上来说，在现有的能源管理系统中引入互联网，以互联网为数据交互的网络基体，利用互联网进行远距离的监测和管控。从广义层面上来说，是在物联网的基础上，将所有的现有的能源网络作为节点，连成多个单位双向能源交互、智能调控的能源网。

7.2.4.1 狭义能源互联网

基于互联网的能源管理系统，能够最大程度帮助企业同时管理和监测多个地区的多家工厂的实时耗能情况，对于占地较大的工业园、校区、学校、工厂来说是非常理想的能源管理平台。当每个楼宇或者厂房都有自己的能源管理系统，可以通过工业总线或者工业通信方式进行交互，也可以借助局域网进行交互，通过对节点的数据进行打包和处理之后，由节点处的上位机上传到更上级的能源中心。

在狭义的能源互联网系统中，位于区域节点和位于能源中心的上位机具有不同的功能。区域节点的上位机主要是记录和显示该区域内的关键设备的耗能情况，关注的是本区域的能源信息交互。而位于能源中心的上位机则需要汇总所有区域的各项数据指标，关注的整个园区的耗能情况，并且进行区域间的调整。

由于不同厂区的信息需要在能源中心进行汇总，而且通常厂区距离较远，不适合工业通信的方式进行交互,因此可采用互联网的架构进行通信。

2015 年 3 月,IEEE 1888 标准通过国际化标准组织 IOS/IEC 最后一轮投票,成为全球能源互联网产业首个国际化标准。能源互联网国际标准的建立使得城市乃至国家层面的能源互联网成为可能。目前在中国,基于 IEEE 1888 国际标准的“全国智慧能源公共服务云平台”已经启动。该平台依托互联网,打通智慧能源产业链,使能源互联网初具雏形。“全国智慧能源公共服务云平台”将对全国能源数据进行存储积累,实现能源数据共享,减少数据资源浪费,借助大数据分析,挖掘数据价值,为全国能源生产、消费单位提供互联网化服务支撑,共同推动能源高效利用和节能减排,为能源革命、应对气候变化、改善环境污染。

7.2.4.2 广义能源互联网

“能源互联网”这一概念,可理解是综合运用先进的电力电子技术、信息技术和智能管理技术,将大量由分布式的能量采集装置、分布式的能量储存装置和各种类型的耗能设备构成的电力、热力、天然气等网络节点互联起来,实现能量双向流动的能量对等交换与共享网络(见图 7-7)。

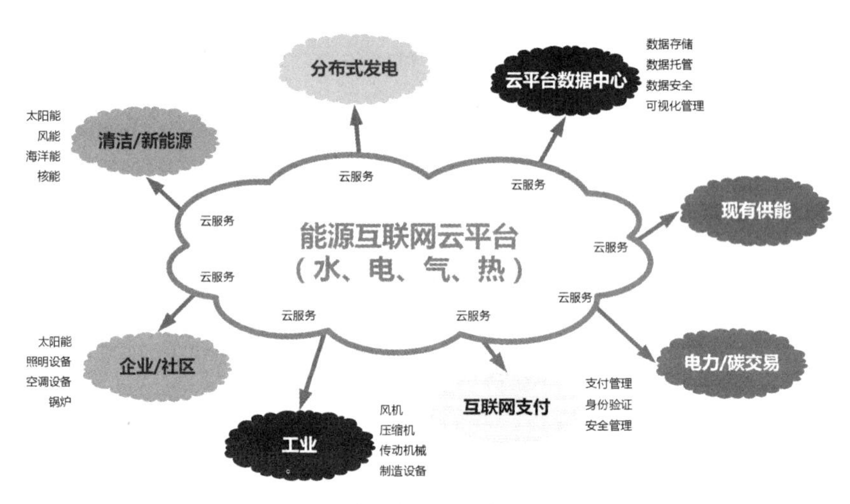

图 7-7 广义“能源互联网”示意图

能源互联网的基础是物联网,通过先进的传感器、控制和软件应用程序,将能源生产端、能源消费端的数以亿计的设备、机器、系统连接起来,形成能源互联网的“物联基础”。能源互联网通过整合运行数据、天气数据、气象数据、电网数据、电力市场数据等,进行大数据分析、负荷预测、发电预测、机器学习,打通并优化能源生产和能源消费端的工作效率,依据需求和供应情况进行随时的动态调整。

能源互联网概念的提出,为分布式能源的实现提供了可能。分布式的供能、储能、耗能装置通过能源互联网连在一起,在互联网内智能优化调节,实现能源的双向按需传输和动态平衡使用，最大限度地适应新能源的接入。

基于智能电网的电能双向流动是当前的研究热点，但是针对气、热、冷等能源的双向流动，由于仍需依赖管道、介质等进行输送，目前存在一定的实现难度。以上海某钢铁集团为例，该集团通过在厂区内铺设大量输汽管道，将炼钢过程中的废热、余热以蒸汽或热水的形式输送到需要供热的地方，一定程度上实现了对"热"这一能源在厂区内的统一管理，包括收集、分配与再利用。但是，为了尽量减少热在输送过程中与环境的换热，需要对大量管道进行保温处理，导致铺设管道的建造成本较高，因此尚不具备普遍的推广条件。

"广义"能源互联网的概念，虽然以当下的科技水平和能源观念看来较难实现，但仍是一种美好的设想。随着未来科技的发展和人们节能减排意识的进一步增强，相信有一天一定会实现。

7.3 电力需求侧管理

7.3.1 电力需求侧管理概述

在整个供电用电过程中，我们将供应电力的一方称为电力供应侧；电力供应侧将电力提供给有电力需求方，即电力需求侧，包括需要用电的工业企业、服务业以及家庭等用户。电力需求侧管理就是为需求电力的用户建立电能管理平台，引导用户合理使用电力，提高用电效率，最终实现降低用电成本的管理手段。

电力需求侧管理的实施，旨在尽量不改变需求侧用电需求的情况下，力求降低电力消耗，降低用户用电成本，使供应方与需求方同时受益。其主要方式可分为改变需求侧用电方式和提高终端用电效率。具体表现为：压低高峰负荷、抬高低谷负荷（削峰填谷）；减少电网负荷波动；根据系统负荷变化快速响应等。

实施电力需求侧管理一般会得到明显的经济效益，这种效益往往可以体现在多个方面。首先从需求侧的角度看，可以减少用户电力消耗，为企业节约生产成本。具体措施有改变系统工作方式，如采取蓄冷、蓄热、蓄电等技术；通过提高设备效率、使用新能源、回收余能来减少和节约电力消耗；改变用户消费行为等。从供应侧的角度看，可以缓解用电高峰时段电网供电压力，提高现有设备利用率，减缓电力投资增长速度。

7.3.2 电力需求侧管理的主要手段

7.3.2.1 改变需求侧的用电方式

1）电力系统负荷特性

在介绍如何改变需求侧的用电方式前，首先需要了解电力系统的负荷特性。

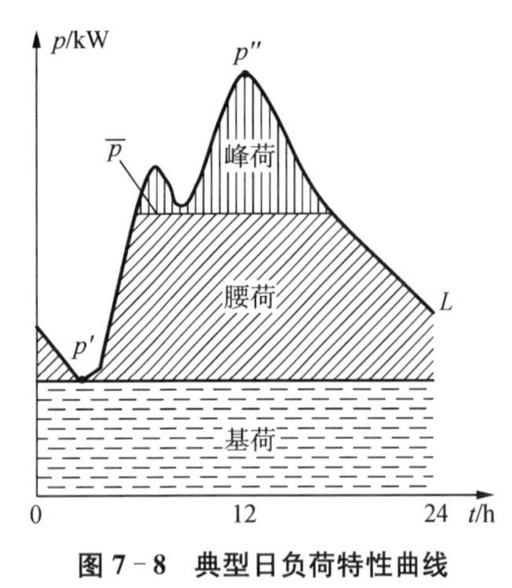

图 7-8 典型日负荷特性曲线

电力系统的负荷随时间时刻发生变化，而且在时间分布上有很强的规律性，可以通过负荷随时间变化的负荷曲线来表示，称“电力负荷特性曲线”。根据所选取时间段的不同，负荷曲线可以分为日负荷曲线、月负荷曲线和年负荷曲线等，其中最常用的为日负荷曲线和年负荷曲线。

日负荷特性随着季节、地区的不同有较大的差异，但就某一特定用户来说，其负荷特性变化遵循一定的规律。图 7-8 为典型的日负荷特性曲线，其中 p'表示最低功率，$\bar{p}$表示平均功率，p''表示最高功率。将 p'以下称“基荷”，$\bar{p}$与 p'之间称为“腰荷”，p''与$\bar{p}$之间称为“峰荷”。从日负荷曲线可以清晰看出一天内用电高峰与低谷时段的波动特征。

年负荷特性也随着季节、地区的不同有较大的差异，一般夏冬两季的负荷高于春秋季的负荷，严寒地区大多冬季负荷会偏高，而夏热冬暖的地区一般夏季负荷会偏高。

下面以某市 2014 年的年负荷特性曲线和最大负荷日负荷曲线为例来分析负荷特性(见图 7-9 和图 7-10)。

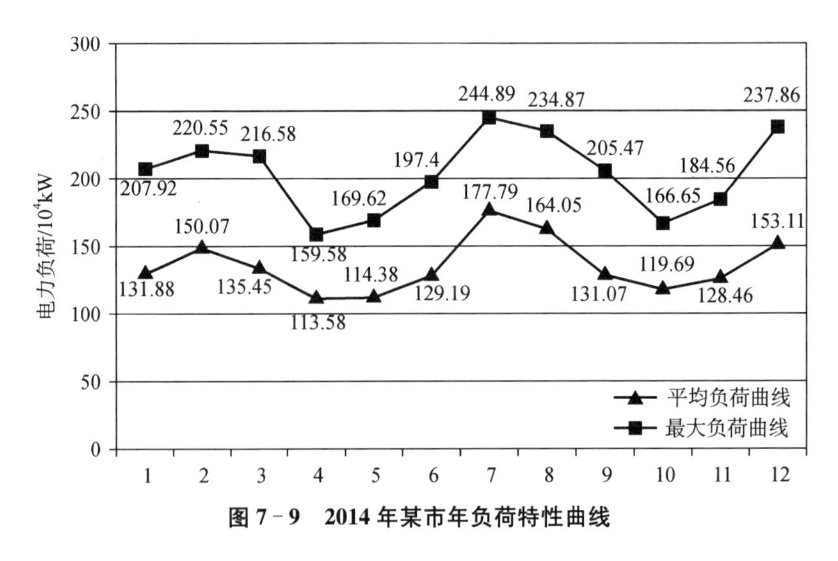

图 7-9 2014 年某市年负荷特性曲线

由图 7-9 可以看出，2014 年该市最大负荷日集中在 7 月份，为 242.87 万千瓦(10^4 kW)。年高峰负荷出现在冬夏两个季节。这是由于 7 月、8 月天气炎热导

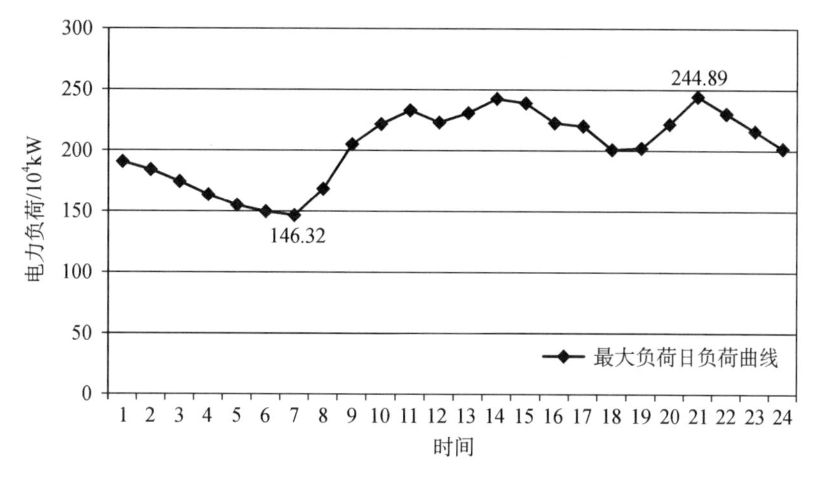

图 7-10 2014 年某市最大日负荷特性曲线

致空调用量增加，出现用电负荷夏季高峰；12 月后进入冬季，随着天气逐渐变冷，取暖负荷增长而出现冬季高峰。从全年来看，2014 年该市的月平均负荷大部分都维持在 120 万千瓦以上。在 7、8 两个月由于空调负荷的增加，最大负荷率显著升高到 240 万千瓦左右，达到全年的用电高峰，电网供需平衡压力较大。夏季、冬季负荷和平均峰谷差明显要高于春季、秋季，说明该市电网全年受季节、温度等因素影响明显，电网负荷全年波动较大。

由图 7-10 可以看出，2014 年该市最大日负荷曲线全天出现两个高峰和一个低谷。全天最小负荷出现在晨谷时段，为 146.32 万千瓦；走出晨谷时段后，在 8:00 至 11:00 时间段内用电负荷迅速上升，直至进入午高峰。在 20:00 至 21:00 时段内电网负荷上升至 240 万千瓦左右，进入到晚高峰时段，全天最大负荷出现在 21:00，为 244.89 万千瓦。该日日负荷从晨谷到晚高峰提高约 67.4%，峰谷差为 98.57 万千瓦，可见波动很大。

2）负荷特性研究意义

由于电能的生产、分配、输送以及转化的过程是同步进行的，电力系统瞬时产生的电能一定与用户瞬时消耗的电能相等。如果需求侧的用电量小于供应侧的发电量，那么就会有一部分电浪费，所以供应侧的生产能力必须随着用户负荷的变化而随时调整，达到动态平衡。在用户需求侧的负荷处于峰值时，电力系统的生产能力必须提高，而用户需求侧负荷处于低谷时，电力系统的生产能力则需要降低。需求侧用电量的“峰”与“谷”的差值越大，则对电力系统的调整要求就越高。因此，需要研究负荷特性来解决上述问题，以保证电网能够稳定运行。

3）负荷整形技术

负荷整形技术可以将用户的电力需求从电网负荷高峰期削减或转移到低谷

期,以改变电力需求在时间上的分布,减少日或全年的电网峰谷差,提高系统稳定性。主要的负荷整形技术主要有削峰、填谷和削峰填谷三种。

(1) 削峰。削峰的控制方法主要分为直接负荷控制与可中断负荷控制。

直接负荷控制是在电网高峰时段,控制人员通过远程操作或自动装置控制终端用户用电的一种方法。由于它是随机控制,常常会对生产秩序和生活节奏产生冲击,大大降低了用户用电的可靠性,多数用户不易接受,特别是工业用户,他们对用电可靠性要求高,直接负荷控制往往会对他们造成很大的损失。因此,直接负荷控制仅仅用于一些城乡居民的用电控制。

可中断负荷控制是一种由供求双方事先约定,在电网峰值时段由供应方向需求方发出请求信号,并在需求方响应之后中断部分供电用户的方法。它主要针对的用户是对供电可靠性要求低,以及拥有工序产品或最终产品的存储能力的如商业和服务业的用户,并且可以通过调整或更改工序的作业程序来规避峰值用电;对于有能量(热能等)储存能力的用户,可利用储存的能量调节进行躲峰;有替代能源供应的用户,可以用能源替代电力躲避电网峰值时段;除此之外也可以通过减少或者停止部分用电设备来躲避用电峰值时间段。因此,若要使用可中断负荷控制则必须做好停电控制的提前准备,由于停电控制会给予中断补偿,有些用户便使用该方式降低部分的支出。可中断负荷控制的削峰能力取决于用户负荷的可中断程度;而其终端效益则取决于该中断补偿与用户为“躲峰”所支出费用之间的关系。

(2) 填谷。填谷是在电网低谷时段增加用户的用电负荷,启动系统空闲的发电容量,并减缓电网负荷波动,提高系统运行的稳定性和经济性。常见的填谷技术措施有增加季节性用户负荷、增加低谷用电设备、增加蓄能设备等。填谷技术特别适合电网负荷峰谷差大、负荷调节能力不强、压电困难的电力系统。由于它使系统稳定地运行,有利于降低平均发电成本,增加了电力公司的销售收入。

(3) 削峰填谷。削峰填谷是将电网的峰荷部分转移到腰荷时段,起到削峰和填谷的双重作用。削峰填谷既可充分利用闲置容量、减少新增装机容量,又能使系统负荷平稳。它一方面增加了谷期用电量,增加了电力公司的销售电量;另一方面却减少了峰期用电量,也减少了电力公司的销售电量。所以,电力系统的销售收入是否增加取决于谷电收入的增加量和峰电收入的减少量的差值。

削峰填谷主要有蓄冷蓄热技术、其他能源替代、调整作业程序和调整轮休制度等方式。

(1) 蓄冷蓄热技术。蓄冷技术是指在电力负荷低谷时段采用电动制冷机组(如中央空调)制冷,利用冰或者冷水将冷量储存,在用电的高峰时段再释放冷量,从而满足建筑物的制冷或者生产中所需要的低温,达到削峰填谷的目的。蓄冷技术是一种相对成熟的适用技术,早在1993年深圳中电大厦就将冰蓄冷中央空调投入运行使用。后文中还将对冰蓄冷技术进行实例介绍。

蓄热技术是指在电力负荷低谷时段用电加热方式对蓄热罐中的介质进行加热，将电能转化为热能存储起来，在用电的高峰时段再将其释放，以满足建筑物供暖或者生活热水需求，达到削峰填谷的目的。常用的加热设备有电加热锅炉和热泵。电加热锅炉蓄热技术主要有以下特点：转移了制热设备的用电时间，充分利用富裕的低谷电力，提高电力系统的运行效率。由于蓄热技术增加了蓄热装置等设备，对比速热系统来说增加了初期投资。但是由于充分利用电网峰谷时间的电价差，蓄热系统的运行费更低，分时电价差值越大，其运行费节约得越多。

在执行峰谷电价差较大的地区，在有以下情形时常采用蓄冷蓄热技术：建筑物空调的冷、热负荷具有显著的不均衡性，且在电力低谷时有条件利用闲置设备进行制冷制热的；空调使用高峰与电网高峰时段重合，且在低谷时段空调负荷小于高峰时段负荷的30%；被要求躲避用电高峰的用户[9]。

(2) 其他能源替代。对于仅依靠电能的用户，可以适时增加其他能源设备替代电能，尤其是在某个季节需要大量使用电能时，用其他能源替代可以达到削峰填谷的目的。同样在日负荷的高峰和低谷时段，也可采用能源替代技术实现削峰填谷，其中燃气和太阳能是便于与电能相互替代转换的能源之一。

(3) 调整作业程序。调整作业程序是一些国家曾经长期采取的一种调整电网高峰负荷的方式之一，在企业中常会设立二班制、三班制等，对削峰填谷起到了一定作用，但也在很大程度上干扰了工人的正常生活，同时增加了企业不少的额外负担，特别是在硬性电价下，企业这种额外负担不会得到任何补偿，不易被广泛接受。

(4) 调整轮休制度。调整轮休制度也是一些国家长期采取的一种调整高峰负荷的常用办法，它是在企业间通过企业整体轮休来实现错峰。由于它改变了人们早已规范化了的休整习惯，影响了社会正常的活动节奏，又没有增加企业的额外效益，一般难于被广大用户所接受。但是，在一些严重缺电的地区，对于已经实行轮休制度的企业，采取该方式确实能为削峰填谷做出贡献。

7.3.2.2 提高需求侧的用电效率

采用先进的节能技术和高效设备可以提高需求侧用电效率，以达到节约用电的目的。其中提高需求侧用电效率的技术手段有两种，分别是直接节电和间接节电。

1) 直接节电

直接节电是采用科学的管理方法和先进的技术手段来节电，可以在照明、电动机、制冷空调、余热回收、建筑等方面实施。

(1) 照明方面：将白炽灯替换为节能灯，将粗管荧光灯替换为细管荧光灯，将普通电感镇流器替换为电子镇流器，将普通反射灯罩替换为高效反射灯罩，以及采用声控、光控、感控等智能开关和钥匙开关控制等实行照明节电。

(2) 电动机方面：将普通电动机替换为高导电、高导磁性能的电动机；选用与工艺需要容量相匹配的电动机提高运行的平均负载率；采用多重调速技术实现电动机节电运行，实现流水连续作业降低电动机空载率等。

(3) 在制冷空调方面：应用高效吸收制冷减少电力消耗；应用智能控制的高效制冷空调节约用电；利用热泵技术替代电加热取暖空调节约用电；设定适应人体生理条件的空调温度等。

(4) 在余能回收方面：干熄焦高温余热回收发电，工业炉窑高温余热回收发电，高炉炉顶余压发电，工业锅炉余压发电等技术可用来提高能源利用率和增加终端用户自给电量；采用热泵、热管和高效换热器等热回收和热传导设备能直接或间接地减少用电消耗。

2) 间接节电

间接节电是从宏观角度采取调整和控制手段后少用电能。要靠调整经济结构，生产力合理布局，节约原材料，提高产品质量，增加高能耗产品的进口等经济管理方式来实现。本书不进行详细介绍。

7.3.3 电力需求侧管理的其他手段

除了以上所述的技术手段外，电力需求侧管理的其他手段还有设立调峰电厂，采用分时电价等方式。

7.3.3.1 调峰电厂

调峰电厂是在电力系统高峰时段调节用电负荷的装置。在用电高峰时段，电网往往超负荷运行，这时候就需要启用调峰电厂，投入除正常运行以外的发电机组以满足需求。这些电厂就称为调峰电厂，调峰电厂的发电机组称为调峰机组。

一般的调峰电厂存在于火力发电厂和水力发电厂，调峰机组有燃气轮机机组和抽水蓄能机组等。目前多数采用水力发电厂调峰，因为这两类调峰电厂的性能不同，水力发电厂响应很快，开机、停机相对灵活，而火力发电厂响应较慢，燃煤电厂从锅炉起炉到蒸汽轮机并网发电需要很长时间。一般在水力发电厂调峰不足或者枯水期的时候，才需要启用火力发电厂进行补充调峰。

抽水发电厂的调峰工作时间一般是在用电低谷期，调峰电厂以电能作动力，将水抽至高处蓄能，将电能转化为可以储存的能量，在用电高峰期，调峰电厂通过水力发电把储存的能量转化为电能，送入电网。而火力调峰电厂就是利用常规燃料如煤或天然气燃烧时产生的热能，通过发电装置转换成电能，由于调峰电厂要求快速启动，所以常用燃气轮机机组进行调峰发电。

典型的水力调峰电厂为浙江天荒坪抽水蓄能电站，如图 7－11 所示。由于华东电网覆盖地区为上海市和江苏、浙江、安徽省等人口稠密和工业发达地区，由于火力发电不足以解决电力峰谷差变化大的供需矛盾，已经成为当时限制华东地区经济发展的主要因素。因此，当时华东电网亟待扩充。天荒坪抽水蓄能电站就是在这种情况下应运而建的。电站位于浙江省安吉县，电站装机容量 180 万千瓦，上水库蓄能能力 1046 万千瓦时，其中日循环蓄能量 866 万千瓦时，年发电量 31.6 亿千瓦时，年抽水用电量(填谷电量)42.86 亿千瓦时，原理如图 7－12 所示。天荒坪抽水蓄能电站上下水库落差 607m，是目前世界上落差水位最高的电站，也是亚洲第二大抽水蓄能电站。

图 7－11 浙江天荒坪抽水蓄能电站

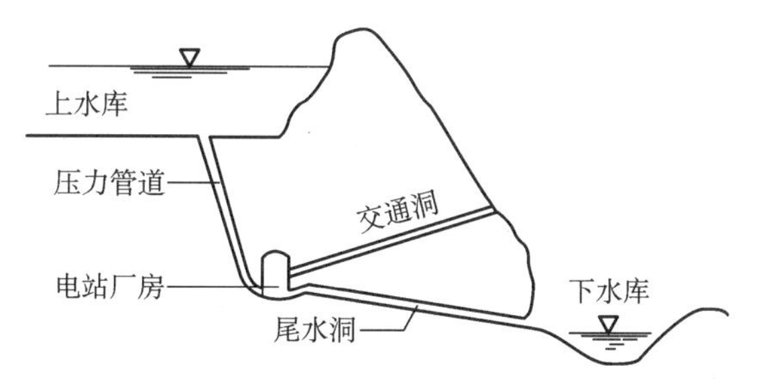

图 7－12 抽水蓄能电站组成示意图

典型燃气轮机发电的火力调峰电厂是成立于 1996 年的上海闸电燃气轮机发电厂。该发电厂一期项目总投资 21.06 亿元人民币，由 4 台 10 万千瓦级燃气轮机发电机组组成，机组的热效率达到 40％以上，于 1997 年全部建成并投入商业运行。该厂建立是为了有效缓解上海地区的缺电需求，更好地完成上海电网的调频调峰和紧急备用任务，起到为电网“保险”的作用。

7.3.3.2 分时电价

我国以往长期采用的电价制度不区分使用时间，一律采用相同的电价计费。事实上，由于电网在不同期间向用户提供电能的生产成本是不一样的，因此采用相同的价格收费无法正确反映电能的实际生产成本。分时电价的产生，便是针对电能成本的合理补偿问题发展而来的。所谓分时电价就是以日为计算周期，对发生在“峰”“腰”“谷”不同时间区段的电能消耗分别规定不同的价格。采用分时电价不仅能够合理补偿电能生产的实际成本，使价格能真正反映电能的价值，更可以发挥价格杠杆作用，通过价格驱使需求侧的自主改变，减小用电量的峰谷差，降低电网在峰值时的负荷，是电力需求侧管理中极为常见的一种经济手段。

分时电价还催生出电力营销[10]。例如，带分时加热功能的电热水器。目前，部分家用热水器可以预约在夜间低谷期进行加热，即“夜用型”热水器，该热水器特别设计了“夜电功能”，用户可以根据当地分时电价自行设定加热时间，热水在储水罐内保温蓄热。以电价峰谷差 0.3 元计算，一个三口之家一年大约可省 300 多元，三年就可以省出一台热水器的钱。分时电价的实行，必将提高家用电器的更新换代速度。

目前我国大部分地区都已经开始实行分时电价制度，表 7－2～表 7－4 为 2015 年上海市分时电价表。

表 7－2　2015 年上海市居民用户电价表

<table>
<tr><th rowspan="2">用户分类</th><th rowspan="2">分档</th><th rowspan="2">电量水平(千瓦时/户・年)</th><th colspan="3">电价水平(元/千瓦时)</th></tr>
<tr><th>未分时电价</th><th colspan="2">分时电价</th></tr>
<tr><td rowspan="6">一户一表
居民用户</td><td rowspan="2">第一档</td><td rowspan="2">0～3120(含)</td><td rowspan="2">0.617</td><td>峰时段</td><td>0.617</td></tr>
<tr><td>谷时段</td><td>0.307</td></tr>
<tr><td rowspan="2">第二档</td><td rowspan="2">3120～4800(含)</td><td rowspan="2">0.667</td><td>峰时段</td><td>0.677</td></tr>
<tr><td>谷时段</td><td>0.337</td></tr>
<tr><td rowspan="2">第三档</td><td rowspan="2">4800 以上</td><td rowspan="2">0.917</td><td>峰时段</td><td>0.977</td></tr>
<tr><td>谷时段</td><td>0.487</td></tr>
<tr><td rowspan="2">非居民用户(学校、养老院、居民公建设施等)</td><td colspan="2">不满 1 千伏</td><td>0.641</td><td colspan="2" rowspan="2"></td></tr>
<tr><td colspan="2">10 千伏</td><td>0.636</td></tr>
</table>

注：①居民用户分时峰谷时段划分为：峰时段(6～22 时)，谷时段(22～次日 6 时)；

②居民累计电量在第二或第三档临界点的月份，由于当月超基数部分的峰谷电量数据无法准确区分，具体执行时，该月第二档、第三档的加价按照峰、谷均为 0.05 元或 0.30 元的加价水平执行，次月起再按峰、谷不同加价水平执行。

表7－3 2015年上海市非居民用户电价表(分时)

用电分类			电度电价								基本电费	
			非夏季				夏季					
			不满1千伏	10千伏	35千伏	110千伏及以上	不满1千伏	10千伏	35千伏	110千伏及以上	最大需量(元/瓦·月)	变压器容量(元/千伏安·月)
单一制	工商业及其他用电	峰时段	1.110	1.080	1.050		1.145	1.115	1.085			
		谷时段	0.527	0.497	0.467		0.562	0.532	0.502			
	农业生产用电	峰时段	0.784				0.784					
		谷时段	0.418				0.418					
两部制	工商业及其他用电	峰时段	1.252	1.222	1.192	1.167	1.287	1.257	1.227	1.202	42	28
		平时段	0.782	0.752	0.722	0.697	0.817	0.787	0.757	0.732	42	28
		谷时段	0.370	0.364	0.358	0.352	0.305	0.299	0.293	0.287	42	28
	农业生产用电	峰时段		0.874				0.874			42	28
		平时段		0.544				0.544			42	28
		谷时段		0.286				0.286			42	28

注：①单一制：峰时段(6～22时)，谷时段(22～次日6时)；

②两部制非夏季：峰时段(8～11时、18～21时)，平时段(6～8时、11～18时、21～22时)，谷时段(22～次日6时)；

③两部制夏季：峰时段(8～11时、13～15时，18～21时)，平时段(6～8时、11～13时、15～18时，21～22时)，谷时段(22～次日6时)。

表7－4 2015年上海市非居民用户电价表(未分时)

上海市非居民用户电价表(未分时)单位：元/千瓦时										
用电分类		电度电价								基本电费	
		非夏季				夏季					
		不满1千伏	10千伏	35千伏	110千伏及以上	不满1千伏	10千伏	35千伏	110千伏及以上	最大需量(元/千瓦·月)	变压器容量(元/千伏安·月)
单一制	工商业及其他用电	0.962	0.937	0.912	0.892	0.997	0.972	0.947	0.927		
	其中：下水道动力用电	0.749	0.724	0.699	0.679	0.784	0.759	0.734	0.714		

（续表）

<table>
<tr><th colspan="12">上海市非居民用户电价表(未分时)单位：元/千瓦时</th></tr>
<tr><th colspan="2" rowspan="3">用电分类</th><th colspan="8">电度电价</th><th colspan="2" rowspan="2">基本电费</th></tr>
<tr><th colspan="4">非夏季</th><th colspan="4">夏季</th></tr>
<tr><th>不满1千伏</th><th>10千伏</th><th>35千伏</th><th>110千伏及以上</th><th>不满1千伏</th><th>10千伏</th><th>35千伏</th><th>110千伏及以上</th><th>最大需量(元/千瓦·月)</th><th>变压器容量(元/千伏安·月)</th></tr>
<tr><td rowspan="3"></td><td>农业生产用电</td><td>0.742</td><td>0.717</td><td>0.692</td><td></td><td>0.742</td><td>0.717</td><td>0.692</td><td></td><td></td><td></td></tr>
<tr><td>其中：农副业动力用电</td><td>0.443</td><td>0.441</td><td>0.438</td><td></td><td>0.443</td><td>0.441</td><td>0.438</td><td></td><td></td><td></td></tr>
<tr><td>排灌动力用电</td><td>0.388</td><td>0.386</td><td>0.383</td><td></td><td>0.388</td><td>0.386</td><td>0.383</td><td></td><td></td><td></td></tr>
<tr><td rowspan="2">两部制</td><td>工商业及其他用电</td><td>0.799</td><td>0.774</td><td>0.749</td><td>0.729</td><td>0.834</td><td>0.809</td><td>0.784</td><td>0.764</td><td>42</td><td>28</td></tr>
<tr><td>铁合金、烧碱(含离子膜)用电</td><td></td><td>0.703</td><td>0.678</td><td>0.658</td><td></td><td>0.738</td><td>0.713</td><td>0.693</td><td>42</td><td>28</td></tr>
</table>

注：以上电价均含政府性基金及附加，具体为：

① 国家重大水利工程建设基金 1.392 分钱；

② 大中型水库移民后期扶持资金(农业生产用电除外)0.83 分钱；

③ 可再生能源电价附加：居民用电 0.1 分钱，其他各类用电(农业生产用电除外)1.5 分钱；

④ 城市公用事业附加费：居民用电 1 分钱，其他各类用电 3.5 分钱。

7.3.4 电力需求侧管理技术与实例

7.3.4.1 冰蓄冷技术

冰蓄冷技术是利用夜间低谷时段的低电价来制冰蓄冷，并将冷量储存起来，在白天的用电高峰期将冰融化为水，从冰水混合物中获取冷量，将冷量释放满足空调高峰负荷需要。

冰蓄冷空调系统在我国于 20 世纪 90 年代初已经开始建造、并投入运行。如上海科技馆、咸阳机场新航站楼、国家电力局调度中心、中央人民广播电台业务楼、武汉出版文化城等建筑都采用了冰蓄冷技术。

以中央人民广播电台业务楼为例，中央人民广播电台的总建筑面积为 5 万平方米，设计的日空调峰值负荷 1390RT，日总冷量 16160 RTh，采用 8 个蓄冰槽和 2 个蓄冷槽，总蓄冷量 4500 RTh，自 1998 年起投入运行。根据商住楼电费计算，在设计日负荷情况下冰蓄冷空调与常规空调相比每天节省电费 592.5 元。按北京市空调运行时间为5个月计算,年节约电费可达8.9万元。由于在夏季空调系统运行过程中,设计最大冷负荷出现的时间很短,所以空调运行大部分时间都在部分负荷容量状态下运行。当采用溶冰优先供冷的运行策略时,电网高峰用电时段可以将双工况主机停止,而用蓄冰的冷量满足空调负荷,这样不仅可以转移高峰用电负荷至低谷,而且能节约大量电费。

7.3.4.2 虚拟电厂技术

“虚拟电厂”(virtual power plant, VPP)这一术语源于1997年Shimon Awerbuch博士在其著作中对虚拟公共设施的定义。随着全球能源稀缺、环境污染日益严重,分布式电源(distributed generator, DG)由于具有可以降低电路损耗,缓解用电压力,提高电网抗灾能力等优点而被越来越多的国家所采用[11]。尽管分布式电源具有许多优点,但其本身也存在不少问题。由于分布式电源本身容量小,使用时存在间断性和随机性,所以仅仅依靠单一的分布式电源在电力市场中的运营是不可能的。但是可以通过将分布式电源聚合成一个“集成的实体”来解决这一问题。“虚拟电厂”就是通过先进的技术控制、计量、通信去聚合不同类型的分布式能源,如分布式电源、储能系统、可控负荷等,同时通过更高层面的软件架构实现多个分布式能源的协调优化运行。

目前,从整个世界范围来看,欧洲和北美在研究和实施虚拟电厂方面一直处于领先地位。欧洲的虚拟电厂主要针对如何实现DG可靠并网和电力市场运营进行研究;而美国的虚拟电厂则主要基于需求响应计划发展,同时考虑可再生能源的利用,因此可控负荷占据主要成分。

虚拟电厂的关键技术在于协调控制技术。虚拟电厂的控制结构主要有集中控制和分散控制两种[12]。在集中控制结构下,虚拟电厂的所有决策由中央控制单元——控制协调中心(control coordination center, CCC)制定。如图7-13所示,虚拟电厂中的每一部分均通过通信技术与CCC相互联系,CCC多采用能量管理系统,其主要功能是合理协调机端潮流、可控负荷和储能系统之间的关系。

而在分散控制结构中,决策权完全下放到各DG,信息交换代理完全取代了中心控制器,如图7-14所示。但信息交换代理只向该控制结构下的分布式能源提供有价值的服务,如市场价格变化信号、天气预报和数据采集等。由于依靠即插即用能力,因而分散控制结构比集中控制结构具有更好的扩展性和开放性。

虚拟电厂不像传统意义上的发电厂一样存在于现实世界,它只是整合一系列小型电厂,利用先进的软件运营这些小电厂,使它们如同一家大型电厂一般集体运转。它可以汇聚不计其数的风电厂、光伏电站、生物质发电厂和热电联产电厂所生产的电能,因此虚拟电厂在传统能源向可再生能源转型的过程中发挥着重要的

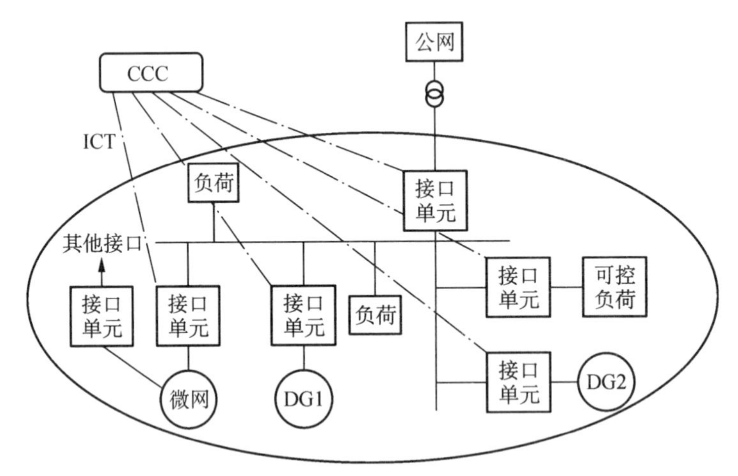

图 7-13 虚拟电厂的集中控制结构

ICT—信息通信技术

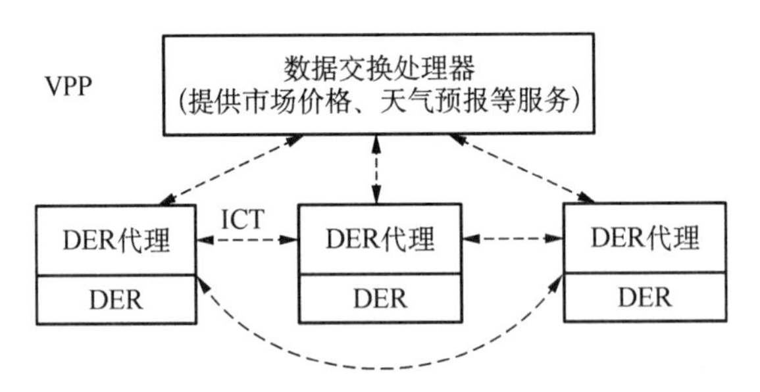

图 7-14 虚拟电厂的分散控制结构

作用。

7.3.4.3 意大利电力需求侧管理实例

意大利的电力需求侧管理主要由国家电力公司负责，详细制定了其国内工业、服务业、居民、农业等行业的电力需求侧管理政策。

对于工业部门的电力需求侧管理，国家电力公司针对全国工业部门的各个环节进行了深入细致的分析，对不同工业部门采用不同的应对措施。而对于服务业与居民客户的电力需求侧管理，国家电力公司出版了面向居民、旅馆和商业建筑物的采暖、通风和空调系统以及照明设备的应用指南，每个指南都向系统设计者和客户提供技术和经济信息。在农业部门，考虑到农业所具有的地理特点，意大利国家电力公司大力推广热泵技术和先进的烘干技术的应用，大大缓解了电网压力，因地制宜地提高能源利用效率。

同时，在负荷曲线的合理化方面，为了使重点电力客户的需求合理化，意大利国家电力公司早在1980年起就制订了适当的电价体制，分时分类地给出不同的电价规则，间接引导用户主动调整用电策略。意大利的电力需求侧管理模式较为成熟，在国际上起到良好的示范作用。

7.4 合同能源管理

7.4.1 内涵定义

合同能源管理(energy performance contracting, EPC;或 energy management contracting, EMC)是以节省用户能源费用来支付节能改造项目成本的一种投资方式，是一种市场化的节能机制。具体来说，即节能服务公司(energy service company, ESCO)与用能单位以合同契约形式约定改造项目的节能目标，节能服务公司为实现节能目标向用能单位提供必要的服务，用能单位以节能效益支付节能服务公司的投入及其合理利润[13]。

合同能源管理的内涵是节能服务公司通过与用户签订能源管理合同，为企业提供综合性的节能服务，帮助企业节能降耗，并与企业一起分享节能收益，以此取得节能服务报酬和合理利润的一种类似 BOT(build-operate-transfer，建设-营运-移交)一体化商业运作模式。

合同能源管理的实质是以减少能源费用来支付节能项目全部成本，这种节能投资方式允许客户用未来的节能收益升级现有设备，降低能源成本；或者节能服务公司以承诺节能项目的节能效益或承包整体能源费用的方式为客户提供节能服务，如图7-15所示。

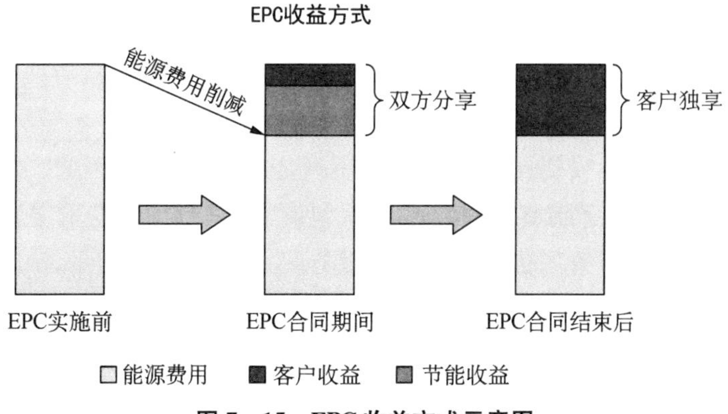

图7-15 EPC收益方式示意图

由此可看出，合同能源管理主要有以下三个特征：一是运行机制市场化，合同能源管理以契约为基础,交易条件是双方谈判的结果;二是节能服务综合化,合同能源管理是节能服务企业向用能单位提供的一揽子节能服务,不同于仅提供设备买卖或仅提供技术服务;三是支付方式效益化,合同能源管理项目的用能单位以节能效益支付节能服务企业的投入及其合理利润,这区别于其他形式的能源管理服务或节能服务。

7.4.2 主要特点

(1) 合同能源管理不是技术密集型产业,而是关系密集型产业。如图 7-16 所示,合同能源管理由节能技术服务商、节能产品提供商、节能服务提供商分别提供技术、产品、服务,并由商业银行、ESCO 投资基金、政府专项资金等提供融资服务,ESCO 公司提供节能技术集成服务,与节能用户之间进行节能效益分享,降低节能项目的实施成本。

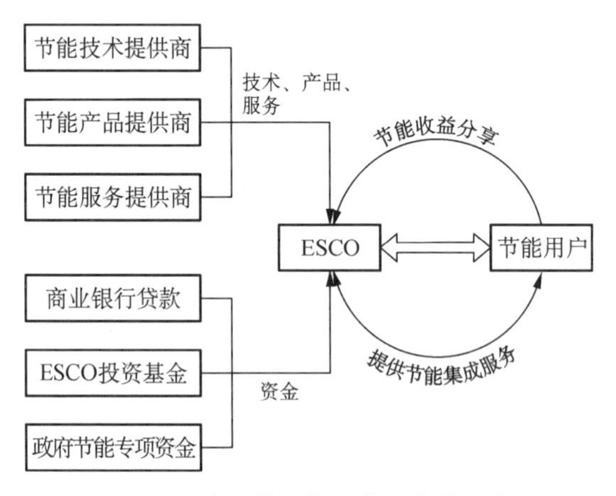

图 7-16 合同能源管理产业集成示意图

(2) 节能服务公司是技术、融资与管理服务三位一体的节能服务商。合同能源管理由节能服务公司提供用能状况诊断、节能项目设计、融资、改造、运行管理等服务的专业化过程,并保证达到目标节能量,产生节能效益后,才能与企业一同分享节能收益,以此取得投资回报及合理利润,达到双方共赢。因此,节能服务公司不单是节能产品销售商或节能项目工程承包商,而是节能综合服务商,即技术服务、融资服务与管理服务三位一体的节能服务商,如图 7-17 所示。

(3) 合同能源管理是市场化的节能新机制,体现了服务社会的理念。它不仅满足了现代企业经营专业化、服务社会化的需要,而且适应建设节约型社会的趋势。EPC 公司的经营机制是一种节能投资服务管理,客户见到节能效益后,EPC 公司才与客户一起共同分享节能成果,取得双赢的效果。EPC 公司服务的客户不需要承担节能实施的资金和技术风险。

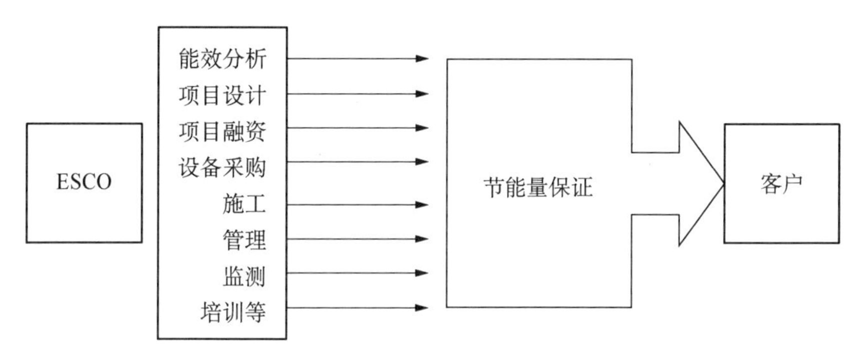

图 7－17　合同能源管理公司服务示意图

(4) EPC公司不仅可形成节能项目的效益保障机制，而且能促进节能服务产业化。EPC公司不仅可以为节能项目解决缺乏资金、技术、人员、管理经验等问题，而且能为建立节能产业提供具体途径。对于用能企业而言，能实现节能零投资、零风险，获得持久受益，从而提高其节能积极性，EPC的节能服务不仅具有经济效益，更具有节能环保的社会价值，能不断促进节能服务产业化的发展。

7.4.3　国内外发展现状

1) 国外发展现状

合同能源管理是20世纪70年代发生世界能源危机时出现并很快发展起来的。70年代中期以来，一种基于市场化的节能新机制(合同能源管理)在市场经济国家中逐渐兴起，旨在克服制约节能的主要市场障碍，促进节能环保产业发展。经过20多年的发展与完善，这一新机制在北美、欧洲以及一些发展中国家逐步得到推广和应用，下面重点介绍国外一些发达国家合同能源管理的基本情况和特点。

美国是合同能源管理的发源地，早在20世纪70年代中期以来就在推行这种模式，也是节能服务产业最发达的国家之一，其特色为：

(1) 能源主管部门着力完善顶层设计，挖掘市场潜力。美国能源部组织制订了一系列关于合同能源管理的指导性文件，要求政府机构与节能服务公司合作，以合同能源管理方式进行办公楼宇的节能改造。为了达成行政命令所要求的目标，美国政府制订了联邦能源管理计划，鼓励并协助联邦机构成立节能服务专案，协助联邦机构节约能源，减少政府支出费用，主要包括融资专项计划，技术指导和支援，提供计划、审计和解决方案等。由于美国政府对节约能源的重视，使得超过50万栋的政府建筑物及设备得到节能改造。政府建筑物成为节能服务的巨大市场，美国联邦政府成为合同能源管理的最大客户。

(2) 地方政府配合完成立法，并配备专门部门管理。美国50个州中有46个州通过了对合同能源管理的立法。立法的主要内容是首先要求州内的政府建筑必须利用合同能源管理的方式进行节能改造，美国有关法律条文中往往还规定合同能源管理必须招投标的流程。在立法的基础上，每个州政府会有一个节能办公室，它会制订节能改造计划，包括招投标文件，采用的测试和验证的标准以及融资计划等。

美国的ESCO一般分为三类：第一类是楼宇设备和控制公司，比如大家所熟悉的Honeywell、Trane等传统的空调设备或自控公司，在美国都有ESCO部门或子公司来承接EPC项目；第二类是电力、燃气(集团)公司或其他能源公司，当20世纪90年代能源管理服务高速发展的时候，许多大型电力公司都收购了若干小型ESCO而加入了能源管理业务的市场竞争；第三类则是独立的ESCO公司，他们往往是从中小型的工程公司演变而来，并不从属于任何大型设备或能源公司。

美国ESCO的客户群体可简单分为两类，即公共客户群体和私有客户群体，其中办公和商业建筑的节能项目比例较高。美国ESCO的绝大部分客户和业务量主要都集中在公共部分，即大量节能投资产生的EPC项目主要来自中小学、联邦和州政府以及公立医院等。据统计，中小学和政府建筑的节能项目占到了项目总数的50%，其他公共客户群体则占据了24%，而私有客户群体占剩余的26%。

日本的合同能源管理起步较晚。自1996年合同能源管理在日本兴起以来，政府通过制定法律，强制推动节能政策落实，巨大的市场潜力以及全国强烈的节能意识使得日本节能服务行业得到了快速的发展。据统计，日本全国在册的节能服务公司达80多家，市场规模达1500～1800亿日元。

国家政府层面牵头建立对ESCO的支持体系，包括法律支持、税收优惠等。日本政府对“合同能源管理”事业非常支持，从政府、新能源及产业技术综合开发机构、日本政策投资银行等各个层面上都给予大力支持。

法律方面，日本的《节约能源法》规定，各政府机构、高耗能单位和大中型企业必须建立节能管理机制，必须在一定的时间内降低能耗，并对能耗标准做了严格规定。

财政方面，对节能达标的企业，政府给予减免税优惠，不达标的则要重罚。日本政府制定了详细的补贴政策，分别针对不同的对象制订了不同的补贴率，如对设计或应用高效率节能系统的项目等进行补助，补贴率为项目金额的三分之一，上限为2亿日元。另外，为促进地方公共团体等区域性节约能源的普及，政府对具备大幅节能可能性的区域性节能计划进行定额补助。

体制方面，日本政府在2008年，要求将现行的“以工厂为单位进行用能定期报告制度”改为“以企业进行定期报告的综合能源管理体系”，节能工作成为企业的经营目标考核手段。

日本ESCO合同多采用节能效益分享型。政府选定拟改造的建筑物，通过招标确定ESCO，由中标的ESCO投资进行详细节能诊断，设计改造方案，进行改造施工，直至运行调试，待产生节能效益后，再由双方来分享节能收益。

欧洲各国的节能服务公司在20世纪80年代末应运而生，公司运作的核心是同用户分享节能效益。欧洲ESCO运作的项目有别于美国和加拿大，主要是帮助用户进行技术升级以及热电联产这类的项目。欧洲ESCO的产生和发展，除了市场的因素外，更多的是依靠政府有关能源开发、环境保护政策为其营造一个良好的发展环境。

2) 中美合同能源管理之比较

(1) 政府角色和作用不同，美国除了政府性机构需采取合同能源管理方式实施节能目标的强制性规定以外，政府的角色并不显著，更多的是通过颁布节能标准，引导市场需求来促进合同能源管理机制的发展。在建筑方面，通过颁布建筑物的节能标准，开发和推荐新能源技术，为建筑行业和节能服务公司搭建平台，并且该标准每三年更新一次，让节能服务公司有更多机会参与建筑节能改造，而在我国，合同能源管理还主要依靠政府引导和支持。

(2) 合同能源管理领域和区域存在差异，美国的节能服务领域主要集中在联邦政府、学校以及医院，以公共设施为主。而我国目前节能服务产业集中在建筑、工业和交通。除了服务领域差异外，还存在着地方区域的差异。例如，在北京，大型工业企业少，第三产业发展迅速，人口数量大，民用建筑多，因此北京节能服务领域主要是在民用建筑和政府机构建筑。

(3) 节能量计算基准和依据不同，美国从技术层面上对合同能源管理给予了相关规定，运用节能量计算公式对节能效果进行测试和验证[14]：节能量＝基准年节能耗－改造后年能耗＋调整量，调整量可以是正的也可以是负的，是合同双方无法控制的变量。对于节能量的测算，目前《国际性能验证和测试协议》是美国节能服务行业的标准[15, 16]。在此基础上，还编制了更为详尽的《节能效果测试方法指导》。同时，美国能源部也编制了《联邦政府节能项目验证和测试指南》，有效地解决了节能服务市场上的技术问题。而我国的节能量和效益分享一般按照实际情况采取“协商确定节能量”的方式来计算节能效益，这虽然简化了监测和确定的烦琐过程，但是缺乏规范性。

3) 国外成功经验及思考

从EPC以及其他能源管理服务的市场数据来看，美国的EPC之所以在商业上能够成功，主要依靠以下因素来保障：

从技术层面看，通用的验证和测试标准和协议为节能效益的测量提供了坚实的基础。

从法律层面看，美国有较为完善的对EPC的立法。美国EPC的合同最长年限一般各州都定为10年，个别可长达15年。而国内一般3年回收期以上的节能改造就很难得到支持或批准了。

从经济层面看，节能投资渠道的多样性也是美国EPC市场成功发展的重要因素。除了常规的银行贷款外，EPC项目还往往能得到专项基金的支持。而目前我国国内银行的贷款方式和要求，与美国还有很大差距。

对比美国的EPC现状，可以看到，我国的合同能源管理离蓬勃发展还有相当远的路要走。EPC项目的成功是建立在完善的法律、成熟的工程技术和高度的信用体系基础上。在我国，工程技术并不缺乏，但法律和信用体系不是在短时间内可以建立起来的。

7.4.4 合同能源管理行为主体和要素

1）合同能源管理行为主体

合同能源管理机制的载体和行为主体是节能服务公司。节能服务公司是“提供用能状况诊断、节能项目设计、融资、改造(施工、设备安装、调试)、运行管理等服务的专业化公司”，是集资金、技术、管理、咨询服务等多种功能于一身的服务提供商，节能服务公司与有意向进行节能改造的用户签订节能服务合同，为用户的节能项目进行自由竞争或融资，向用户提供能源审计、节能项目设计、原材料和设备采购、施工、监测、培训、运行管理等一条龙服务，并通过与用户分享项目实施后产生的节能效益来赢利和滚动发展，如图7-18所示。

图7-18 节能服务公司工作示意图

2）合同能源管理要素

合同能源管理项目的要素包括用能状况诊断、能耗基准确定、节能措施、量化的节能目标、节能效益分享方式、测量和验证方案等。一个完整的合同能源管理项目应当包括上述六个要素，而且这六个要素是六个既相对独立又相互关联的环节，缺少一个环节或任何一个环节出了问题，都可能导致合同能源管理项目无法进行。这就要求节能服务企业进一步完善业务流程，一方面要使业务流程完整，不要遗漏或忽视某一要素；另一方面要使各环节协调统一，防止出现矛盾引起纠纷，具体业务流程如图 7－19 所示。

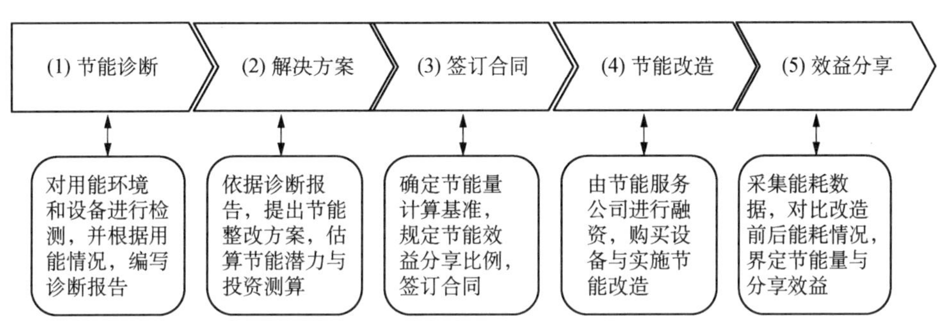

图 7－19　合同能源管理业务流程示意图

7.4.5　合同能源管理的运作模式

合同能源管理是一种市场经济下创新的节能服务机制，运用市场机制来实现能源节约，其运行过程中相关方如图 7－20 所示，运作模式包括节能效益分享型、节能量保证型、能源费用托管型、融资租赁型、混合型等类型[16—18]。

1）节能效益分享型

节能服务公司同用能企业签署国家标准规定的效益分享型合同能源管理合同。项目实施完毕，经双方共同确认目标节能量后，用能单位按合同约定比例在项目合同期内以节能效益支付节能服务公司的投入及其合理利润。合同期结束后，节能设备无偿移交给企业使用，以后所产生的节能收益全归企业享受。

2）节能量保证型

节能服务公司同用能企业签署规范的能源管理合同，项目完成经运行验收达到承诺的目标节能量，用能企业向节能服务公司支付合同约定的价款，以后所产生的节能收益全归企业享受，节能改造工程的前期投入和风险由节能服务公司承担。节能量保证型合同适用于实施周期短、能够快速支付节能效益的节能项目。

3）能源费用托管型

用户委托节能服务公司出资进行能源系统的节能改造和运行管理，并按照双方约定将该能源系统的能源费用交节能服务公司管理，系统节约的能源费用归节能服务公司。项目合同结束后，节能公司改造的节能设备无偿移交给用户使用，以后所产生的节能收益全归用户。

4）融资租赁型

融资公司投资购买节能服务公司的节能设备和服务，并租赁给用户使用，根据协议定期向用户收取租赁费用。节能服务公司负责对用户的能源系统进行改造，并在合同期内对节能量进行测量验证，担保节能效果。项目合同结束后，节能设备由融资公司无偿移交给用户使用，以后所产生的节能收益全归用户。

5）混合型

混合型是由以上 4 种基本类型的任意组合形成的合同类型。

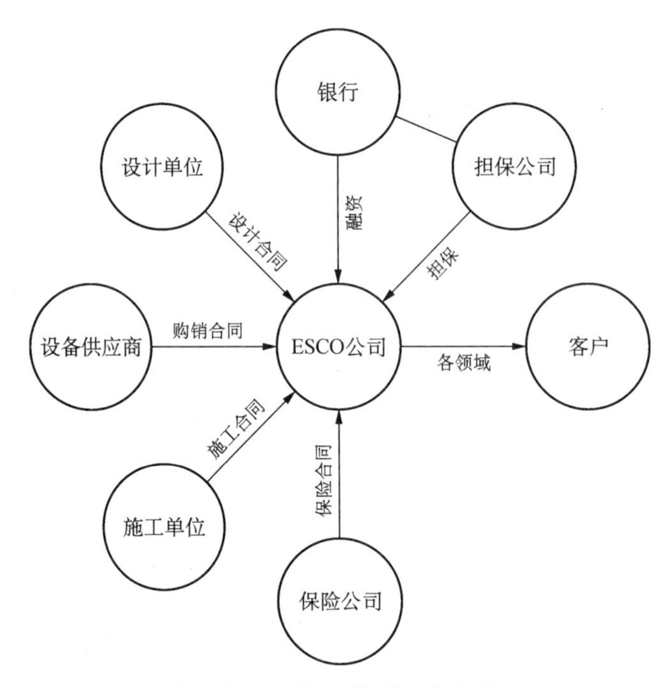

图 7－20　ESCO 运行涉及的相关方

7.4.6　合同能源管理的风险及控制

合同能源管理项目风险是指在一个具体项目运作中，由于各种事先无法预料的内部和外部因素的影响，导致进行项目投资的节能服务公司在项目完成后获得的实际收益与预期收益发生背离，从而蒙受经济损失的风险。目前，采用合同能源管理方式的节能项目主要面临政策、融资、节能量、诚信等方面风险[19—21]。

政策风险。目前,我国合同能源管理为引导性政策,缺少支持合同能源管理模式稳定健康发展的法律环境。发展改革委等部门发布的推进合同能源管理促进节能服务产业的发展意见多为引导性条款,虽在税收、金融、财政等方面有一些支持,但力度还不够,企业实施合同能源管理的动力不强;而相关政府部门对于实施合同能源管理项目、节能服务业产业发展方面也缺乏系统性规划,增加了合同能源管理模式实施的政策风险。

融资风险。在合同能源管理项目的实施过程中,资金筹措是重要环节,资金短缺和融资困难的问题也较为突出。EMCO 公司项目的服务对象目前以中小企业为主,单个项目多数投资额在 50 万元到 1 500 万元之间,目前由于旧的财政税收体制没有大的松动,不仅银行和担保公司的热情不高,而且通道较窄,项目的融资成本较高,多数企业受到融资障碍而影响其发展。对于这方面,可选择好的项目或信用良好的客户,充分利用商业银行贷款,拓宽融资渠道;也可采用融资租赁方式购买设备,在一定租赁期内,设备的所有权属于节能服务公司,当节能服务公司收回项目改造的投资及利息后,设备归用户所有。

节能量风险。节能项目改造完成后,由于计算节能量的有关边界会发生变化,EMCO 很难控制运行管理中的不确定性,导致部分项目量化困难。由于缺乏第三方认定机构,节能服务公司和客户对节能量的测量方法、结果等可能产生分歧,导致项目无法继续实施。对于节能量测算方面,应明确能耗系统边界,完善能源计量系统,掌握项目能耗基准和加强能源统计分析,同时,合同中应明确判断与检测的原则、标准、程序以及方法,避免此类风险的发生。

诚信风险。国内部分接受节能改造的企业缺乏诚信,导致存在支付风险。一些接受节能改造的企业没有诚信,不遵守合同约定,甚至故意不支付分享利润,影响了双方的深入合作和合同能源管理模式的健康发展,这是制约国内合同能源管理模式快速发展的又一重要因素。对于节能服务企业而言,选择客户应从对客户评价开始,了解与评价客户经营风险和信用风险,必须确保所选客户业务状况良好、财务制度健全,并从一开始就应通过多种渠道对客户进行全面了解,与客户单位的各级领导和有关部门保持联络,同时避免因客户单位机构改革和人员变动带来的风险。

7.4.7 未来收益权质押

合同能源管理机制是一种以减少的能源费用来支付节能项目全部成本的节能投资方式。这种节能投资方式允许用户使用未来的节能收益为用能单位和能耗设备升级,以及降低的运行成本。一般银行合同能源管理的业务流和资金流如图 7－21 所示。

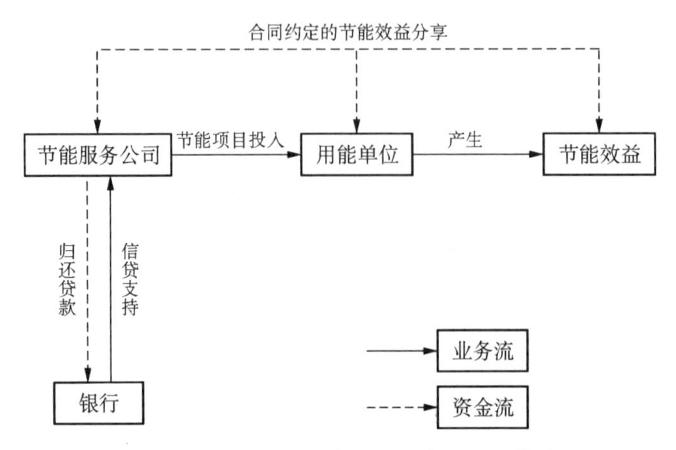

图 7－21　合同能源管理一般商业运行模式

未来收益权质押是指银行按照一定的“贴现”比例，提前将该项目未来的收益以“贴现”贷款的形式一次或分次发放给企业，贷款期限视项目的收款期限而定，以该项目的未来收益作为贷款的还款来源[16]。针对这一情况，可应用未来收益权质押模式，可借鉴如下流程。

(1) 提出融资需求。已通过备案的节能服务公司如有资金需求，可在与用能单位达成改造意向后提出融资需求，同时递交需贷款项目材料。

(2) 技术及经济风险评估。行业专家对节能技术方案进行评估，并向指定的政策性担保公司出具《合同能源管理项目技术风险评价报告》；担保公司同时对节能服务公司及用能企业的经济及财务状况进行评估，并出具预担保函。

(3) 推荐银行及审查。由担保公司推荐银行为节能服务公司提供贷款，并向银行提供企业基本信息材料及其评审意见，银行对节能公司及项目情况进行审查，并给予同意放款额度说明。

(4) 未来收益权质押及发放贷款。节能服务公司负责与用能单位进行技术和商务谈判，最终与用能单位签署标准商业合同，并同担保公司签订《未来收益权质押合同》等，由担保公司出具正式担保函；银行收到担保公司出具的正式担保函后，与担保公司签订《保证合同》，与借款人签订《借款合同》，办理放款手续。

7.4.8　有关支持政策

1) 融资支持政策

国务院办公厅转发发展改革委等部门下发《关于加快推行合同能源管理促进节能服务产业发展意见的通知》文件中，有关完善促进节能服务产业发展的政策措施条款规定包括:①鼓励银行等金融机构根据节能服务公司的融资需求特点,创新信贷产品,拓宽担保品范围,简化申请和审批手续,为节能服务公司提供项目融资、保理等金融服务;②节能服务公司实施合同能源管理项目投入的固定资产可按有关规定向银行申请抵押贷款;③积极利用国外的优惠贷款和赠款加大对合同能源管理项目的支持。

上海市人民政府办公厅转发市发展改革委等六部门《关于本市贯彻国务院办公厅通知精神加快推行合同能源管理促进节能服务产业发展实施意见的通知》(沪府办发[2010]21号),有关改善节能服务机构融资环境内容包括建立商业银行信贷支持机制,建立政策性融资担保机制,鼓励各区县政府出台配套扶持政策,建立合同能源管理机构与金融机构合作机制等。

2) *奖励资金规定*

根据《国务院办公厅转发发展改革委等部门关于加快推行合同能源管理促进节能服务产业发展意见的通知》(国办发[2010]25号),为规范和加强财政奖励资金管理,提高资金使用效益,财政部、国家发展改革委于2010年6月3日制定《合同能源管理项目财政奖励资金管理暂行办法》(财建[2010]249号),对国家财政奖励方法作了规定:

(1) 财政奖励资金支持的对象是实施节能效益分享型合同能源管理项目的节能服务公司。符合支持条件的节能服务公司实行审核备案、动态管理制度。

(2) 财政奖励资金用于支持采用合同能源管理方式实施的工业、建筑、交通等领域以及公共机构节能改造项目。

(3) 财政对合同能源管理项目按年节能量和规定标准给予一次性奖励;奖励资金由中央财政和省级财政共同负担。

3) *上海市有关财政奖励规定*

在国家政策的指导下,上海市也制定了相应的财政奖励规定,例如,符合中央财政支持条件的合同能源管理项目,奖励资金由中央财政和本市财政共同负担;符合地方财政支持条件的合同能源管理项目,奖励资金由本市财政负担;对符合中央财政和地方财政支持条件的合同能源管理项目,再对其前期诊断费用给予一次性补助等。

有关国家和上海市的财政奖励对照,如图7-22所示。

7.4.9 实际案例

上海某国际品牌五星级大酒店位于中心城区,于2007年开业,酒店楼高52层,拥有645间客房、6间餐厅和酒吧、17间会议室、设施完善的健身中心、室内游泳池和水疗中心等。该酒店主要能源利用系统包括中央空调系统、锅炉供热系统

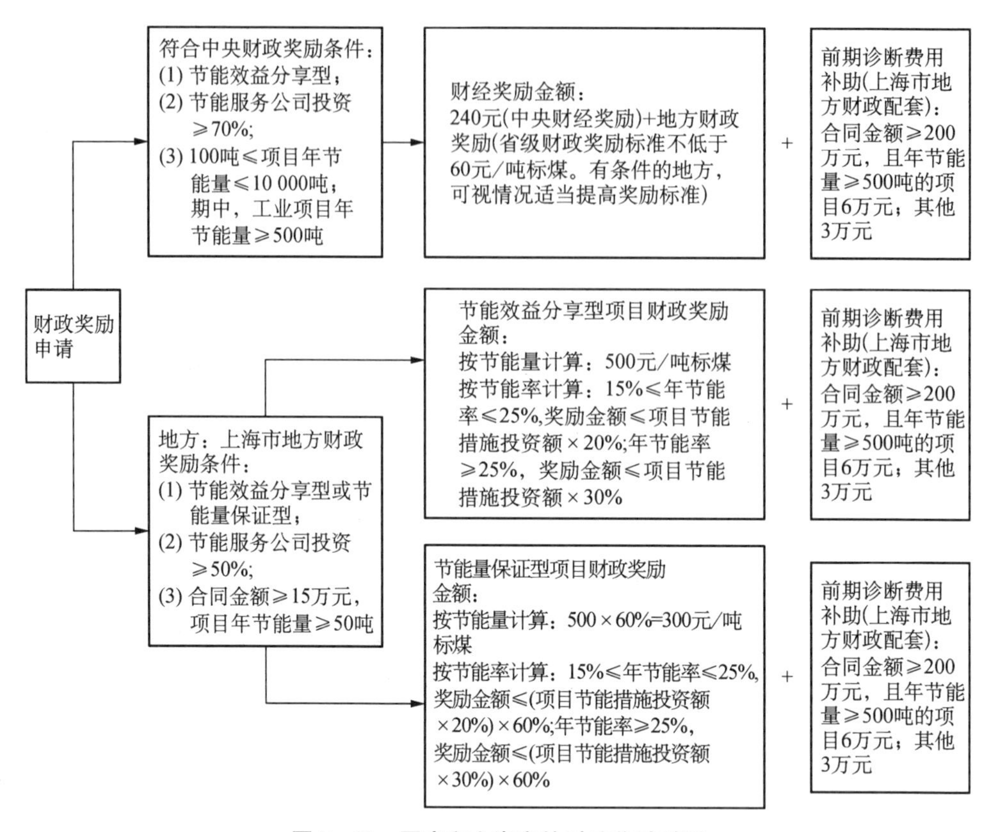

图 7－22　国家和上海市的财政奖励对照

(冬季采暖、生活热水、洗衣房消毒、除氧)、照明系统、电梯系统、给排水系统等。凭借项目前期的现场调研及酒店管理人员提供的资料，经分析计算，提出以合同能源管理的形式进行供热系统节能改造、中央空调系统节能改造、变配电系统优化、电梯系统节能优化及安装能耗监测平台的节能建议。

该项目由某节能服务公司投入改造资金，以合同能源管理模式执行，通过节能效益分享方式回收投资成本并获得合理商业利润。该酒店在不额外支出任何费用的前提下，不仅获得了节能收益，并且还能在合同期满后获得全部节能效益与节能设备。

1）供热系统改造

针对酒店供热系统，分别对采暖、生活热水和泳池加热三部分内容进行节能改造。通过采用风冷热泵提供低区冬季空调采暖(B2F～36F)、采用空气源热泵热水器系统生产和供应酒店低区(B2F～16F)生活热水、采用泳池专用热泵替代原天然气锅炉并提供泳池所需热水(见图 7－23)。通过上述改造，节约能耗 250 吨标准煤/年，节约费用 127 万元/年。

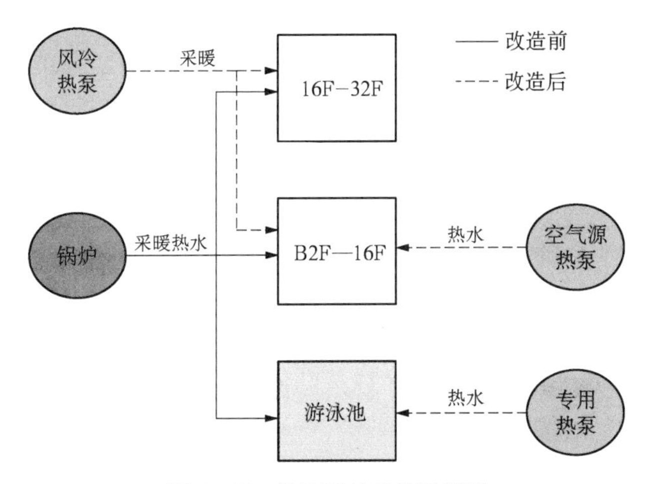

图7-23　热泵系统改造示意图

2) 中央空调系统改造

针对酒店情况，项目团队选择对空调冷冻、冷却水系统变频改造，通过室外湿球温度传感器计算冷却塔出水水温、运用供回水温差控制冷却水频率，可减少空调系统耗电量为37.2万度/年，节省能源费用约37万元/年。

3) 照明系统改造

通过技术人员现场调研发现，目前酒店使用的照明产品光源主要是MR16卤素灯杯、螺旋或U型节能灯、白炽灯泡、蜡烛灯、T8/T5荧光灯，使用的灯具主要是射灯、筒灯、水晶灯、灯盘、壁灯等。该项目通过采用LED灯具替换既有灯具，起到节能效果，改造后可以节省能源费用约73万元/年。

4) 变配电系统改造

酒店用户变电站原有用电容量为2(2×2500 kVA+1000 kVA)，35 kV直降0.4 kV系统。现根据用户减容要求降为2(2×2500 kVA)。每回路电源各减去一台1000 kVA变压器容量，但此退役变压器原有低压用电系统不变，维持原状，且并接在运行中的2台2500 kVA变压器低压总线上(二路电源)，达到节能效果。

5) 电梯系统改造

针对酒店现有电梯系统，对速度较大的10台电梯安装了能量回馈装置。根据电梯能量回馈原理，电梯在使用过程中，分为电动运行和发电运行。当轿厢重量小于对重时电梯上行为发电运行、电梯下行为电动运行，当轿厢重量大于对重时电梯上行为电动运行、电梯下行为发电运行。通过安装能量回馈装置，每年可减少电梯运行能耗12万千瓦时，节省能源费用约10.2万元/年。

6）能耗监测管理系统

通过全面的能耗监测，对能耗建立采集、计量、统计、分析等信息处理，使数据成为管理技术节能的有效决策依据；同时，完整的数据也为节能量核算提供了可靠的保证。

通过能耗监测系统的监测结果，有针对性地实施节能改造，即技术节能；通过能耗监测系统的帮助，提高运行管理水平，做到低成本和无成本节能，即管理节能；最终通过对行为及设备运行策略的不断调整，以使系统运行达到最优。该酒店建立能耗监测管理平台，以实际能耗数据为基础对酒店的现有用能状况进行分析，进一步对空调系统、照明系统等进行能耗分析，做出相应节能诊断，得出切实可行的节能办法，包括管理节能、技术节能和公示行为节能，同时，该酒店通过远传采集器将酒店内所有计量支路数据传输给数据管理中心，建立了酒店能耗数据库。通过系统软件的各种分析比较，提高酒店的能耗管理水平，该能耗监测管理系统能耗支路共计 109 条，由三部分组成：①大用电设备，如空调、水泵、电梯等，这部分设备用电在酒店内占比很大，为主要节能改造对象，因此这部分用电计量能够方便后期对节能量的核算；②照明用电，对这部分用电计量，主要是为酒店提供照明用电能耗数据，使酒店管理人员更全面地了解酒店内照明设备能耗状况，为酒店在管理方面提供必要的数据依据，实现管理节能；③其他用电，对这部分用电计量，主要为酒店在能源管理方面提供更多帮助。

该酒店通过采用上述节能措施，以 2010 年、2011 年、2012 年三年能耗为基准，项目总计年节能量 212 万度，折合 636 吨标准煤(按照上海地区给出的 3.0 吨标准煤/万度折标系数计算得到)。

参考文献

[1] 中华人民共和国国家质量监督检验检疫总局. GB/T 15587—2008，工业企业能源管理导则[S].

[2] 中华人民共和国国家质量监督检验检疫总局. GB/T 23331—2012，能源管理体系要求[S].

[3] 郝存，于立军，黄震. 企业能源管理体系建设过程分析[G]. 推进能源生产和消费革命——第十届长三角能源论坛论文集，2013：54－58.

[4] 国家发展和改革委员会资源节约和环境保护司. 重点耗能行业能效对标指南[M]. 北京：中国环境科学出版社，2009.

[5] 满朝翰，谢汉生. 浅谈能效对标管理的研究现状与建议[J]. 铁路节能环保与安全卫生，2014，4(5)：223－227.

[6] 国家发展改革委关于印发重点耗能企业能效水平对标活动实施通知[S]. 发改环资[2007]2429 号.
[7] 蔡月忠. 企业能源中心(能源管理系统(EMS))简论[J]. 能源计量：江苏现代计量，2010,6：19－20.
[8] 张波. 虞朝晖，孙强，等. 系统动力学简介及其相关软件综述[J]. 环境与可持续发展. 2010,35(2)：1－4.
[9] 赵伟. 电力需求侧节能技术[M]. 北京：中国电力出版社，2013.
[10] 拜克明. “互联网＋”模式下的智能电网发展[M]. 北京：中国水利水电出版社，2015.
[11] 鲍薇，胡学浩，何国庆，等. 分布式电源并网标准研究[J]. 电网技术，2012,11：46－52.
[12] 卫志农，余爽，孙国强，等. 虚拟电厂的概念与发展[J]. 电力系统自动化，2013,13：1－9.
[13] 国家质量监督检验检疫总局，GB/T24915—2010，合同能源管理技术通则[S].
[14] 许艳，李岩. 合同能源管理模式的中美比较研究[J]. 环境科学与管理，2009,(8)：1－8.
[15] 续振艳，郭汉丁，任邵明. 国内外合同能源管理理论与实践研究综述[J]，建筑经济，2008(12)：100－103.
[16] 上海市合同能源管理指导委员会办公室，合同能源管理运营手册[S].
[17] 吴琦，谭玉茹. 合同能源管理运行模式分析[J]. 电工电气，2013(12)：53－58.
[18] 陈柳钦. 合同能源管理创新节能商业模式[J]. 能源经济，2012(2)：36－45.
[19] 陈攀峰. 合同能源管理项目投资风险分析[J]. 河北科技师范学院学报，2010,24(1)：77－79.
[20] 尚天成，潘珍妮. 现代企业合同能源管理项目风险研究[J]. 天津大学学报(社会科学版)，2007,9(3)：214－217.
[21] 宁国睿. 合同能源管理项目的风险管理[D]. 大连：大连海事大学，2013.

索　引

P

Q

R

S

T

W

X

Y

Z